SketchUp 2024
室內設計速繪與 V-Ray絕佳亮眼彩現

推薦序 | Foreword

現在的人都很有時間觀念，時間不會等人，反而是大家要追著時間跑，所以效率變得很重要，之所以有那麼多軟體存在，也是為了增加工作效率。以室內、建築來說，當然就是需要能快速建模、貼圖、展示 3D 空間的軟體，其中，又以 SketchUp 最容易學習、操作直覺，所以現在越來越多公司都要求員工必須要會 SketchUp。

SketchUp 除了建模快速，而且支援模型庫和 Extension Warehouse 外掛資源庫。模型庫都是免費下載，許多家具在室內設計時可以使用。外掛資源庫某些需要付費，不過免費提供的也很多，尤其建築設計有許多樓梯、帷幕牆結構，可以用外掛快速建模。另外，SketchUp 也支援 V-Ray 渲染，製作 3D 效果圖的成果逼近 3ds Max，完全是麻雀雖小，五臟俱全的寫照。

SketchUp 對沒有接觸過 3D 建模的初學者來說，剛開始學習的障礙會比其他軟體來得小。如果再透過這本書系統化的學習，肯定能在短時間提昇。作者邱老師在補習班與學校累積了豐富的教學經驗，能夠循序漸進的帶領大家學習，這本書也能當作上課一般，真的是一步步實際操作，圖文並茂，對於不知如何開始的初學者，是很好的參考書。

寬境國際建築室內設計公司
總監 蕭朝明 建築師

序 | Preface

現今設計的概念是希望設計者將時間花在構思、模擬，而在軟體操作的部份就是盡量節省時間，因此一個易學易操作、容易建模、表現又真實的軟體，便是設計師夢寐以求的工具。在此一定要推薦 SketchUp 這個軟體，它不僅學習曲線低、可以憑直覺操作、又能快速的與他的室設夥伴──AutoCAD 無縫接軌，自然成為室內設計師的必學軟體。

雖然軟體在畫面的細節中的表現沒有那麼細緻，但是在室內設計結構表現的便捷性與操作手感，是其他軟體無法比擬的，也有人懷疑它無法製作較為複雜或曲面過多的空間。但是，由於有眾多的外掛支援，也使得這些疑慮都迎刃而解。而渲染真實感表現的部份，又有渲染天王 V-Ray 與快速渲染小幫手 Enscape 的大力支援，使得所想所見即所得都是設計師輕鬆能辦到的事，只要您選擇這個軟體。

從早期的 SketchUp 8，一直進化到目前的 2024，每次改版都帶給設計同業無限驚喜。從介面、VR 與 AR 支援應用、建模指令、LayOut 出圖，都有逐年的進步與成長。在此建議有心從事室內空間設計，與產品簡約風設計的讀者，學會它，就是您日後作品的效率與質量保證。

本書以 SketchUp 2024 進行操作解說，但除了新功能以外，皆同時適用 2022～2024 版本，附錄 C 另附有 SketchUp 2024 的新功能介紹，而底下是各章的瀏覽建議：

- 第一、二章以簡單步驟說明指令，必看！
- 第三章以家具範例做綜合運用，必練！
- 第四、五章是材料與攝影鏡頭 ... 等重要輔助工具，必學！
- 第六、七章為客廳搭配 Enscape 的渲染運用，一起看！
- 第八、九章為臥室搭配 V-Ray 的渲染，一起看！
- 第十章 Layout 列印，必學！
- 附錄中的動態元件，自己就可以創造可動元件！

邱聰倚

目錄 Contents

chapter 01

SketchUp 基本操作

本章將帶您瞭解 SketchUp 基本介面操作，配置常用工具列的位置，並完成一個簡單的 3D 模型，讓您快速熟悉 SketchUp 在室內設計方面的優勢及建立模型的便捷特性。

1-1	開啟 SketchUp 與介面介紹	1-2
1-2	視圖操作	1-6
1-3	完成第一個 SketchUp 模型	1-13

chapter 02

圖形的繪製與編輯

SketchUp 的工具列看似簡單，卻也隱藏一些操作的小細節。本章將一步步的帶您運用繪製與編輯圖形的工具，熟悉此章節，彷彿將工具包拿在手上，往後遇到不同類型的專案，可立即從工具包中選擇適合的工具來使用。章節開頭提供工具的快速鍵，可讓您隨時查閱、慢慢吸收並記憶，大幅增加建模與設計效率。

2-1	快捷鍵的運用	2-2
2-2	選取的應用	2-4
2-3	繪圖工具	2-8
2-4	編輯工具	2-43
2-5	群組與元件	2-86
2-6	實心工具	2-97
2-7	尺寸的應用	2-114

chapter 03 家具模型繪製

本章綜合運用上一章節的繪製與編輯指令，完成茶几、沙發等幾款家具外觀，透過繪製家具的練習，更能掌握使用工具包的時機，並舉一反三。請嘗試繪製需要的家具。

- 3-1 六邊形書櫃 3-2
- 3-2 圓形茶几 3-6
- 3-3 沙發椅 3-14
- 3-4 床頭櫃 3-24
- 3-5 轉角櫃 3-34
- 3-6 吊燈 3-43

chapter 04 材料與貼圖

在室內設計的場景中，每個物件都會有不同的材質，包括反射、折射、透明度、顏色、圖樣。本章介紹使用 SketchUp 內建的材料面板，替模型表面貼上材質，以及如何管理這些材質，而後續的材質反射特性，必須搭配 V-Ray 外掛材質工具來設定，會在第 8 章介紹。

- 4-1 材料面板 4-2
- 4-2 填充材料 4-3
- 4-3 貼圖與貼圖座標 4-16
- 4-4 集合的使用方式 4-29

chapter 05 標籤、鏡頭與樣式設定

本章節可以幫助您使用各種便利的工具，新版本將「標記面板」更名為「標籤面板」，可分開管理傢俱、牆面，使得畫面不凌亂，進而增加繪圖效率；「攝影鏡頭」隨時切換視角，且可拍攝廣角鏡頭，彩現測試不煩惱；最後，制定一個「風格樣式」，不管未來遇到什麼類型的專案，都可以調整出最適合的表現方式。

- 5-1 標籤面板 5-2
- 5-2 攝影鏡頭 5-9
- 5-3 樣式設定 5-17
- 5-4 Extension Warehouse 擴充程式 5-32

chapter 06

Enscape 渲染器

為了因應各種不同的室內設計專案的製作需求，SketchUp 發展出非常多的外掛工具。而 V-Ray 與 Enscape 皆為建築與室內設計必備的渲染外掛，可以賦予材質有反射、折射與發光等性質，也可以建立燈光，進而渲染出高品質的擬真效果圖。

6-1 Enscape 渲染器 6-2
6-2 Enscape 燈光 6-16

chapter 07

客廳空間繪製

本章將介紹一般的建模流程，從無到有繪製結構與櫃體，放置傢俱與飾品，給予物件材質，最後配合 Enscape 完成渲染，使您更加瞭解一個專案模型如何開始，並且完成您的專業室內設計效果圖。操作步驟中會附上指令快捷鍵，建議可以使用快捷鍵操作，加快建模速度與空間規劃的效率。

7-1 匯入參考圖 7-2
7-2 電視櫃 7-4
7-3 牆面結構 7-11
7-4 天花板 7-19
7-5 材質設定 7-25
7-6 Enscape 渲染 7-32

chapter 08

V-Ray 渲染器的使用

V-Ray 與 Enscape 外掛皆可以渲染出高品質的擬真效果圖，而 Enscape 的優勢在於快速渲染，內建許多高品質家具、樹木模型，減少繪製與下載模型的時間，效率高；而 V-Ray 則可以細節的調整材質、燈光與彩現的設定，全部在同一個視窗，容易調整，且有內建材質庫可套用，可渲染出高品質的效果圖。

8-1 V-Ray 面板介紹 8-2
8-2 V-Ray 材質與燈光設定 8-7

chapter 09

臥室空間繪製

本章節會完成一個小臥室空間，包括床邊櫃、床架、衣櫃等，操作步驟中會附上指令快捷鍵，建議可以使用快捷鍵操作加快建模速度，各位也可以嘗試運用此空間做不同於書中的配置。

9-1 匯入參考圖 9-2
9-2 床邊櫃繪製 9-4
9-3 床架繪製 9-11
9-4 衣櫃繪製 9-21
9-5 牆面繪製 9-39
9-6 天花板繪製 9-49
9-7 SketchUp 與 V-Ray 材質設定 9-53
9-8 V-Ray 燈光設定 9-64
9-9 V-Ray 渲染與後製 9-71
9-10 Diffusion 9-79
9-11 ChatGPT 輔助 9-85

chapter 10

Layout 圖紙應用

本章要介紹與 SketchUp 同時安裝的專門列印出圖軟體──LayOut。可以將 SketchUp 的圖面輸出到 LayOut 來配置排版、標註尺寸與文字說明，並列印輸出，讓您的 3D 設計能快速轉成類似 AutoCAD 的平面與立面室內設計圖。

10-1 Layout 出圖流程 10-2
10-2 剖面 10-17

appendix A

將 SketchUp 模型匯入 AutoCAD 與 Revit

（本單元為 PDF 形式，請由線上下載）

本章節要介紹 SketchUp 與其他軟體之間的轉檔運用，CAD 平面圖可以匯入 SketchUp，也可以反向操作，將 SketchUp 模型匯入 AutoCAD 軟體。

A-1 SkP 匯入 AutoCAD A-2
A-2 將 SKP 匯至 Revit A-4

appendix B

SketchUp 模型轉換為 VR 虛擬實境

（本單元為 PDF 形式，請由線上下載）

VR 虛擬實境與 360 度全景相機是未來趨勢，在一般室內設計專案的簡報中已經是基本要求。對於這領域，V-Ray 工具的全新面板操作更簡潔方便，讓您快速製作 VR 與 360。本章將彩現 360 全景圖並上傳至專門網站，也可以直接觀看或使用 VR 眼鏡來欣賞 3D 立體的室內設計場景。

B-1 安裝高級鏡頭 B-2
B-2 SketchUp 模型轉換為 VR 虛擬實境 B-3

appendix C

SketchUp 2023 與 2024 新功能

（本單元為 PDF 形式，請由線上下載）

本章將列出 SketchUp 2023 與 2024 的重大更新，但僅針對初學者與一般使用者最優先會使用到的功能為主。

C-1 SketchUp 2023 與 2024 新功能 C-2

appendix D

動態元件

（本單元為 PDF 形式，請由線上下載）

本章節將會介紹幾種動態元件的運用方式，包括材質替換、移動抽屜、旋轉門…等，除了讓元件呈現動態的展示方式，也能快速產生數量明細表。

D-1	元件屬性	D-2
D-2	移動抽屜	D-9
D-3	旋轉門	D-14
D-4	隱藏物件	D-17
D-5	材質替換	D-21
D-6	比例縮放	D-25
D-7	複製陣列	D-32
D-8	放置元件同時切割開口	D-37
D-9	如果…就…否則	D-40
D-10	產生報告	D-47

下載說明

本書範例、基礎影音教學與附錄 PDF 請至 http://books.gotop.com.tw/download/AEC011000 下載，檔案為 ZIP 格式，請讀者下載後自行解壓縮即可。其內容僅供合法持有本書的讀者使用，未經授權不得抄襲、轉載或任意散佈。

SketchUp 基本操作

本章將帶您瞭解 SketchUp 基本介面操作，配置常用工具列的位置，並完成一個簡單的 3D 模型，讓您快速熟悉 SketchUp 在室內設計方面的優勢及建立模型的便捷特性。

Lesson 1-1 開啟 SketchUp 與介面介紹

▍開啟 SketchUp

01. 執行 SketchUp 後會出現此畫面，點擊【**簡單公尺**】範本後，進入 SketchUp 操作介面。

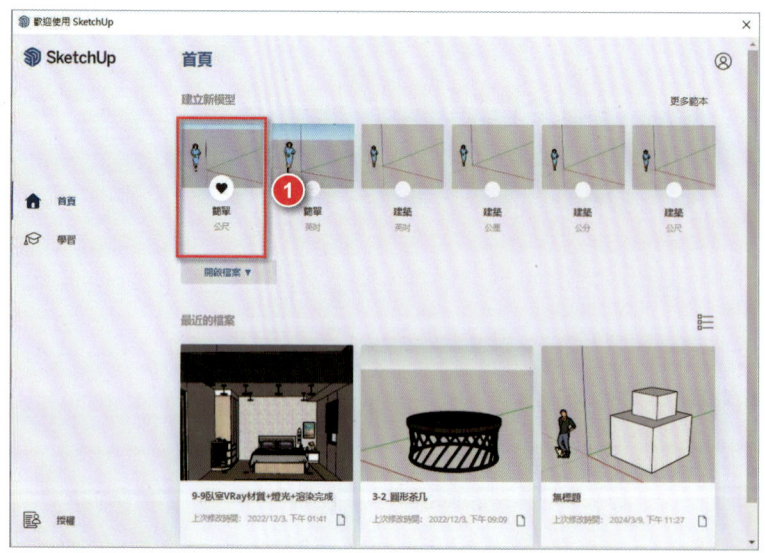

02. 若想更換範本，點擊上方功能表的【**說明**】→【**歡迎使用 SketchUp(W)...**】。點擊【**建築公分**】的圓形，出現愛心表示建立新檔案時使用此範本，再點擊【**建築公分**】的圖片。

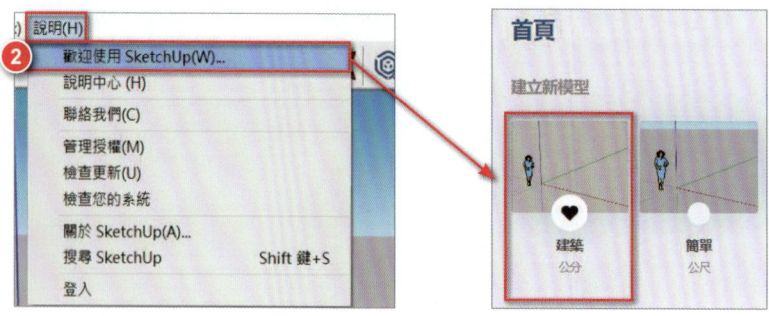

03. 點擊【視窗】→【模型資訊】→【單位】→【長度】的欄位改為【公分】。

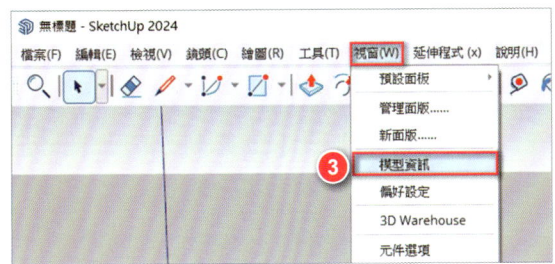

04. 點擊矩形的圖示，左鍵點擊來繪製矩形，可以發現右下角的單位已變成 cm，按空白鍵結束矩形指令。（記得關閉中文輸入法，否則空白鍵無效。）

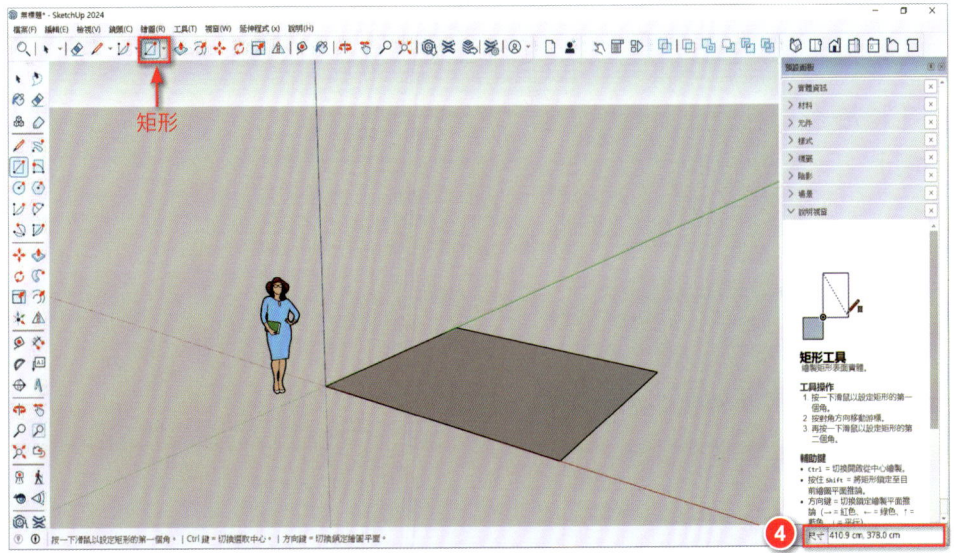

工具列設定

01. 若想新增工具列，點擊上方功能表的【檢視】→【工具列（T）…】。

02. 選擇要新增的工具列，並勾選【大工具集】。

03. 將捲軸往下移動，在【樣式】和【檢視】前打勾，並點擊【關閉】。

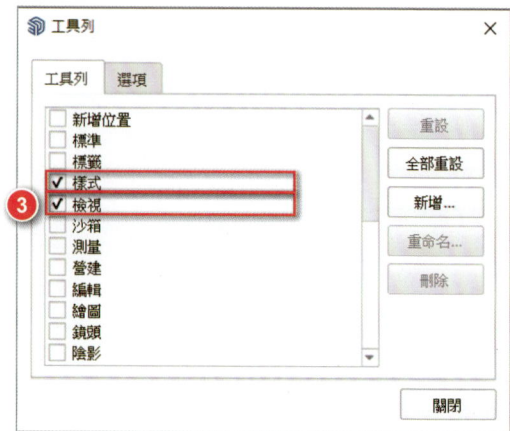

04. 在上方工具列空白處按下滑鼠右鍵，也可以新增或取消工具列，點擊【入門】取消工具列。

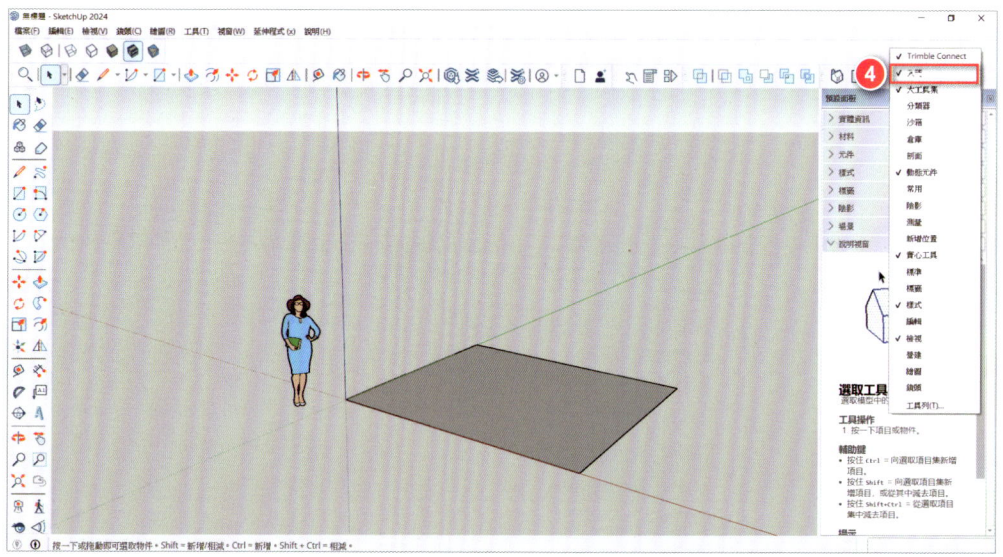

05. 將滑鼠停留在工具列的前方，按住滑鼠左鍵拖曳即可移動工具列，並將【檢視】與【樣式】工具列移動到要放置的位置，完成工具列的設定。

Lesson 1-2 視圖操作

01. 點擊功能表的【檔案】→【開啟】。

02. 開啟範例檔〈1-2_視圖操作.SKP〉，並點擊【開啟】。

03. 開啟畫面，如下圖所示。

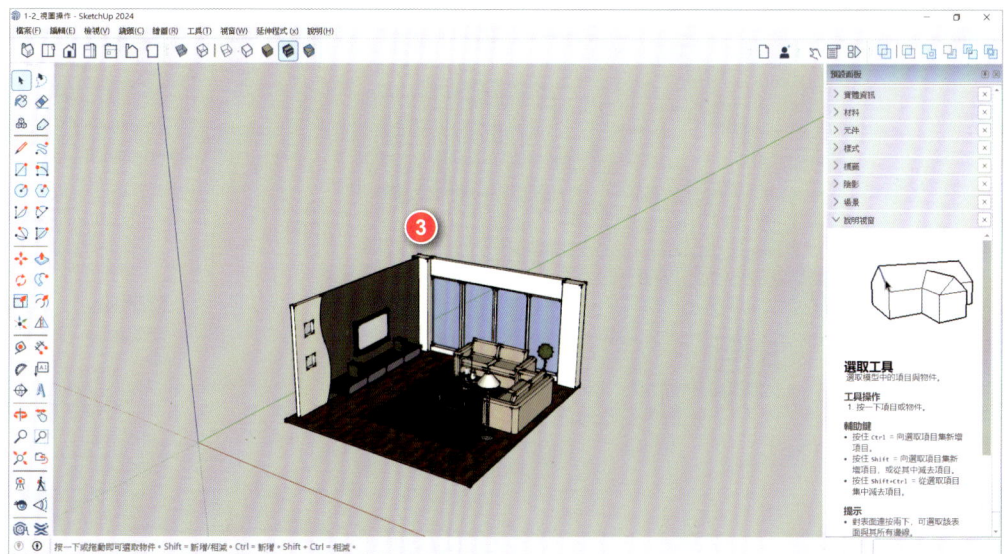

04. 使用滑鼠中間滾輪往後滾動，可以縮小模型，使用滑鼠中間滾輪往前滾動，可以放大模型，且以滑鼠為中心縮放。

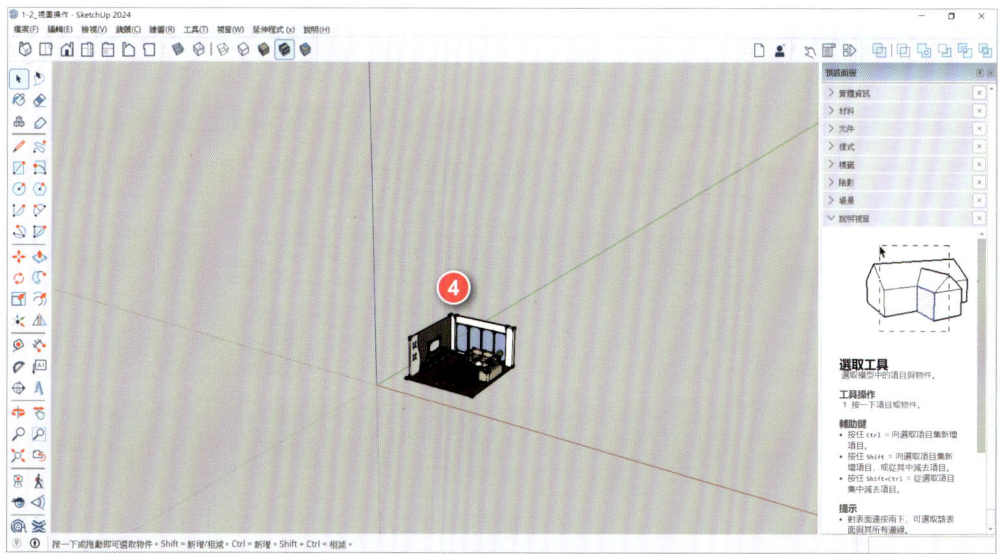

SketchUp 2024
室內設計速繪與 V-Ray 絕佳亮眼彩現

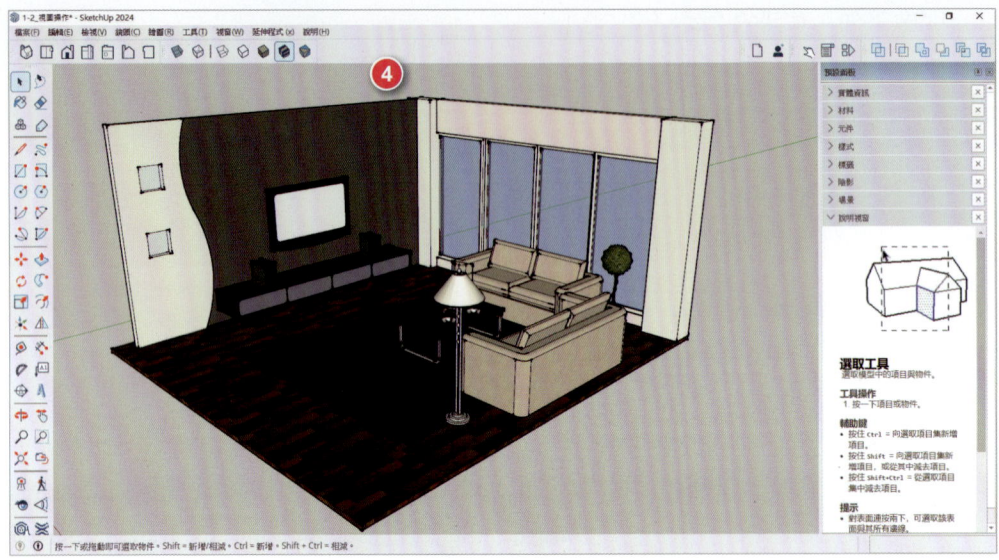

05. 在畫面中按住滑鼠中鍵，並移動滑鼠，可以任意的環轉視角。

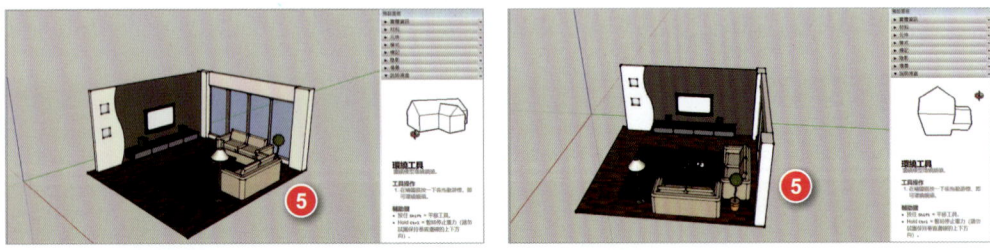

06. 按下 Shift 鍵 + 滑鼠中鍵，可以往左或往右平移畫面。

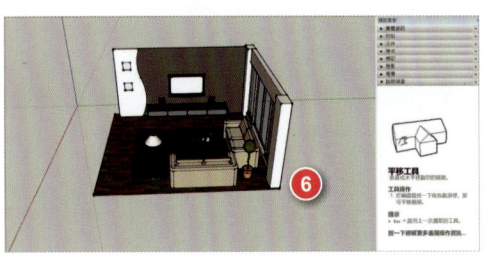 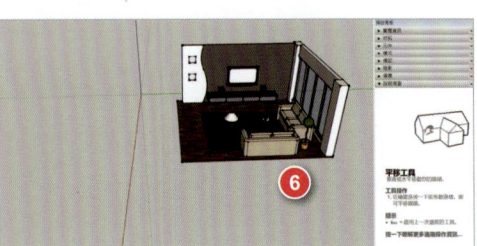

1-8

Chapter 1
SketchUp 基本操作

07. 點擊檢視工具列的【 (ISO)】按鈕，可將畫面切換到等角視圖。

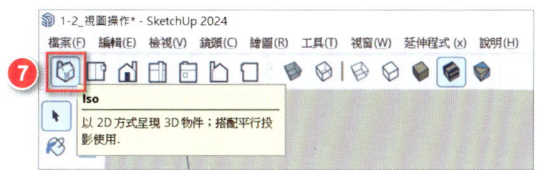

08. 畫面切換到等角視圖。

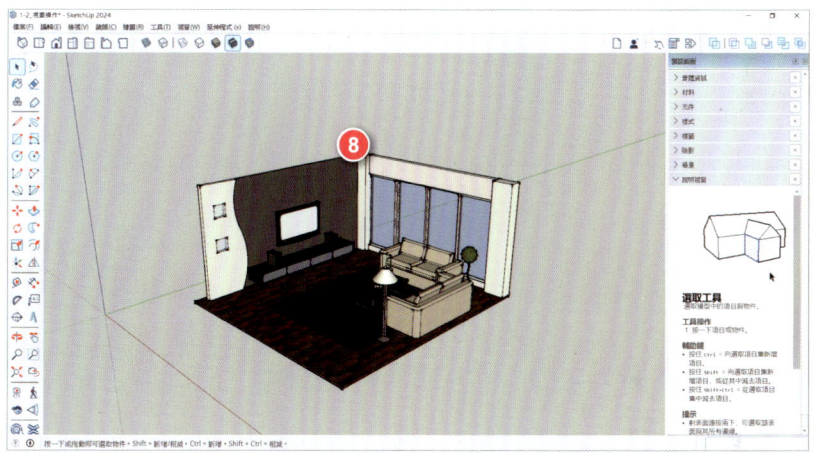

09. 點擊【 (俯視圖)】按鈕，可從物件的上方檢視物件。

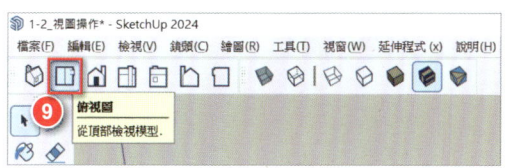

1-9

10. 點擊【 ⌂ 】（正視圖）按鈕，可從前方檢視物件。

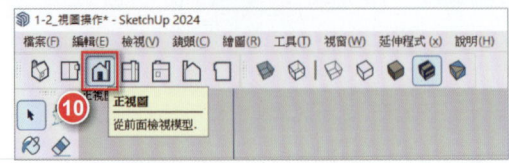

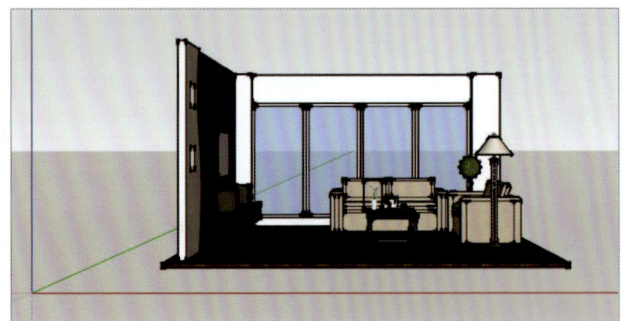

11. 點擊【 ▯ 】（右視圖）按鈕，可從右側檢視物件。

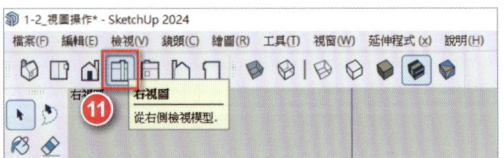

12. 點擊功能表的【鏡頭】→【平行投影】。

13. 點擊【 ▢ （俯視圖）】按鈕，所有的物件皆會為平行線段，不會因為物件的遠近距離不同而改變。

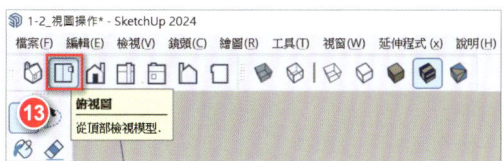

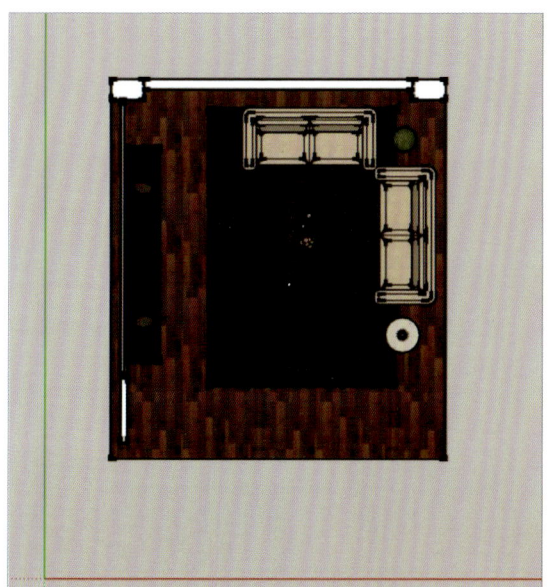

14. 點擊【 ⌂ （正視圖）】按鈕，所有的物件皆會為平行線段，不會因為物件的遠近距離不同而改變。

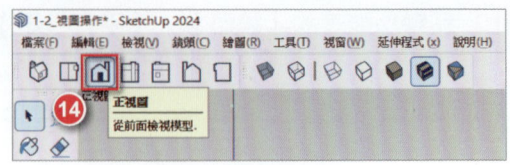

15. 點擊功能表的【鏡頭】→切換回【透視圖】。

16. 物件的呈現會有遠近和立體感。

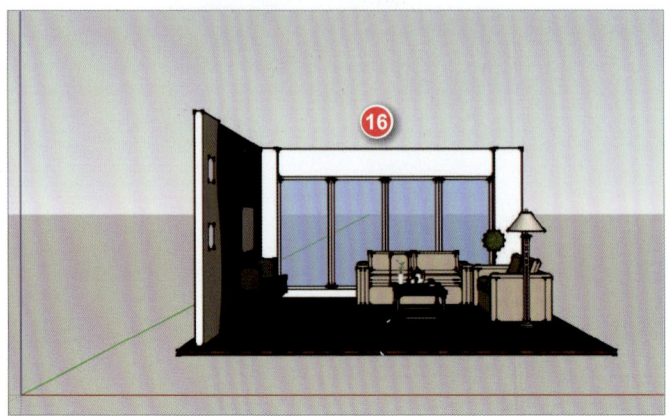

Lesson 1-3 完成第一個 SketchUp 模型

01. 點擊【檔案】→【新增】建立新檔案。

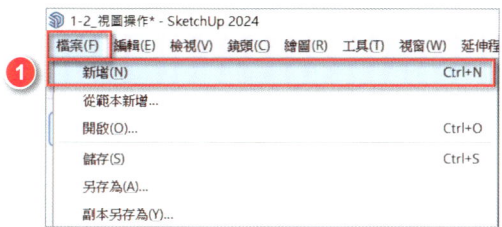

02. 點擊【 ▱ （矩形）】按鈕，將滑鼠移動到畫面中任一個位置。

03. 點擊滑鼠左鍵，並往右上方移動，在適當的位置按下滑鼠左鍵繪製一個矩形平面。

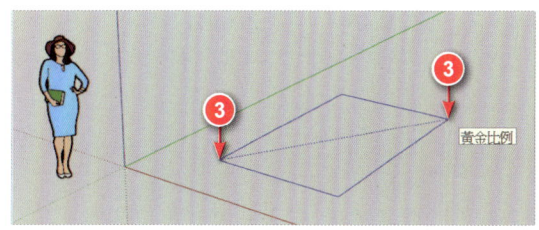 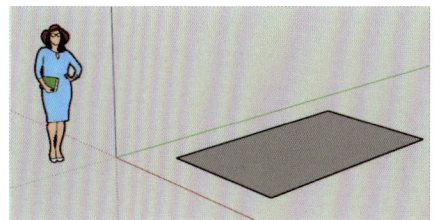

04. 繪製如圖所示的右側矩形，請注意第二點要捕捉到第一個矩形的右上角，中間的線段會由粗變細 (由外框線變內部線段)，表示兩矩形已相連。

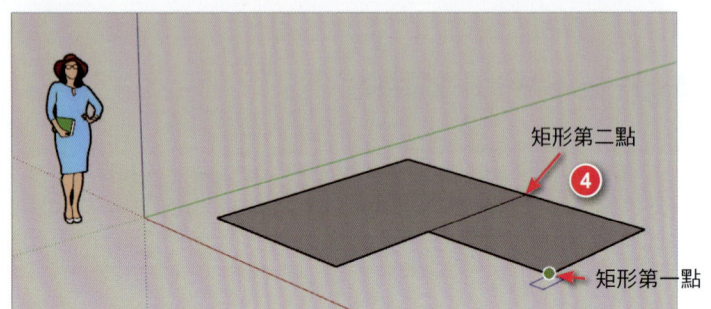

05. 利用【 選取 】工具點擊兩個矩形之間的線，被選中的線會呈現藍色，按下 Delete 鍵後刪除形成一個完整的面。

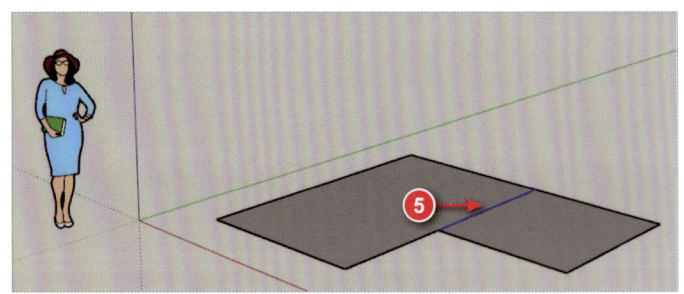

06. 點擊【 】(推 / 拉) 按鈕。

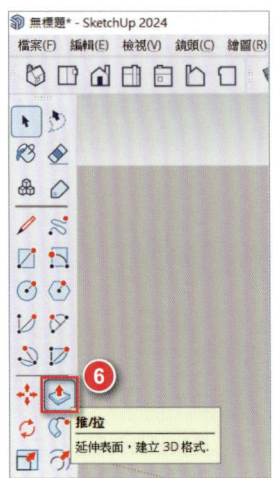

07. 將滑鼠移動到矩形的上方，偵測到整個網點面後，按下滑鼠左鍵。

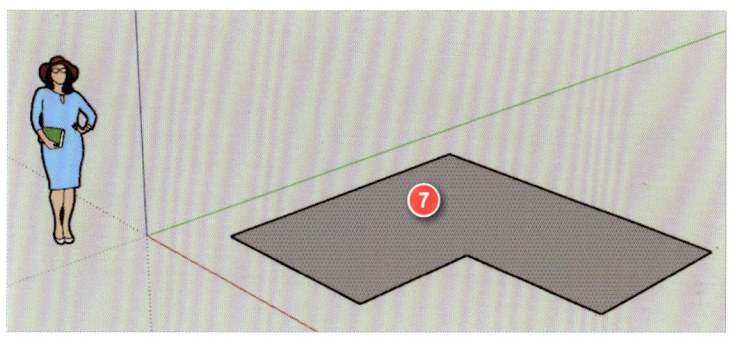

08. 往上移動到適當的高度後，按下滑鼠左鍵決定高度。

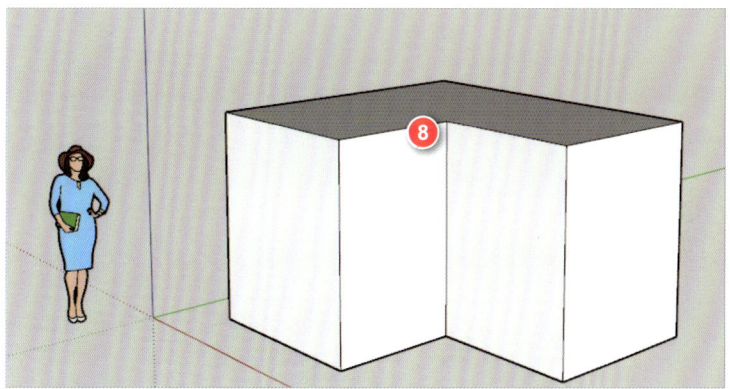

09. 點擊【 ✏ （直線）】按鈕。

10. 將滑鼠移動到如圖所示的邊線上的中點,按下滑鼠左鍵做為起點。

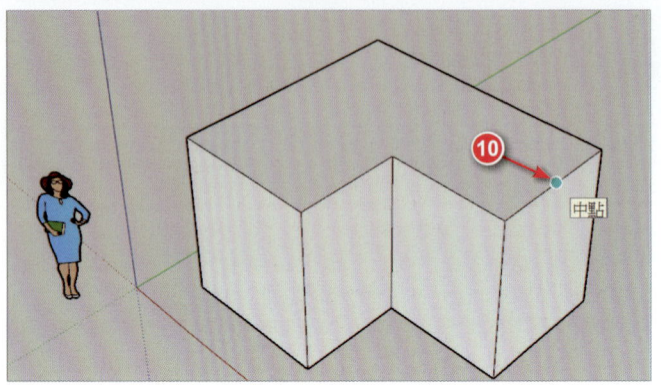

11. 將滑鼠移動到如圖所示的另一條邊線上的中點作停留。

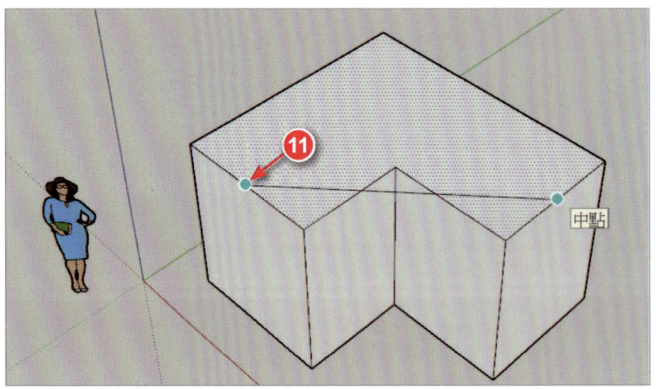

12. 往平行綠軸方向,找尋與前一條的交會點 (從點)。

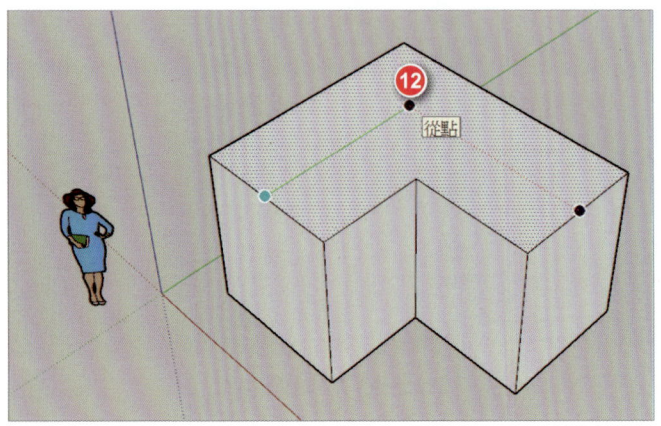

13. 按下滑鼠左鍵,再點擊步驟 11 的中點,完成如圖 L 型線的繪製。

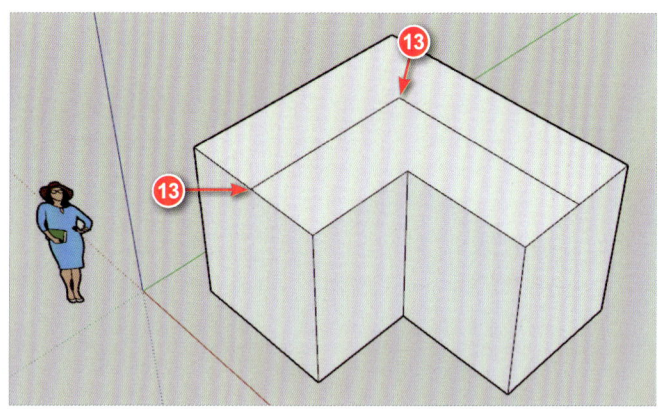

14. 如圖繪製直線連接兩個點。

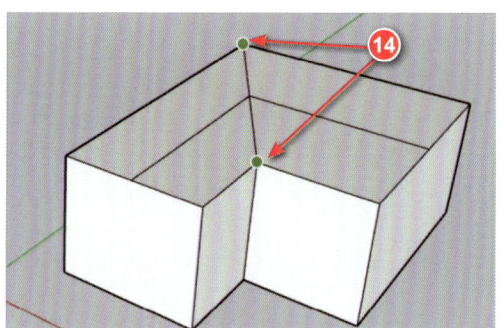

15. 按一下鍵盤的空白鍵切換為【▶ 選取】工具,點選 L 型線的其中一條,再按住 Ctrl 鍵選取另外一條,被選中的線會呈現藍色。

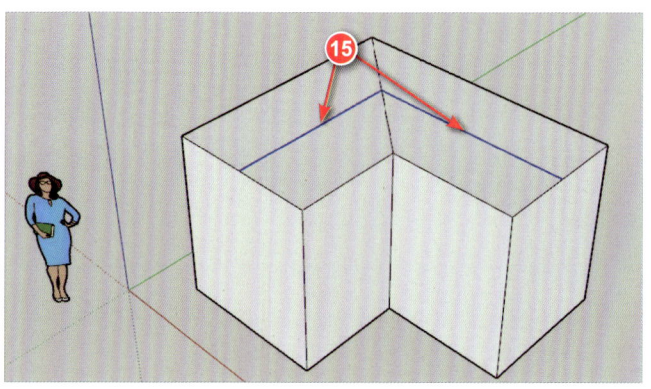

16. 點擊【✥（移動）】按鈕。

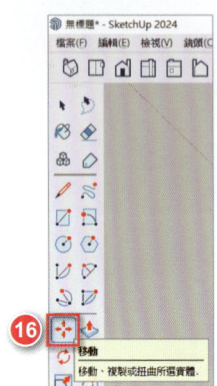

17. 滑鼠左鍵點擊 L 型線的轉折點，依藍色軸方向往上移動到適當的高度，並按下滑鼠左鍵決定屋頂的高度。

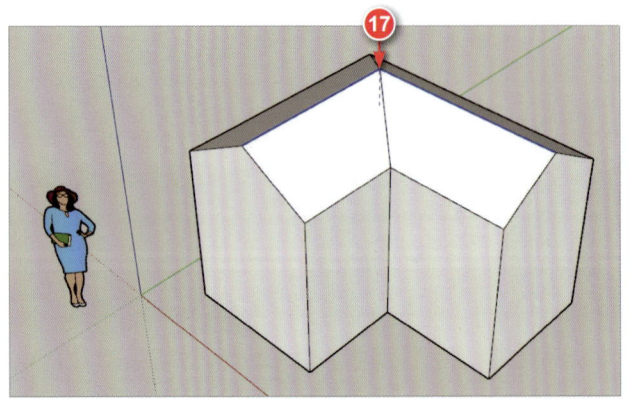

18. 點擊【▱（矩形）】按鈕，將滑鼠移動到邊線上，並點擊滑鼠左鍵。

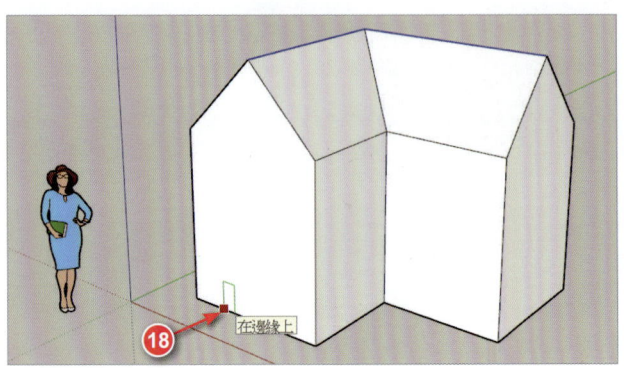

19. 在面上繪製一個矩形，如圖所示。

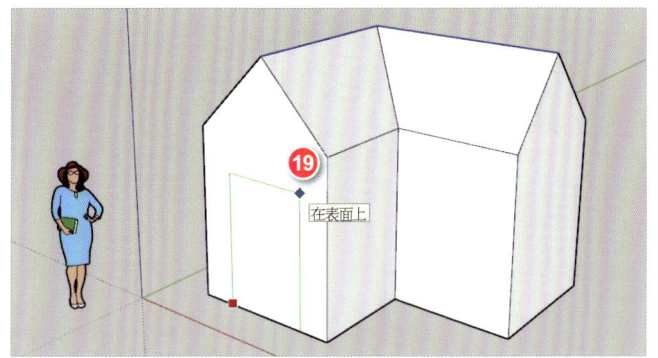

20. 點擊【 （推 / 拉）】按鈕，在剛剛繪製好的矩形面上點擊滑鼠左鍵，向內移動到適當的深度，再次點擊滑鼠左鍵決定深度。

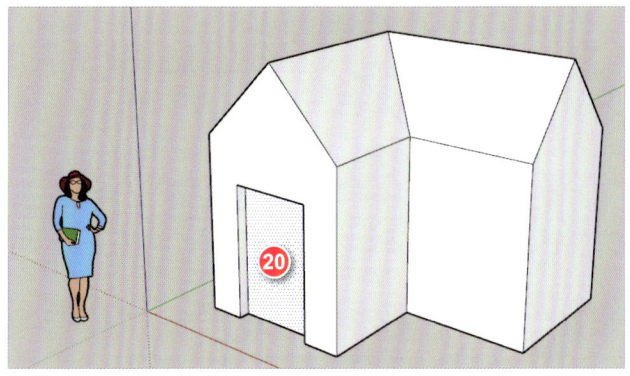

21. 點擊【 （正視圖）】按鈕。

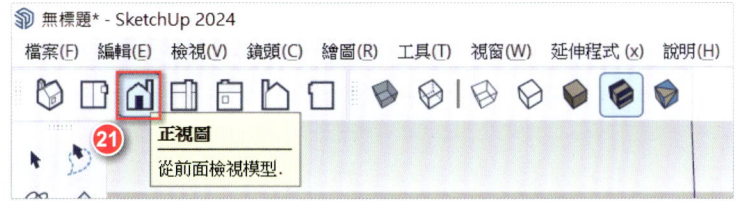

22. 點擊【▱】（矩形）按鈕，在靠近左上方屋簷的位置繪製一個矩形。

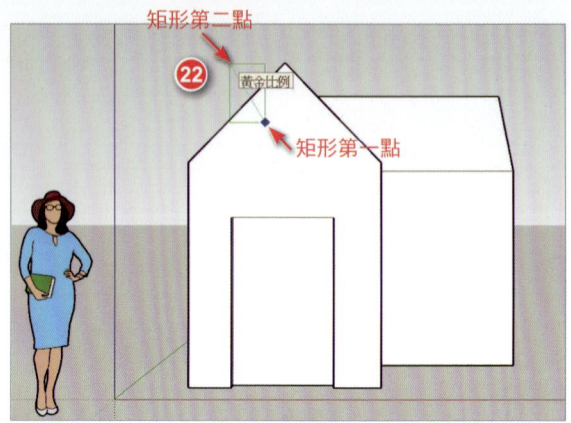

23. 繪製好的矩形作為煙囪。

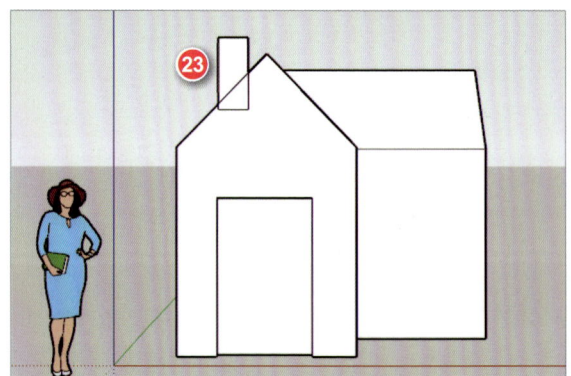

24. 點擊【▲】（推/拉）按鈕，將滑鼠移動到剛剛繪製好的面上。

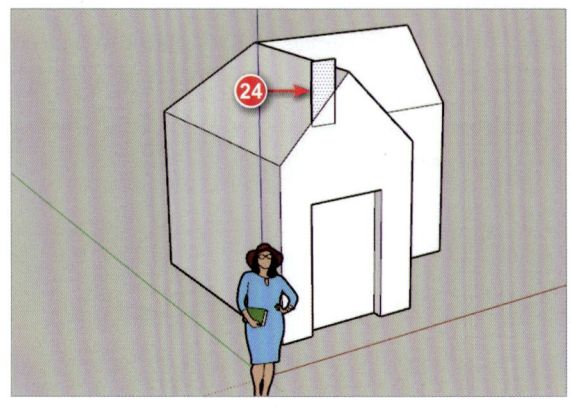

25. 將面往後移動到要放置煙囪的位置，並按下滑鼠左鍵。

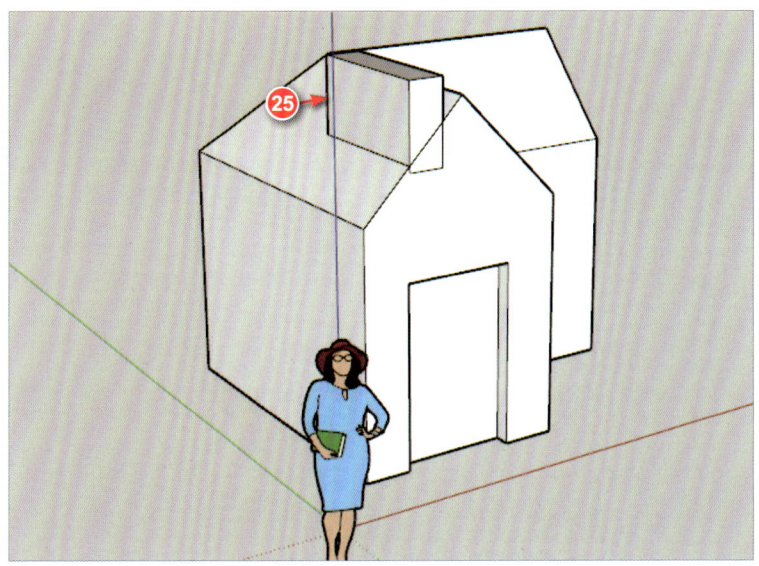

26. 點擊前方的面並向內推，到適當的厚度按下滑鼠左鍵。

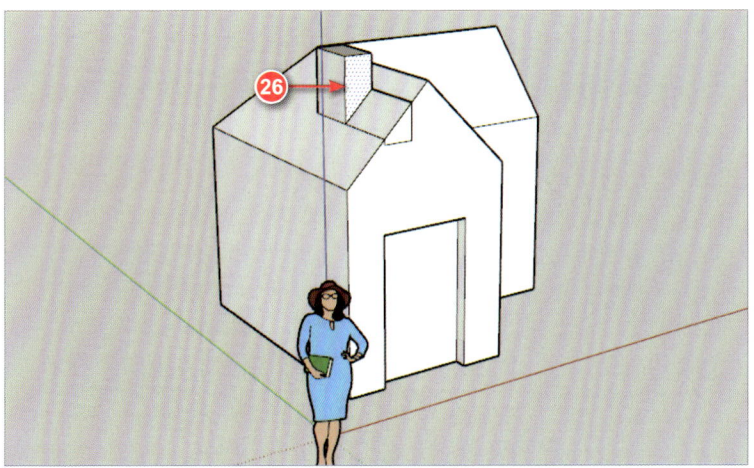

27. 點擊【▶（選取）】按鈕，按住 Ctrl 鍵，可同時點選多餘的線段，並按下 Delete 鍵刪除。

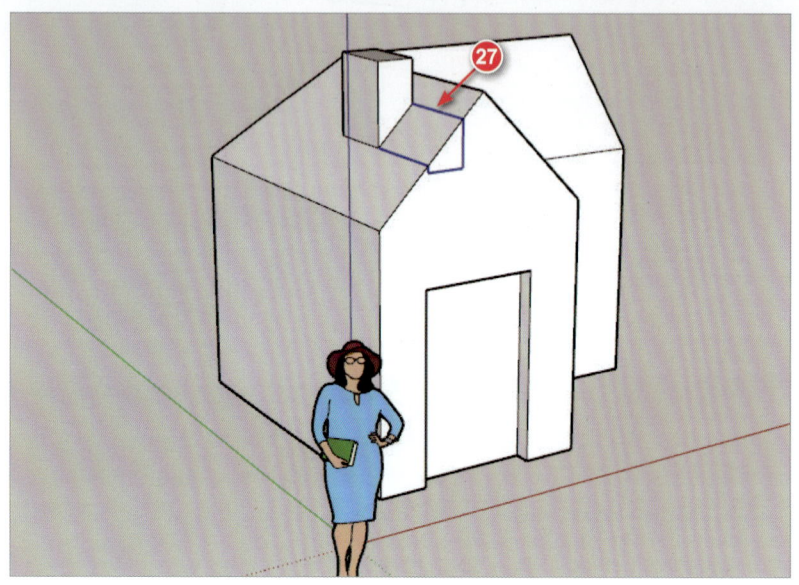

28. 完成圖。

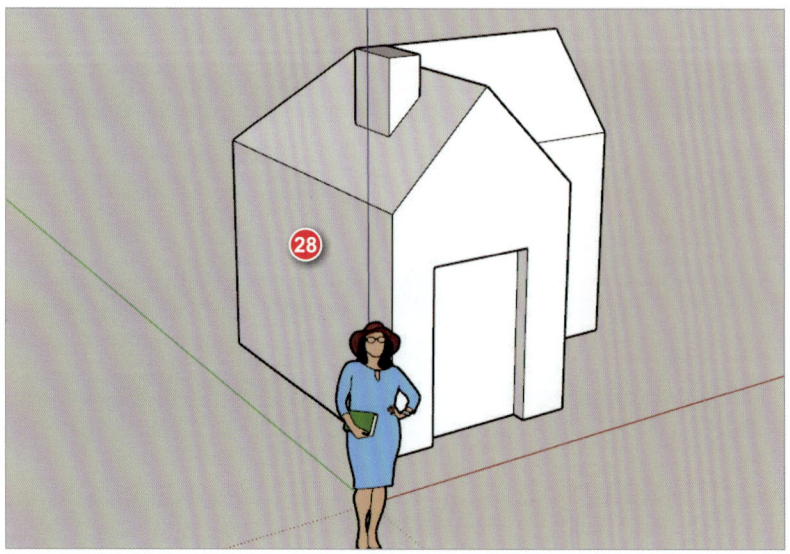

儲存檔案

01. 點擊功能表的【檔案】→【儲存】。

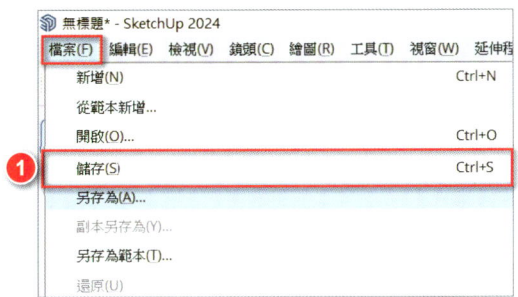

02. 在【檔案名稱】中輸入「1-3 小房子」，點擊【存檔類型】的下拉式選單，選擇「SketchUP 模型 (*.skp)"」，設定完成後點擊【存檔】。

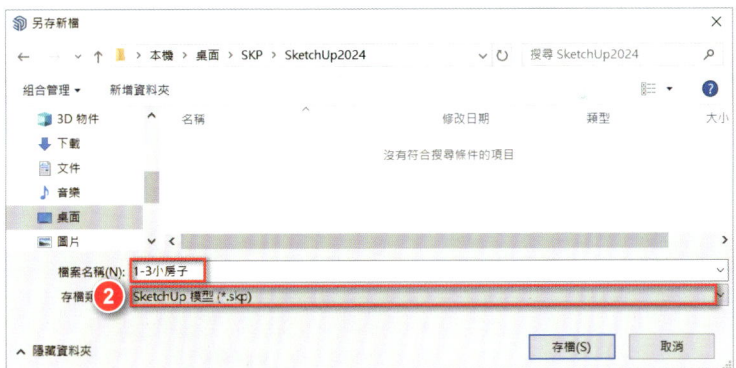

03. 再次點擊功能表的【檔案】→【儲存】。

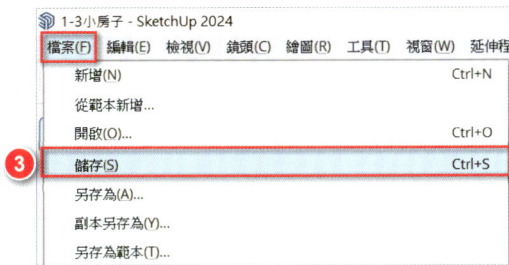

04. 儲存第二次時，檔案會增加「1-3 小房子 .skb」檔，此為備份檔。

05. 備份檔的使用方式只需要將 skb 改為 skp 即可。點擊「1-3 小房子 .skb」，按下滑鼠右鍵，並點擊【重新命名】。

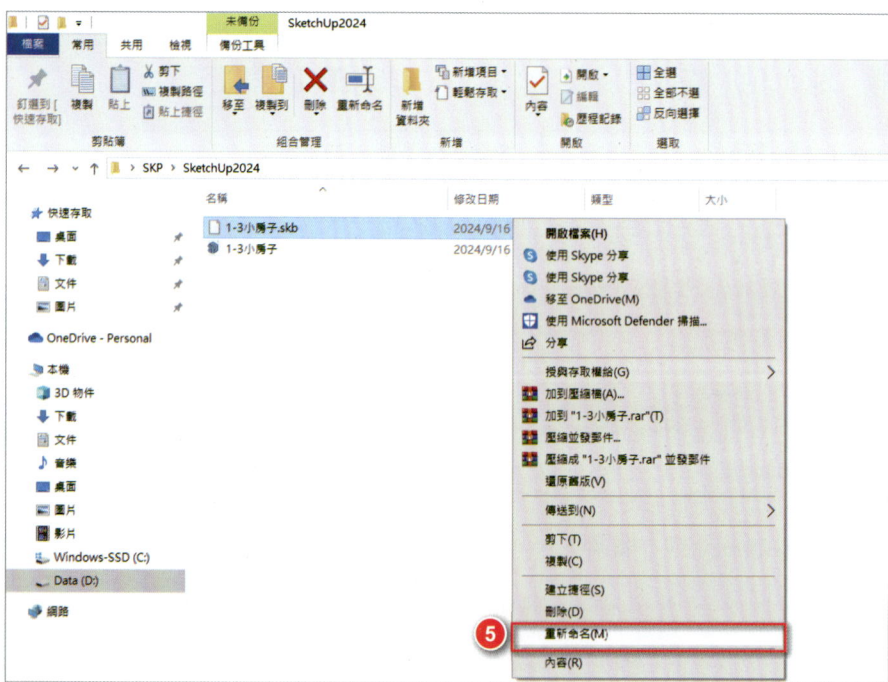

Chapter 1
SketchUp 基本操作

06. 將檔名變更為「1-3 小房子 .skp」檔。

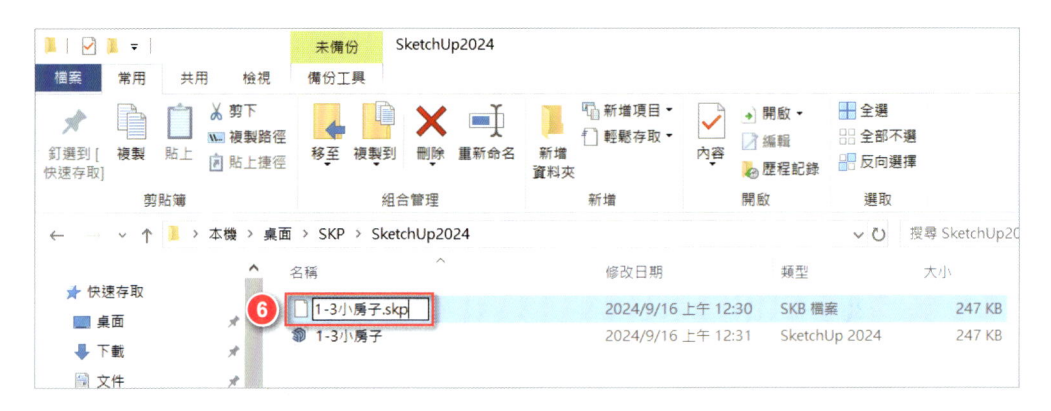

07. 在重新命名的視窗中點擊【是】。

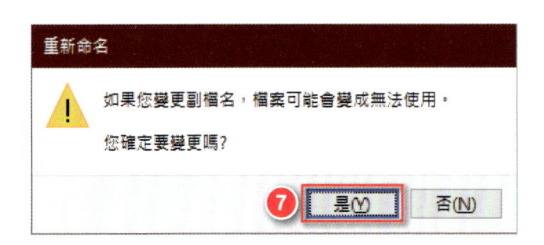

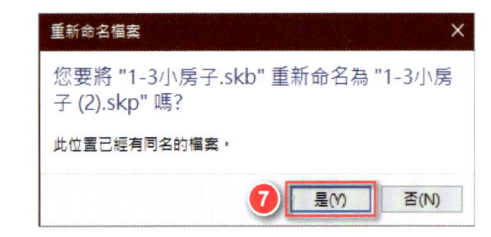

08. 檔案就會儲存並變更為「1-3 小房子 (2).skp」。

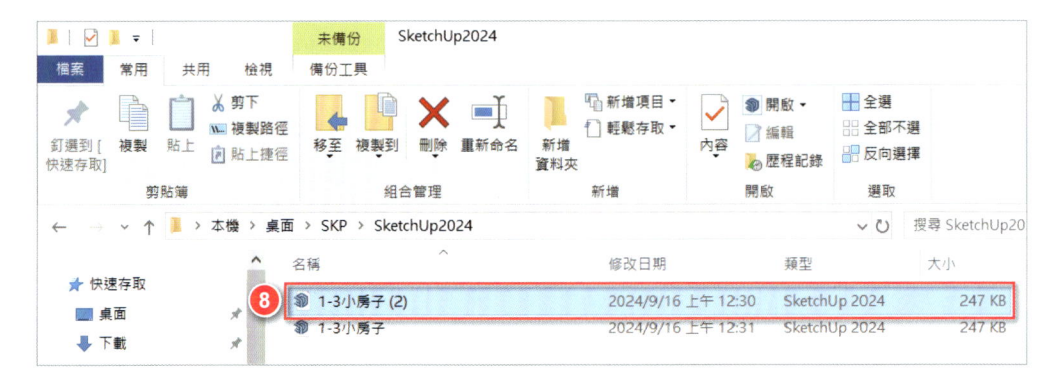

1-25

09. 點擊 SketchUp 功能表的【檔案】→【開啟】，選取「1-3 小房子 (2).SKP」，再次開啟檔案。

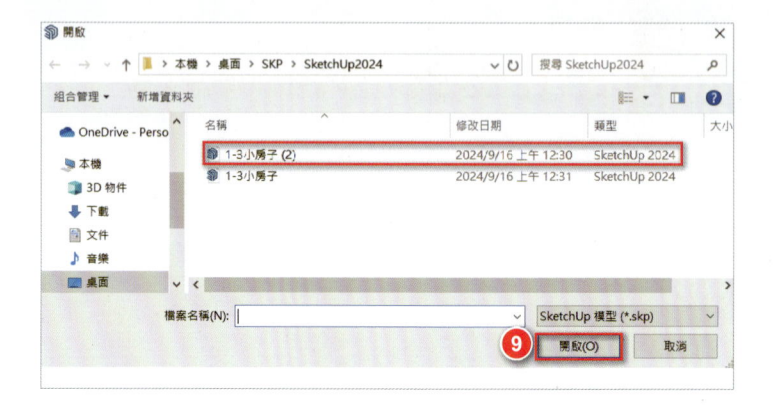

10. 即可開啟備份檔。

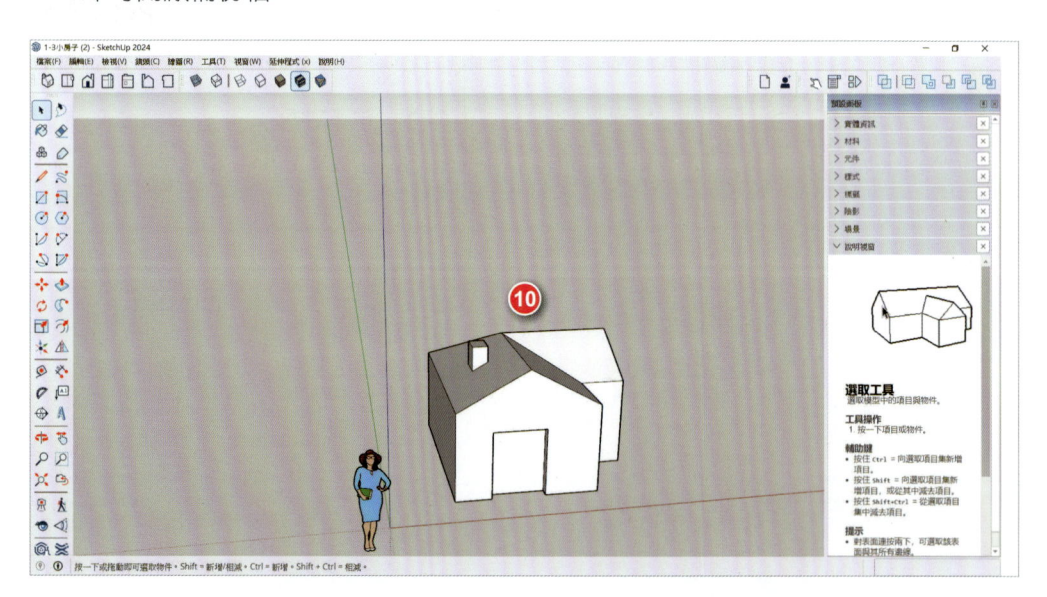

chapter 2

圖形的繪製與編輯

SketchUp 的工具列看似簡單，卻也隱藏一些操作的小細節。本章將一步步的帶您運用繪製與編輯圖形的工具，熟悉此章節，彷彿將工具包拿在手上，往後遇到不同類型的專案，可立即從工具包中選擇適合的工具來使用。章節開頭提供工具的快速鍵，可讓您隨時查閱、慢慢吸收並記憶，大幅增加建模與設計效率。

Lesson 2-1 快捷鍵的運用

■ 繪圖快捷鍵

圖示	名稱	快捷鍵	功用
	直線	L	畫線
	兩點圓弧	A	畫弧
	矩形	R	畫矩形
	圓	C	畫圓

■ 工具快捷鍵

圖示	名稱	快捷鍵	功用
	選取	空白鍵	窗選、框選物件
	橡皮擦	E	刪除線
	顏料桶	B	填入色彩或材質
	移動	M	移動點、線、面
	旋轉	Q	旋轉點、線、面
	比例	S	將物件縮小放大
	推/拉	P	將某面長出

圖示	名稱	快捷鍵	功用
	偏移	F	偏移線或弧
	卷尺工具	T	測量距離

■ 鏡頭快捷鍵

圖示	名稱	快捷鍵	功用
	確認表面的方向	O	環轉畫面，檢視物件
	平移	H	平移畫面
	縮放	Z	縮小或放大畫面

■ 其他快捷鍵

名稱	快捷鍵	名稱	快捷鍵
復原	Ctrl 鍵 + Z	新增檔案	Ctrl 鍵 + N
取消復原	Ctrl 鍵 + Y	開啟舊檔	Ctrl 鍵 + O
複製	Ctrl 鍵 + C	儲存檔案	Ctrl 鍵 + S
貼上	Ctrl 鍵 + V	刪除物件	Delete 鍵
剪下	Ctrl 鍵 + X	全選	Ctrl 鍵 + A

Lesson 2-2 選取的應用

01. 請開啟範例檔〈2-2_選取的應用 .SKP〉。

02. 點擊【▶ (選取)】按鈕。

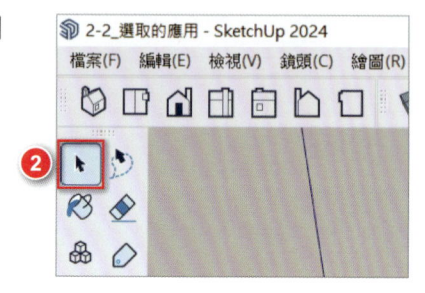

03. 點擊右上方空白處不放,作為框選的第一點。

04. 將滑鼠往左下方拖曳,放開滑鼠左鍵,作為框選的第二點,被選取框碰到或選取框內的物件皆會被選取。

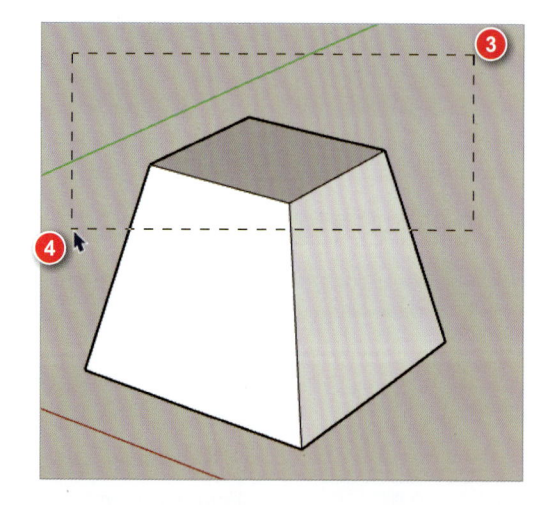

05. 當線框顯示為藍色,表示物件已被選取。

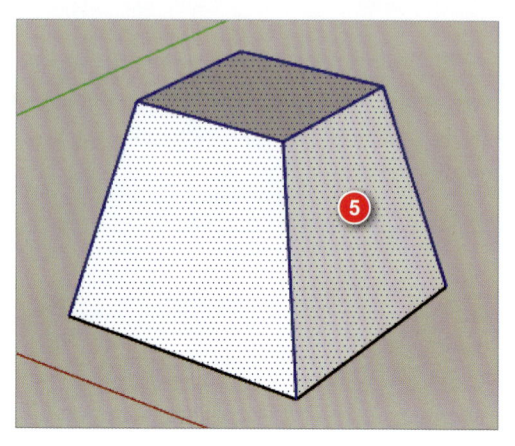

Chapter **2**
圖形的繪製與編輯

> **小祕訣 TIPS** 框選的方式為由右往左選取，若在矩形所觸碰到的範圍內的物件，以及被包覆的物件，皆會被選取到。

06. 在空白處點擊滑鼠左鍵，可以取消選取物件。

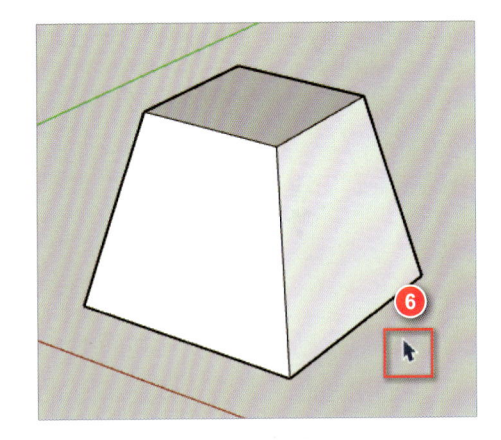

07. 點擊左上方空白位置處不放，作為窗選的第一點。

08. 將滑鼠由左上拖曳至右下方作為窗選的第二點。

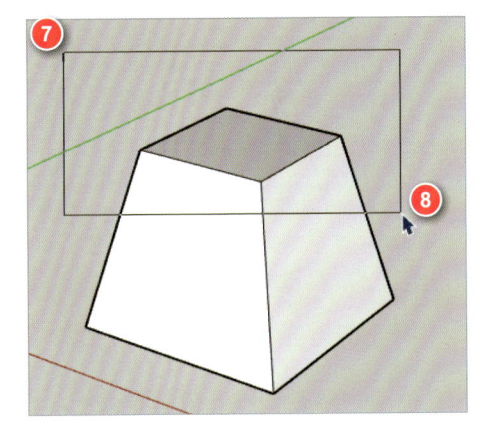

09. 邊線或面顯示為藍色，表示已被選取，只有選框內的物件才會選到。

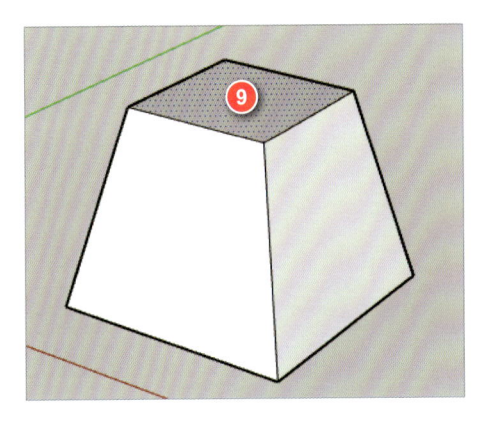

2-5

10. 將滑鼠移動到邊上或者是面上,點擊滑鼠左鍵一下,可以單獨選取一條邊或一個面。

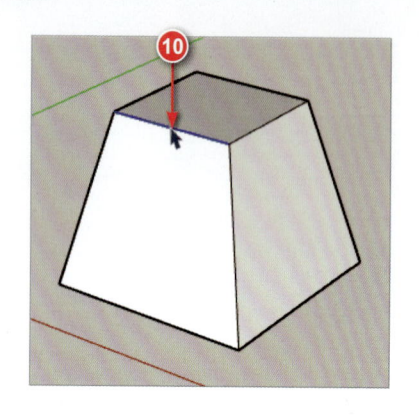

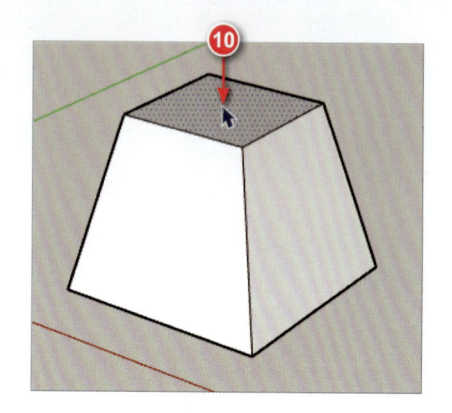

11. 將滑鼠移動到邊上或者是面上,連續點擊滑鼠左鍵兩下,可以選取一個邊和相連的兩個面,或是一個面和面的周長。

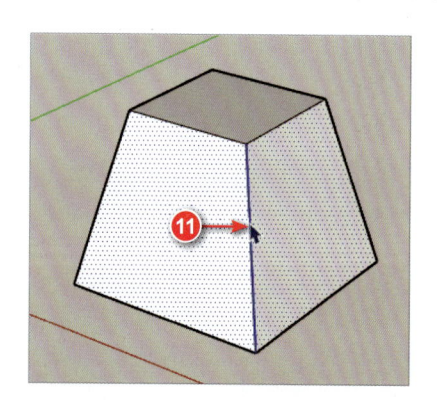

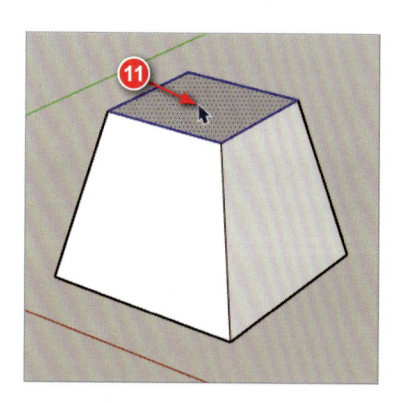

12. 將滑鼠移動到邊上或者是面上,連續點擊滑鼠左鍵三下,可以選取整個物件。

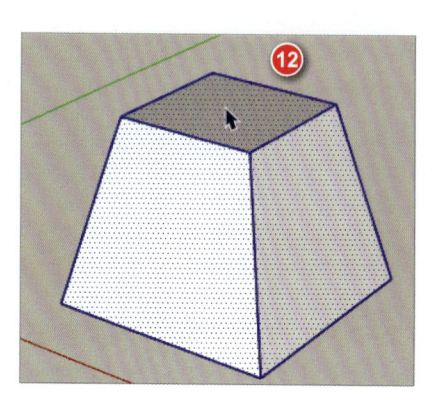

Chapter 2
圖形的繪製與編輯

13. 點擊【▸（選取）】按鈕，點擊一個面，按住 Ctrl 鍵，點選另一個面，這樣可以加選第二個面。

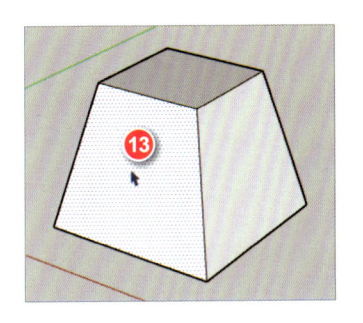

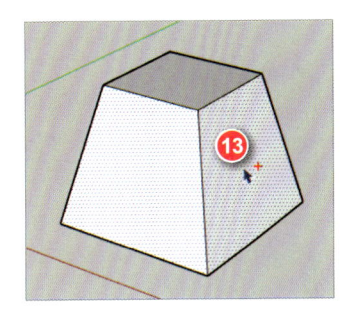

14. 按住 Shift 鍵，點擊已經選取的面，此時原本已經被選取的面會被取消選取，如下圖所示。

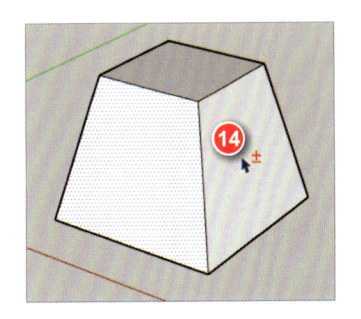

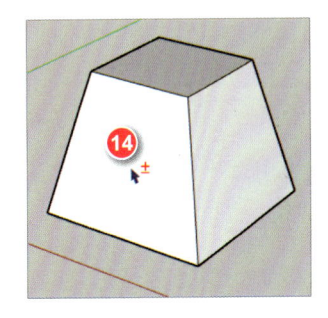

15. 按住 Shift 鍵，點擊沒有被選取的面，此時原本已經被取消選取的面又會被選取，如下圖所示。

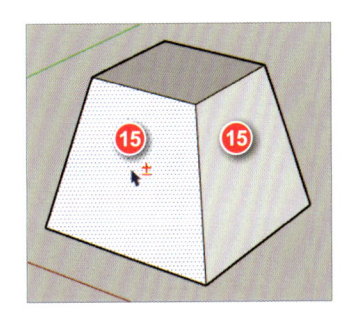

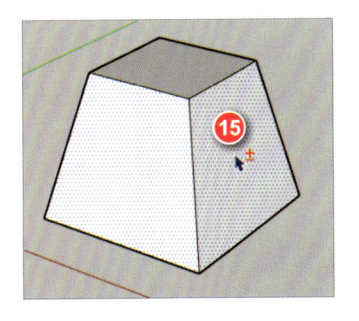

> **小祕訣 TIPS**
> 使用選取指令時，按住 Ctrl 鍵只能加選，而按住 Shift 鍵可以加選和退選，同時按住 Ctrl 鍵與 Shift 鍵則可以退選。

2-7

Lesson 2-3 繪圖工具

▌模型資訊設定

01. 點擊上方功能表的【檔案】→【新增】，建立新檔案。

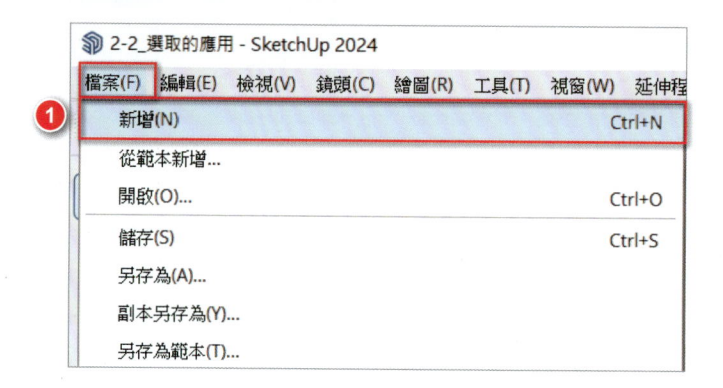

02. 點擊上方功能表的【視窗】→【模型資訊】。

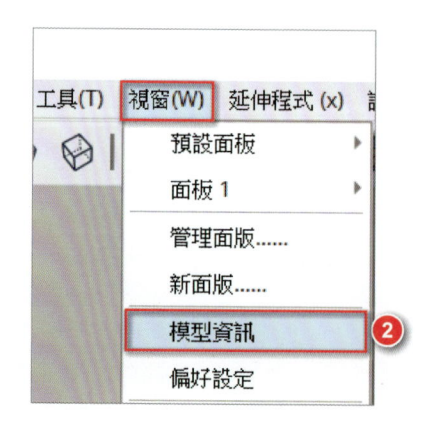

Chapter 2
圖形的繪製與編輯

03. 在模型資訊的視窗中點擊【單位】，在長度單位的下拉式選單中點擊【公分】，在精確度的下拉式選單中點選【0cm】，按下右上角的打叉關閉。

04. 開始繪製。

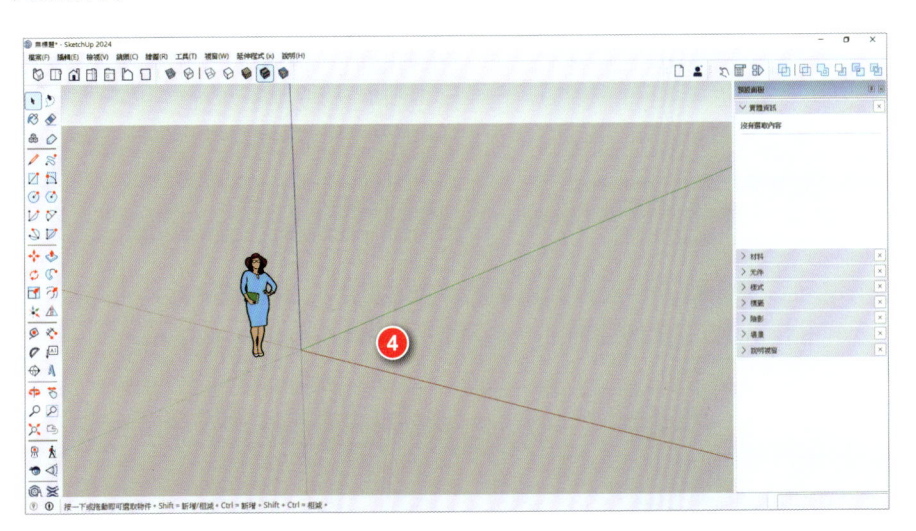

2-9

直線

01. 點擊【✏（直線）】按鈕，點擊空白處作為線段的起始點。

02. 將滑鼠往綠色軸方向移動，滑鼠稍作停留，會顯示「在綠色軸上」的提示說明。

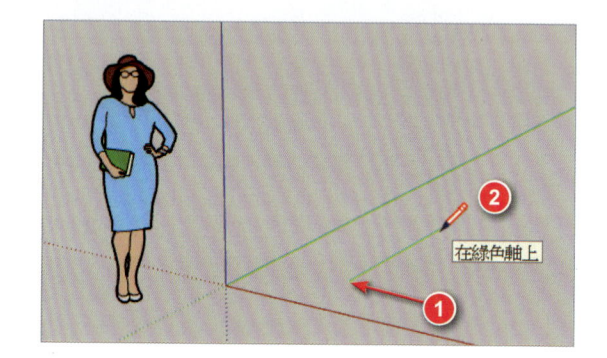

03. 接著直接輸入「100」，按下 Enter 鍵，可繪製長度 100cm 的線段。

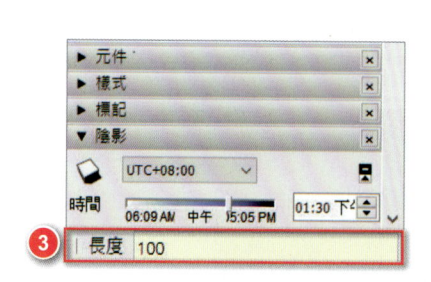

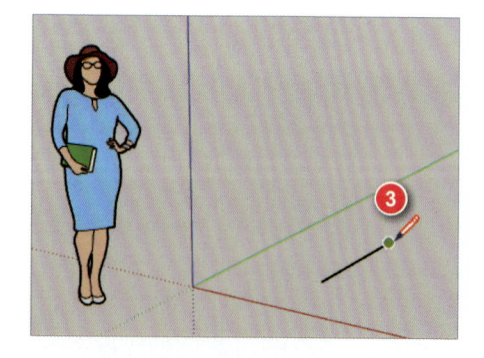

04. 將滑鼠向右邊移動，線段會呈現紅色，並且出現「在紅色軸上」的提示說明，輸入「100」，來指定線段與紅色軸平行，且線段長度為 100cm。

05. 將滑鼠向下移動，線段會呈現綠色，並且出現「在綠色軸上」的提示說明，輸入「100」，來指定線段與綠色軸平行，且線段長度為 100cm。

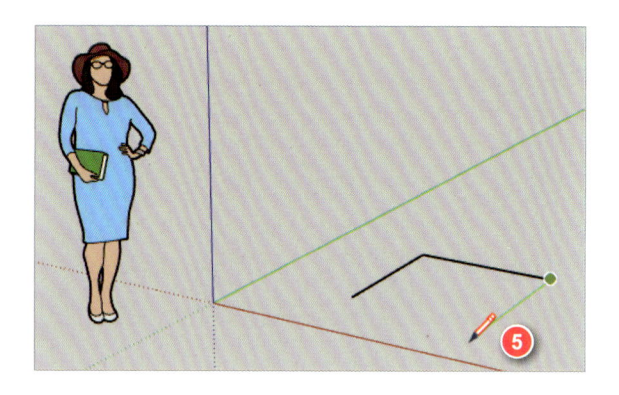

06. 將滑鼠移動到起始點的位置，會出現「端點」的提示說明，點擊端點封閉線段。

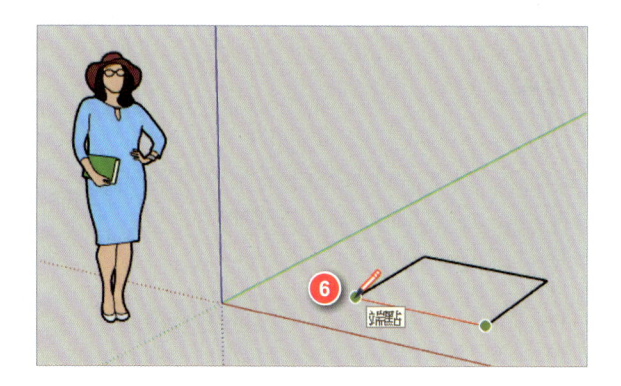

07. 所有線段成封閉的線段後，就會形成一個面。

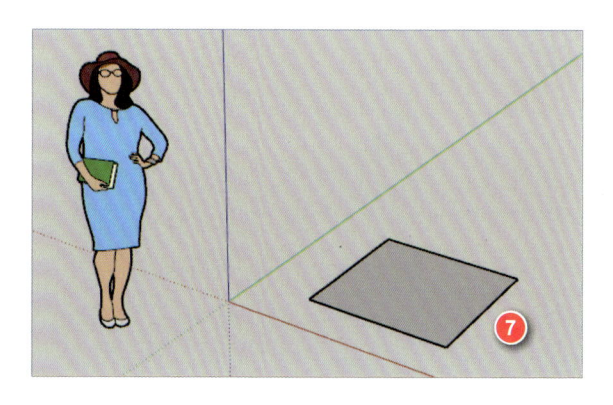

2-11

08. 點擊平面左上端點為線段的起始點。

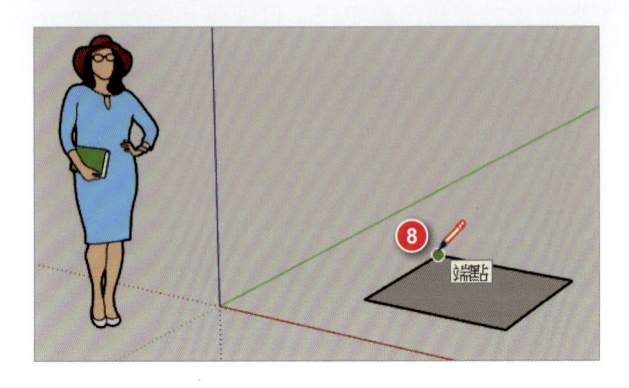

09. 將滑鼠向上移動，線段會呈現藍色，並且出現「在藍色軸上」的提示說明。

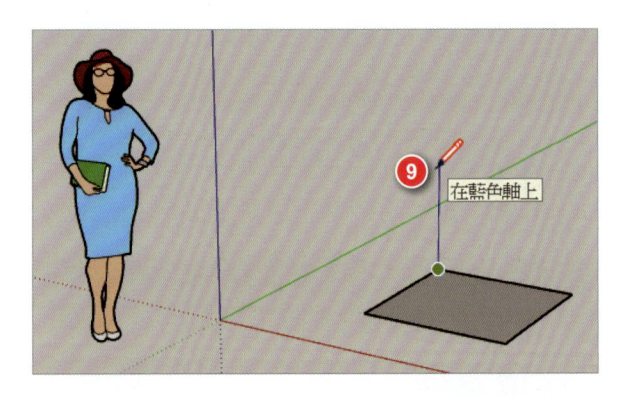

10. 輸入「100」，來指定線段與藍色軸平行，且線段長度為 100cm。

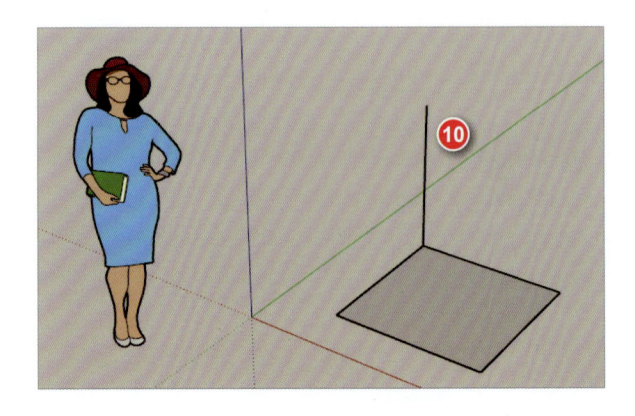

Chapter **2**
圖形的繪製與編輯

11. 將滑鼠向右移動，線段會呈現紅色，並且出現「在紅色軸上」的提示説明，輸入「100」，來指定線段與紅色軸平行，且線段長度為 100cm。

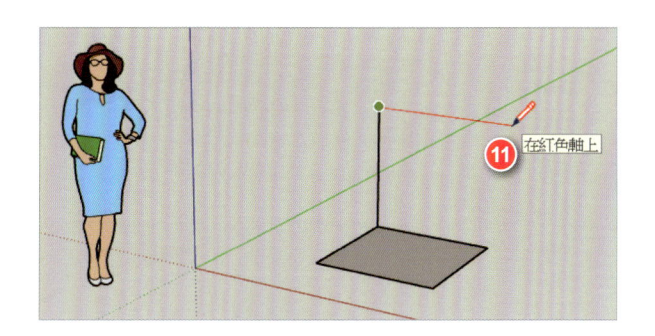

12. 將滑鼠往下方移動，並連接到端點位置。

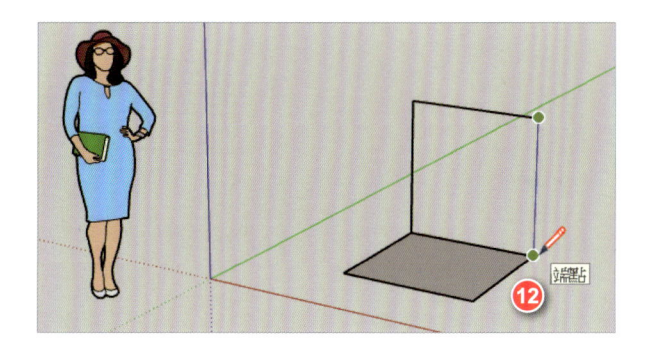

13. 所有線段成為封閉的線段，形成一個面。

2-13

14. 點擊【 ✦ (尺寸)】按鈕。

15. 將滑鼠移動到線段上，點選線段。

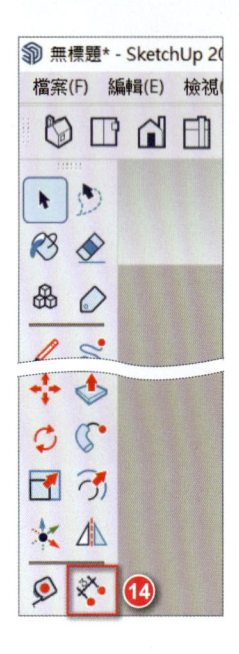

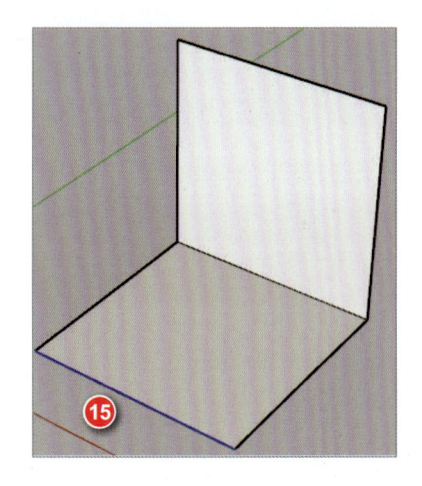

16. 滑鼠往外移動，在適當的位置按一下滑鼠左鍵，可以決定尺寸放置的位置。

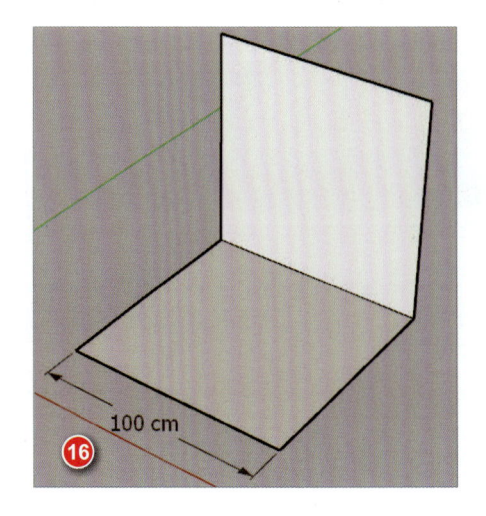

Chapter 2
圖形的繪製與編輯

17. 依相同的方式，放置尺寸的位置。

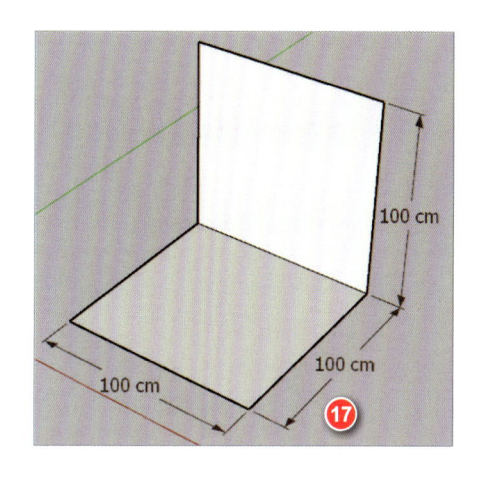

■ 直線 – 平行四邊形

01. 點擊上方功能表的【鏡頭】→
【平行投影】。

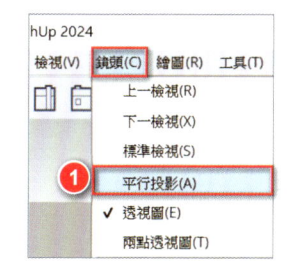

02. 點擊檢視工具列上的【 ▯ （俯視圖）】按鈕，將畫面切換至俯視角。

03. 點擊【 ✏ (直線)】按鈕。

2-15

04. 在畫面空白處點擊滑鼠左鍵，並畫出任意角度的平行四邊形的兩個邊，如右圖所示。

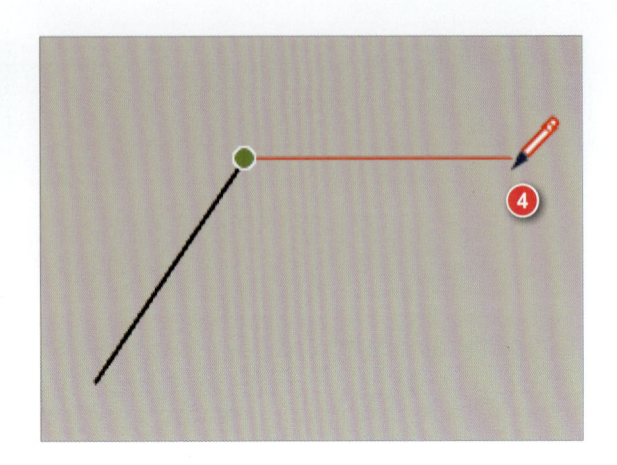

05. 將滑鼠移動到長邊的線段上，此動作可設定要平行的邊。

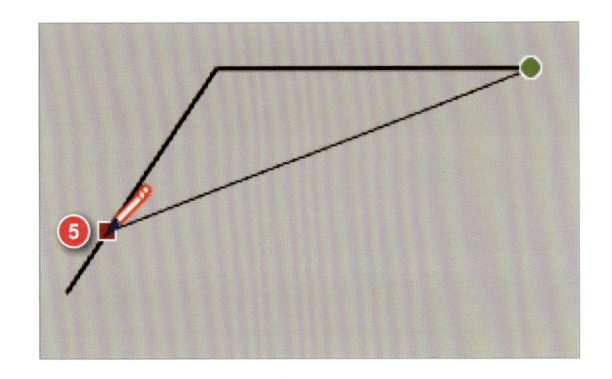

06. 滑鼠往右移動會出現「與邊線平行」的提示說明，且線段變成粉紅色。

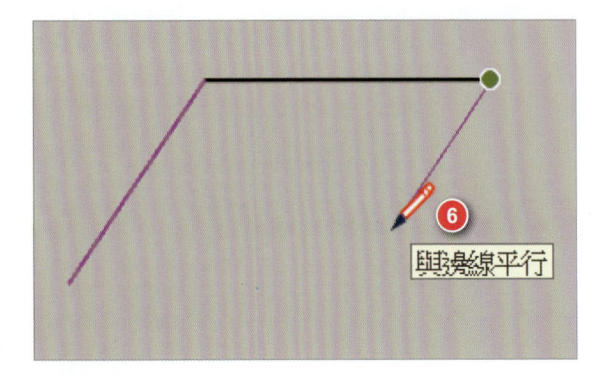

Chapter **2**
圖形的繪製與編輯

07. 滑鼠繼續往粉紅色線的方向移動至與左邊的點對齊,會出現「從點」的提示說明,點擊滑鼠左鍵。

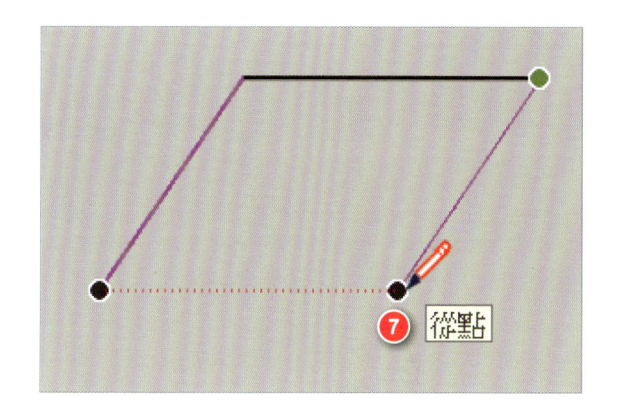

08. 再點擊起始點,封閉圖形。

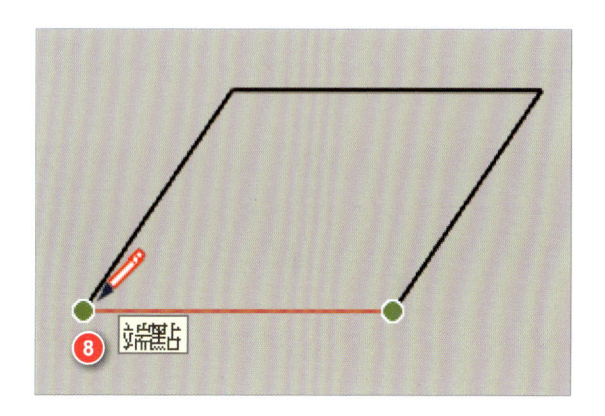

09. 完成平行四邊形。

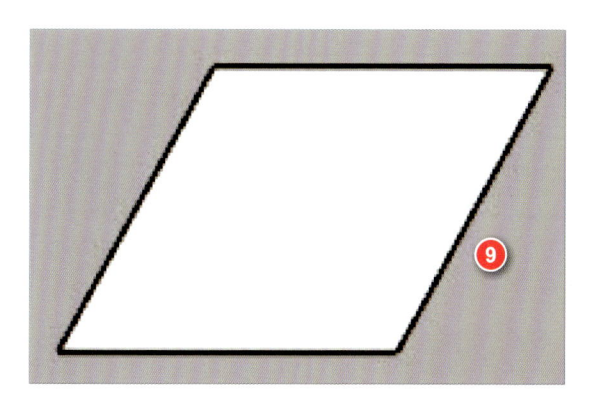

2-17

■ 矩形

01. 點擊【 ▱ （矩形）】按鈕。

02. 按住滑鼠中鍵環轉到如右圖視角，在空白處點擊左鍵做為矩形的第一個點。

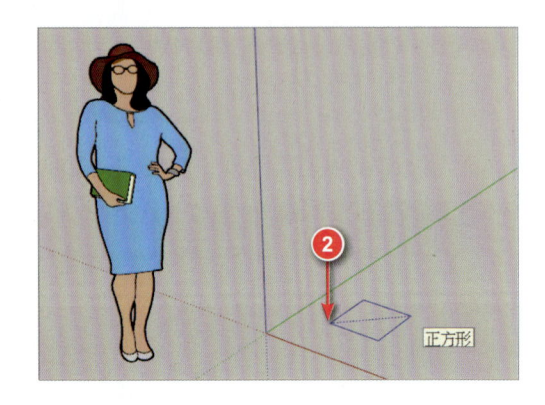

03. 往對角方向移動滑鼠，若螢幕出現虛線和「正方形」或「黃金比例」兩種提示說明，表示長寬比為 1:1 或 1:1.618。

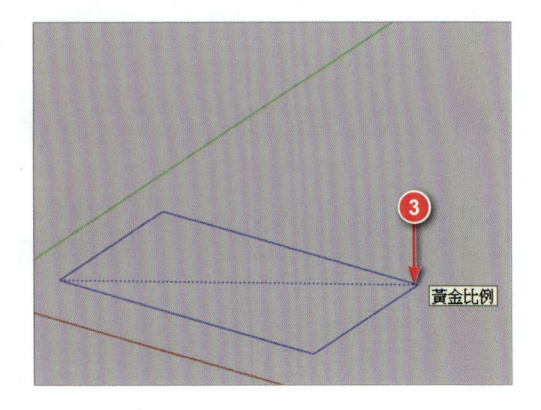

04. 若輸入「數值,數值」,則會繪製出指定尺寸大小的矩形,在此步驟輸入「100,50」並按下 Enter 鍵,來繪製長度 100cm、寬度 50cm 的矩形。

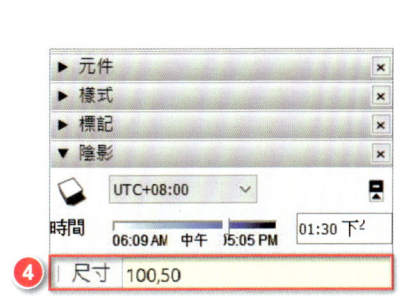

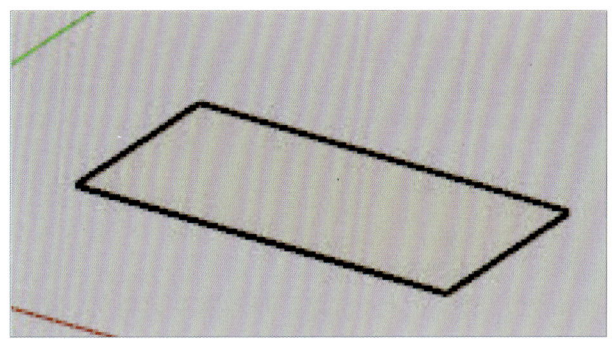

05. 按一下 Ctrl 鍵,將滑鼠移動到矩形的右上角,按下滑鼠左鍵,矩形將會以此端點為中心點 (再按一次 Ctrl 鍵可以切換回對角點矩形)。

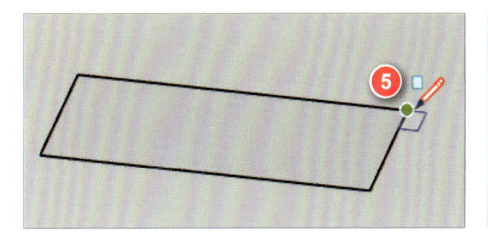

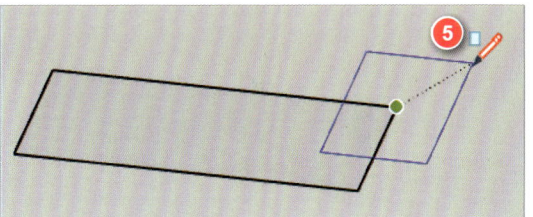

06. 輸入「100,50」來繪製長度 100cm、寬度 50cm 的矩形,就能夠以中心點為基準點來繪製矩形。

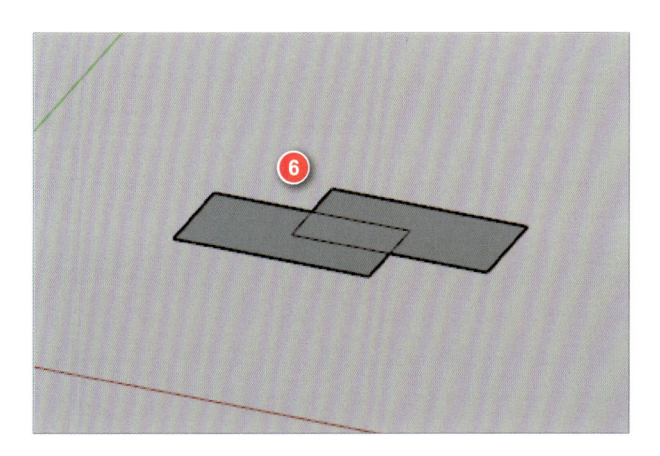

2-19

07. 點擊【 ✎ (尺寸)】按鈕。

08. 將滑鼠移動到線段上，點選線段。

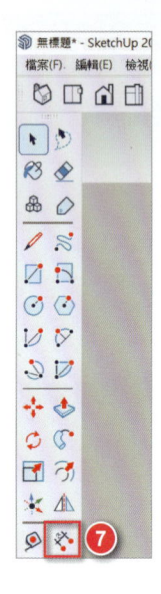

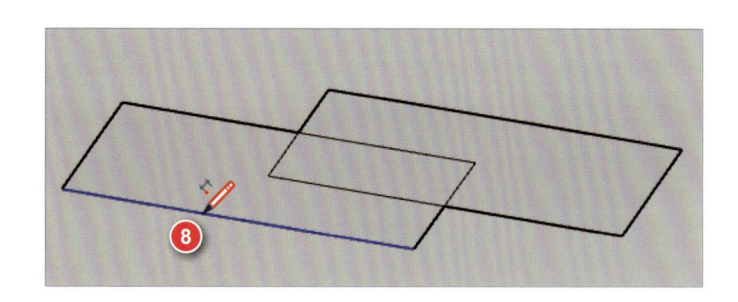

09. 滑鼠往外移動，在適當的位置按一下滑鼠左鍵，可以決定尺寸放置的位置，並以相同的方式放置另一個邊的尺寸。

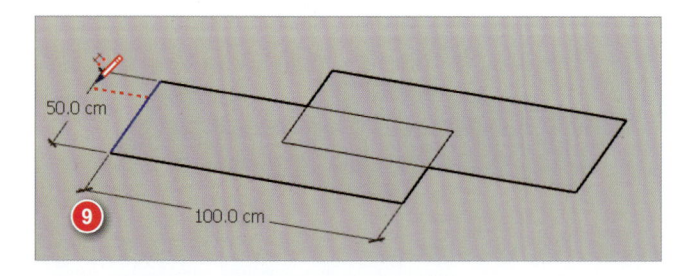

10. 點擊矩形的端點，再點擊要量測尺寸的另一個端點，可以測量兩點距離。

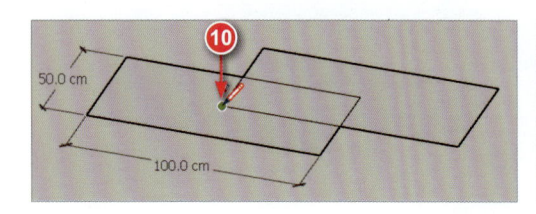

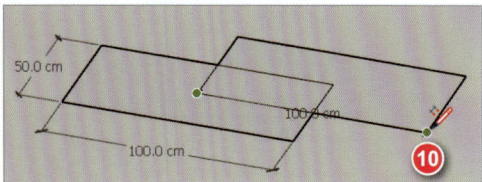

11. 滑鼠往外移動，在適當的位置按一下滑鼠左鍵，可以決定尺寸放置的位置。

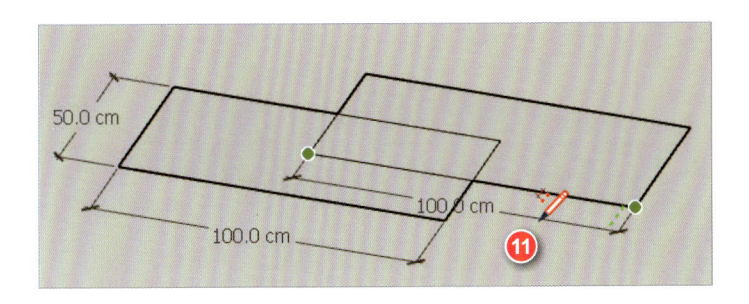

12. 依相同的方式量測矩形的另一邊，如圖所示。

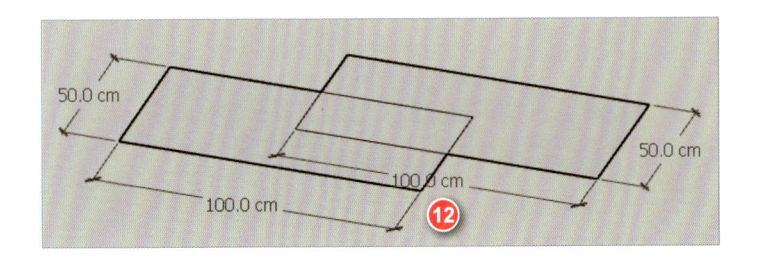

不同方向矩形

01. 點擊檢視工具列上的【 🏠 （正視圖）】按鈕，將畫面切到正視圖。

02. 點擊【 ▱ （矩形）】按鈕。

2-21

03. 任意的繪製一個矩形，繪製的矩形會垂直於綠色軸，且繪製矩形時游標也會呈現綠色的矩形圖示。

04. 點擊檢視工具列上的【▢】（右視圖）按鈕，將畫面切到右視圖。

05. 任意的繪製一個矩形，繪製的矩形會垂直於紅色軸，且繪製矩形時游標也會呈現紅色的矩形圖示。

06. 點擊檢視工具列上的【 (ISO)】按鈕，將畫面切到等角視圖。

07. 點擊鍵盤方向鍵的左鍵，就可以繪製出垂直於綠色軸的矩形；點擊方向鍵的上鍵，可以繪製垂直於藍色軸的矩形；點擊方向鍵的右鍵，可以繪製垂直於紅色軸的矩形。

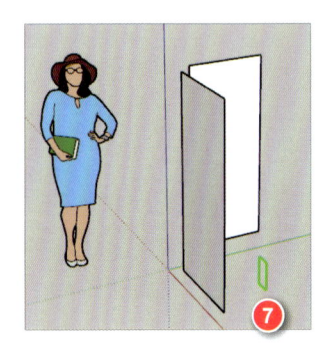

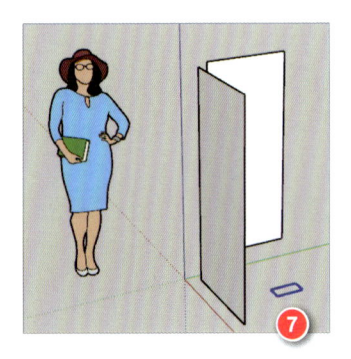

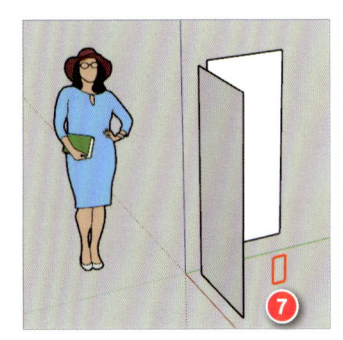

08. 不用環轉視角，就可以繪製出垂直於紅色軸的矩形。

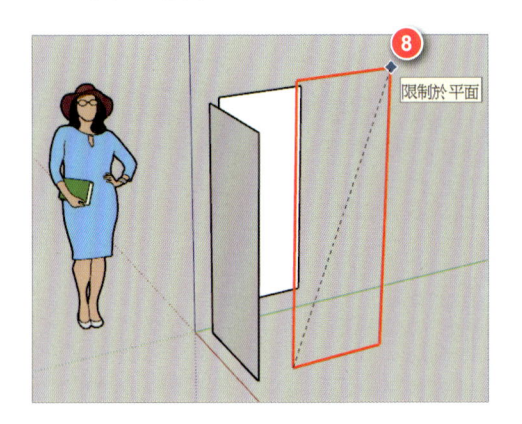

09. 當按下方向鍵的左鍵，使游標垂直於綠色軸上，如左圖。再按下一次方向鍵的左鍵，就可以解除鎖定，如右圖。

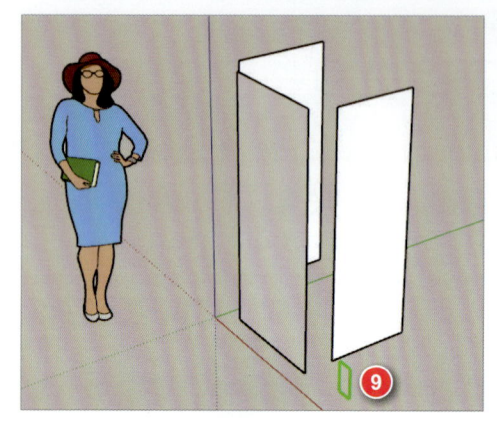

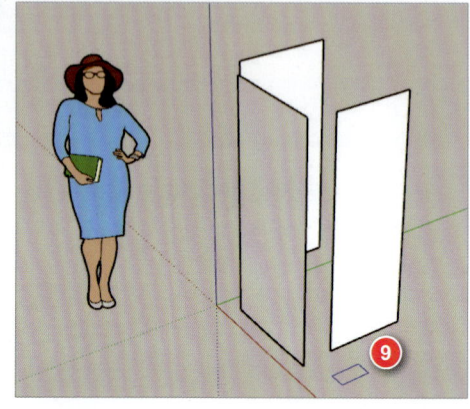

10. 再按下鍵盤上的空白鍵，就可以回到選取的指令。

▊ 旋轉矩形

01. 點擊【🔲（旋轉矩形）】按鈕。

Chapter 2
圖形的繪製與編輯

02. 在空白處點擊滑鼠左鍵，決定起點。

03. 將滑鼠往紅色軸方向移動，並輸入矩形長度「100」，並按下 Enter 鍵。

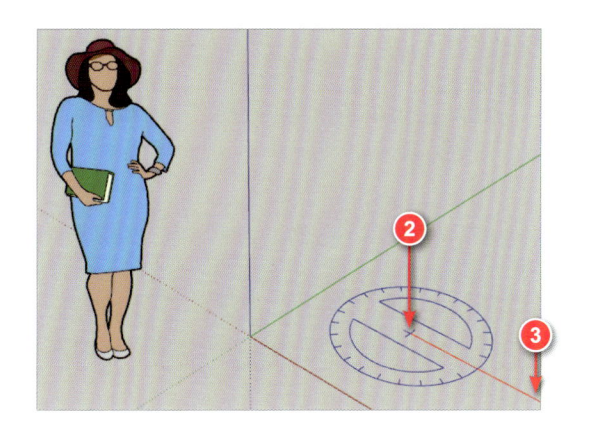

04. 將滑鼠往右上方移動，並輸入「200,30」，在滑鼠的右下角會出現寬度與角度的提示。

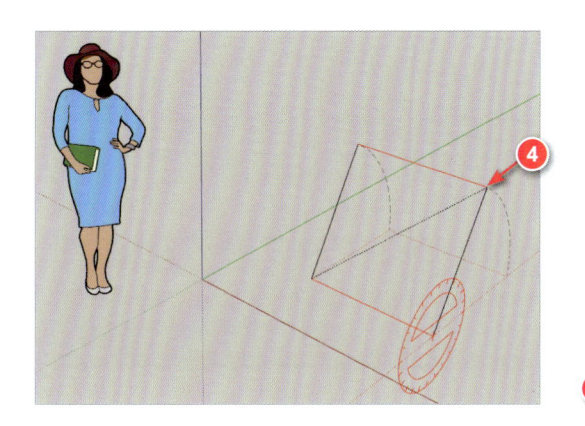

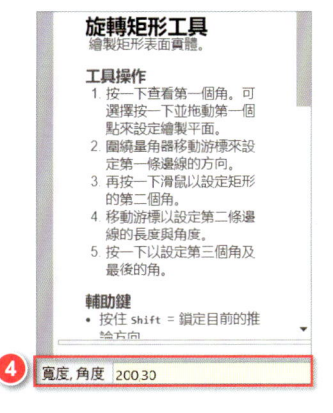

05. 就可以繪製一個與地面夾角為 30 度的矩形，完成圖。

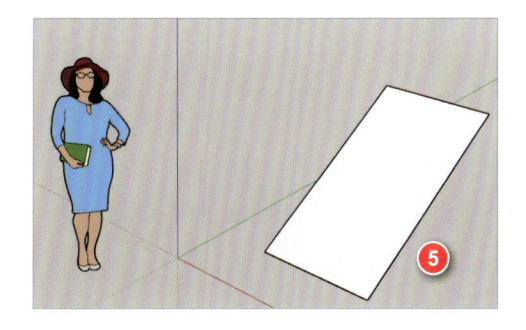

2-25

圓形

01. 點擊【 ◉ （圓形）】按鈕。

02. 在空白處點擊滑鼠左鍵，決定圓形的中心點。

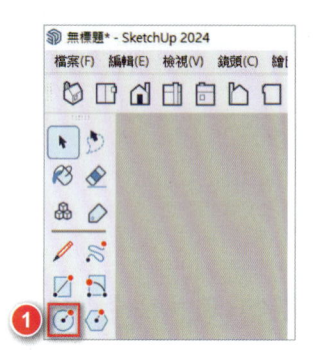

03. 滑鼠往外移動會出現一個圓，輸入數值「100」並按下 Enter 鍵，繪製半徑為 100cm 的圓。

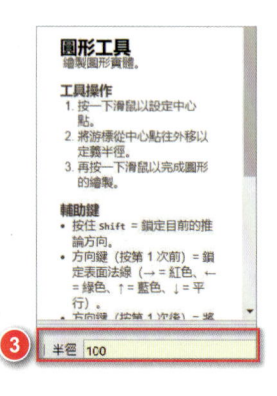

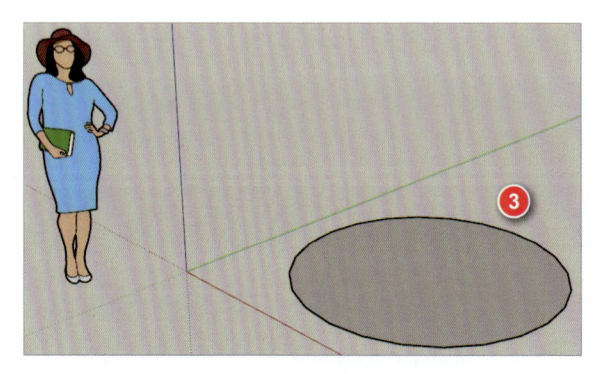

04. 點擊【 ✦ （尺寸）】按鈕。

05. 點擊圓形的邊,再點擊要放置尺寸的位置。

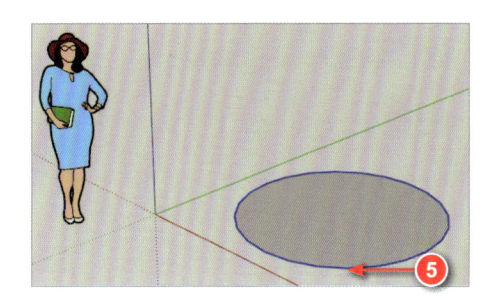

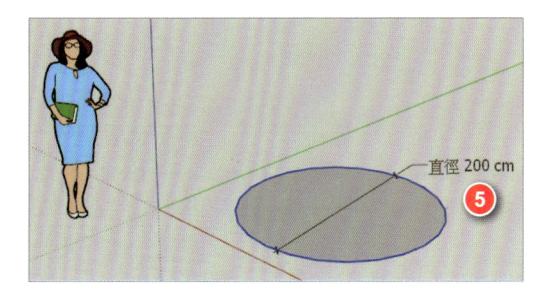

06. 點擊尺寸並按下滑鼠右鍵,點擊【類型】→【半徑】。

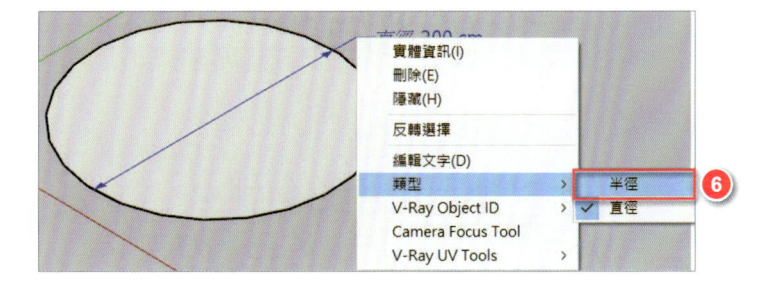

07. 尺寸標註就會以半徑的數值顯示。

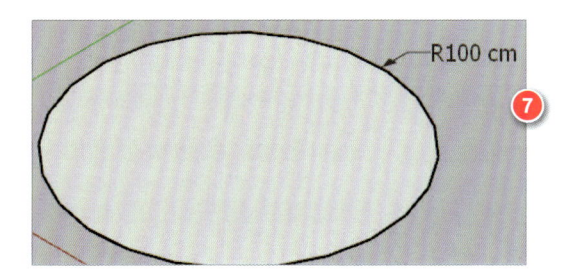

08. 點擊【 ▶ (選取)】按鈕。

2-27

09. 將滑鼠移動到圓的邊緣按下滑鼠右鍵，點擊【實體資訊】。

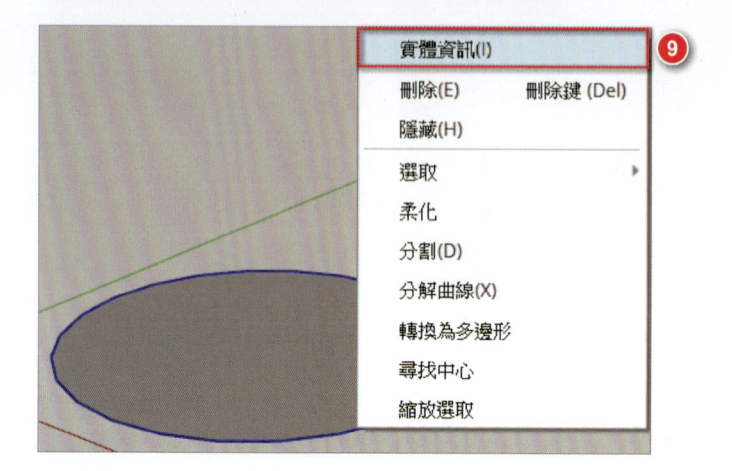

10. 在右側的實體資訊面板的區段內輸入「12」。

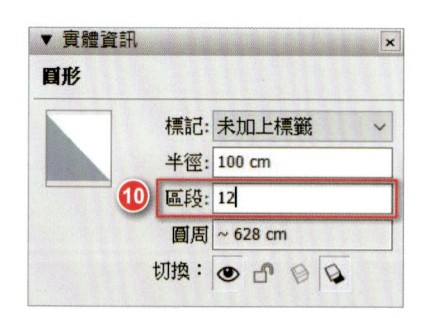

11. 圓會變成多邊形，段數越高，圓的邊緣就會更接近圓形。

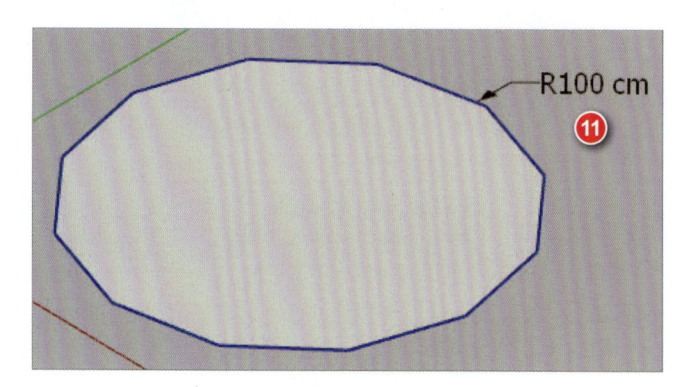

多邊形

01. 點擊【 ◉ （多邊形）】按鈕。

02. 滑鼠不要點擊，先輸入數值來指定邊數，此處輸入「5」並按下 Enter 鍵來繪製五邊形。

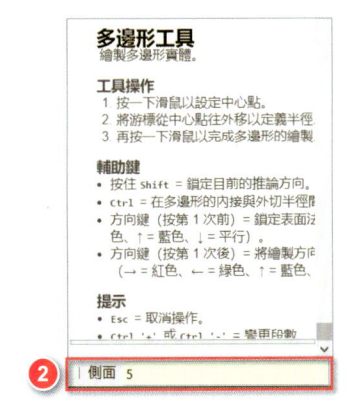

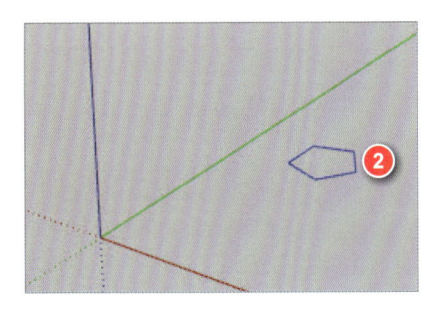

03. 在畫面任一位置點擊滑鼠左鍵可以決定多邊形的中心點。

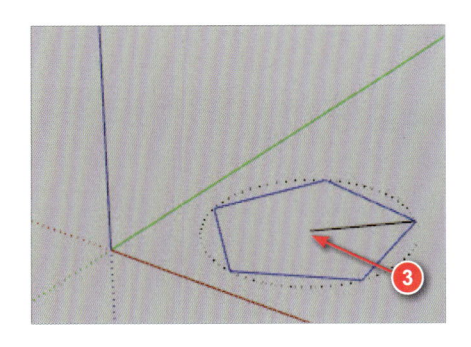

2-29

04. 輸入「100」並按下 Enter 鍵，來指定五邊形的半徑為100cm。

05. 完成圖。

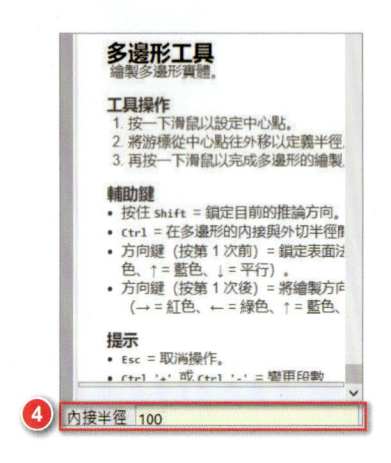

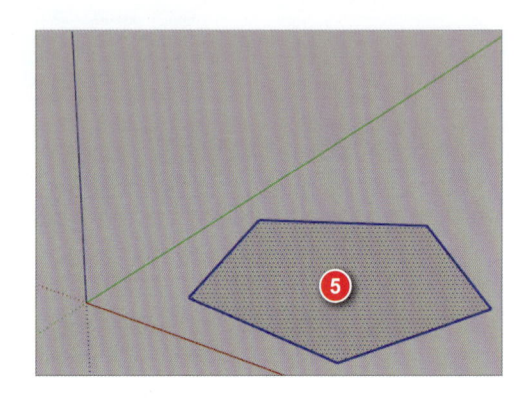

06. 再次輸入「50」並按下 Enter 鍵，可以直接修改五邊形的半徑為50cm。

07. 直接輸入「8s」並按下 Enter 鍵，可以直接修改五邊形為八邊形。

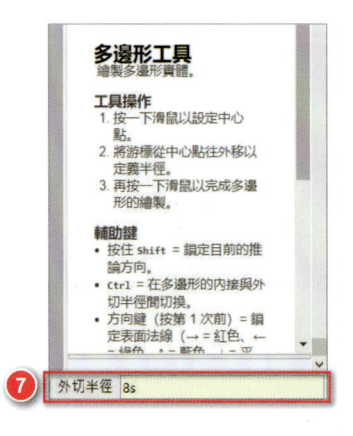

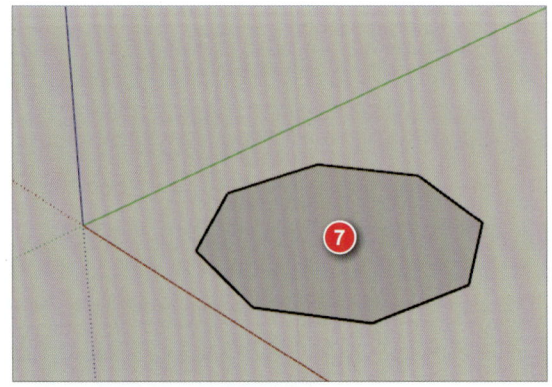

內接與外切多邊形

01. 先繪製任意的一個圓。(圓形的顏色為灰色或白色皆不影響操作)

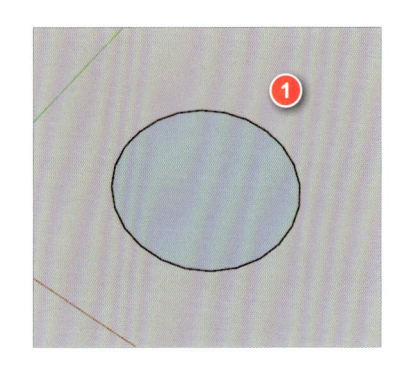

02. 點擊【 ◉ (多邊形)】按鈕,將滑鼠移到圓的邊框位置(停留非點擊),可以偵測到圓心位置。

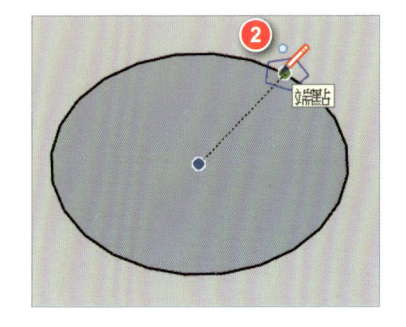

03. 再將滑鼠移到圓的中心點位置,按下滑鼠左鍵決定多邊形的中心點位置。

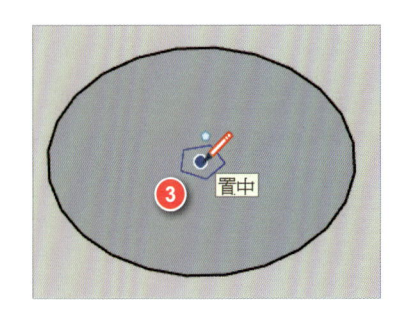

2-31

04. 按一下 `Ctrl` 鍵，右下方的欄位會切換成外切半徑，將滑鼠移動到圓的邊緣並按下滑鼠左鍵。

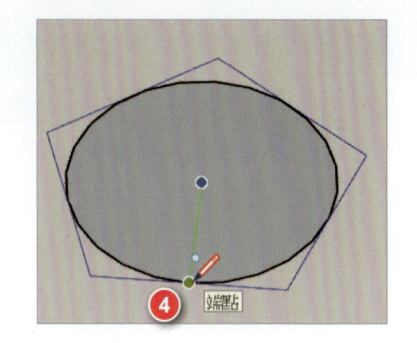

05. 此為外切多邊形。

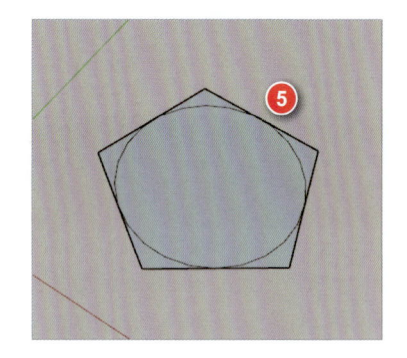

06. 再次點擊圓的中心點，並按一下 `Ctrl` 鍵。

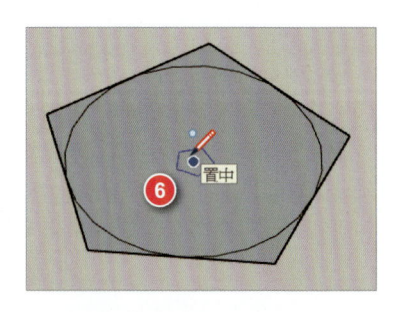

07. 右下方的欄位會切換成內接半徑，將滑鼠移動到圓的邊緣並按下滑鼠左鍵。

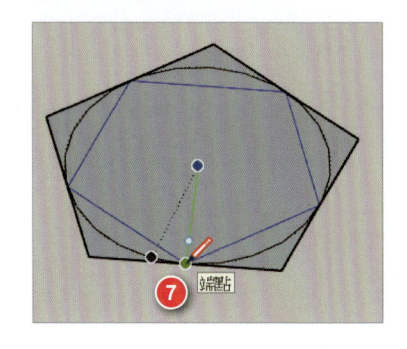

08. 完成內接多邊形。

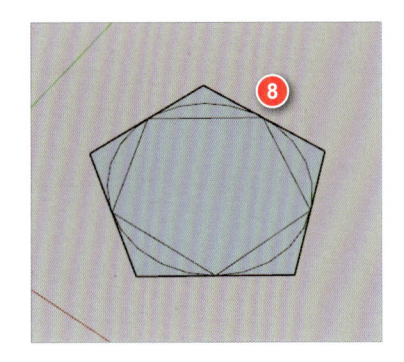

圓弧

01. 點擊上方功能表的【鏡頭】→【平行投影】。

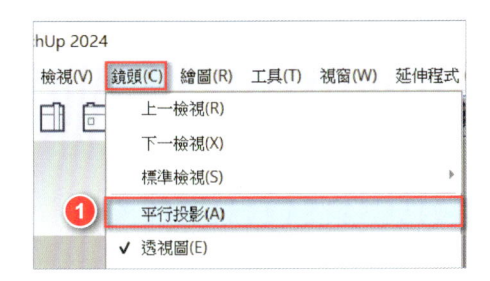

02. 點擊檢視工具列上的【 ▯ （俯視圖）】按鈕，將畫面切到俯視圖。

03. 點擊【 ▱ （矩形）】按鈕。

2-33

04. 繪製一個長 100 寬 50 的矩形，輸入「100,50」。

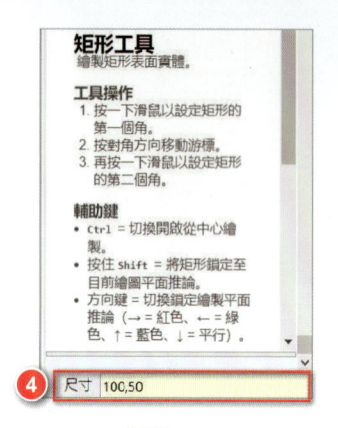

05. 點擊【 ![arc] （圓弧）】按鈕。

06. 將滑鼠移動到矩形左邊邊上的中點，並按下滑鼠左鍵。

07. 將滑鼠移動到矩形下方的端點，並按下滑鼠左鍵。

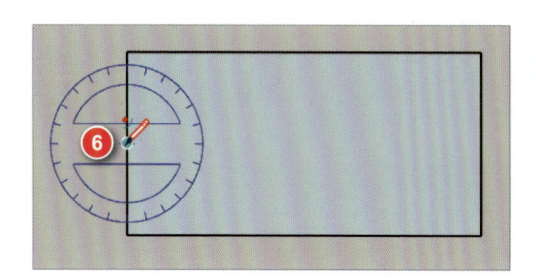

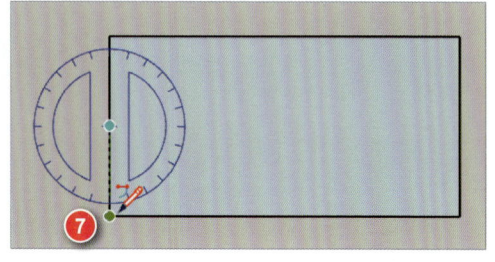

08. 將滑鼠順時針移動到矩形上方的端點，並按下滑鼠左鍵。

09. 完成中心點圓弧繪製。

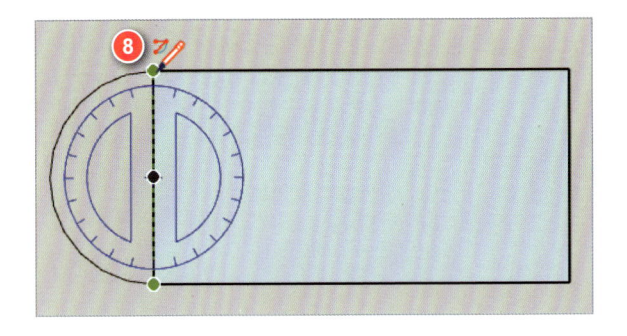

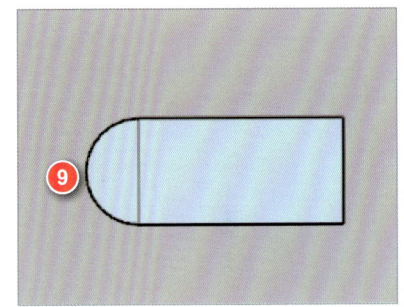

10. 點擊【 (**兩點畫弧**)】按鈕。

11. 點擊圓弧的兩個端點，如圖所示。

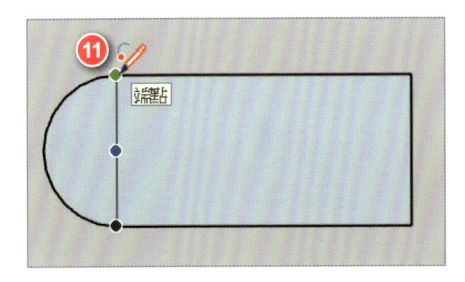

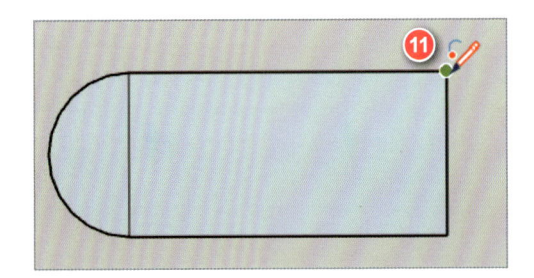

2-35

12. 將滑鼠往上移動，並輸入圓弧的凸出部分「50」。

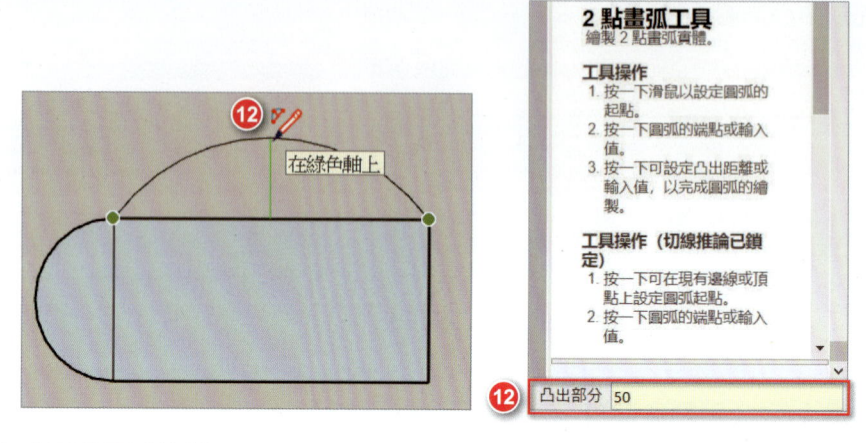

13. 完成兩點圓弧繪製。

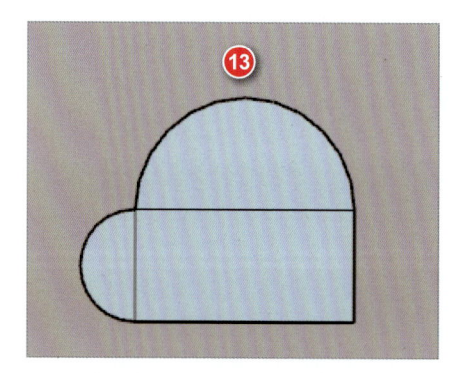

14. 點擊【 （三點畫弧）】按鈕。

15. 滑鼠點擊矩形右上角的端點。

16. 將滑鼠往下移動，任意的點擊滑鼠左鍵決定圓弧的第二個點。

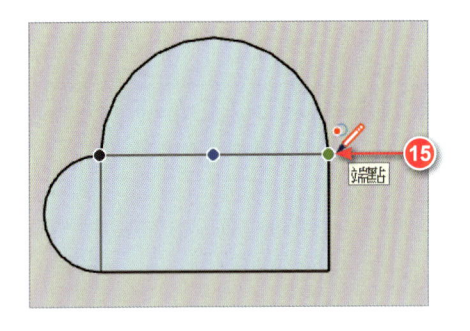

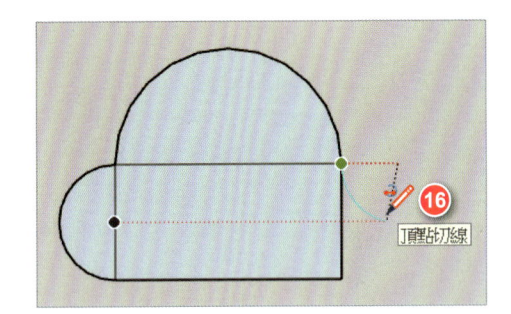

17. 將滑鼠往下移動，點擊端點。

18. 完成三點圓弧的繪製。

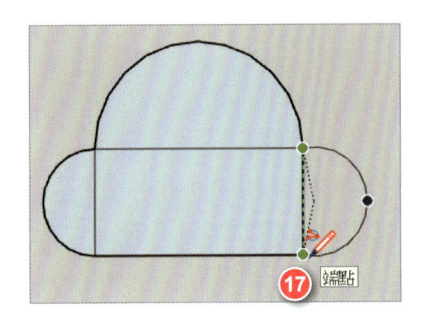

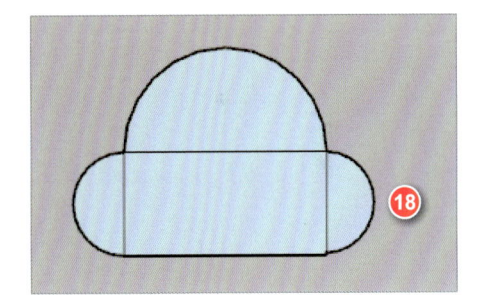

19. 點擊【 （圓餅圖）】按鈕。

2-37

20. 點擊滑鼠左鍵為圓弧的起點,並將滑鼠往左移動,移動至適當位置後,點擊左鍵確認位置。

21. 將滑鼠往右上移動,並按下滑鼠左鍵。

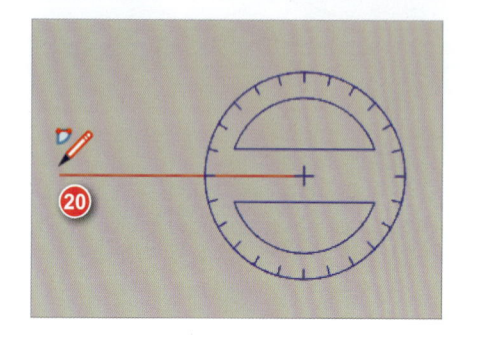

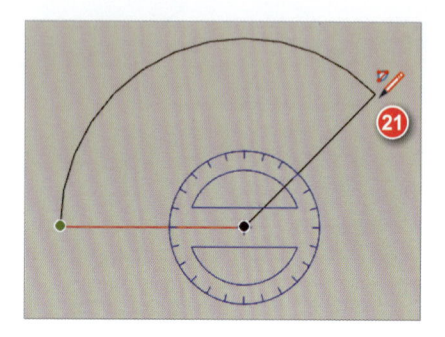

22. 此時繪製的圓弧就會形成一個面。

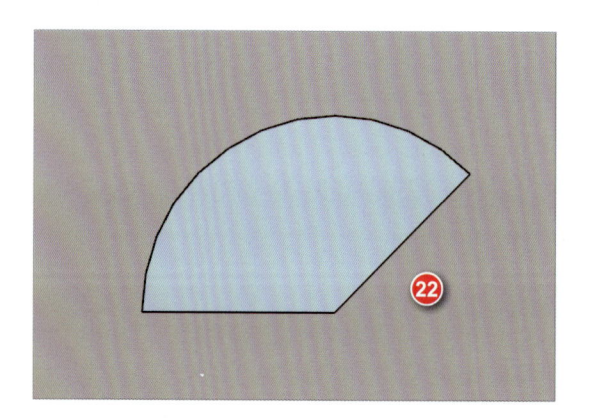

利用兩點畫弧繪製圓角

01. 點擊上方功能表的【鏡頭】→ 確認目前為【平行投影】。

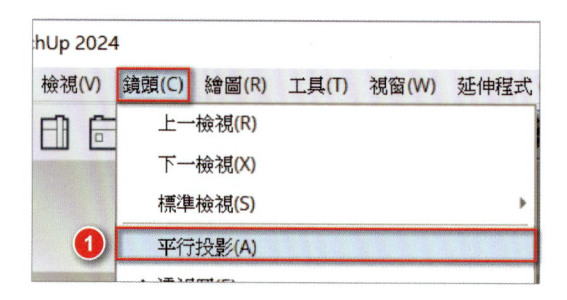

Chapter **2**
圖形的繪製與編輯

02. 點擊檢視工具列上的【▢（俯視圖）】按鈕,將畫面切到俯視圖。

03. 點擊【▱（矩形）】按鈕。

04. 繪製一個長 100 寬 50 的矩形,輸入「100,50」。

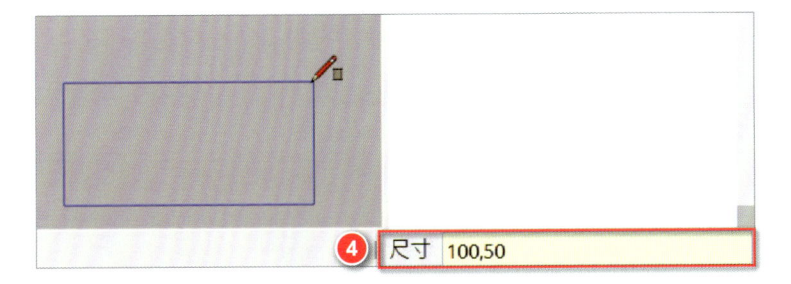

05. 點擊【▱（兩點畫弧）】按鈕。

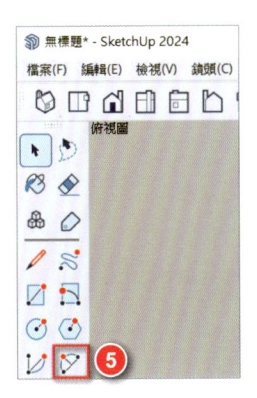

2-39

06. 將滑鼠移動到右邊的邊上,並按下滑鼠左鍵。

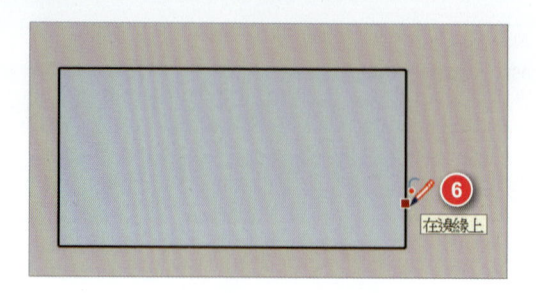

07. 將滑鼠移動到矩形上方的邊,會出現紫色的線段,表示圓弧與邊相切,按下滑鼠左鍵。

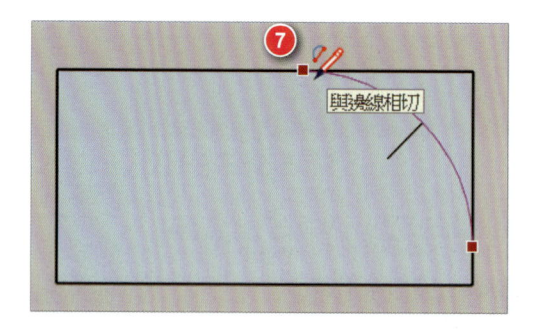

08. 將滑鼠往右移動,直到圓弧變成紫色,輸入半徑「20」並按下 Enter 鍵。

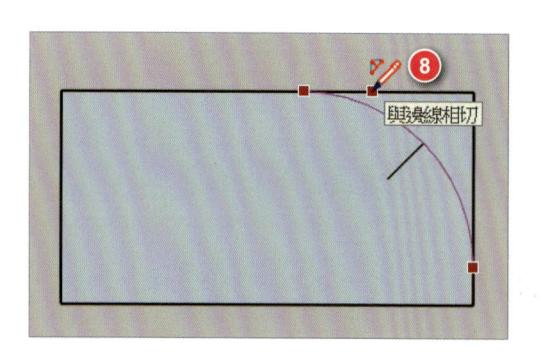

Chapter **2**
圖形的繪製與編輯

09. 完成半徑 20 的圓弧。

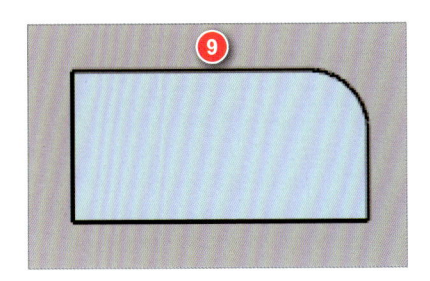

10. 將滑鼠移動到左邊的邊上，並按下滑鼠左鍵。

11. 將滑鼠移動到矩形上方的邊，會出現紫色的線段，按下滑鼠左鍵。

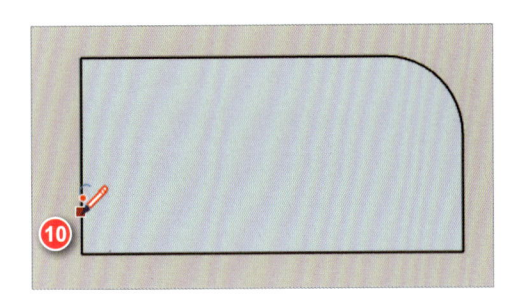

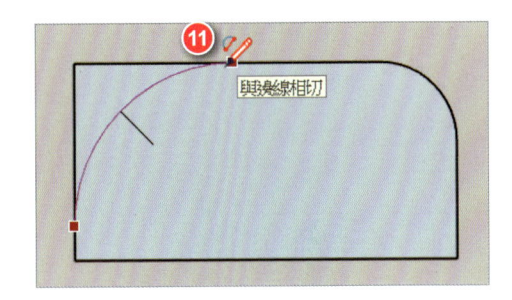

12. 將滑鼠往左移動，直到圓弧變成紫色，輸入半徑「20」。

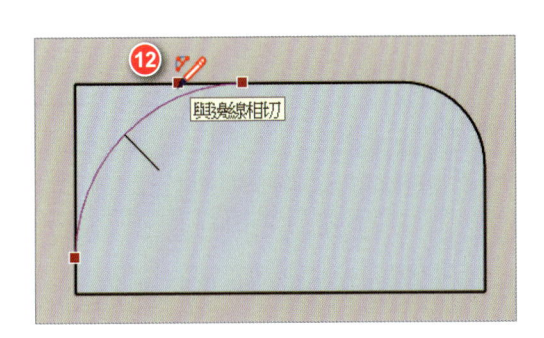

2-41

13. 完成對等的圓角繪製。

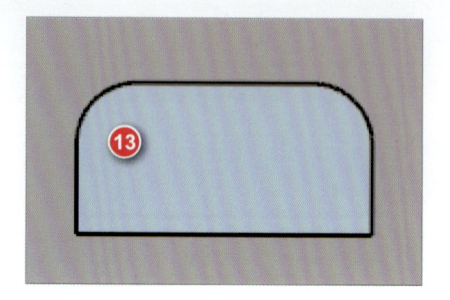

> **小祕訣 TIPS**　繪製圓角時，出現紫色線段，表示圓弧與兩邊都相切；出現青色線段則是圓弧只有一邊相切。

Lesson 2-4 編輯工具

▍推拉

01. 繪製一個長度 150cm、寬度 50cm 的矩形,並在中間繪製兩條線段。

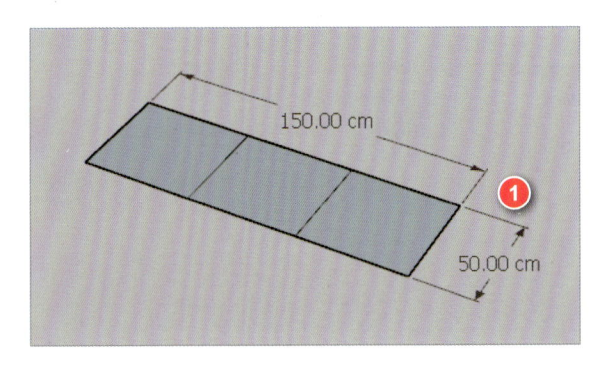

02. 點擊【 ▲ (推/拉)】按鈕。

03. 在最左側的矩形,按下滑鼠左鍵。

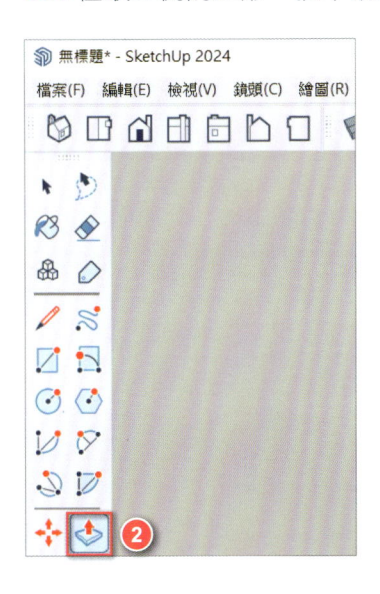

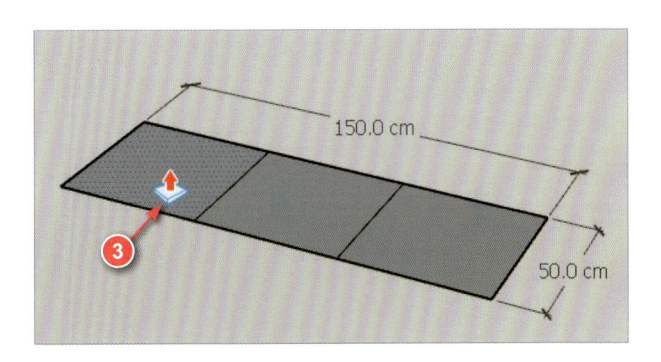

2-43

04. 鼠標往上移動決定推拉方向，輸入「20」並按下 Enter 鍵，來指定向上推拉的距離為 20cm。

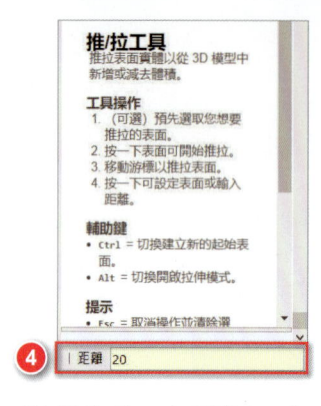

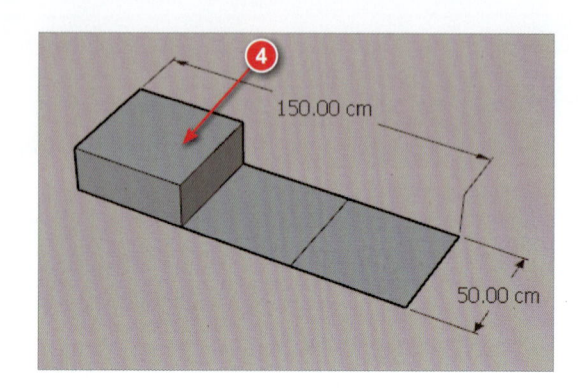

05. 滑鼠移動至中間的矩形。

06. 連續點擊左鍵兩次，可推拉出與第一面同樣的高度，不需輸入數值。

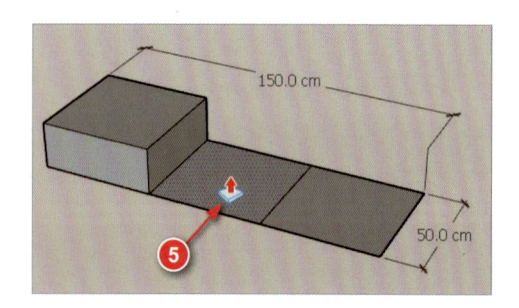

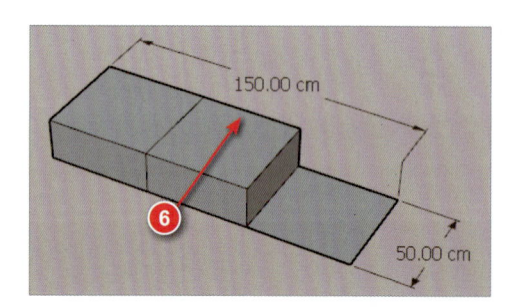

07. 點擊最右側的矩形，將滑鼠向左邊矩形上方的面移動，會出現「在表面上」的提示說明，此時點擊左鍵決定高度，推拉的距離則會與最左邊矩形上方的面等高。

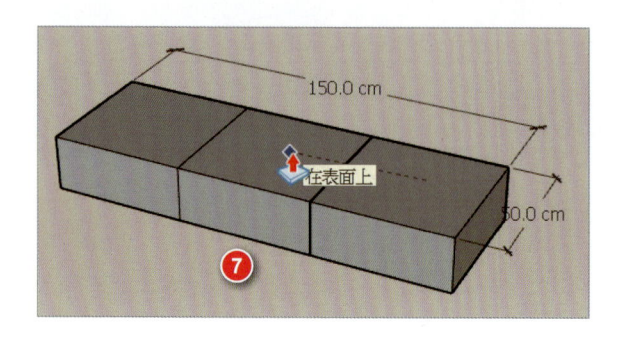

2-44

Chapter 2
圖形的繪製與編輯

08. 點擊中間的矩形，並按一下 Ctrl 鍵，滑鼠往上移動決定推拉方向，輸入高度數值「50」並按下 Enter 鍵，會在中間的矩形面上長出另一個矩形面。

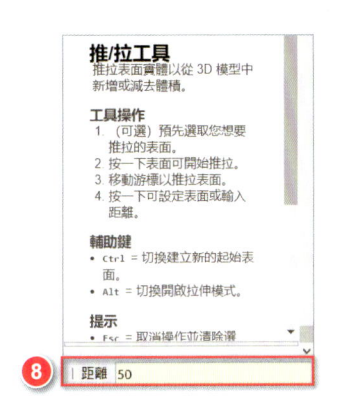

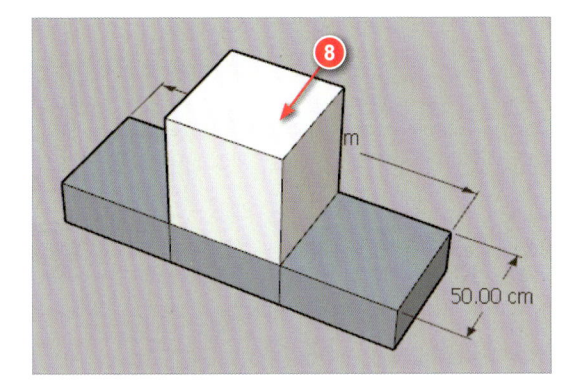

09. 點擊最右側的矩形，滑鼠往上移動決定推拉方向，輸入高度數值「50」，會在最右側的矩形面上長出另一個矩形面。

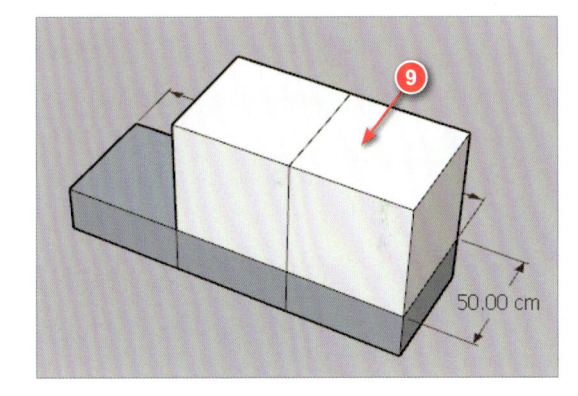

推拉貫穿

01. 請開啟範例檔〈2-4_推拉貫穿.SKP〉。

02. 點擊【 （推/拉）】按鈕，並點擊要貫穿的面。

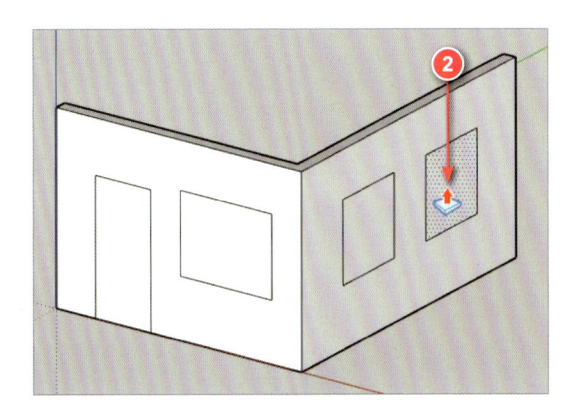

2-45

03. 將滑鼠向右上方移動，點擊牆面右後方的端點，使矩形面往後推到牆面底部。

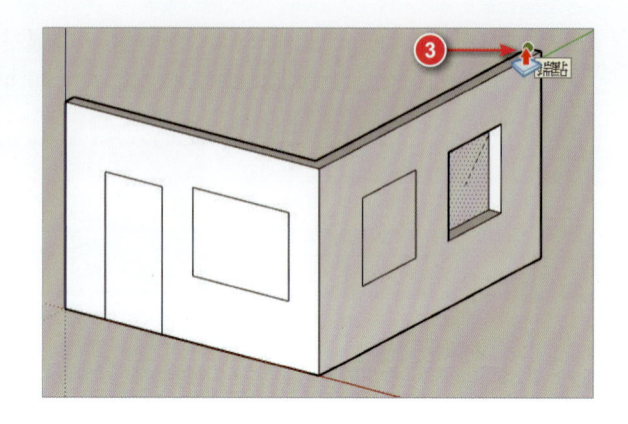

04. 完成貫穿的面。

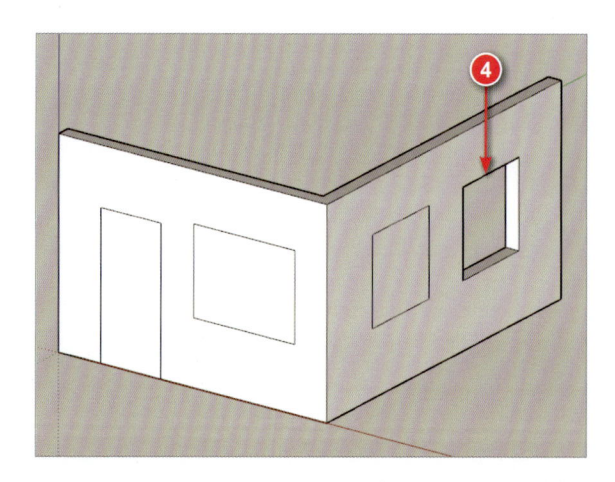

05. 依相同的方式將旁邊的窗戶做貫穿的動作。

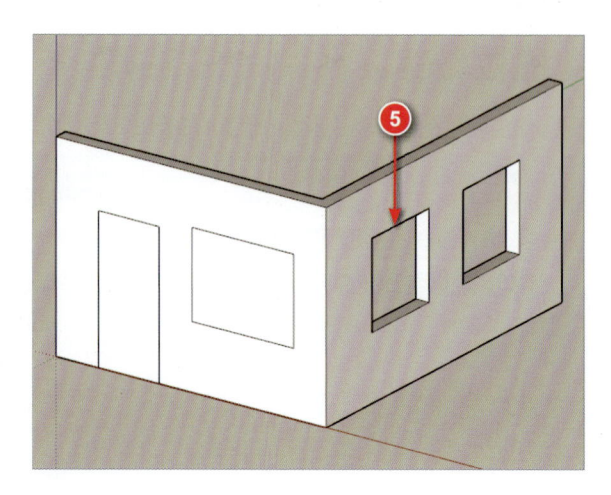

06. 點擊要貫穿的面,如圖所示。

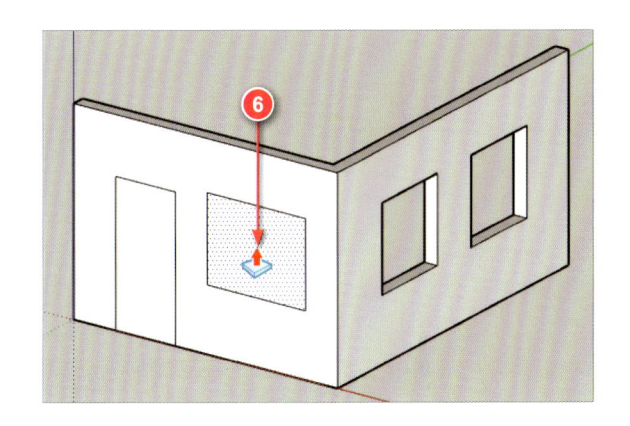

07. 將滑鼠向上方移動,點擊牆面後方的邊線上,使矩形面往後推到牆面底部。

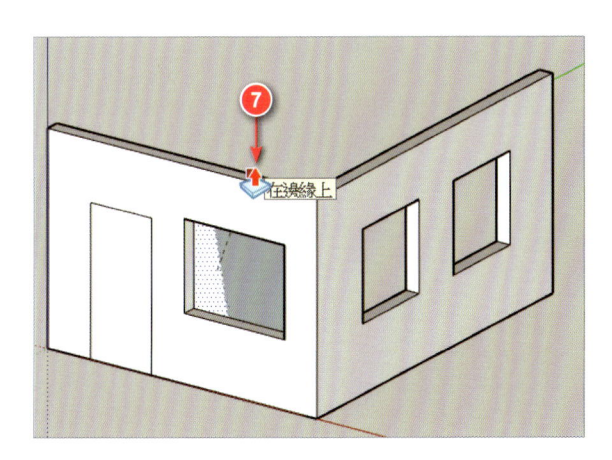

08. 門的部分可用相同的方式點選不一樣的平行點或邊線來做貫穿的動作。

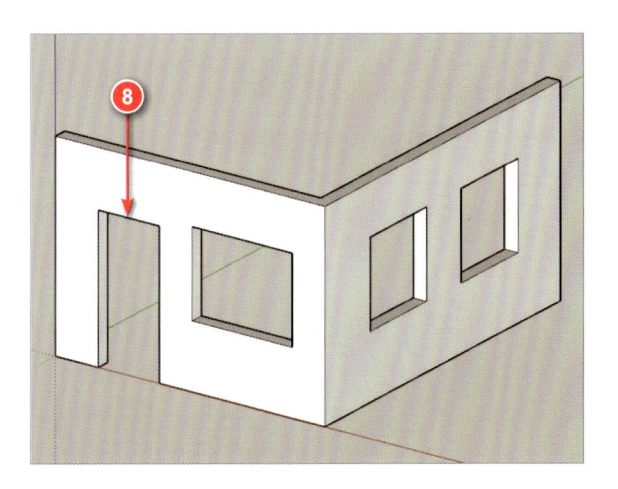

2-47

偏移

01. 繪製一個 100cm*100cm 的矩形。

02. 點擊【 🗘 （偏移）】按鈕。

03. 點擊矩形的面。

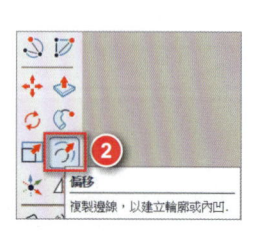

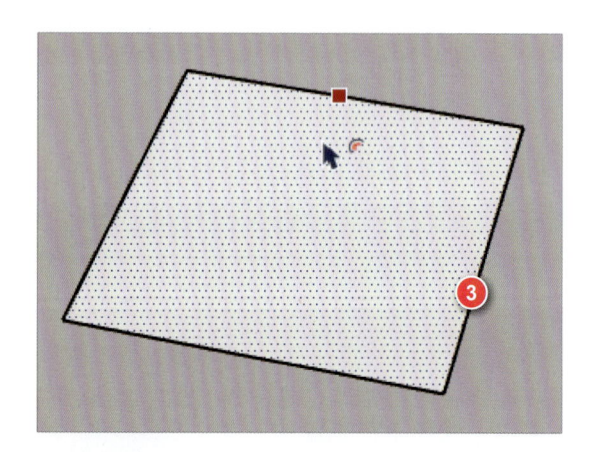

04. 將滑鼠往矩形內移動，並輸入偏移值「20」。

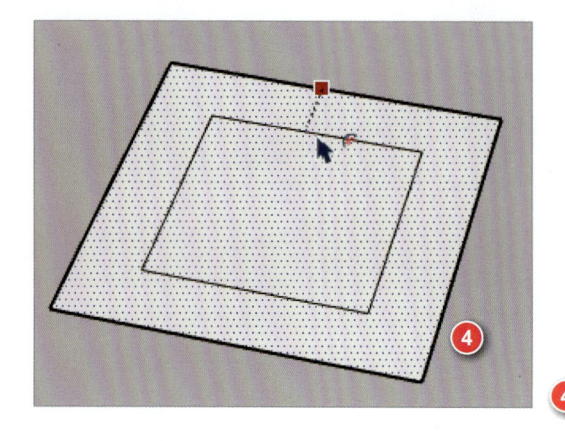

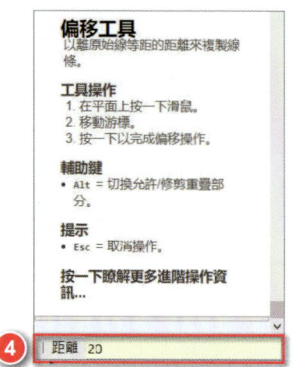

05. 將滑鼠移動至矩形外側的面,再點擊一下滑鼠左鍵。

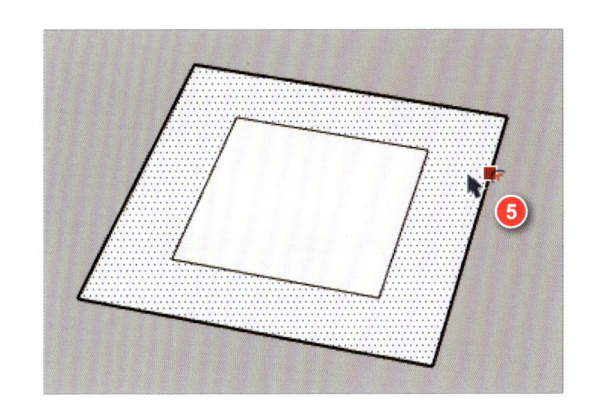

06. 將滑鼠往外移動,將矩形往外偏移。

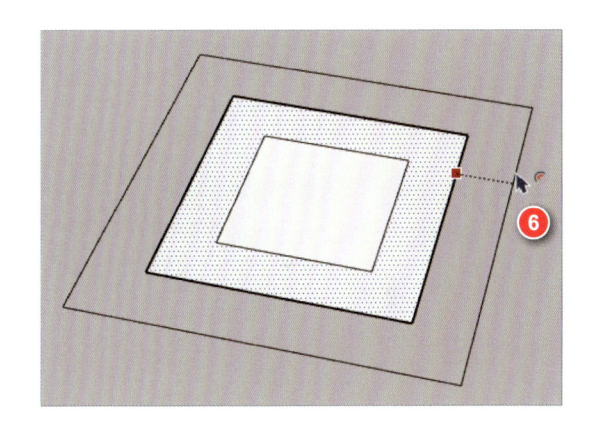

07. 輸入偏移值「30」,完成外側偏移。

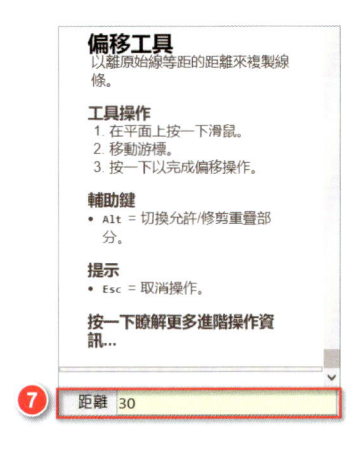

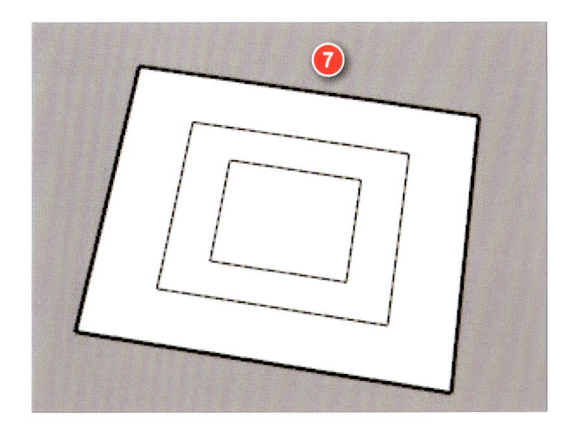

08. 點擊【 ✳ (尺寸)】按鈕。

09. 點擊矩形邊的中點到中點的距離。

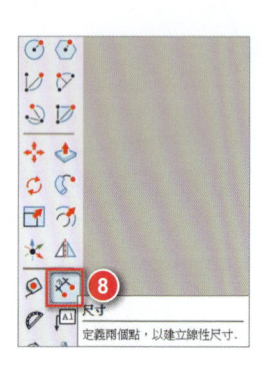

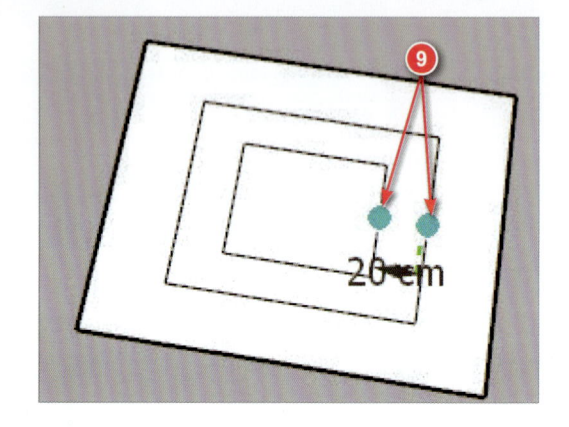

10. 將滑鼠往上方移動到適當的位置，按下滑鼠左鍵放置尺寸標示。

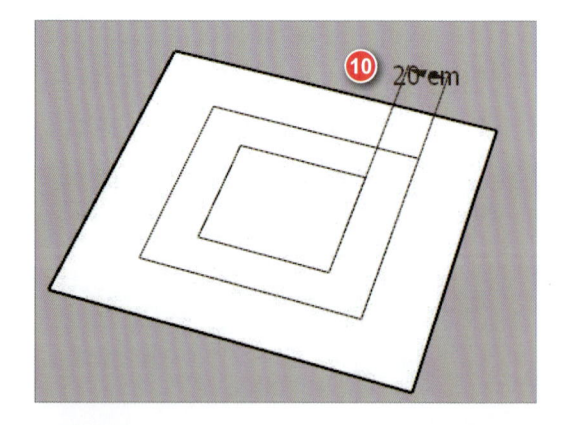

11. 依相同的方式放置另一邊的尺寸。

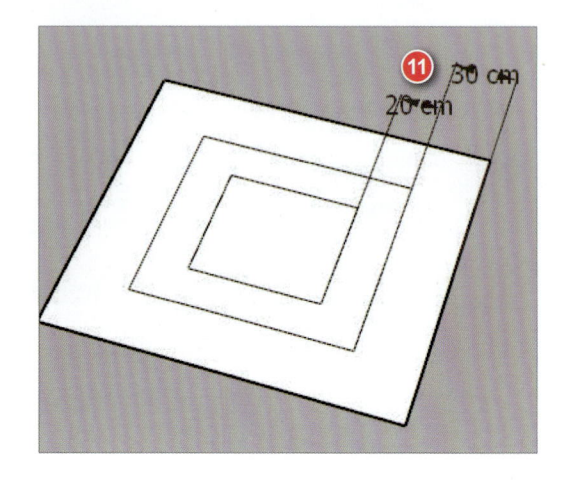

邊的偏移

01. 繪製一個 80cm*80cm 的矩形，再利用【 】按鈕，推拉出 35cm 的高度，完成 80*80*35 的方塊。

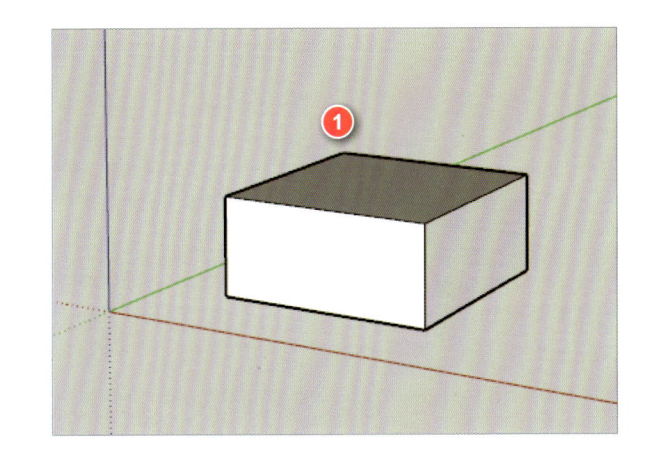

02. 點擊【 】按鈕。

03. 點擊矩形的邊，並按住 Ctrl 鍵，加選另外兩個邊。

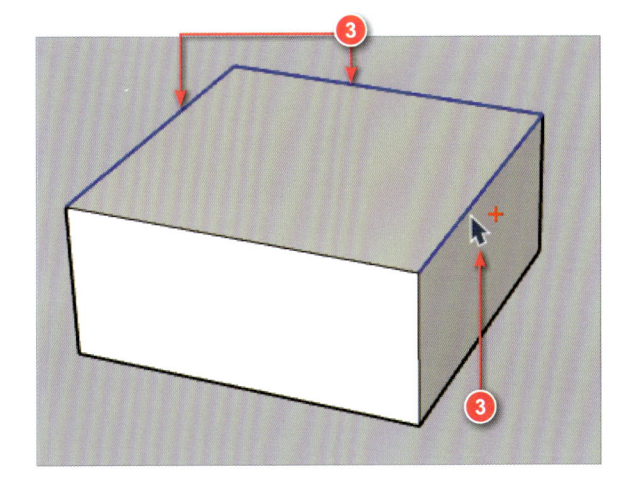

2-51

04. 點擊【 （偏移）】按鈕。

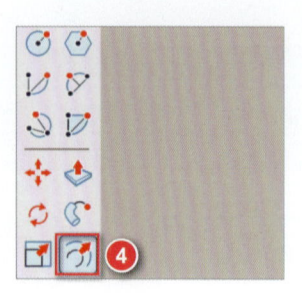

05. 點擊上方的邊,並將滑鼠往內移動。

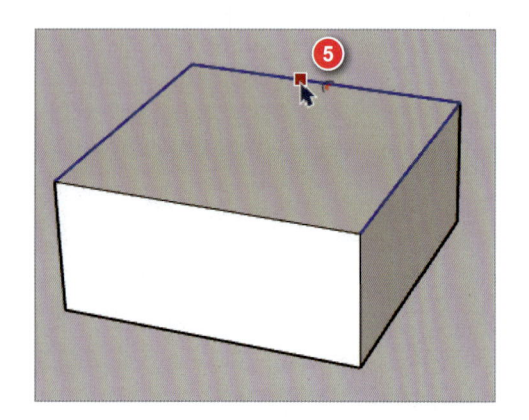

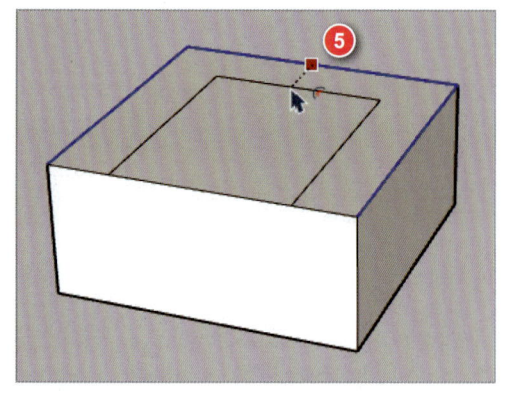

06. 輸入偏移數值「10」,完成偏移,按 Esc 鍵取消選取。

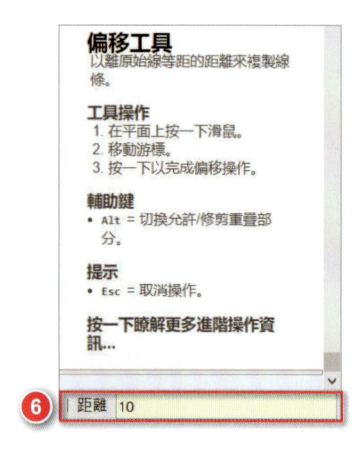

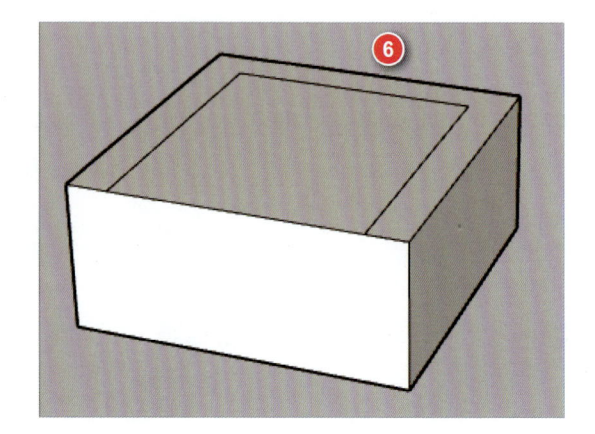

> **偏移工具**
> 以離原始線等距的距離來複製線條。
>
> **工具操作**
> 1. 在平面上按一下滑鼠。
> 2. 移動游標。
> 3. 按一下以完成偏移操作。
>
> **輔助鍵**
> • Alt = 切換允許/修剪重疊部分。
>
> **提示**
> • Esc = 取消操作。
>
> 按一下瞭解更多進階操作資訊...
>
> 距離 10

Chapter 2 圖形的繪製與編輯

07. 點擊【 ![推/拉] （推/拉）】按鈕。

08. 點擊要推拉的面。

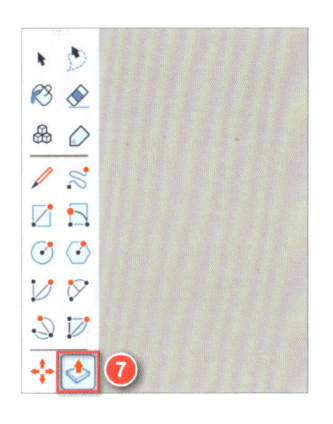

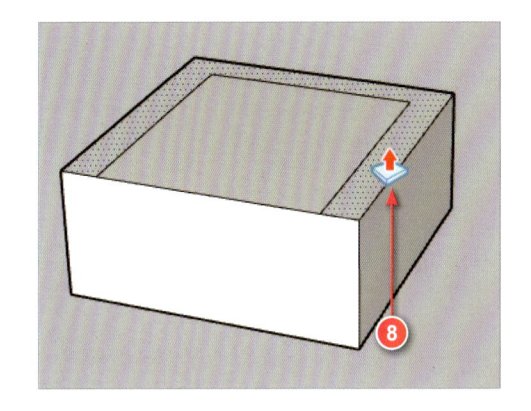

09. 往上移動，輸入數值「35」，完成推拉。

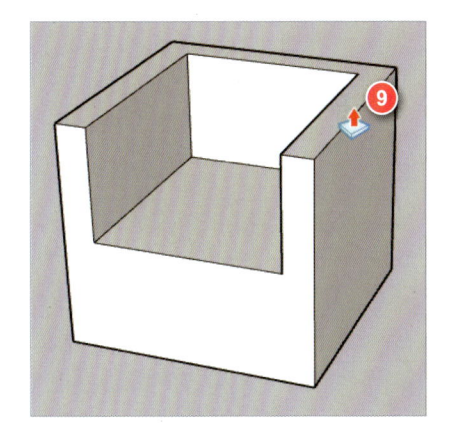

■ 連續偏移

01. 繪製一個 42cm*30cm 的矩形，再利用【 ![推/拉] （推/拉）】按鈕，推拉出 90cm 的高度，完成 42*30*90 的方塊。

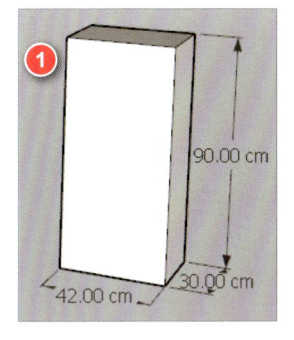

2-53

02. 點擊【 ▶ （選取）】按鈕，將滑鼠移動到矩形左邊的邊線上按下滑鼠右鍵，並點擊【分割】。

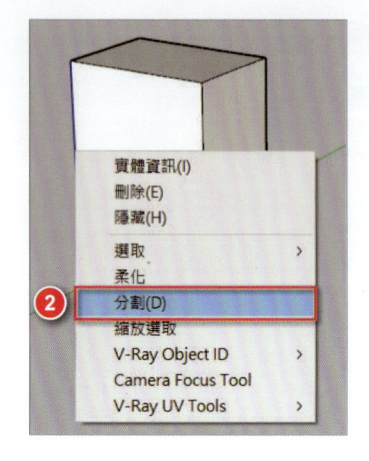

03. 矩形會出現分割點，輸入「3」將線段分割為 3 等分。

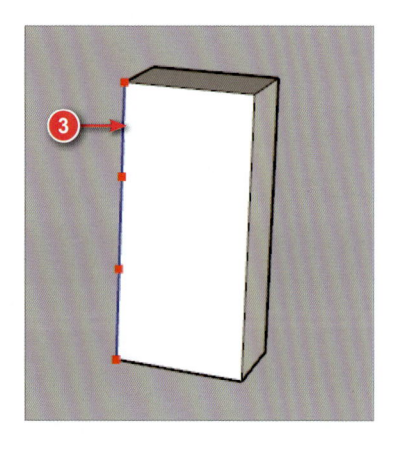

04. 點擊【 ✏ （直線）】按鈕。

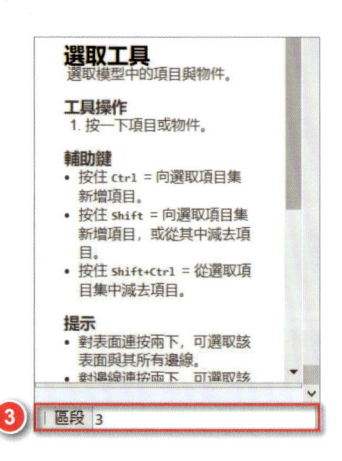

2-54

05. 點擊第一個分割點，將滑鼠往紅色水平方向移動，在邊線上按下滑鼠左鍵，繪製線段，在下面的分割點也同樣的繪製線段，完成三等分。

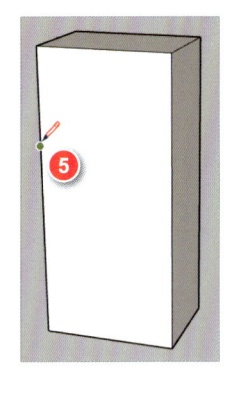

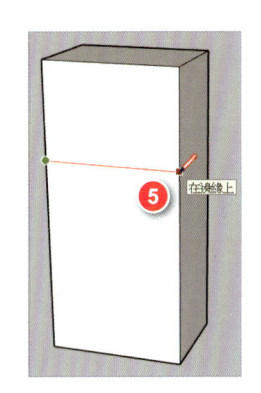

06. 點擊【 ✂ （偏移）】按鈕。

07. 點擊要偏移的面。

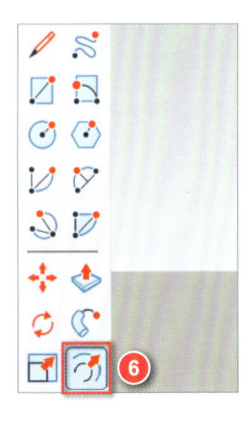

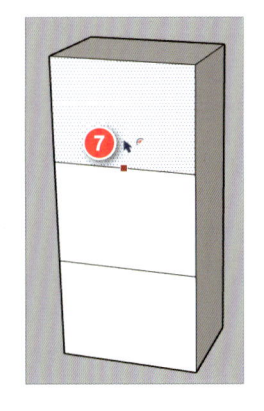

08. 將滑鼠往內移動，輸入偏移數值為「2」，完成偏移。

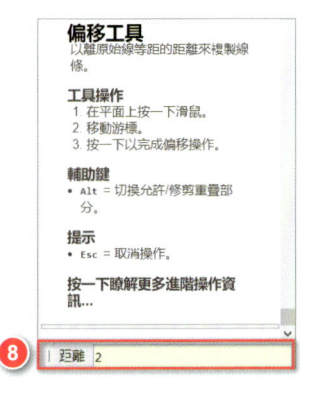

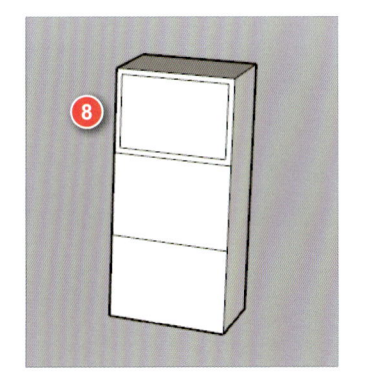

09. 將滑鼠移動到第二個面上，並連續點擊滑鼠左鍵兩次，完成偏移，偏移距離與上次相同。

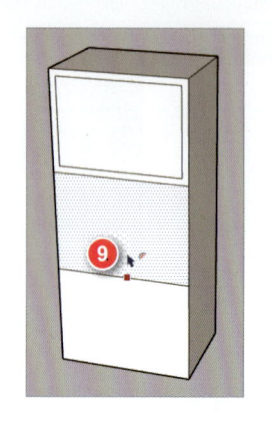

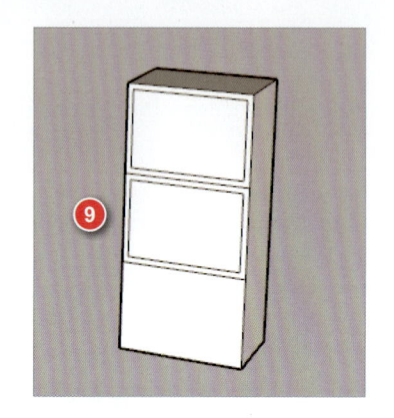

10. 依相同的方式完成第三個面的偏移 (若沒有成功可按 Ctrl + Z 鍵復原)。

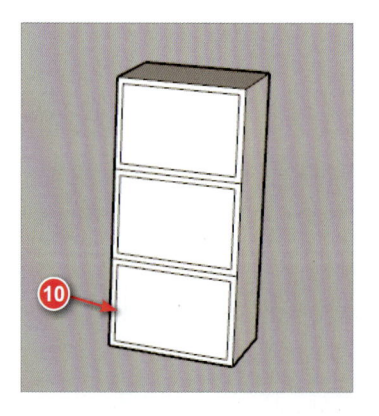

11. 點擊【 ♦ (推 / 拉)】按鈕，將滑鼠移動到要推拉的面上。

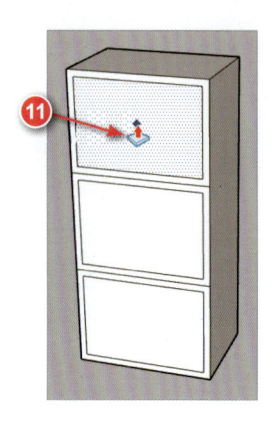

12. 將面往內移動，並輸入數值「28」。

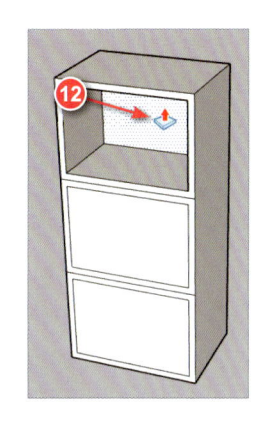

13. 將滑鼠移動到第二個面，並連續點擊滑鼠左鍵兩次。

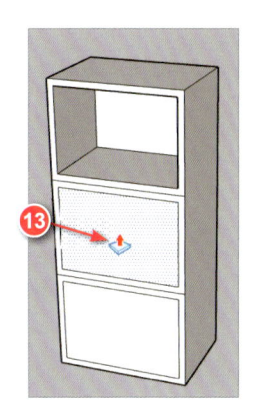

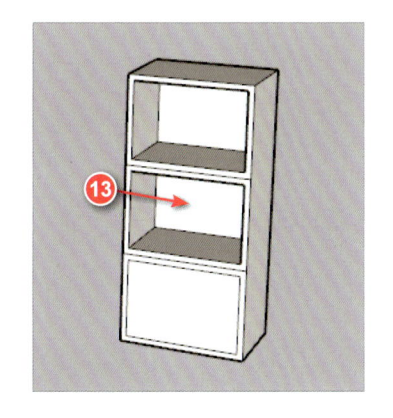

14. 依相同的方式完成第三個面的推拉。

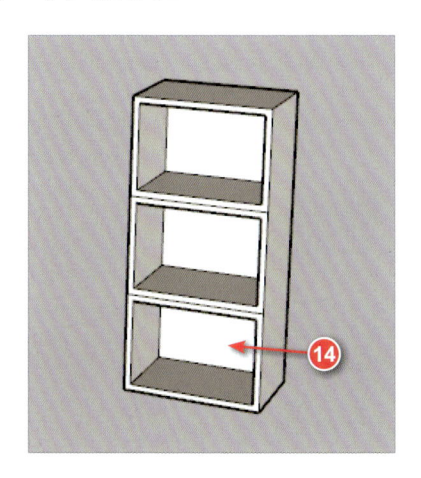

移動

01. 繪製一個 50cm*50cm 的矩形，再利用【 ▲ （推/拉）】按鈕，推拉出 50cm 的高度，完成 50*50*50cm 的方塊。

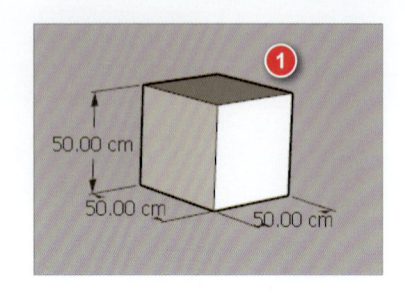

02. 點擊【 ✥ （移動）】按鈕，點擊右方的面並往紅色軸方向移動。

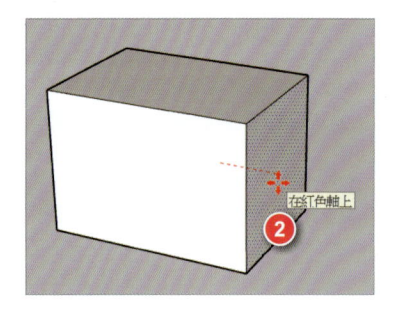

03. 將面長到適當的長度後，按下滑鼠左鍵。

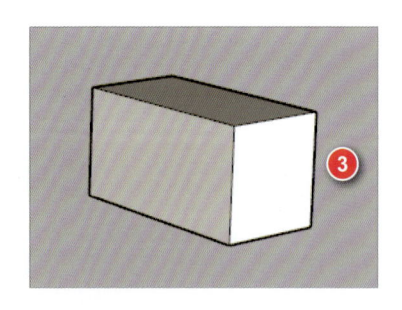

04. 點擊上方的邊，滑鼠往紅色軸方向移動，並按下滑鼠左鍵。

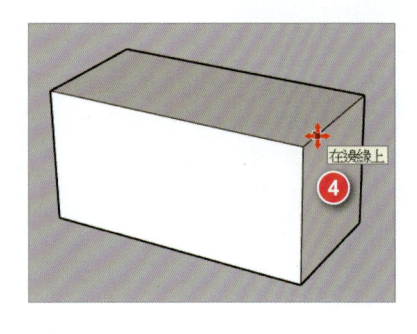

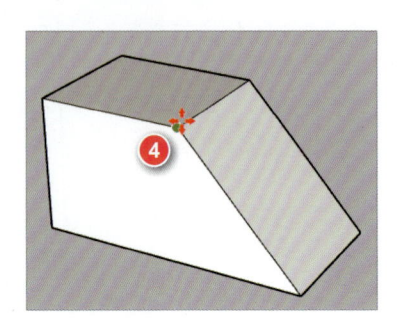

05. 點擊上方的點,如圖所示。

06. 滑鼠往後方的點移動,並按下滑鼠左鍵。

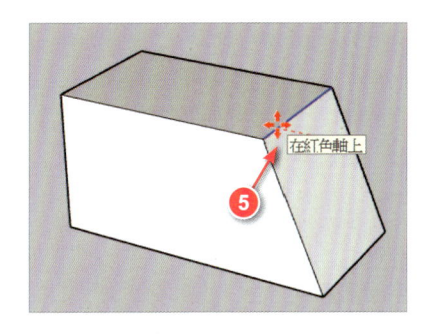

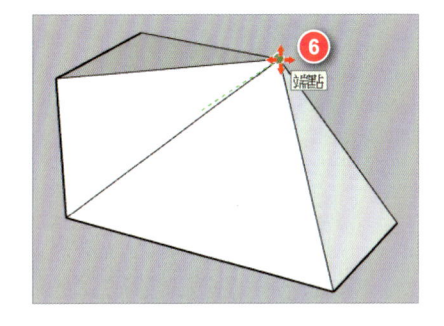

07. 完成圖。

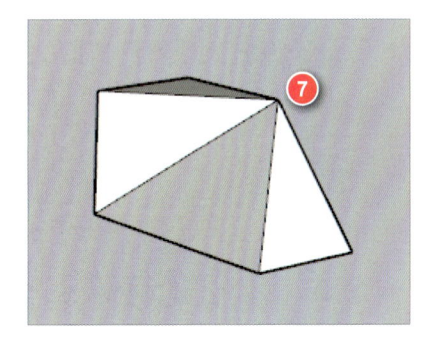

先選取再移動

01. 繪製一個 50cm*50cm 的矩形,再利用【 (推/拉)】按鈕,推拉出 50cm 的高度,完成 50*50*50cm 的方塊。

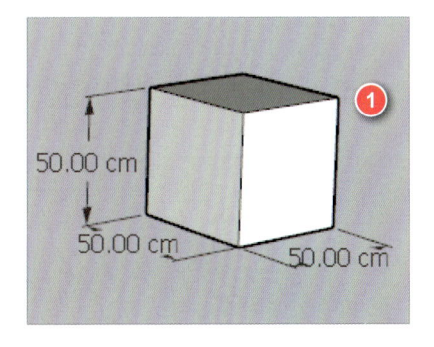

02. 點擊【 ▶ （選取）】按鈕。

03. 在方塊上按滑鼠左鍵三下做全選。

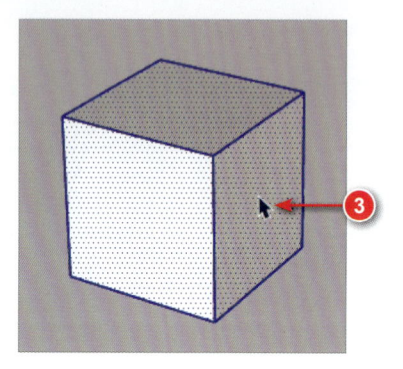

04. 點擊【 ✤ （移動）】按鈕，點擊方塊下方的端點。

05. 再點擊原點，將方塊移動到原點的位置。

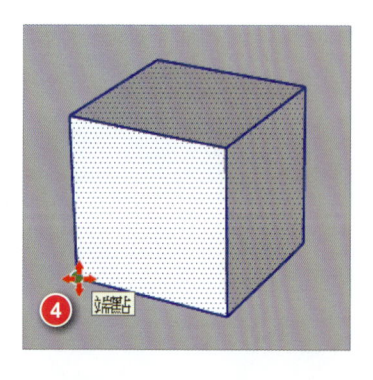

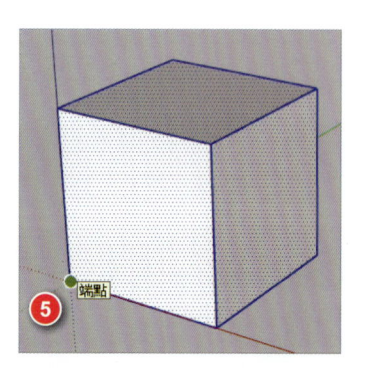

06. 接著點擊方塊的左下角端點，將方塊往紅色軸方向移動，並輸入 50。

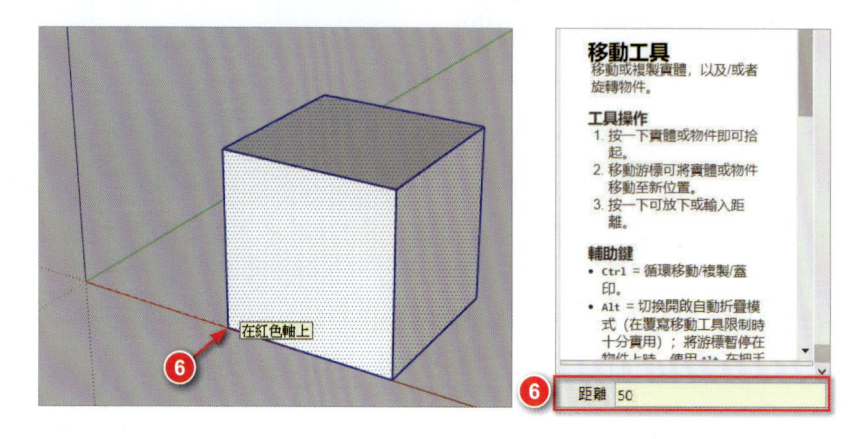

07. 可將物件往紅色軸向移動 50cm。

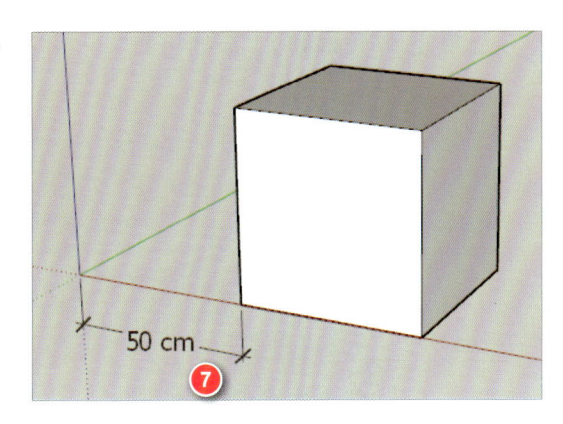

移動複製

01. 繪製一個 110cm*30cm 的矩形,再利用【 (**推/拉**)】按鈕,推拉出 16cm 的高度,完成 110*30*16cm 的方塊。

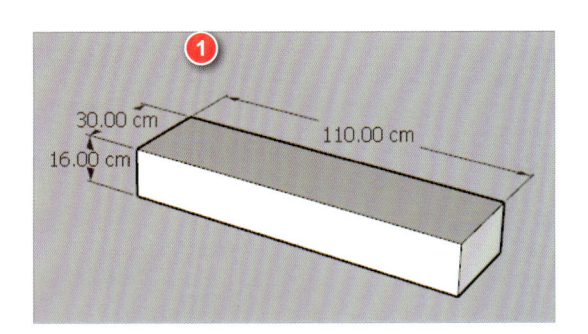

02. 點擊【 ▶ (**選取**)】按鈕,點擊階梯按滑鼠左鍵三下做全選。

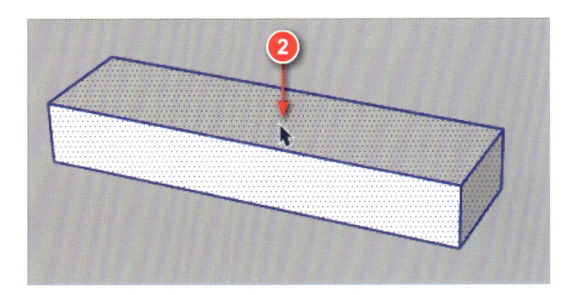

2-61

03. 點擊【✥（移動）】按鈕，點擊階梯的左下角端點，按一下 Ctrl 鍵，並點擊斜角方向的端點。

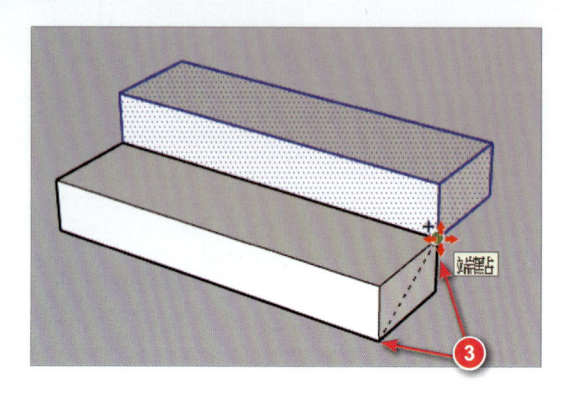

04. 輸入「*5」並按下 Enter 鍵，向斜角複製 5 個方塊來繪製樓梯，此時除了原本的方塊外，還另外複製出 5 個方塊，因此方塊共有 6 個。

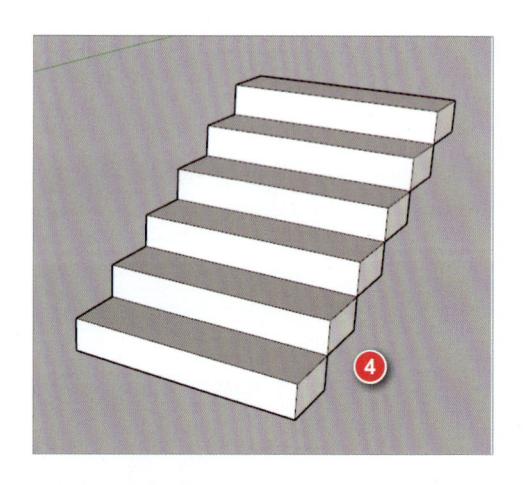

> **小提醒 WARN**　若按下 *5 沒有反應，表示移動指令已經結束，必須重新複製。移動複製完，不能做其他動作，要馬上輸入 *5 或是 x5。

05. 輸入「*10」，又可以變更成複製 10 個方塊。

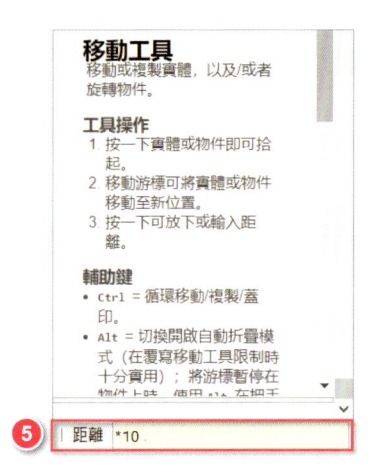

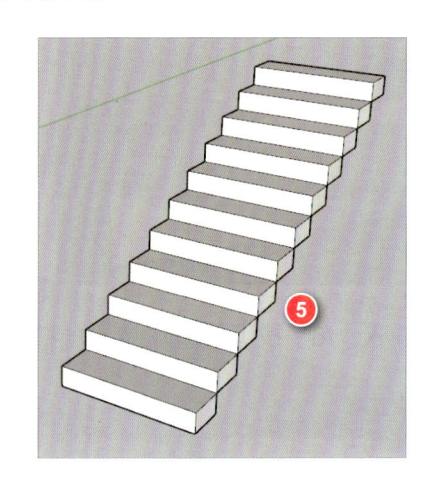

等分

01. 繪製一個 270cm*60cm 的矩形，再利用【 （推/拉）】按鈕，推拉出 80cm 的高度，完成 270cm*60cm*80cm 的方塊。

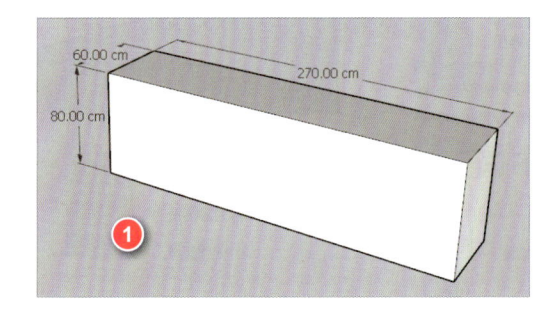

02. 點擊【 （移動）】按鈕，並選取左邊的直線。

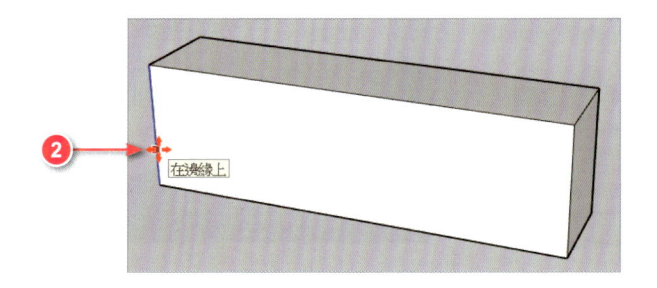

2-63

03. 繪製一個 200cm*50cm 的矩形。

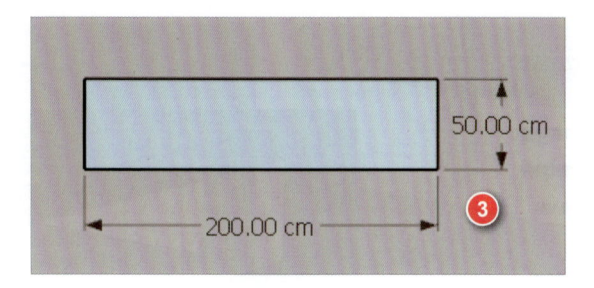

04. 點擊【▸】（選取）】按鈕，並框選矩形。

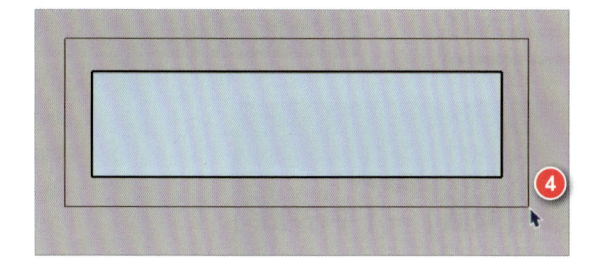

05. 點擊【↻】（旋轉）】按鈕，並點擊左下角的端點當作旋轉的基準點。

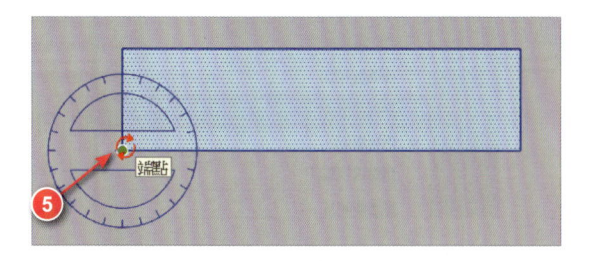

06. 點擊右下角的端點，決定旋轉的起始角度。

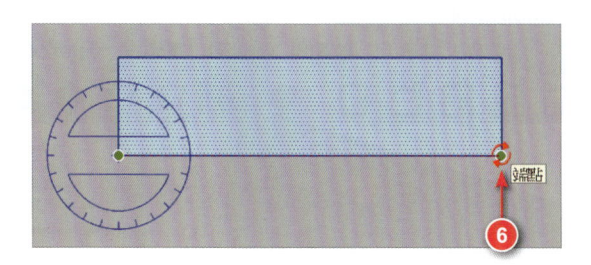

07. 將滑鼠往上移動,決定旋轉的方向。

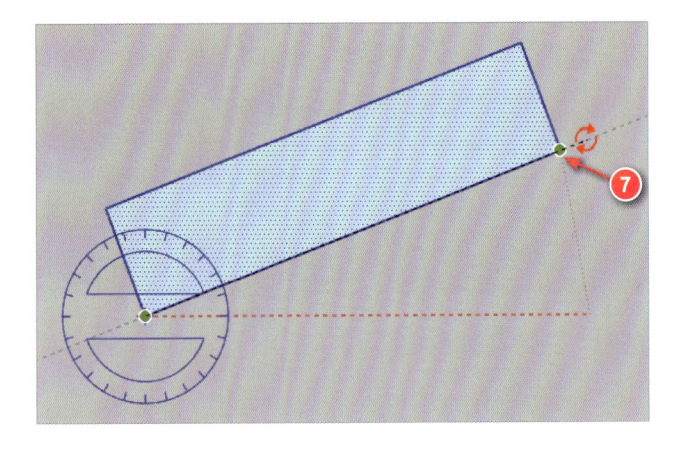

08. 輸入「30」,將矩形往上旋轉 30 度。

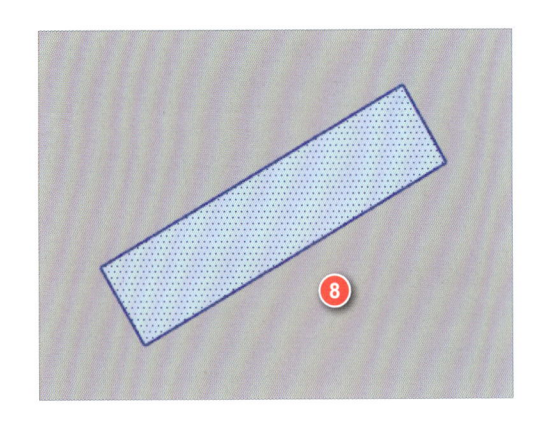

09. 按下 Ctrl + Z 鍵,將矩形回復到原來的位置。

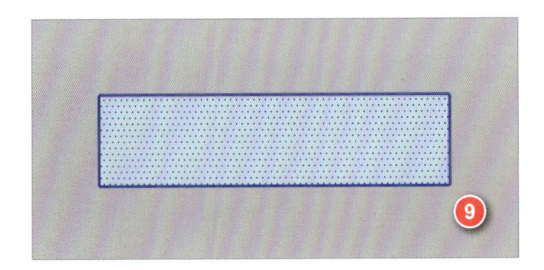

2-67

10. 點擊【 ◌ 】（旋轉）按鈕，並點擊左下角的端點當作旋轉的基準點。

11. 點擊右下角的端點，決定旋轉的起始角度。

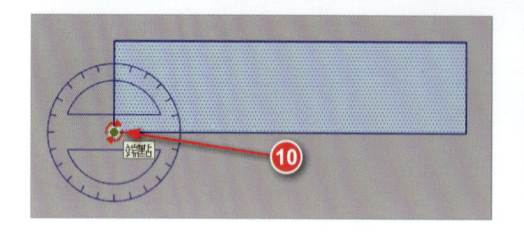

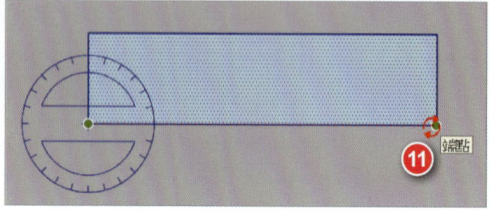

12. 將滑鼠往下移動，決定旋轉的方向。

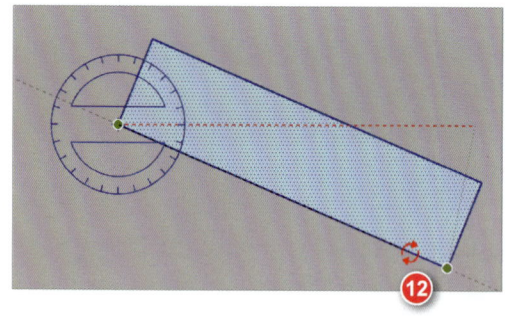

13. 輸入「30」，將矩形往下旋轉 30 度，因此滑鼠位置可以控制順時針或是逆時針旋轉。

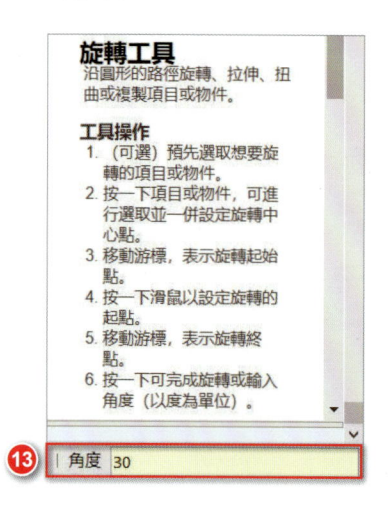

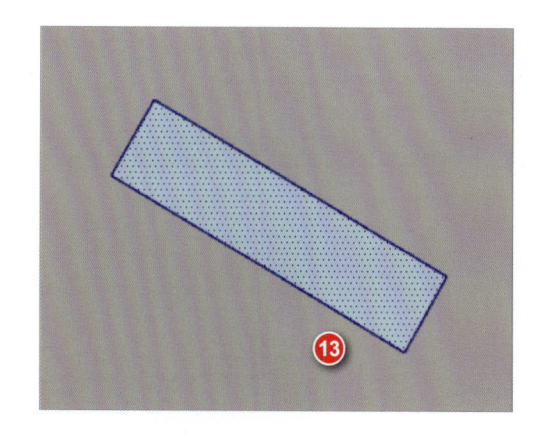

2-68

Chapter 2
圖形的繪製與編輯

■ **旋轉複製**

01. 請開啟範例檔〈2-4_旋轉複製.SKP〉。

02. 點擊檢視工具列上的【 　 （俯視圖）】按鈕，將畫面切到俯視角。

03. 點擊【 　 （選取）】按鈕，並點選椅子。

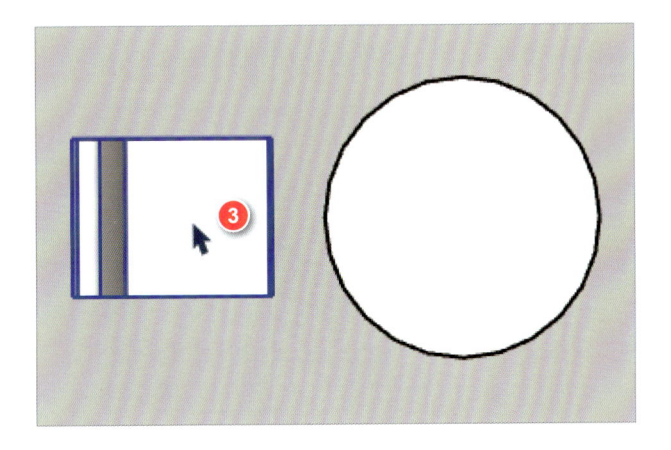

04. 點擊【 　 （旋轉）】按鈕，並點擊桌子的圓心當作旋轉的基準點。(停留在圓桌邊緣，可偵測到圓心)

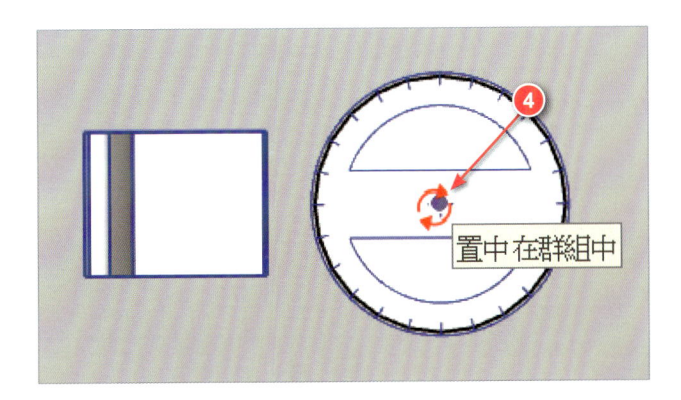

2-69

05. 將滑鼠往左邊水平移動，並按下滑鼠左鍵。

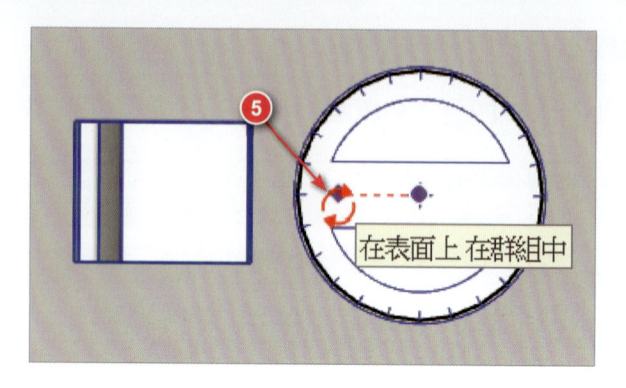

06. 按一下 Ctrl 鍵開啟複製功能，並將滑鼠往右上移動。

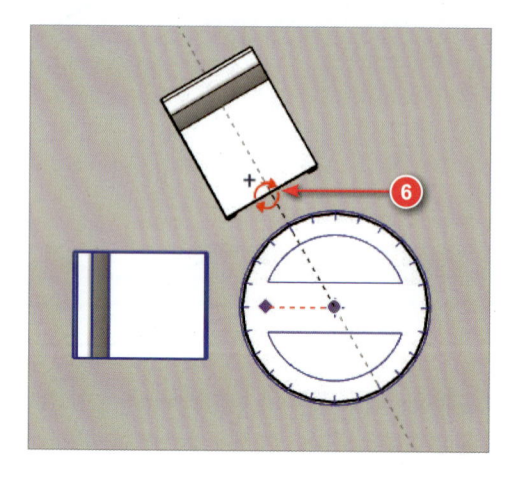

07. 輸入「90」並按下 Enter 鍵，將椅子往上旋轉複製 90 度。

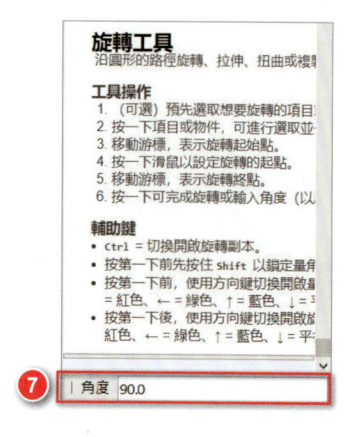

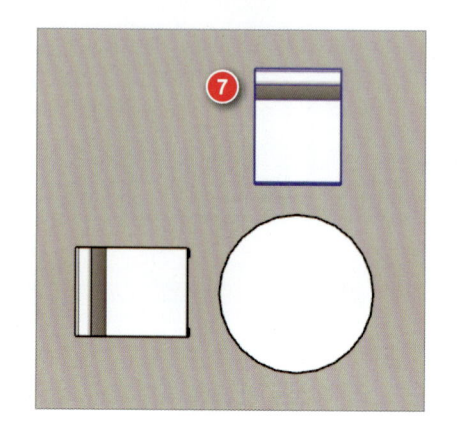

08. 輸入「*3」並按下 Enter 鍵，將複製出 3 張椅子各為 90 度。

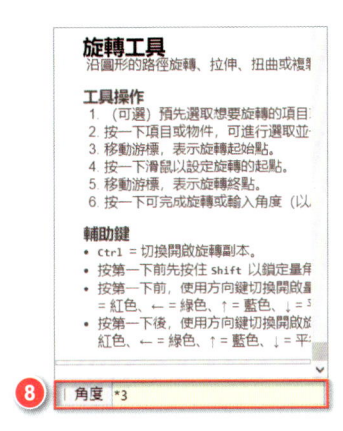

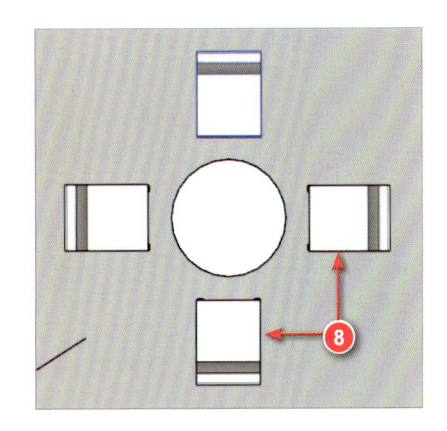

09. 完成圖。

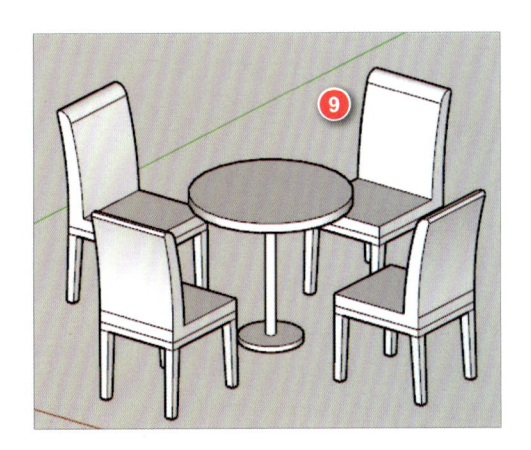

▍比例

01. 繪製一個 100*100*100cm 的方塊。

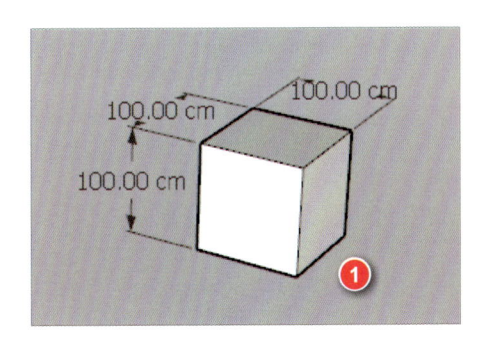

02. 點擊【 ▶ （選取）】按鈕，在方塊上按滑鼠左鍵三下做全選。

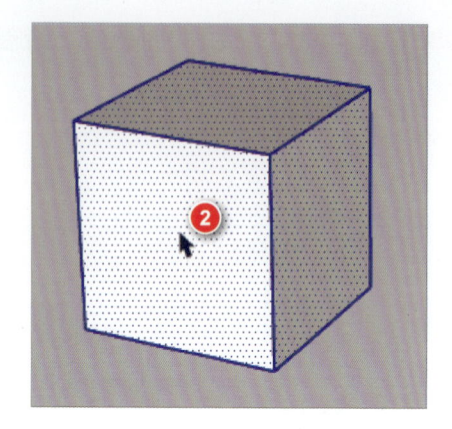

03. 點擊【 ⬚ （比例）】按鈕，將滑鼠移動到右邊面的中心。

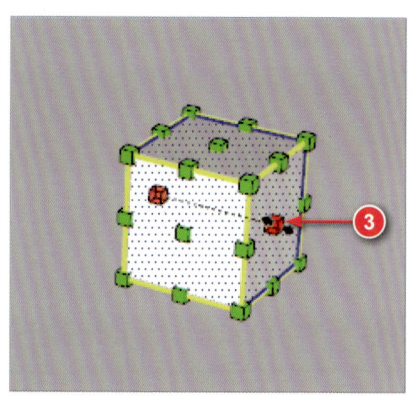

04. 按下滑鼠左鍵，且滑鼠往右邊移動，就可以將方塊往單軸向放大。（滑鼠是左鍵點一下，而非按住。）

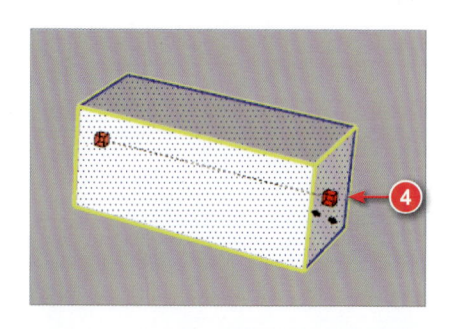

05. 按下 Esc 鍵將方塊回復原來的尺寸，將滑鼠移動到邊的中間。

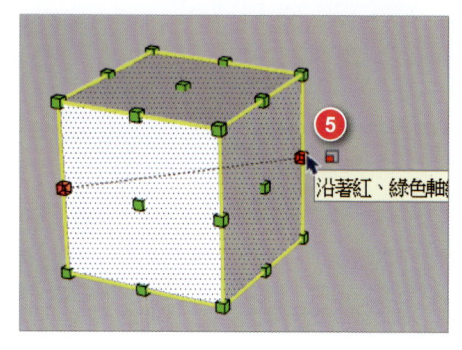

06. 按下滑鼠左鍵往前後拖曳，就可以將方塊往雙軸向放大。

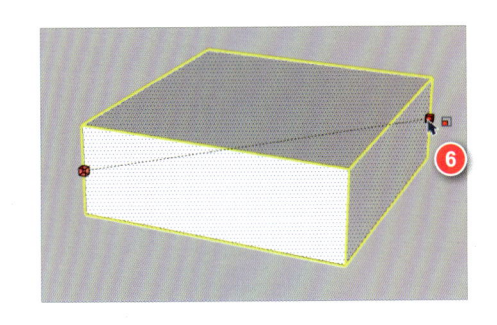

07. 按下 Esc 鍵將方塊回復原來的尺寸，滑鼠移動到對角的位置。

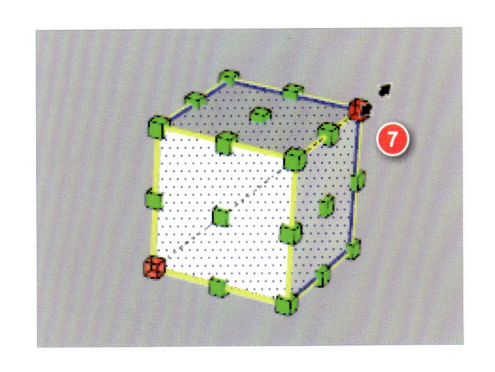

08. 按下滑鼠左鍵往前後拖曳，就可以將方塊等比例放大。

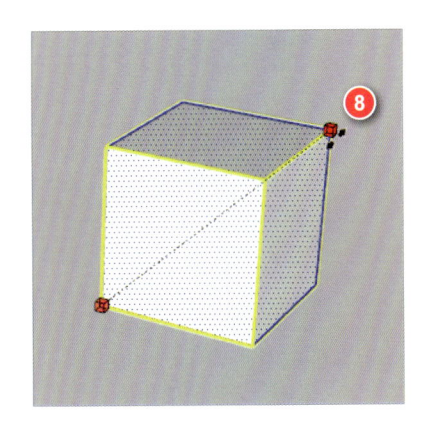

09. 按下滑鼠左鍵決定比例大小，並輸入「2」按下 Enter 鍵，就會等比例放大成原來的 2 倍。

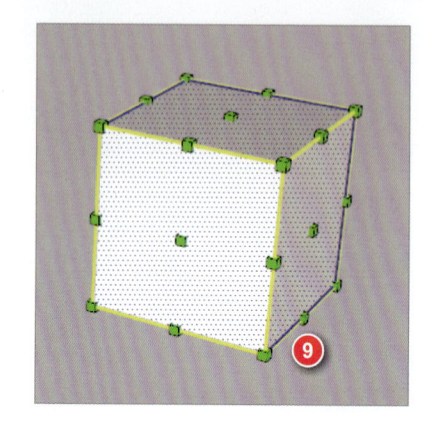

10. 可以標註尺寸，確認為原來的 2 倍。

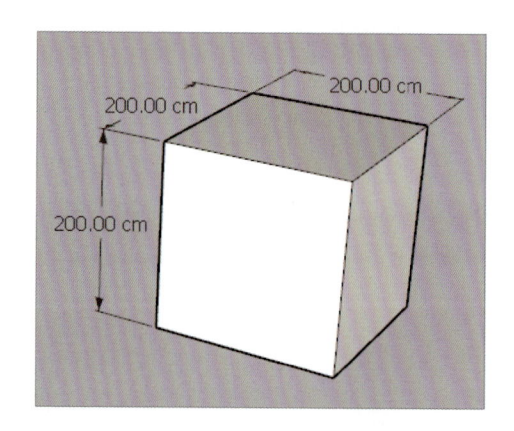

11. 點擊【▶（選取）】按鈕，並框選方塊做選取。

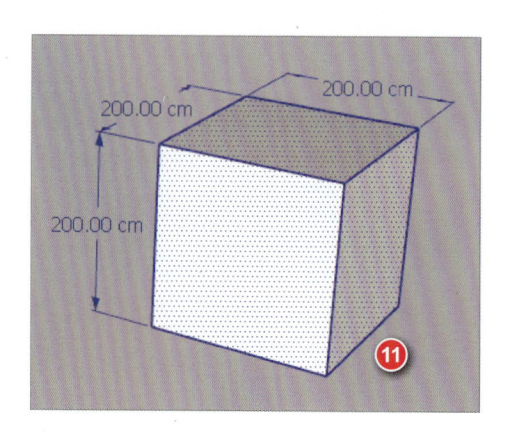

12. 點擊【 ◩ （比例）】按鈕，點擊對角點。

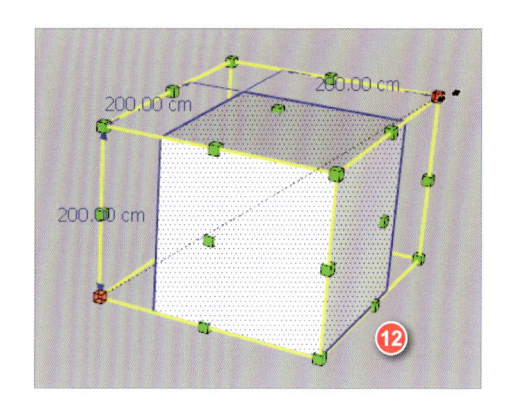

13. 按下 Shift 鍵，並移動滑鼠，此時可以三軸向不等比例放大。

14. 按下滑鼠左鍵，決定比例大小。

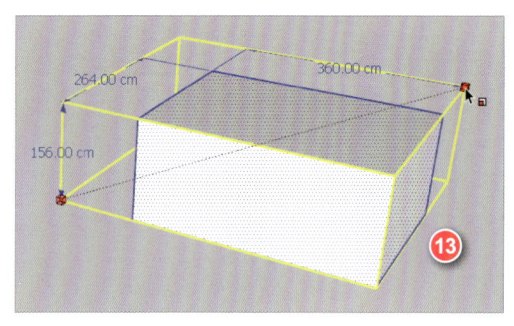

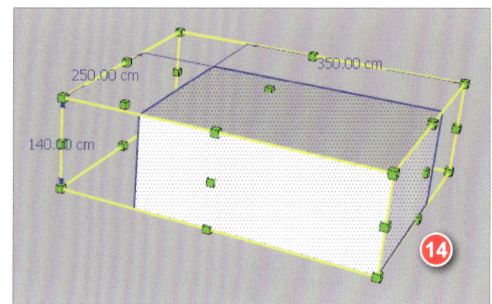

15. 輸入數值「2,1,3」，就會依照輸入的比例來放大原來的方塊。

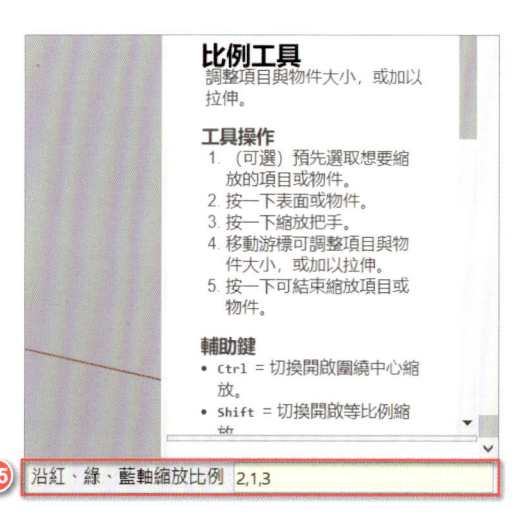

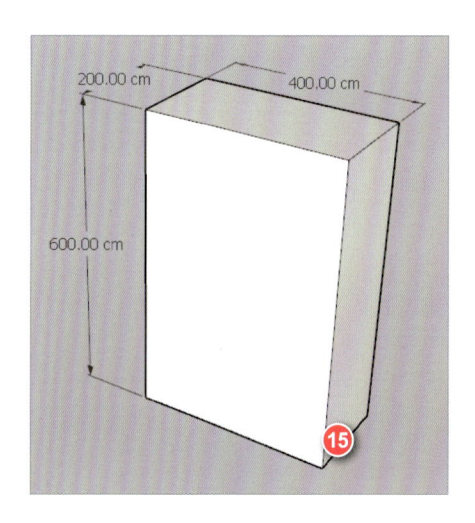

2-75

比例 - 中心縮放

01. 繪製一個 100*100*100cm 的方塊。

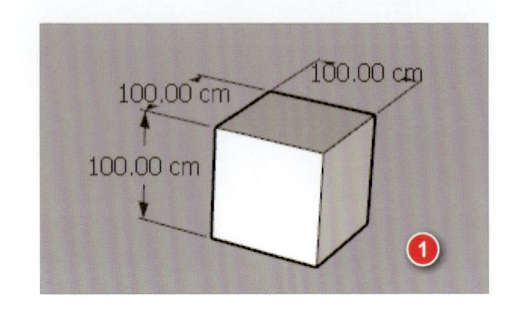

02. 點擊【 ▣ （比例）】按鈕，點擊方塊上方的面。

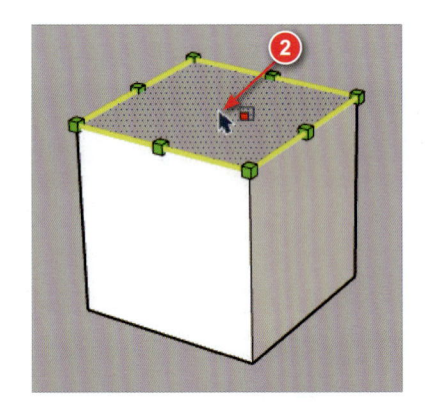

03. 點擊方塊的對角點，如圖所示。

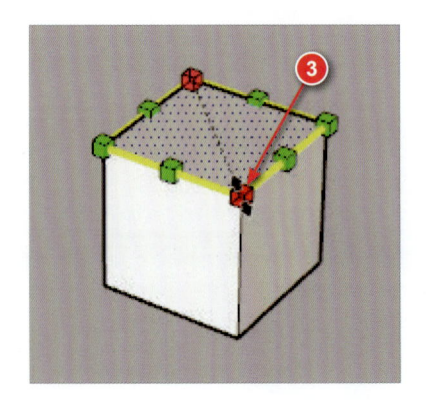

04. 按下 Ctrl 鍵並將滑鼠往內拖曳，此時上方平面會變成中心縮放，按下滑鼠左鍵確定，並輸入數值「0.5」。

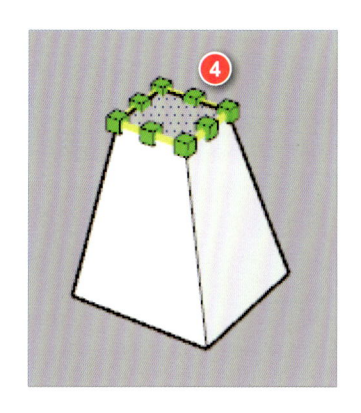

05. 此時上方的面就會縮放成原來的一半，完成中心點縮放。

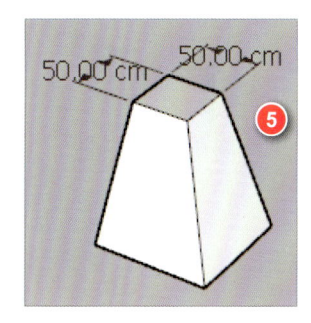

路徑跟隨

01. 請開啟範例檔〈2-4_路徑跟隨.SKP〉。

02. 點擊【 （路徑跟隨）】按鈕。

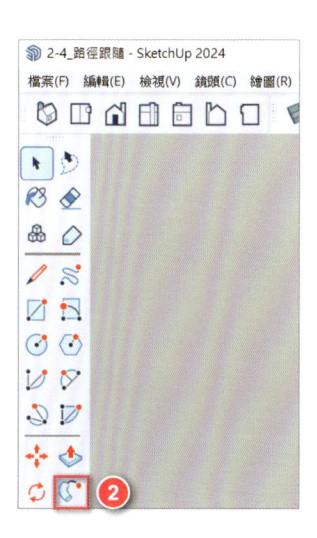

2-77

03. 點擊圓角前的面,如圖所示。

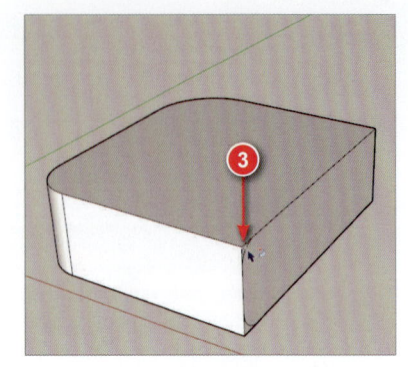

04. 將滑鼠沿著邊線移動,並跟著旋轉的角度移動。

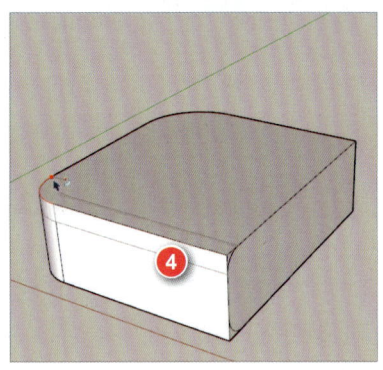

05. 繼續沿著邊線慢慢移動,如圖所示。

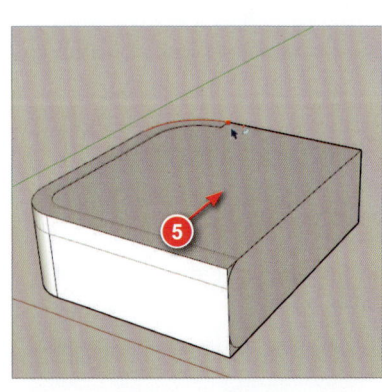

06. 將滑鼠移動到最末端的端點,按下滑鼠左鍵。

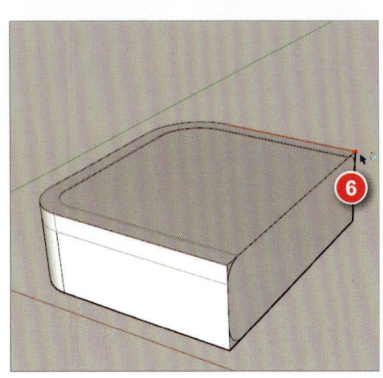

07. 完成路徑跟隨。

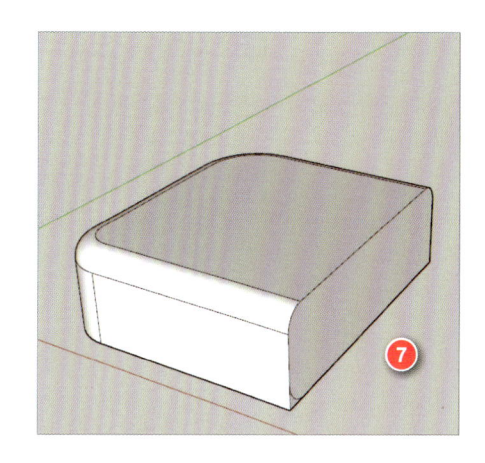

預先選取路徑

01. 請開啟範例檔〈2-4_路徑跟隨.SKP〉。

02. 點擊【 ▶ (**選取**)】按鈕,並點擊面上方的邊。

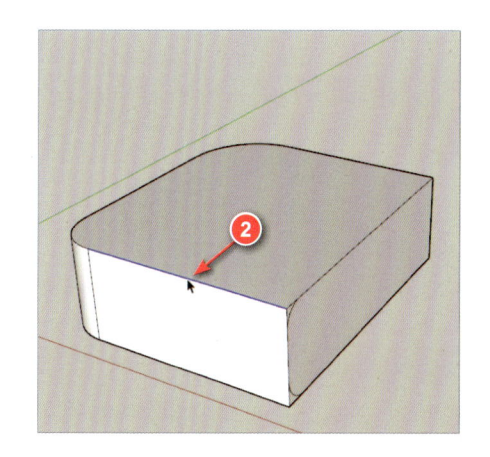

03. 按住 Ctrl 鍵並同時選取所有的邊,如圖所示。

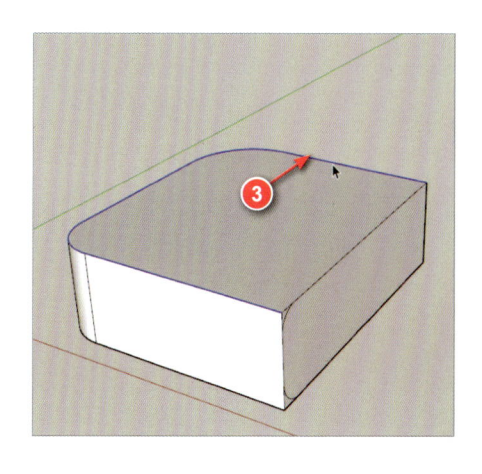

2-79

04. 點擊【 ◌ 】（路徑跟隨）按鈕。

05. 並點擊圓角前的面，如圖所示。

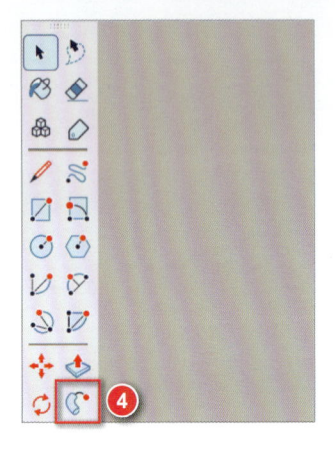

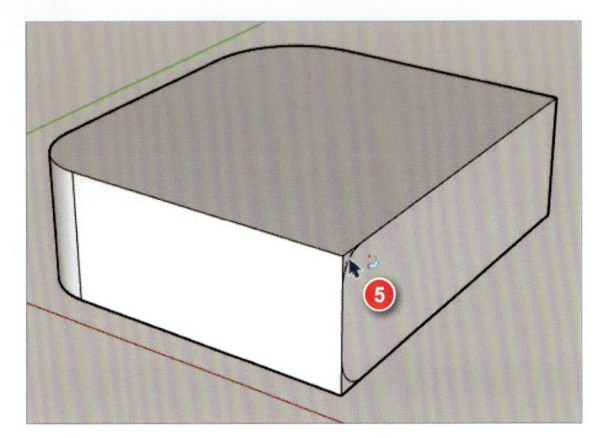

06. 此時圓角會隨著剛剛選取的路徑繞一圈。

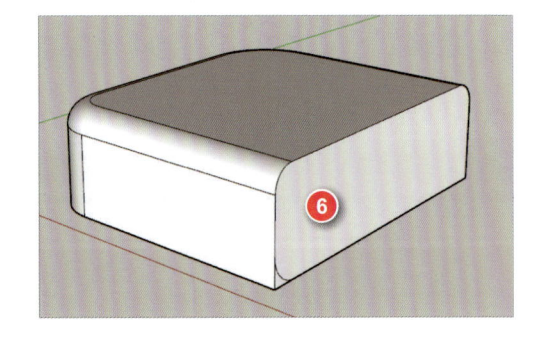

07. 環轉畫面到從下往上看。

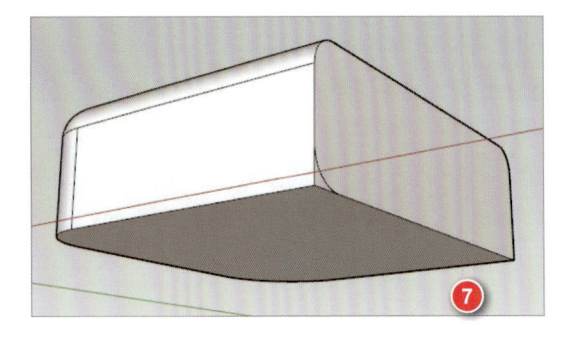

08. 點擊【 (路徑跟隨)】按鈕,並點擊要路徑跟隨圓角的面。

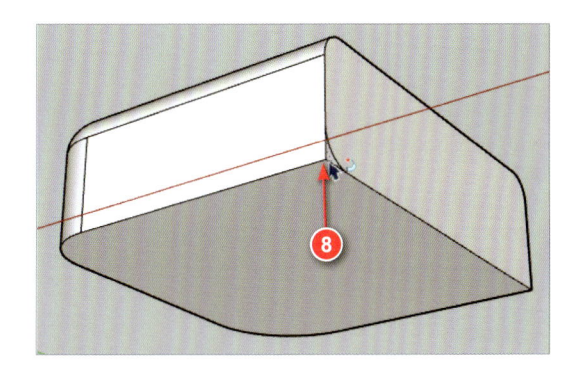

09. 按住 Alt 鍵,滑鼠移動到底部的面上,按下滑鼠左鍵,下方的面也會隨著圓角做路徑跟隨。

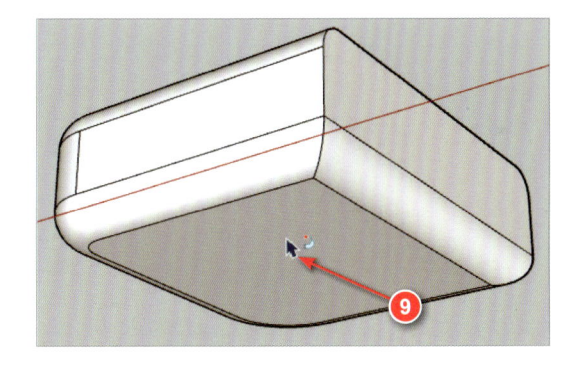

橡皮擦

01. 點擊【 (多邊形)】按鈕。

02. 輸入「12」按下 Enter 鍵，並點擊畫面空白處決定中心點。

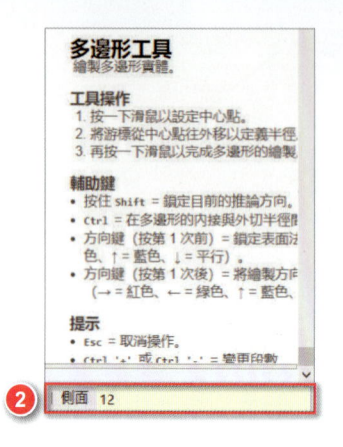

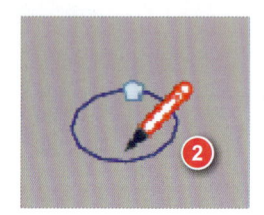

03. 滑鼠往外移動，並按下滑鼠左鍵決定半徑。

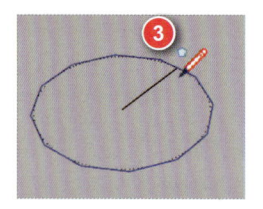

04. 依相同的方式再繪製一個多邊形。

05. 點擊【 🔼 （推 / 拉）】按鈕，並將多邊形往上推拉。

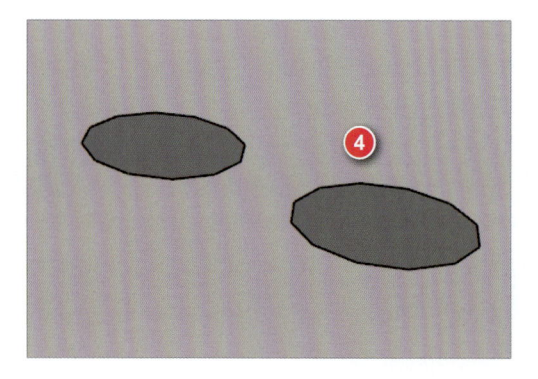

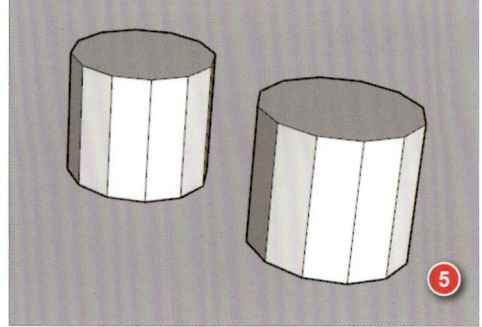

06. 點擊【 ◆ （橡皮擦）】按鈕。

07. 將橡皮擦的圓圈對準要刪除的邊，按下滑鼠左鍵。

08. 就可以將線段相關的兩個面刪除。

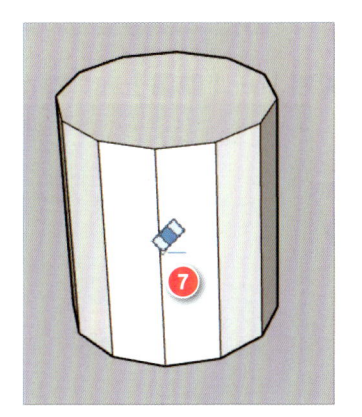

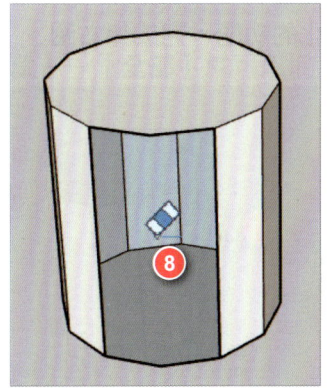

09. 將滑鼠移動到多邊形的外側，按住滑鼠左鍵並往左邊移動通過所有的邊，看不到的邊會選取不到，可環轉畫面來選取。

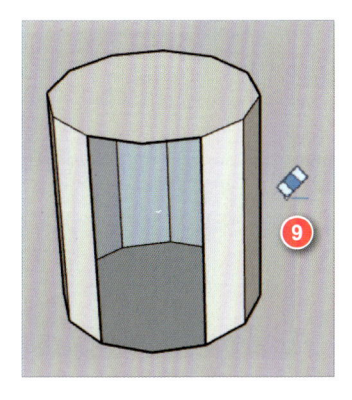

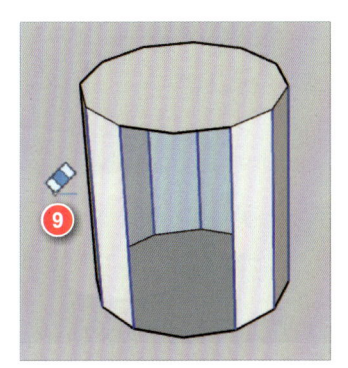

Lesson 2-5 群組與元件

▍群組

01. 開啟範例檔〈2-5_書桌.skp〉。

02. 點擊【▶（選取）】按鈕，按住滑鼠左鍵由左上到右下框選所有的物件。

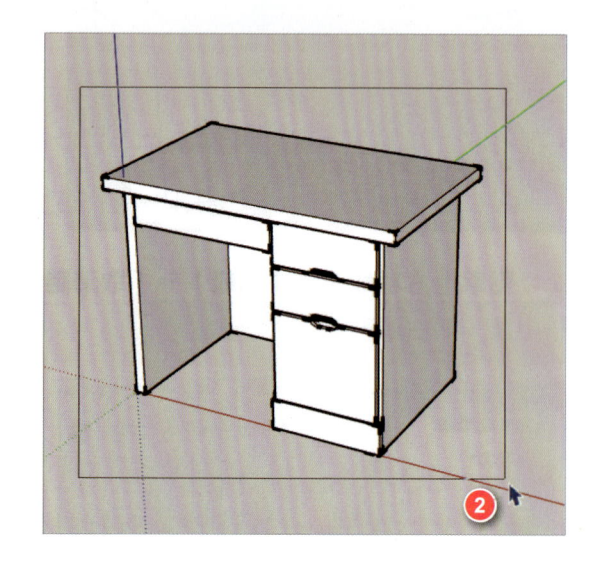

03. 在物件上按下滑鼠右鍵→點擊【建立群組】。

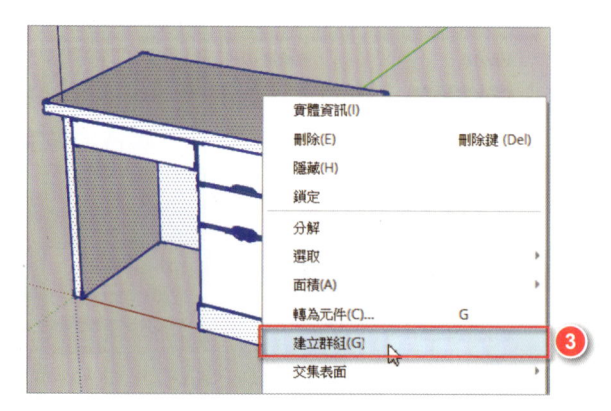

Chapter 2
圖形的繪製與編輯

06. 點擊【 ◆ （橡皮擦）】按鈕。

07. 將橡皮擦的圓圈對準要刪除的邊，按下滑鼠左鍵。

08. 就可以將線段相關的兩個面刪除。

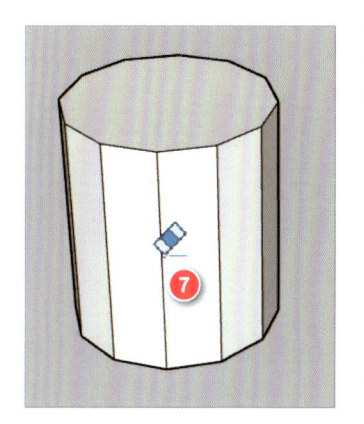

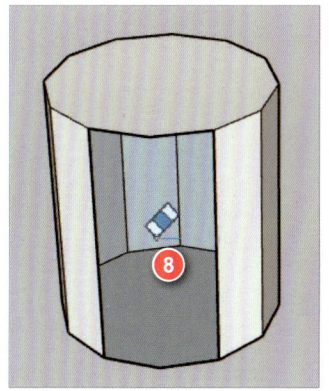

09. 將滑鼠移動到多邊形的外側，按住滑鼠左鍵並往左邊移動通過所有的邊，看不到的邊會選取不到，可環轉畫面來選取。

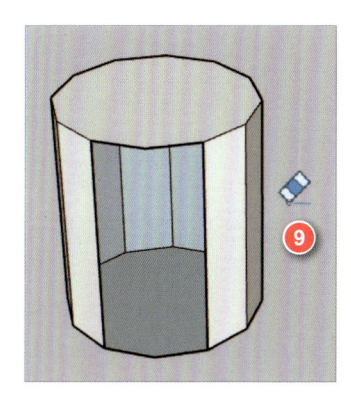

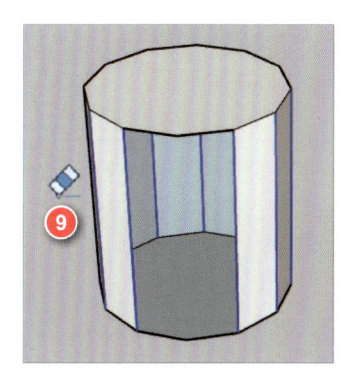

2-83

10. 所有跟橡皮擦接觸的線段都會被刪除，面也會隨著線段消失而被刪除。

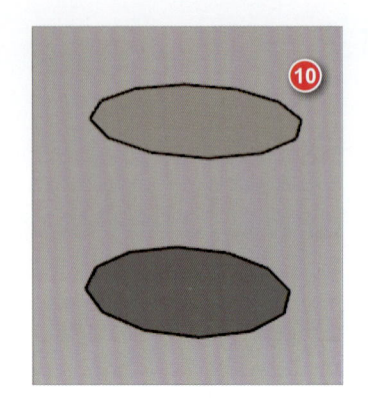

11. 將滑鼠移動到多邊形的外側，按下 Ctrl 鍵和滑鼠左鍵並移動通過所有的邊，會形成柔化的功能，完成如右圖。

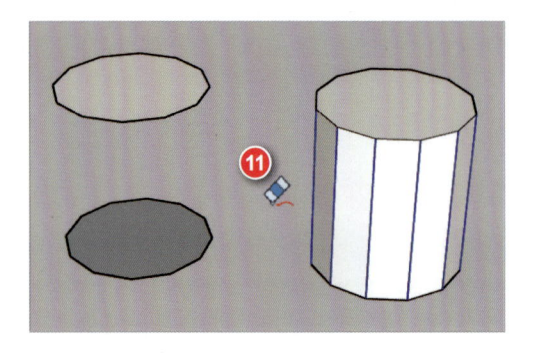

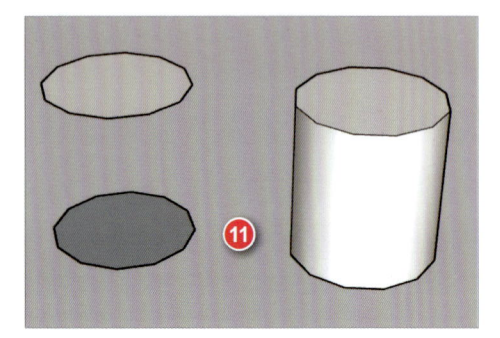

12. 按下 Alt 鍵，並同時按住滑鼠左鍵並往右邊移動通過所有的邊，就可以取消柔化，並將原來的邊再顯示出來，完成如右圖。

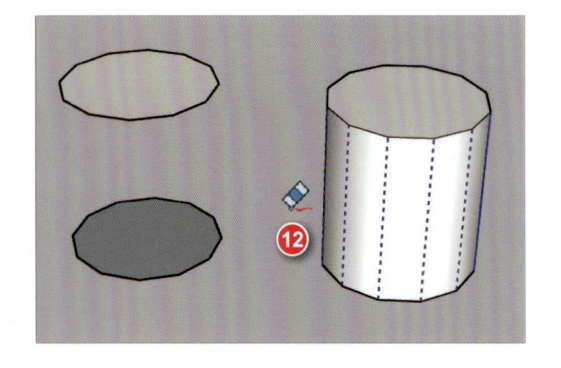

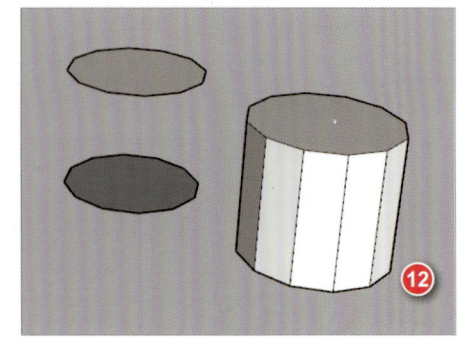

Chapter **2**
圖形的繪製與編輯

13. 按住 [Shift] 鍵，按住滑鼠左鍵並往右邊移動通過所有的邊，就可以將邊全部隱藏起來，完成如右圖。

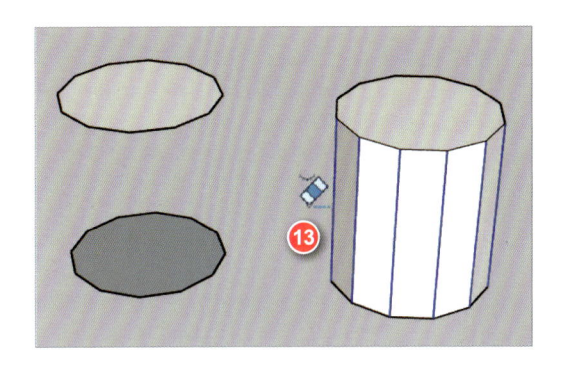

14. 點擊上方功能表的【編輯】→【取消隱藏】→【全部】就可以取消隱藏所有的邊，如右圖。

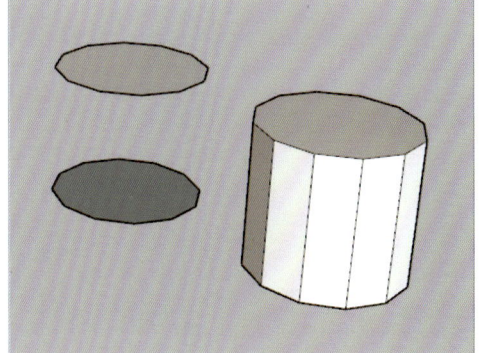

2-85

Lesson 2-5 群組與元件

▌群組

01. 開啟範例檔〈2-5_書桌.skp〉。

02. 點擊【▸（選取）】按鈕，按住滑鼠左鍵由左上到右下框選所有的物件。

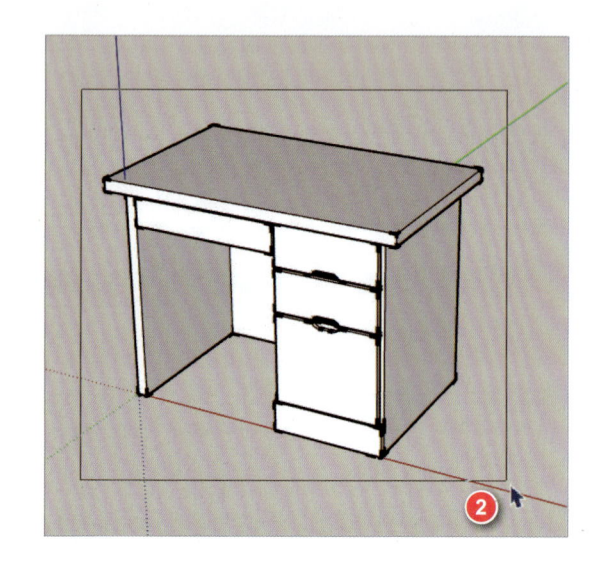

03. 在物件上按下滑鼠右鍵→點擊【建立群組】。

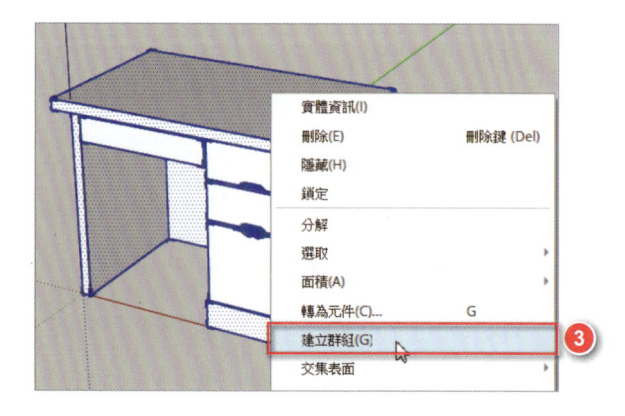

04. 此時物件已經成為一個群組。

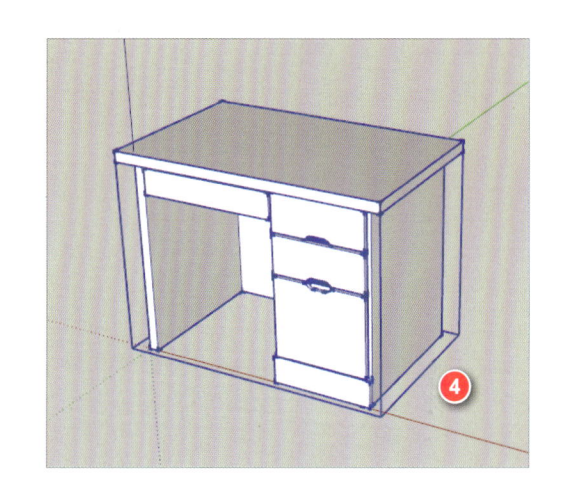

05. 在物件上連續點擊滑鼠左鍵兩下,可編輯群組,虛線外框為群組範圍。

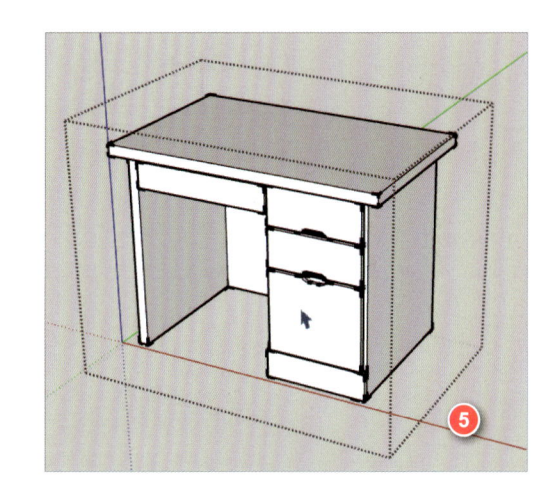

06. 點擊【✥(**移動**)】按鈕,再點選抽屜,將抽屜往綠色軸方向移動,點擊左鍵確定位置。

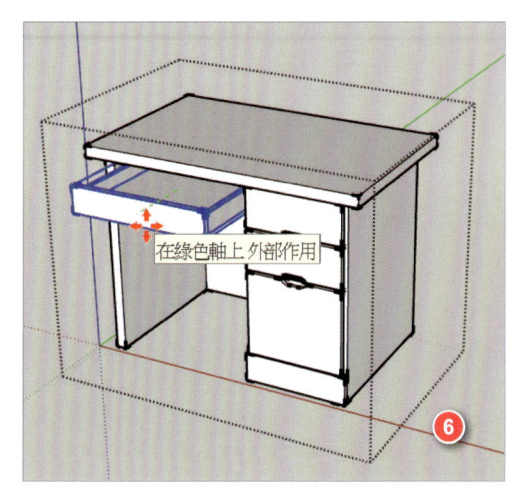

在綠色軸上外部作用

2-87

07. 點擊【 ▶ （選取）】按鈕，在虛線框外的任意位置按下滑鼠左鍵，即可離開群組編輯。

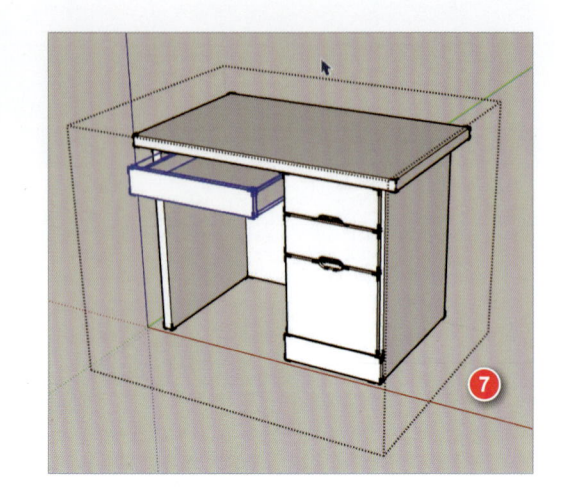

08. 在物件上按下滑鼠右鍵點擊【分解】。

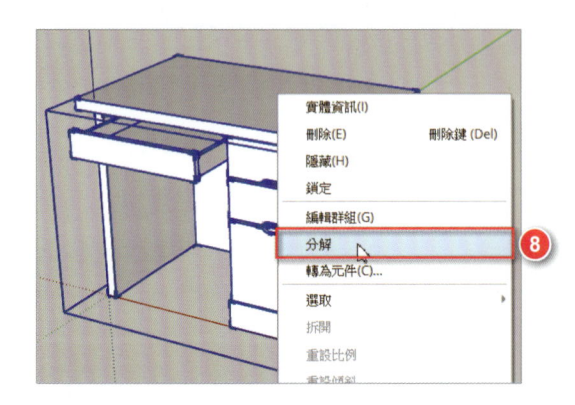

09. 此時群組已經分解，可以直接選取。

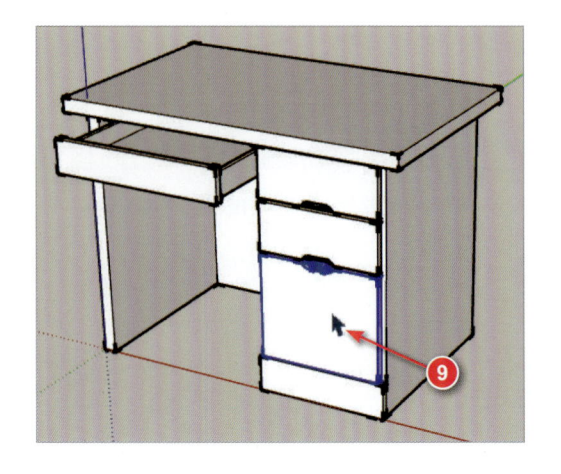

元件

01. 延續上一小節檔案,按下 Ctrl + A 鍵全選所有的物件。

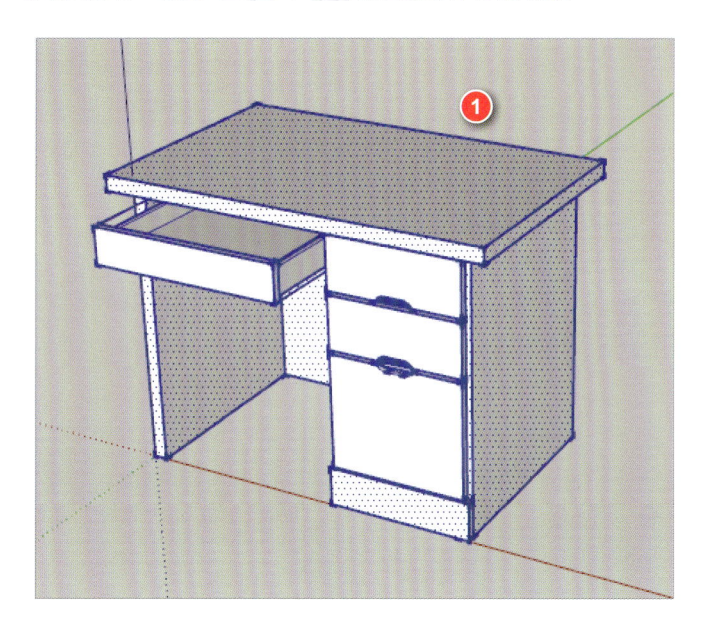

02. 在物件上按下滑鼠右鍵→選擇【**轉為元件**】。

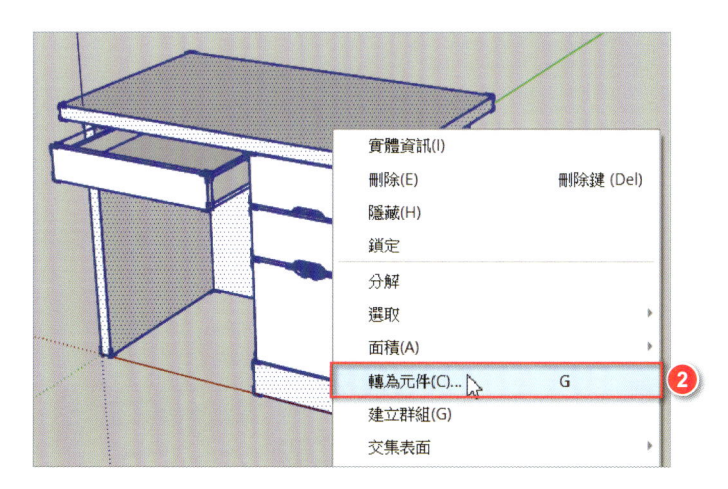

2-89

03. 出現一個建立元件的視窗,輸入元件名稱為「書桌」,按下【建立】。

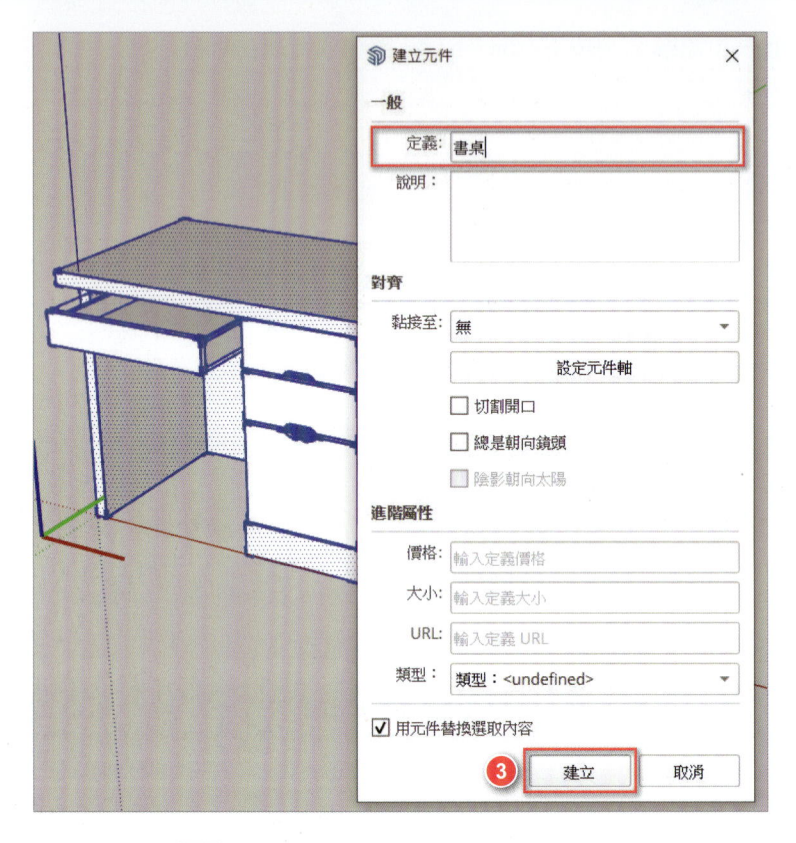

04. 選取書桌並利用【✥(移動)】移動鍵 + Ctrl 鍵,在紅色軸上複製出另一個書桌。

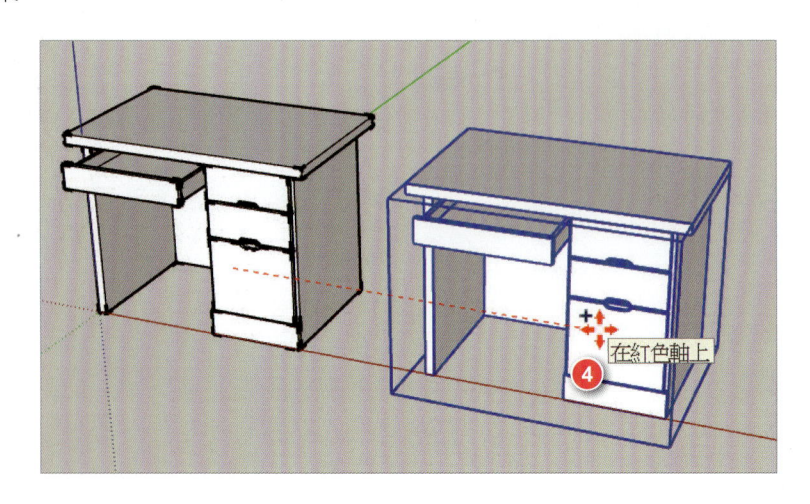

05. 點擊【 ▶ （**選取**）】按鈕，在任意一個書桌上點擊左鍵兩下，進入可編輯的模式。

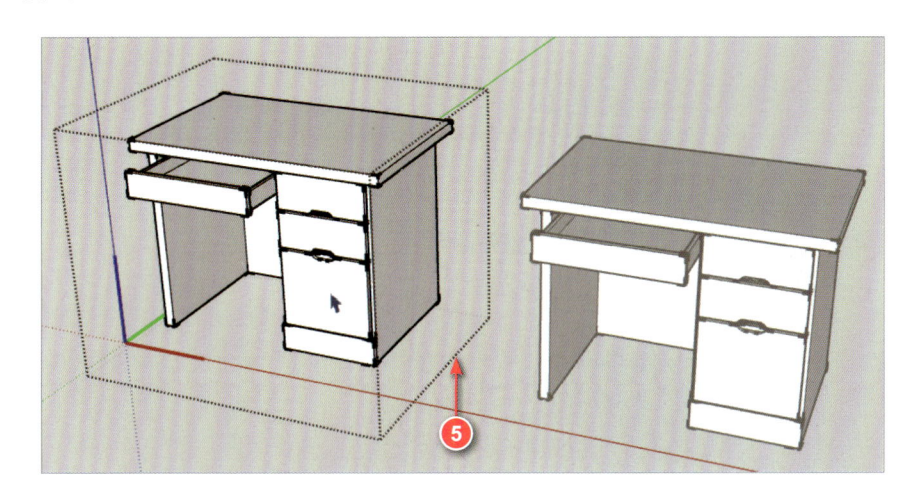

06. 點擊【 ✥ （**移動**）】，選取抽屜，將抽屜往綠色軸方向移動回原來的位置，此時也會影響其他複製出來的元件。

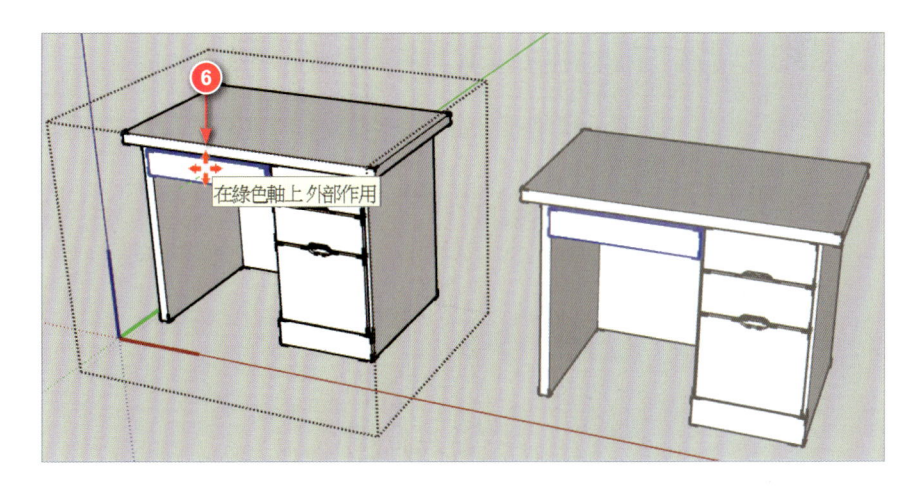

2-91

07. 點擊【▶（選取）】按鈕，在元件外按下滑鼠右鍵→【關閉元件】，在物件上按下滑鼠右鍵【設定為唯一】，可將書桌變成獨立的物件，兩個元件互不影響。

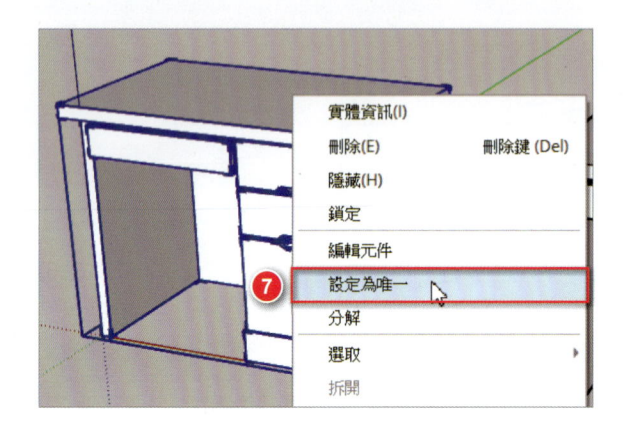

元件朝向鏡頭

01. 開啟一個新檔，點擊【⌂（正視圖）】，並在上方功能表點擊【檔案】→【匯入】，檔案類型選擇【所有支援的圖像類型】才能看見圖片。

02. 選取範例檔〈盆栽 4.png〉點擊左鍵兩下匯入圖片，匯入的物件會變成群組。

Chapter 2
圖形的繪製與編輯

03. 按下滑鼠左鍵決定圖片放置的位置，移動滑鼠決定盆栽的大小，再按下滑鼠左鍵。

04. 在盆栽上按下滑鼠右鍵→點擊【**分解**】，將群組分解。

05. 點選圖片的四個邊，並將滑鼠移動到邊上，按下滑鼠右鍵→點擊【**隱藏**】。

2-93

06. 將滑鼠移動到圖片上，連續點擊左鍵三下，選取所有的物件。

07. 按下滑鼠右鍵→點擊【轉為元件】。

08. 輸入元件名稱【盆栽】，並按下【設定元件軸】。

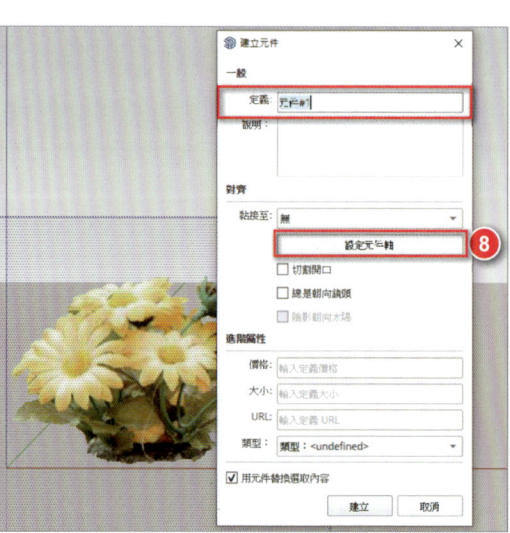

09. 將元件的軸心設定在盆栽的中間，點擊滑鼠左鍵放置軸心位置。

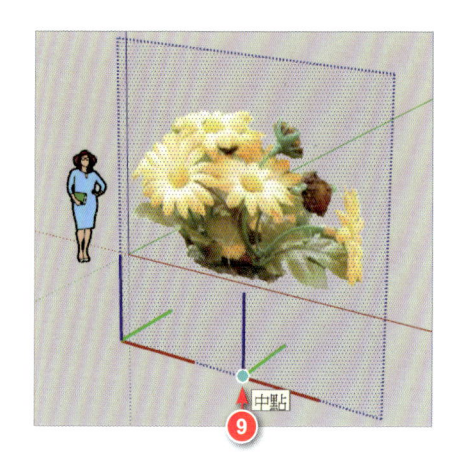

10. 滑鼠往右移動，按下滑鼠左鍵將紅色軸心設定在紅色軸上。

11. 滑鼠往綠色軸向移動，按下滑鼠左鍵將綠色軸心設定在綠色軸上。

12. 勾選【總是朝向鏡頭】，並按下【建立】。

13. 環轉視角，盆栽永遠會朝向你的方向。

Lesson 2-6 實心工具

▌實心工具

實心工具就是布林運算,可以將兩個實體做相加、相減或保留相交部位。讀者可由下方表格的圖示快速瞭解可達成的結果,再實際操作,或是先實際操作過後,再回來瀏覽表格加深印象。

實體工具	圖示	說明
未執行前		兩者需分別群組才可進行實心工具。
交集		保留多個實體相交部位。
外層、聯合		結合多個實體。

2-97

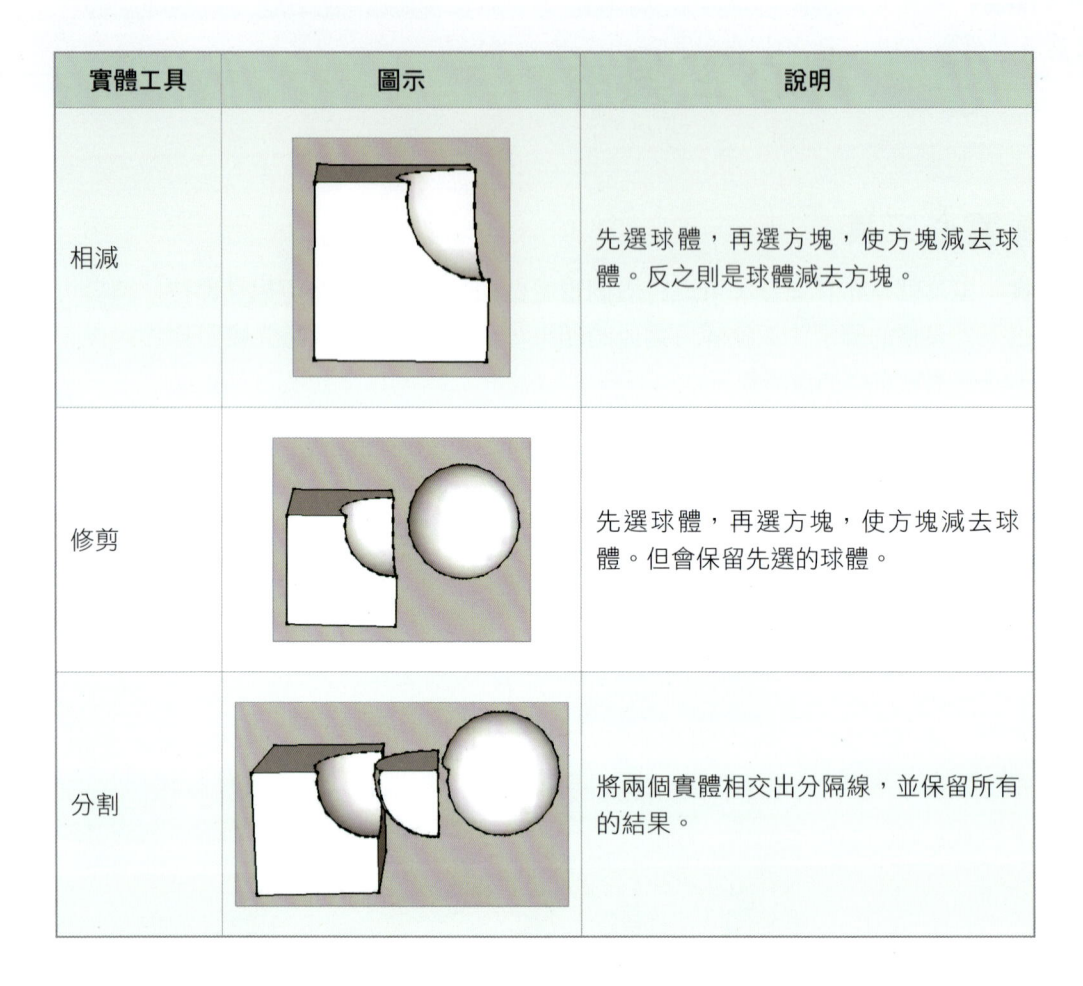

實體工具	圖示	說明
相減		先選球體，再選方塊，使方塊減去球體。反之則是球體減去方塊。
修剪		先選球體，再選方塊，使方塊減去球體。但會保留先選的球體。
分割		將兩個實體相交出分隔線，並保留所有的結果。

■ 外層、聯合

01. 開啟範例檔〈2-6_實心工具.skp〉，場景中有五組實體，請依序由左至右操作練習。

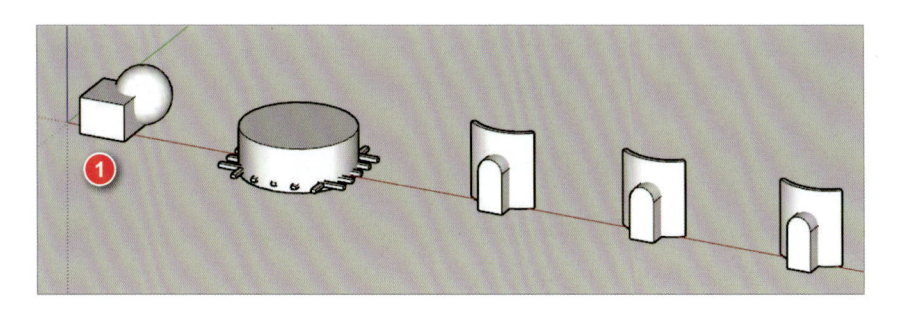

02. 在上方任一個工具列點擊滑鼠右鍵,將【實心工具】打勾,開啟【實心工具】工具列。可將工具列放置任意位置。

03. 選取方塊與圓球。

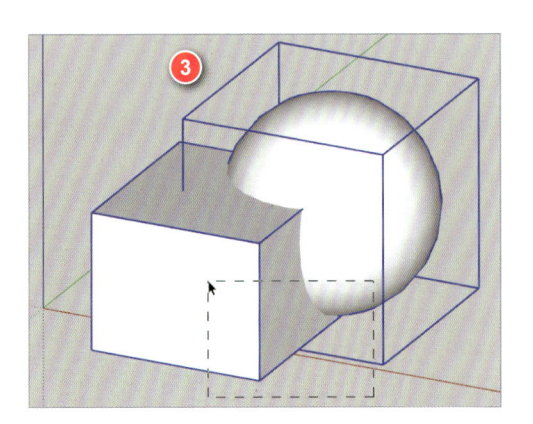

04. 點擊【▣】(外層)】或【▣】(聯合)】按鈕。

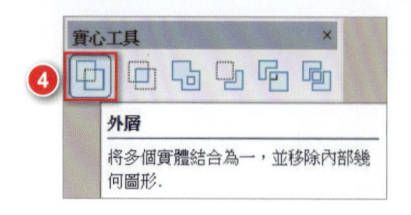

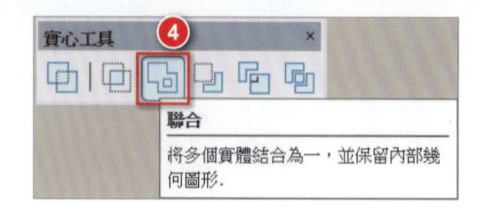

實心工具
外層
將多個實體結合為一，並移除內部幾何圖形。

實心工具
聯合
將多個實體結合為一，並保留內部幾何圖形。

05. 完成實體合併，方塊與球體接合處產生相交線。

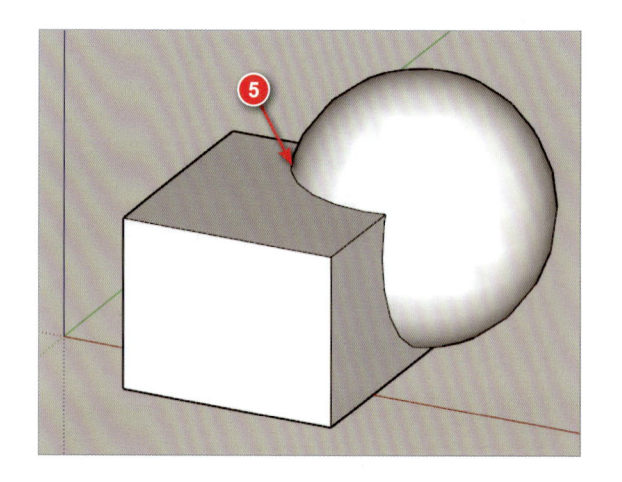

06. 點擊樣式工具列的【X 射線】，可透明化檢視模型，方塊內側已經與球體結合，也可移動實體發現兩實體已經結合。再點擊一次【X 射線】可結束透明化。

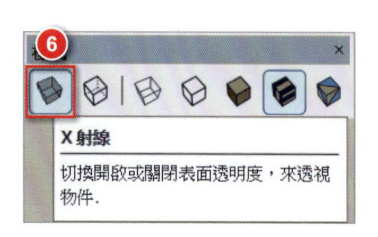

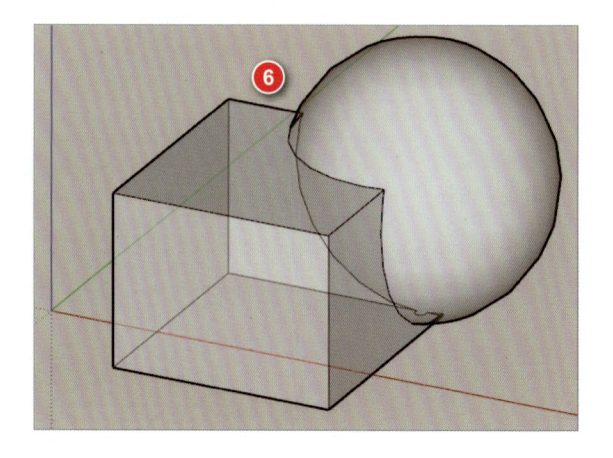

X 射線
切換開啟或關閉表面透明度，來透視物件。

2-100

交集

01. 選取圓柱與格子狀實體。

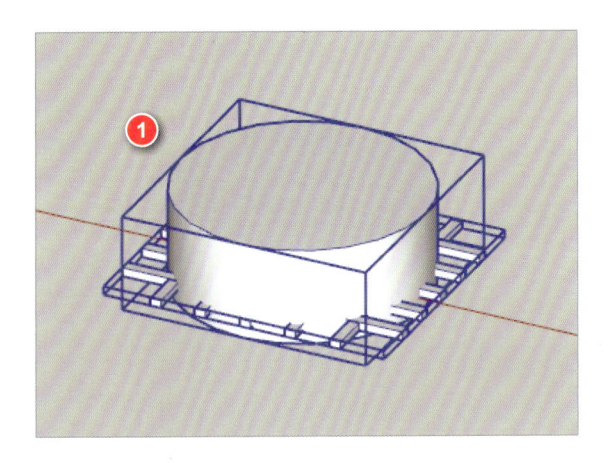

02. 點擊【實心工具】工具列的【 ▢ （交集）】按鈕。

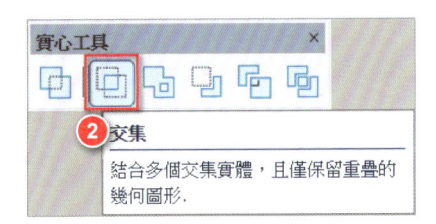

03. 完成交集，可發現只有兩個物件的相交處保留下來。

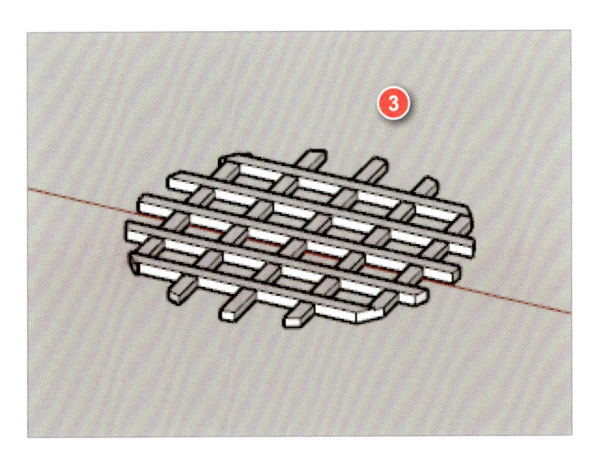

相減

01. 點擊【 ▢ （相減）】按鈕。

02. 先點選拱門造型。

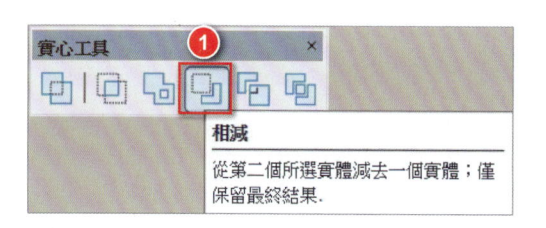

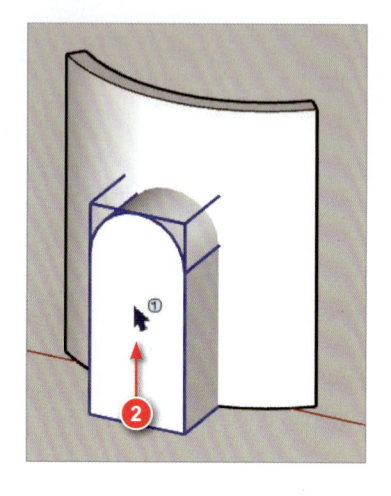

03. 再點擊弧形造型。

04. 使弧形造型減去拱門造型，完成。

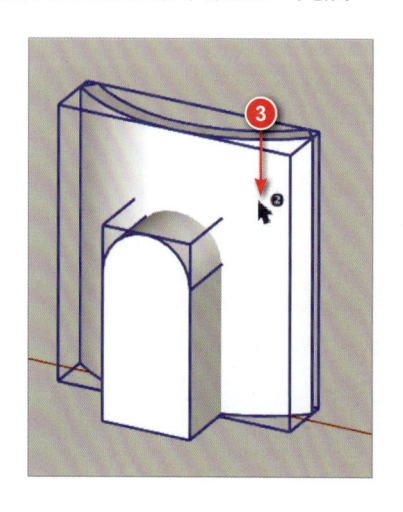

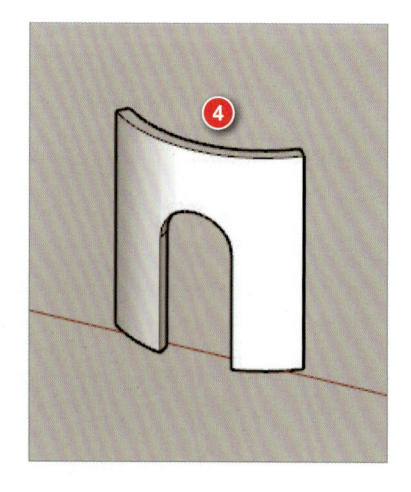

Chapter 2
圖形的繪製與編輯

修剪

01. 點擊【 ▣ (**修剪**)】按鈕。

02. 先點選拱門造型。

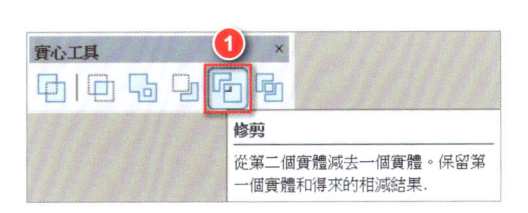

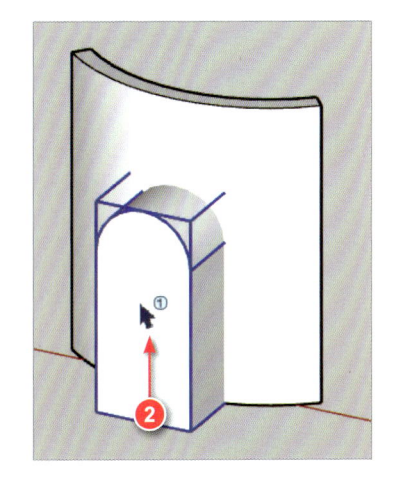

03. 再點擊弧形造型，完成。

04. 點擊【 ✥ (**移動**)】按鈕，將拱門造型移開，可發現利用拱門造型修剪弧形造型後，拱門造型會保留下來。

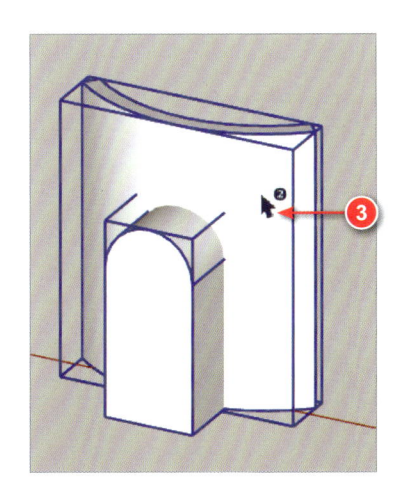

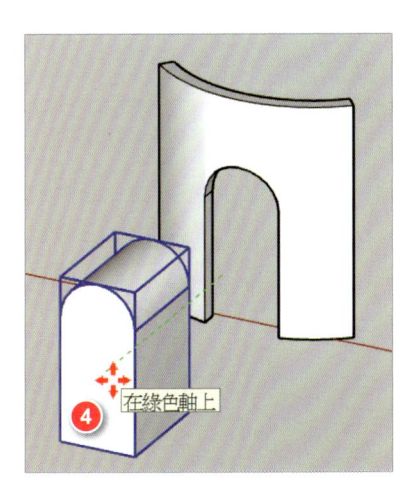

2-103

分割

01. 按下 Ctrl + T 鍵取消選取。（或功能表【編輯】→【取消全選】）

02. 點擊【 （分割）】按鈕。

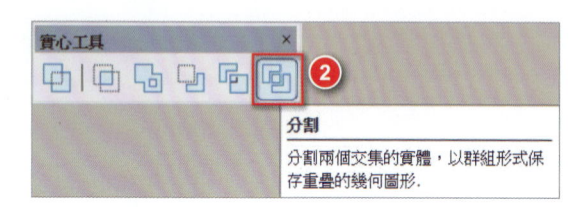

03. 點擊拱門造型為第一個實體群組，弧形造型為第二個實體群組的完成圖。（若先點擊弧形造型，再點擊拱門造型，結果也是相同的。）

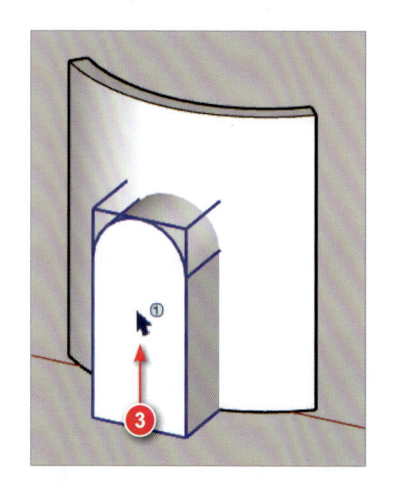

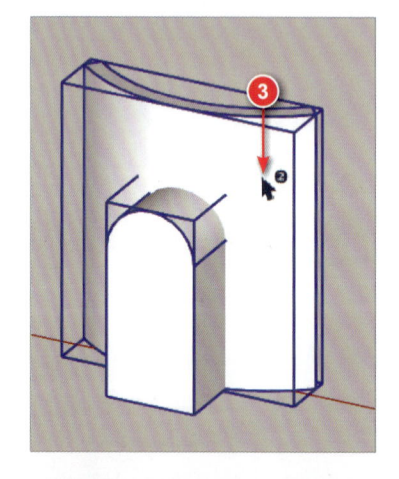

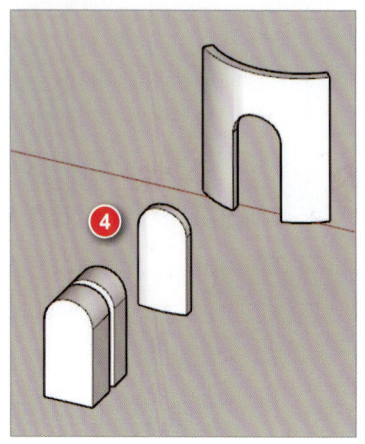

04. 點擊【 （移動）】按鈕，將拱門造型與新產生的實體移開，可發現拱門與弧形造型相交處消失，並形成新實體。

實體的注意事項

01. 開啟範例檔〈2-6_實體的注意事項 .skp〉，點擊任一實心工具的指令。

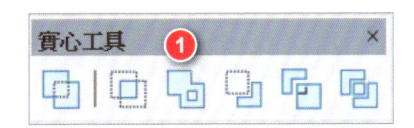

02. 滑鼠分別停留在三個方塊上，皆會顯示【**不是實體**】。若實體外有多餘的面、實體沒有封閉、實體被線段分成兩塊以上，在 SketchUp 軟體中就不會被當作實體。請將這些多餘的線與面刪除後，再執行實心工具的動作。

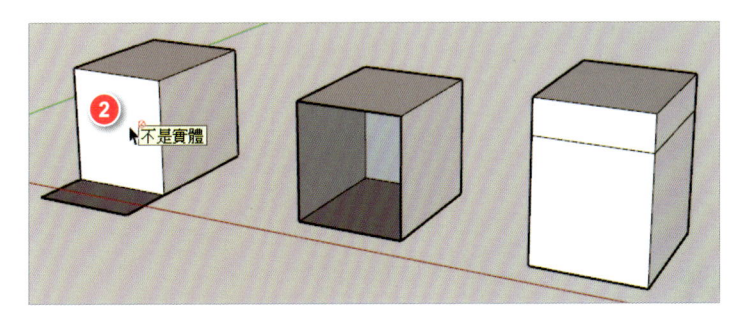

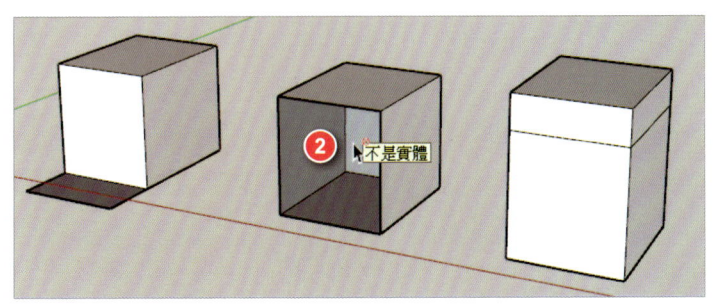

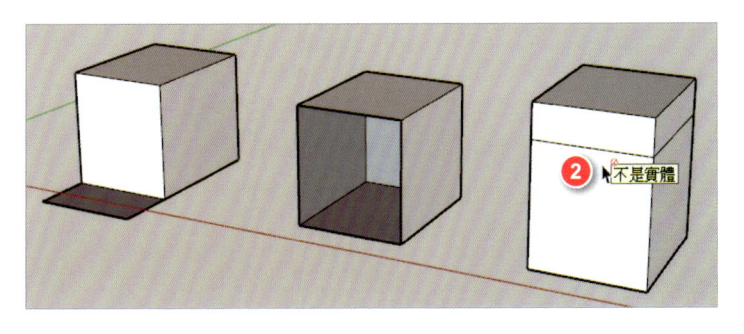

2-105

外層與聯合的差別

01. 開啟範例檔〈2-6_外層與聯合的差別.skp〉，場景中有兩組凹槽方塊與實心方塊，接下來要將兩者結合再比較結果。

02. 點擊【✥（移動）】按鈕，點擊第一組的實心方塊右下角。

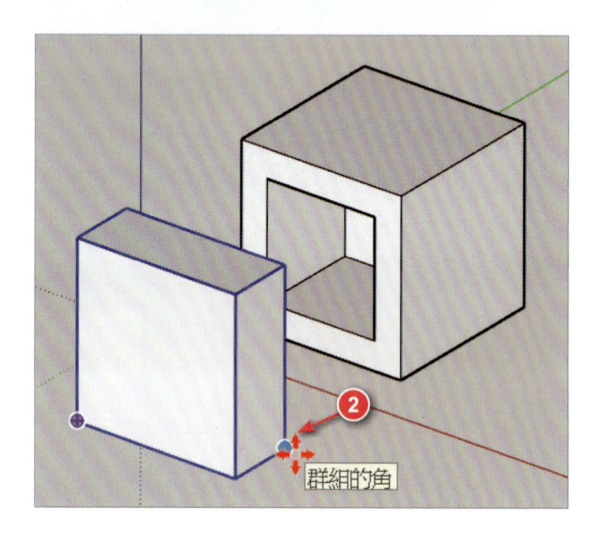

03. 移動到凹槽方塊端點。（一定要鎖點，若兩方塊中間有間隙，則結果不同。）

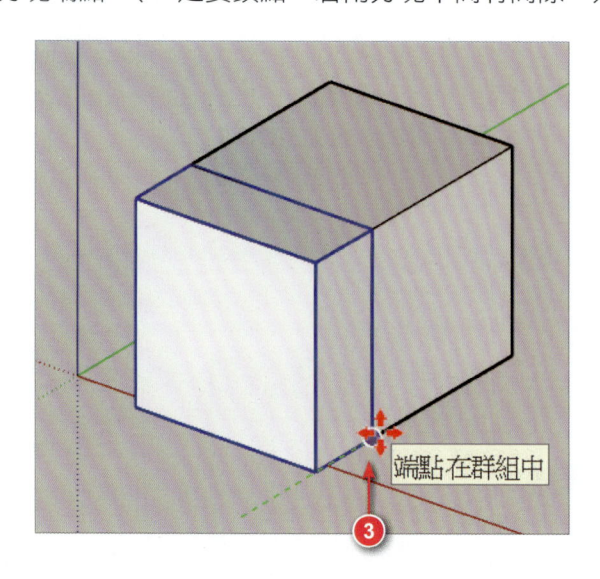

04. 第二組也以相同方式,將實心方塊右下角移動至凹槽方塊端點。

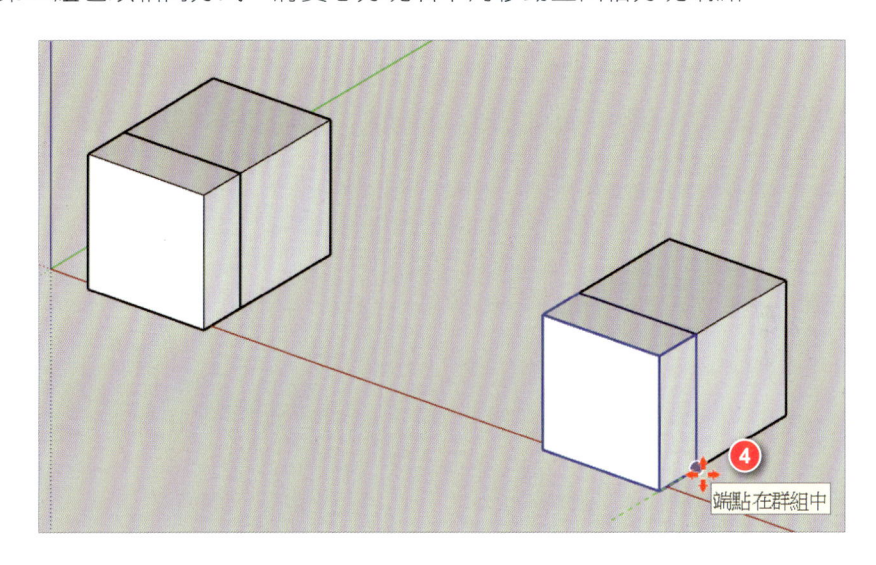

05. 點擊【 ▸ (**選取**)】按鈕,選取第一組的兩個方塊。

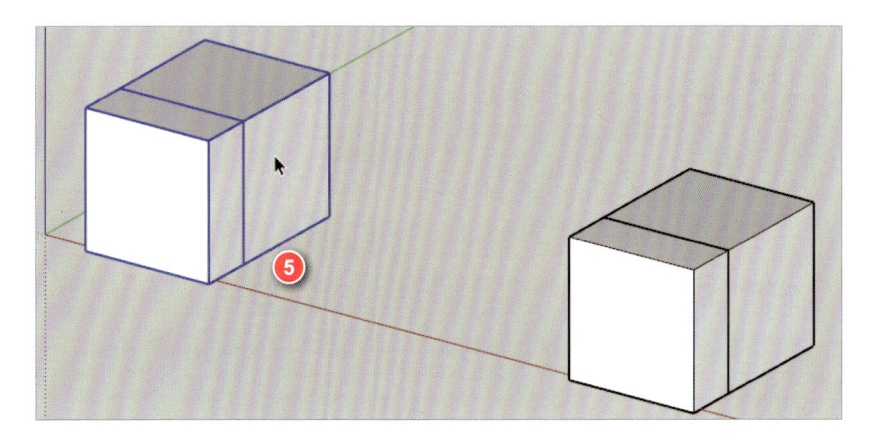

06. 點擊【 ▣ (**外層**)】按鈕,結合兩個方塊。

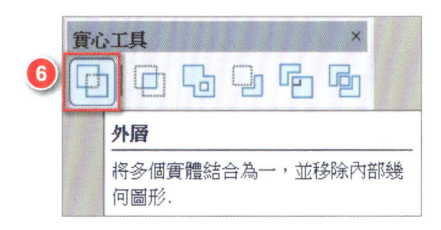

外層
將多個實體結合為一,並移除內部幾何圖形.

2-107

07. 選取第二組的兩個方塊。

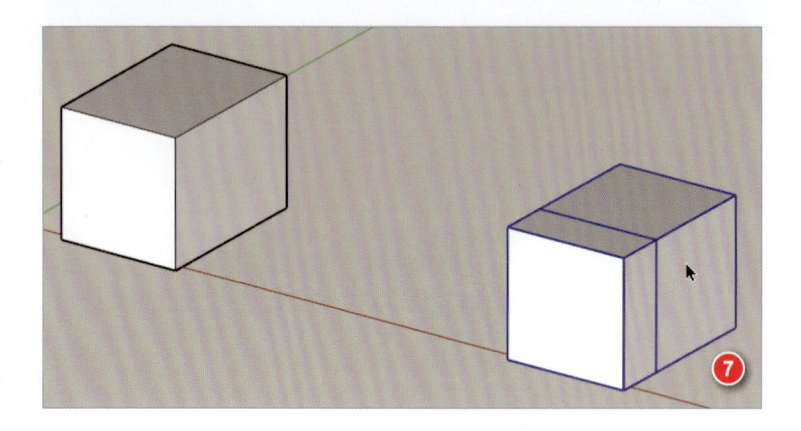

08. 點擊【聯合】按鈕，結合兩個方塊。

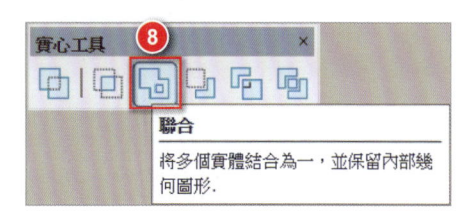

09. 點擊檢視工具列的【X 射線】，使模型透明化。

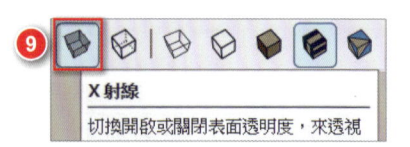

10. 使用【外層】結合的方塊，內部凹槽消失。使用【聯合】結合的方塊，內部凹槽會保留。若內部無凹槽，則【外層】與【聯合】結果會相同。

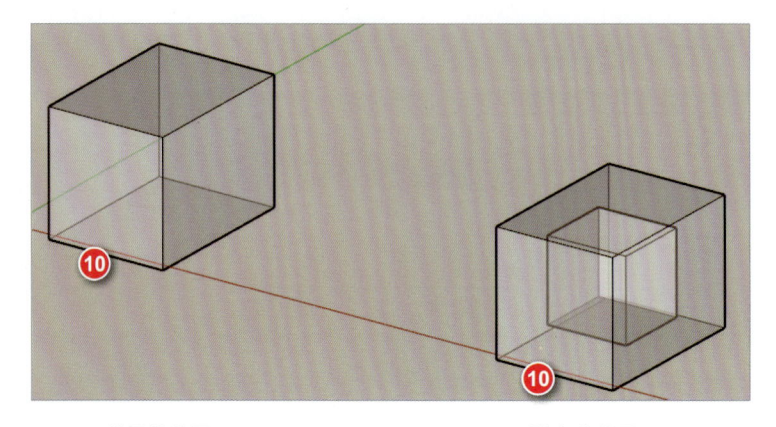

外層的結果　　　　　　　聯合的結果

外層與聯合的差別 2

01. 開啟範例檔〈2-6_外層與聯合的差別 2.skp〉，點擊【 ◆ （X 射線）】，可發現此為兩個空心方塊，且兩個方塊空心部位有相交。

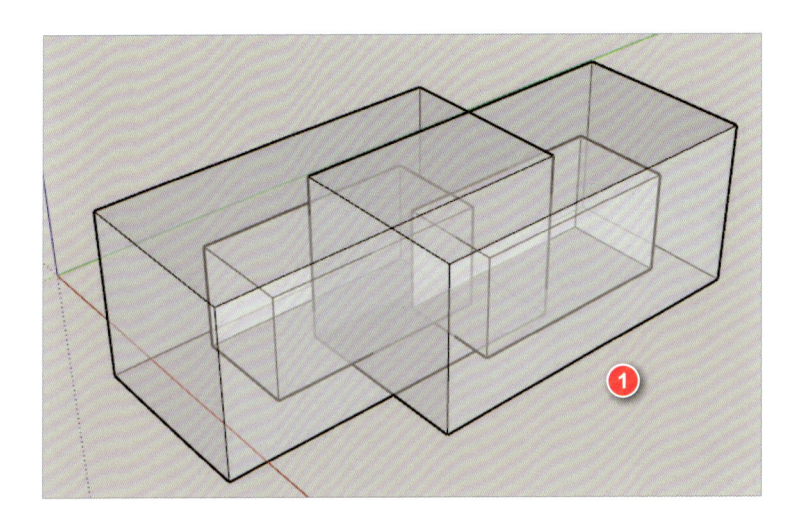

02. 選取兩個方塊，點擊【 ⬜ （外層）】。

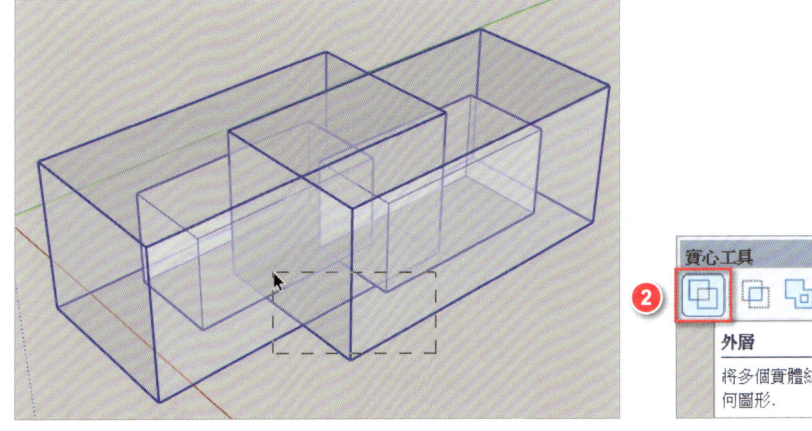

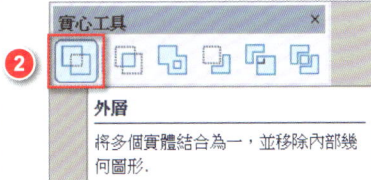

外層
將多個實體結合為一，並移除內部幾何圖形.

03. 使兩個方塊結合，且空心處移除。

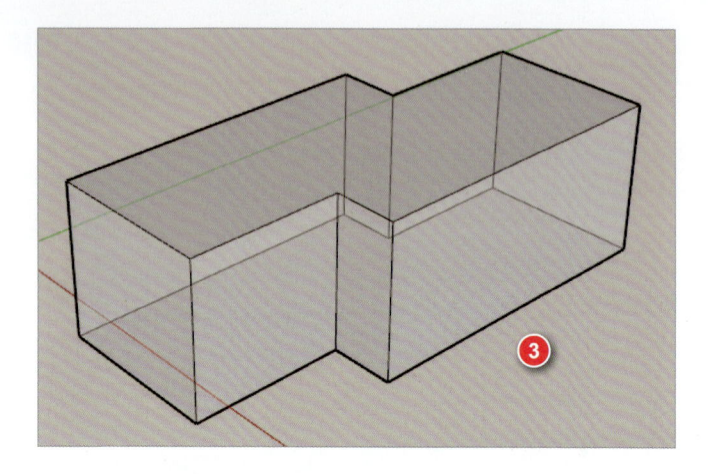

04. 按下 Ctrl + Z 復原至未結合之前。選取兩個方塊。

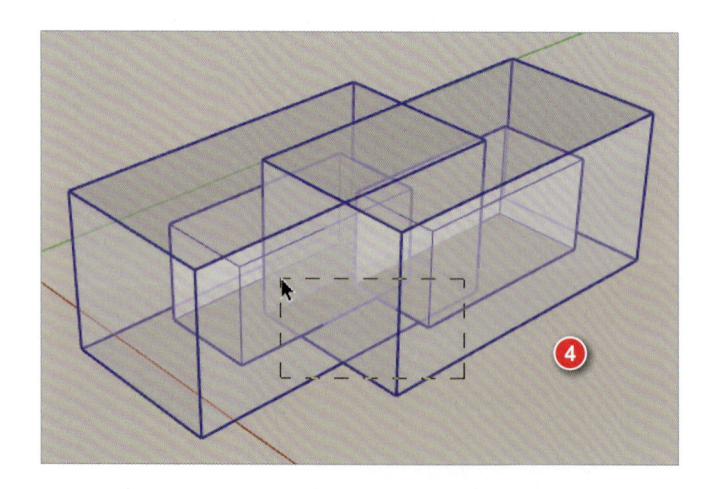

05. 點擊【 (聯合)】。

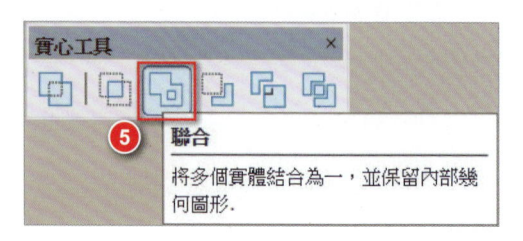

06. 使兩個方塊結合，且空心處保留，空心與實體相交處消失。由此可知，結合空心實體時，須注意內部空心的狀況，若非空心實體，則無須在意。

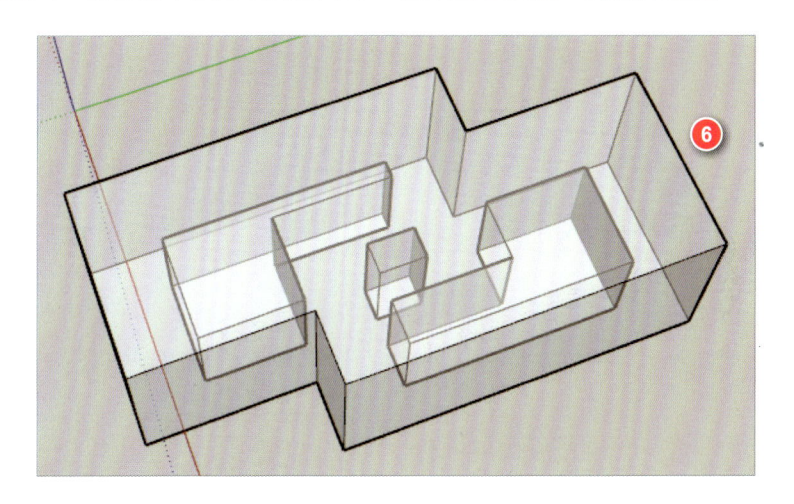

外層與差集的應用

01. 開啟範例檔〈2-6_外層與差集的應用.skp〉，若椅子要同時減去所有方塊，可先將方塊結合，再用椅子減去。

02. 先選取所有方塊。

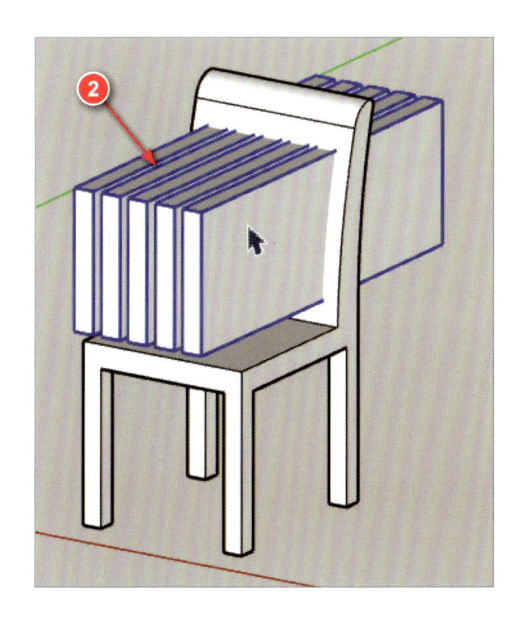

03. 點擊【 ▣ 】（外層）按鈕，結合所有方塊，按 Esc 鍵取消選取。

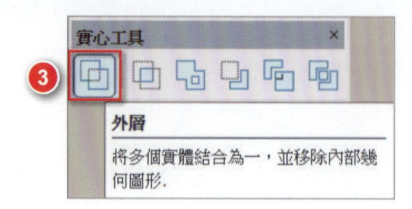

外層
將多個實體結合為一，並移除內部幾何圖形。

04. 點擊【 ▣ 】（相減）按鈕。

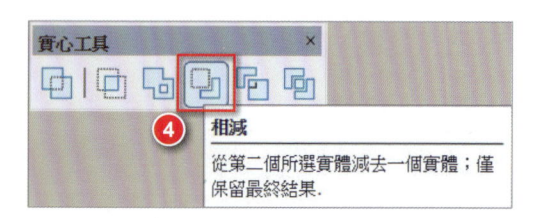

相減
從第二個所選實體減去一個實體；僅保留最終結果。

05. 先點選方塊。

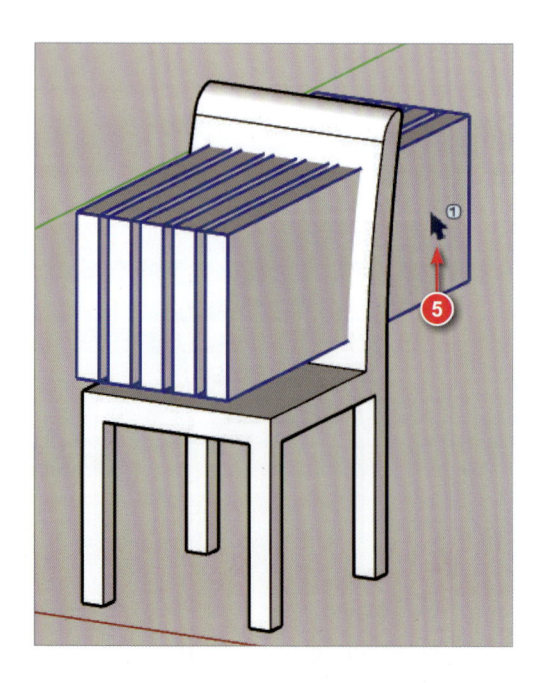

2-112

Chapter **2**
圖形的繪製與編輯

06. 再點擊椅子。

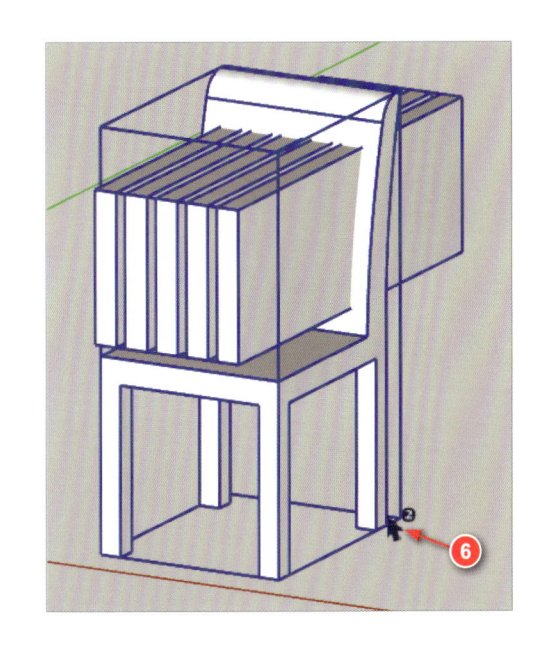

07. 完成圖。

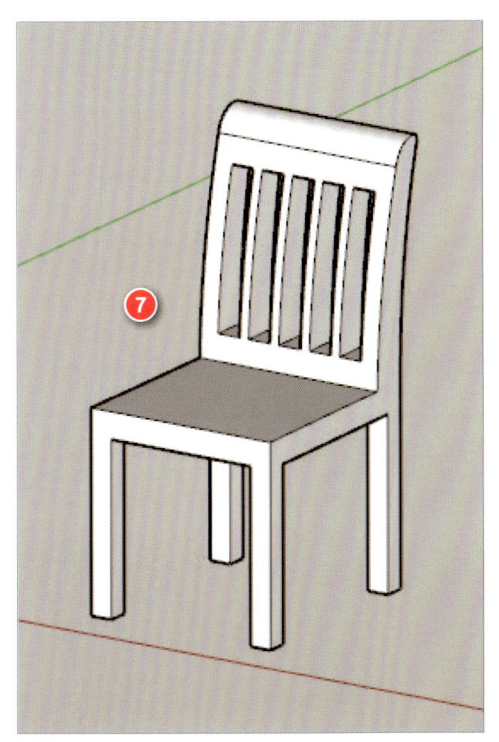

2-113

Lesson 2-7　尺寸的應用

▌距離與長度尺寸

01. 開啟範例檔〈2-7_尺寸的應用.skp〉。

02. 點擊【 ✏ (尺寸)】按鈕。

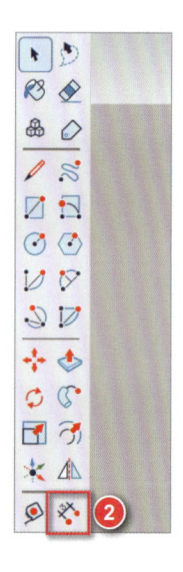

03. 點擊直線左邊的端點為起點。

04. 點擊另一邊的端點為終點。

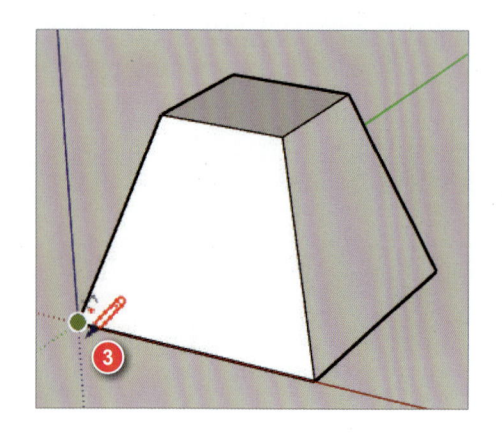

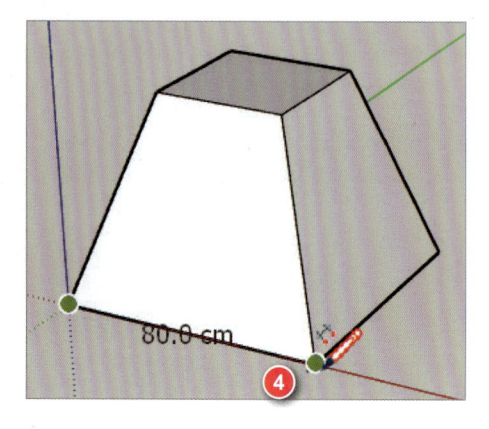

Chapter **2**
圖形的繪製與編輯

05. 將滑鼠往藍色軸方向移動，則可讓尺寸垂直放置。此時出現的尺寸為兩點之間的距離。

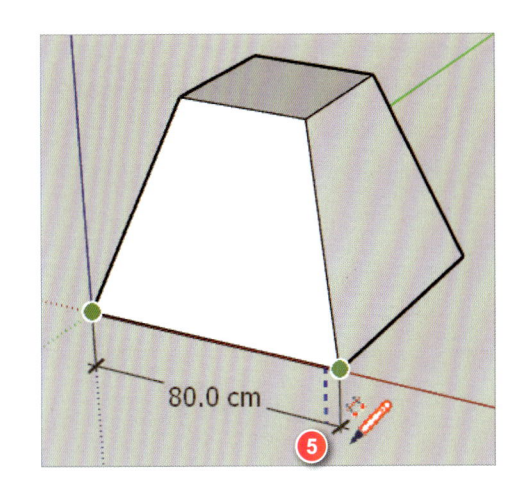

06. 將滑鼠往綠色軸方向移動，可使尺寸水平放置。在適當的位置按下滑鼠左鍵，決定尺寸的位置。

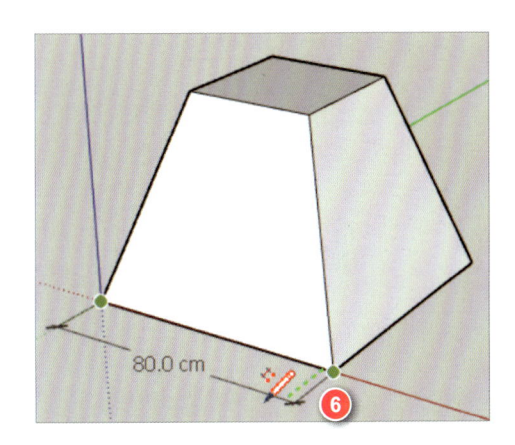

07. 將游標停留線段上，會出現藍色線段。

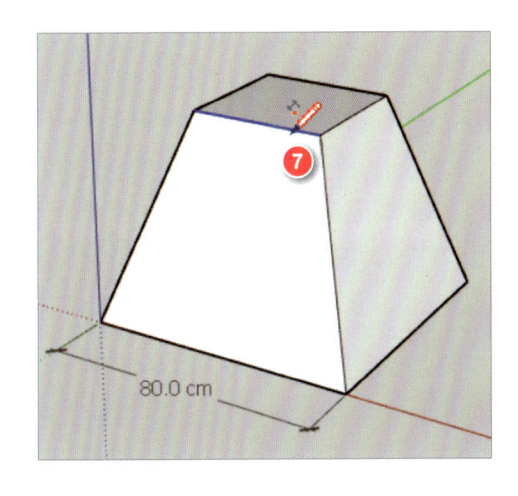

2-115

08. 出現藍色線段時，按下滑鼠左鍵，可標註長度尺寸。再按下滑鼠左鍵決定尺寸的位置。

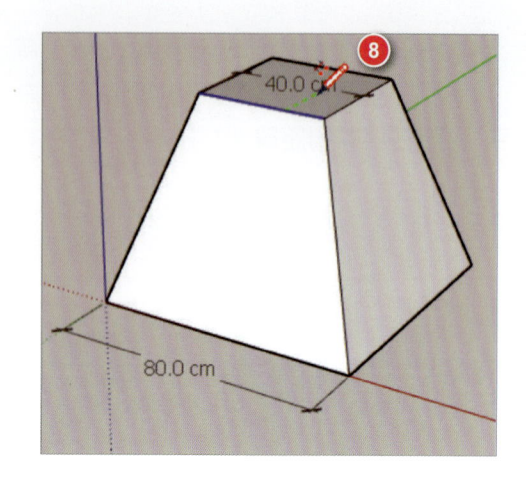

▌斜線的尺寸標註

01. 點擊如圖所示的線段。

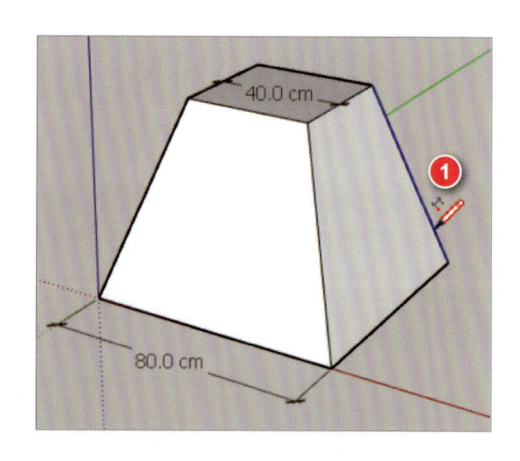

02. 將滑鼠往右上移動，會出現粉紅色的軸，此時出現的尺寸是斜線的距離。（若無法出現，需要環轉至其他適當視角。）

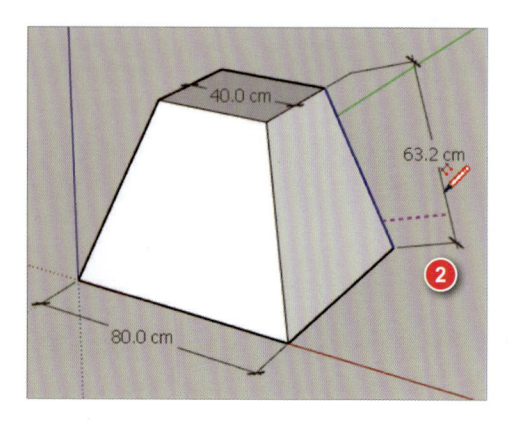

Chapter 2
圖形的繪製與編輯

03. 往紅色軸移動滑鼠,可以標註高度尺寸。

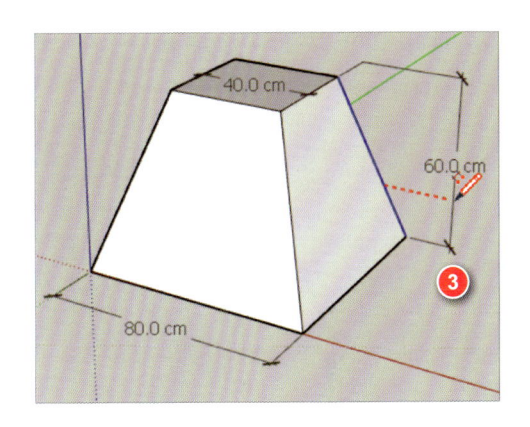

04. 往藍色軸移動滑鼠,可以標註寬度尺寸。

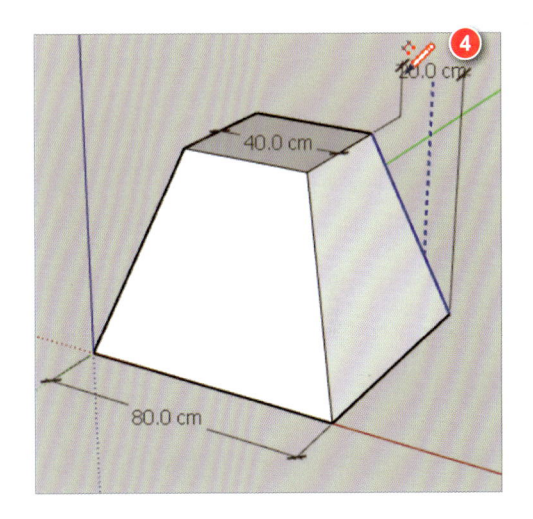

05. 在尺寸上按下滑鼠右鍵→【文字位置】→【外部開始】,可以變更文字位置,使尺寸容易辨識。

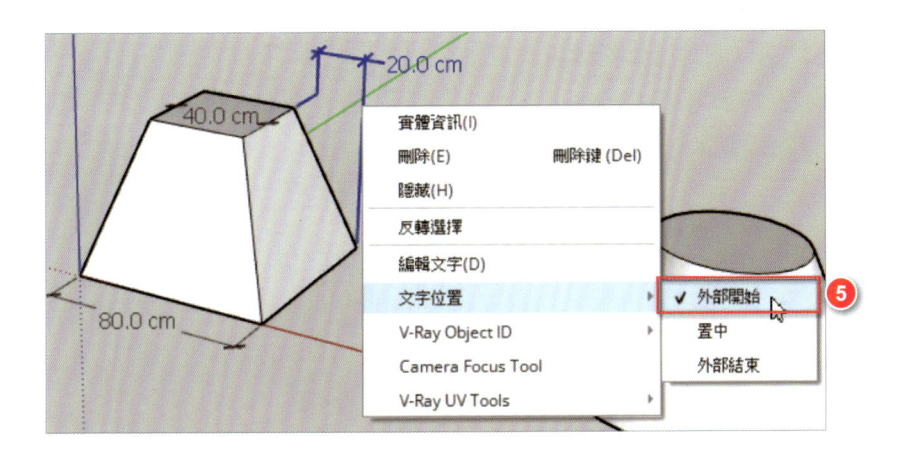

2-117

06. 在尺寸上按下滑鼠右鍵→【文字位置】→【外部結束】，則文字位置是反方向。

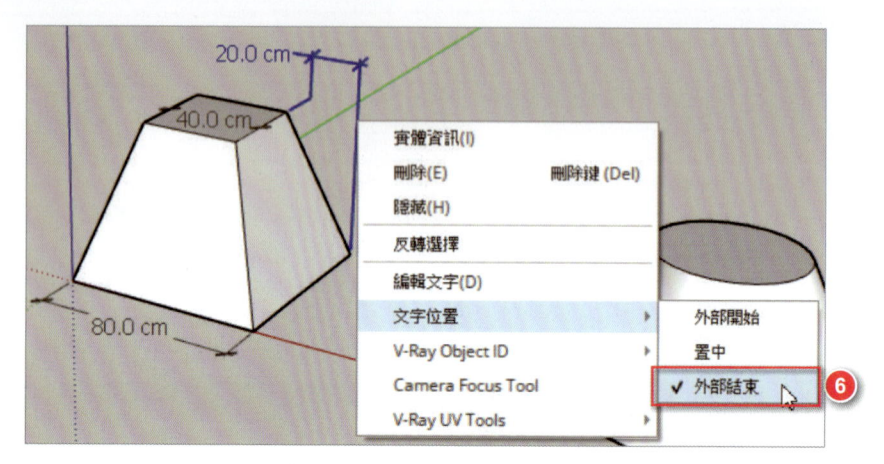

07. 使用【 ✏ (尺寸)】或【 ✥ (移動)】指令，可以修改尺寸位置。

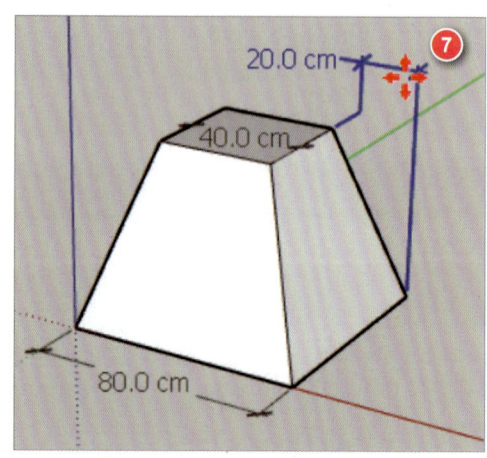

半徑與直徑

01. 使用【 ✏ (尺寸)】指令，點擊如圖所示的圓形線段（拉近視角比較容易選取）。

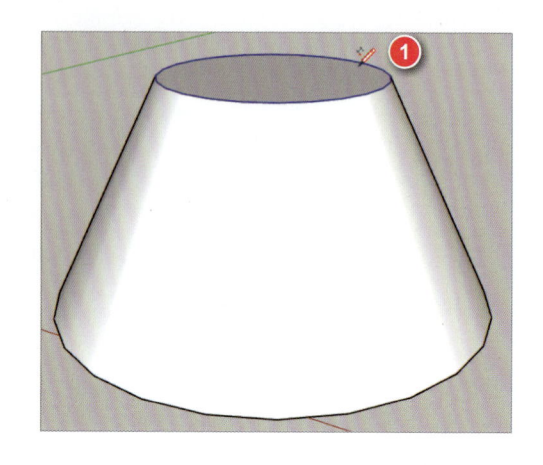

Chapter 2
圖形的繪製與編輯

02. 將滑鼠往圓外移動，會出現直徑尺寸，按下滑鼠左鍵決定直徑尺寸的位置。

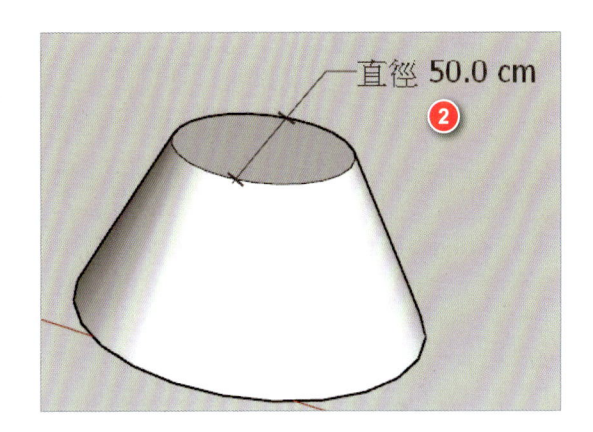

03. 在直徑尺寸上按下滑鼠右鍵→選擇【類型】→【半徑】，可將直徑的尺寸改為半徑。

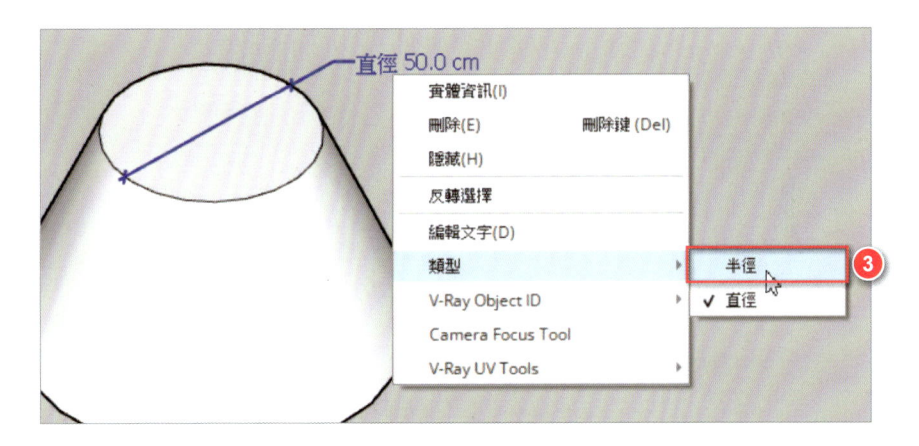

04. 完成圖，已將直徑尺寸改為半徑尺寸。

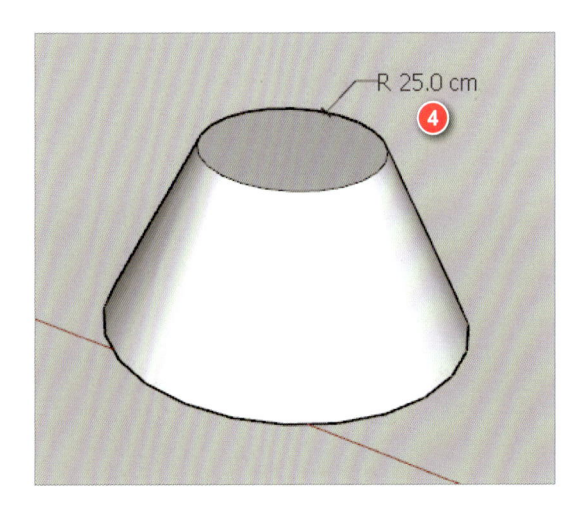

2-119

■ 尺寸設定

01. 若認為標註字體過小，可點擊功能表的【視窗】→【模型資訊】。

02. 左邊欄位點擊【尺寸】，右邊選擇【字型】按鈕。

03. 讀者可自行選擇合適的字型大小，點擊【確定】。之後標註的尺寸皆為此大小。

04. 若是已經存在的尺寸,可先點擊【選取全部尺寸】,再點擊【更新選擇的尺寸】,就可以更新尺寸的文字大小。

05. 完成圖。

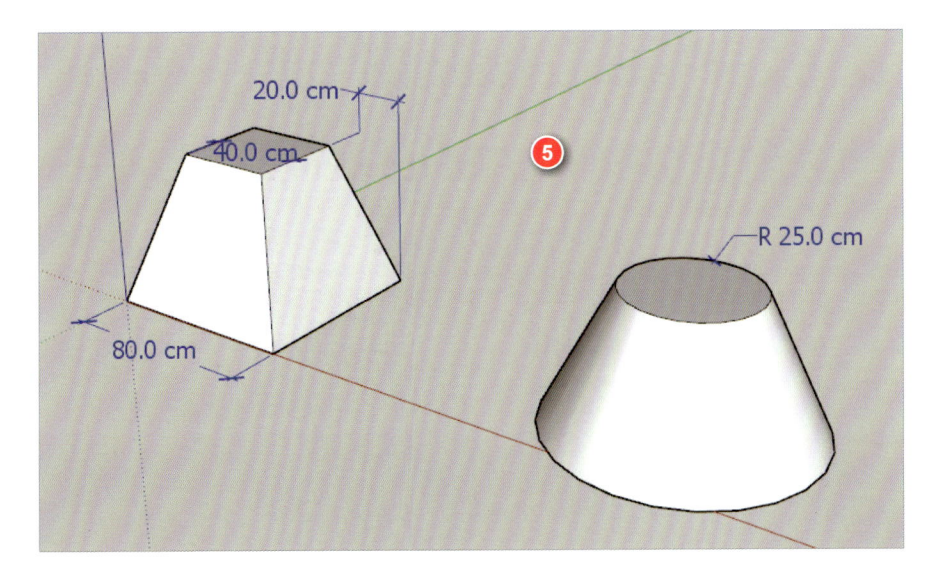

▌尺寸編輯

01. 點擊【✣（移動）】指令，移動線段位置，如圖所示，此時尺寸會因為長度不同而隨時更新。

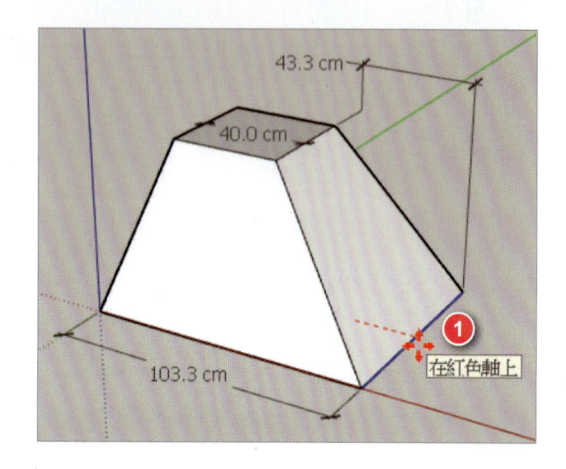

02. 點擊【▸（選取）】或【✺（尺寸）】指令。左鍵點擊尺寸兩下，可以編輯尺寸，尺寸後方加上「長度」兩字。

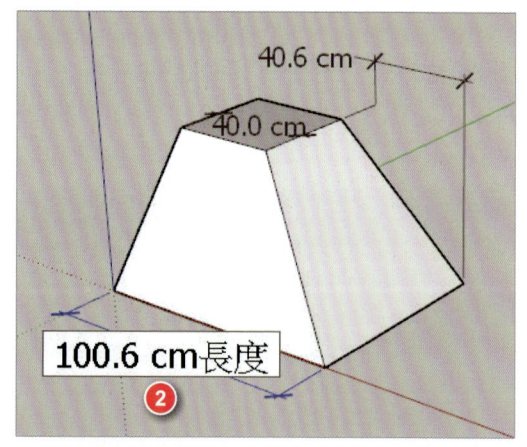

03. 在空白處點擊左鍵，結束尺寸編輯，完成如右圖。注意編輯尺寸時，按下 Enter 所有文字會消失。

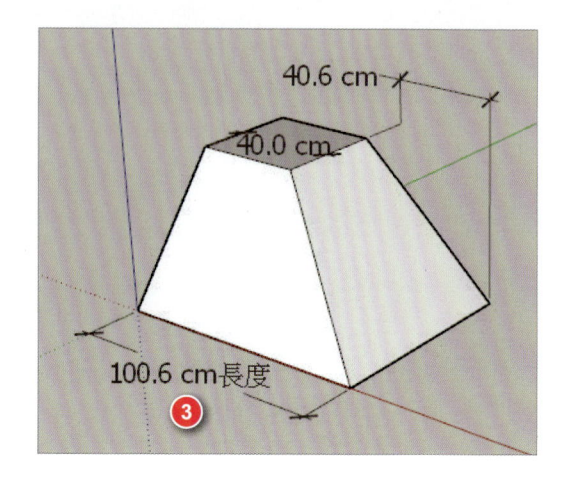

04. 再次編輯尺寸,輸入「100.6cm\n 長度」,注意 \n 的斜線方向。

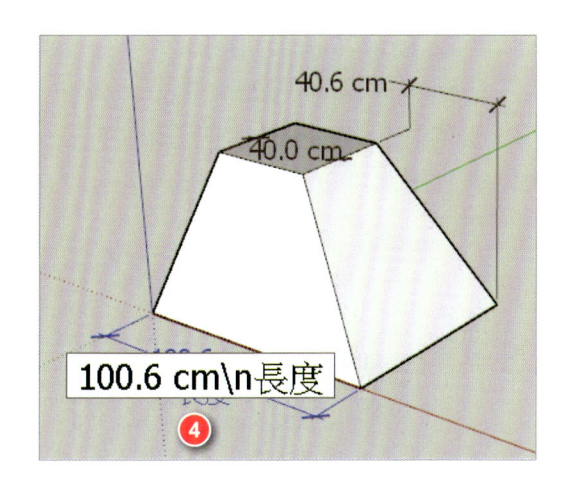

05. 完成如右圖,文字可換行。

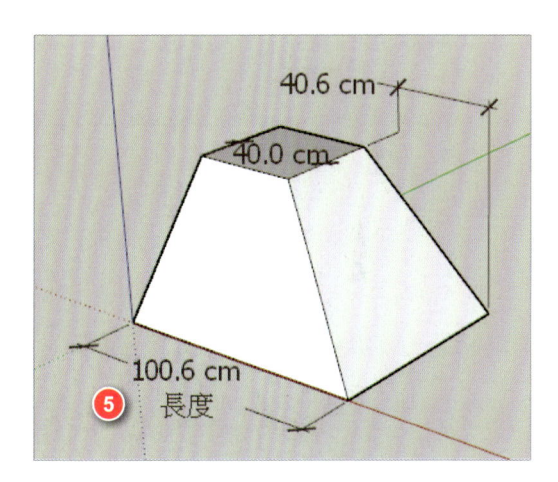

06. 點擊【✥(移動)】指令,移動線段位置,會發現編輯尺寸後,尺寸大小 100.6 就不會變動了。

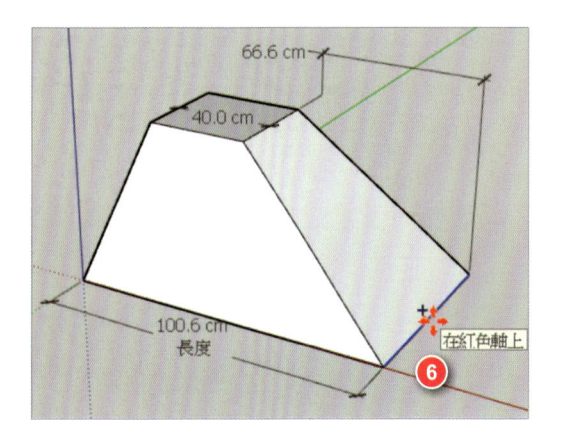

07. 點擊【▶（選取）】指令，左鍵點擊尺寸兩下編輯。「100.6」變更為「<>」大於與小於的符號，則尺寸就會顯示測量的長度。

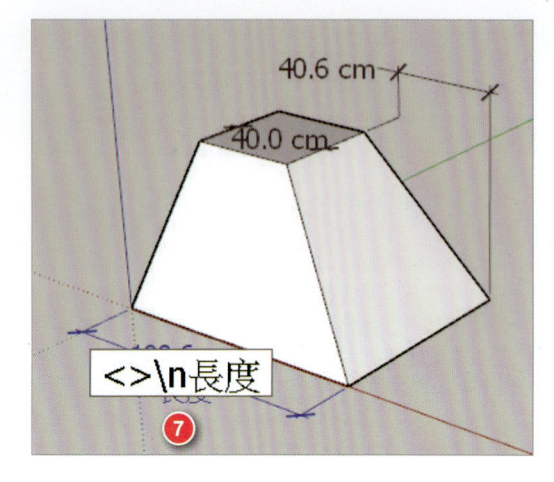

08. 完成圖。

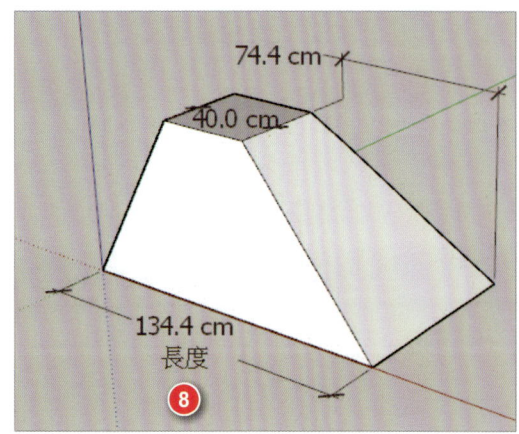

▍卷尺工具

01. 點擊【▢（矩形）】按鈕，點擊原點為起始點，輸入「500,25」繪製出一個矩形。

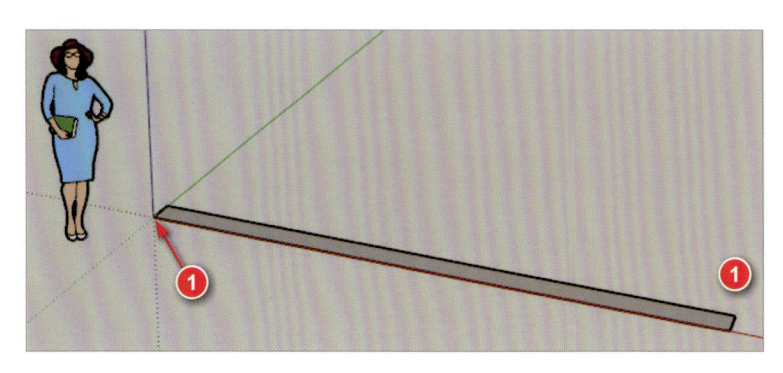

02. 點擊【 ▲ (推/拉)】按鈕，往上推拉出「300」，成為一道牆。

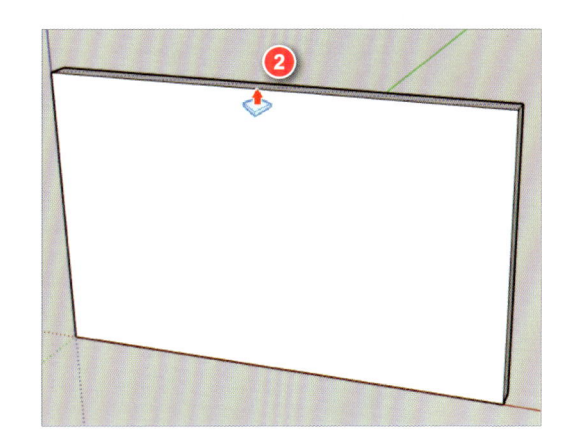

03. 點擊【 ◎ (卷尺工具)】按鈕，點擊左側的邊線。

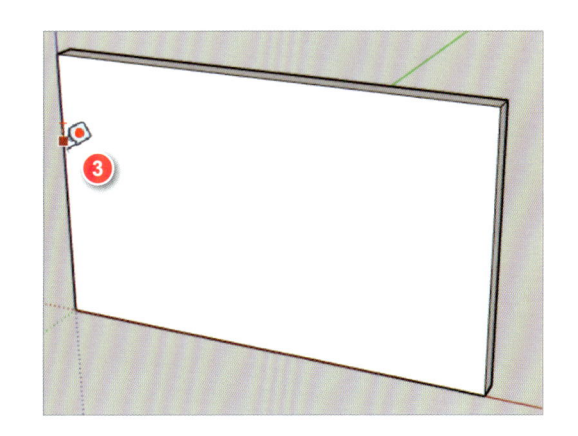

04. 滑鼠往右移動（紅色軸方向），出現一條輔助線，輸入距離「100」，建立一條垂直輔助線（按一下 Ctrl 鍵）。

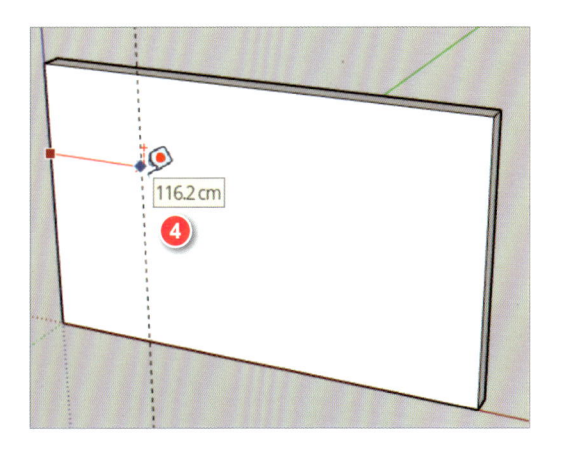

2-125

05. 點擊剛建立的輔助線，滑鼠往右移動，輸入距離「90」，製作另一條輔助線。

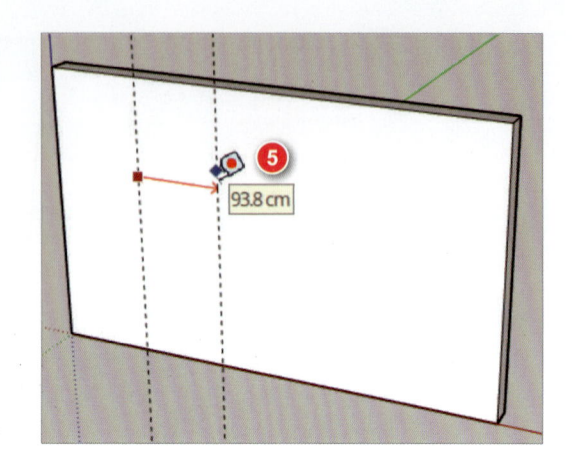

06. 點擊下方邊線。

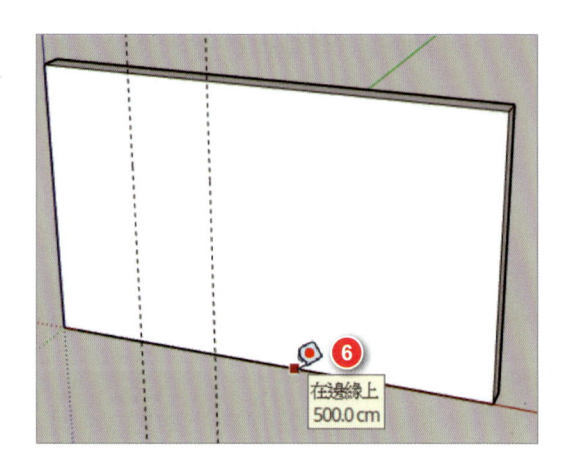

07. 滑鼠往上移動（藍色軸方向），輸入距離「200」，繪製水平輔助線。

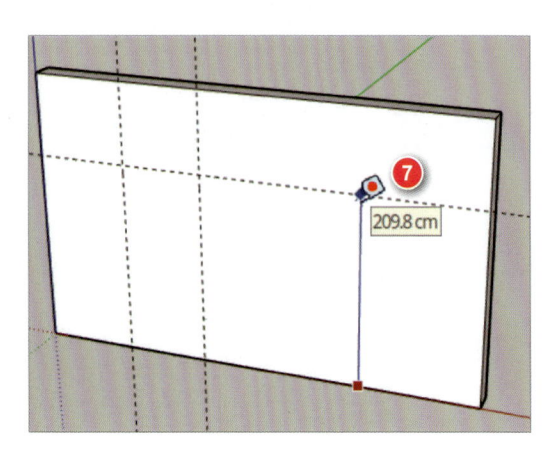

08. 點擊【 ◪ （**矩形**）】按鈕，直接在門的位置描繪出矩形的形狀。

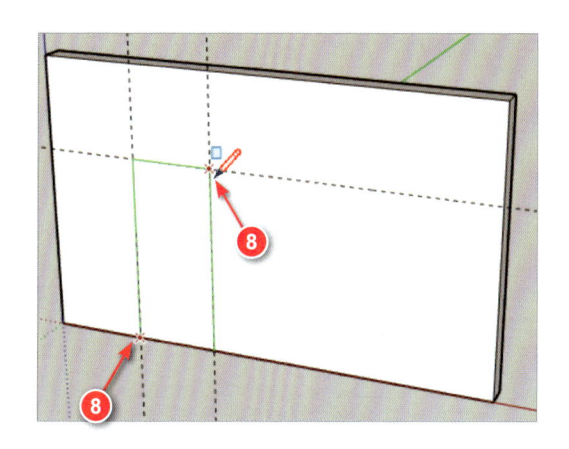

09. 點擊【 ▸ （**選取**）】按鈕，框選多餘的輔助線，按下 Delete 鍵刪除。

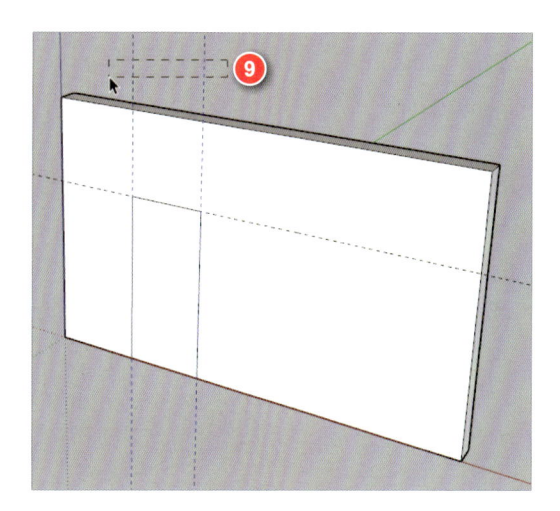

10. 也可以從功能表的【**編輯**】→【**刪除輔助線**】，刪除所有輔助線。

2-127

11. 完成圖。

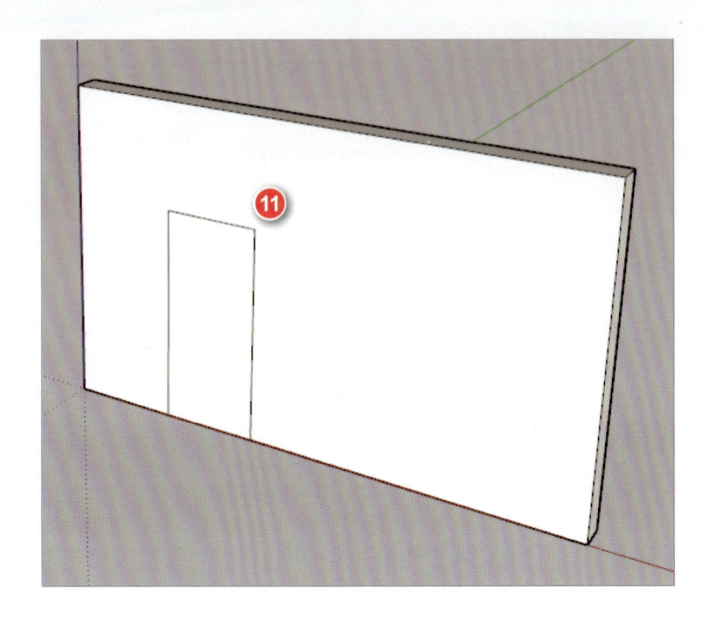

延伸練習 請完成如下圖之窗戶位置。

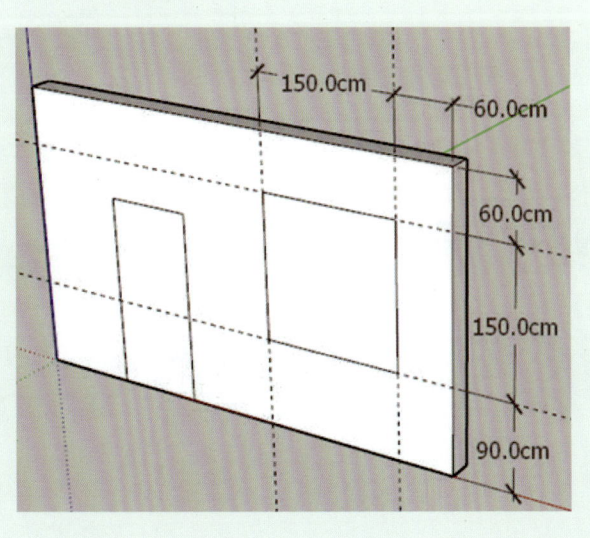

chapter 3

家具模型繪製

本章將會完成以下幾款家具：

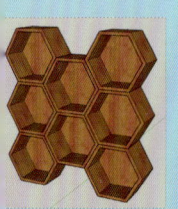

| 六邊形書櫃 | 圓形茶几 | 沙發椅 | 床頭櫃 | 吊燈 | 轉角櫃 |

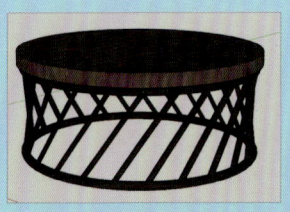

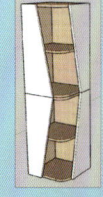

Lesson

3-1 六邊形書櫃

01. 開啟一個新的檔案,樣板選擇【建築-公分】。在檢視工具列點擊【正視圖】。

02. 點擊【⬢ 多邊形】指令,繪製六邊形,輸入半徑 20,按下 Enter 鍵。

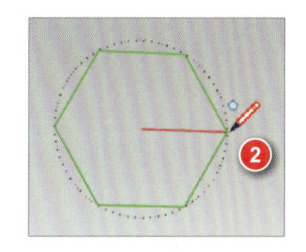

03. 點擊【⬆ 推/拉】指令,選六邊形面往後推,輸入深度 20,按下 Enter 鍵。

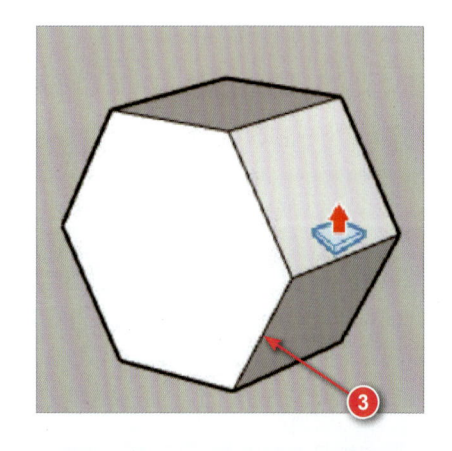

04. 點擊【⌒ 偏移】指令,選六邊形面往內偏移,輸入偏移距離 2,按下 Enter 鍵。

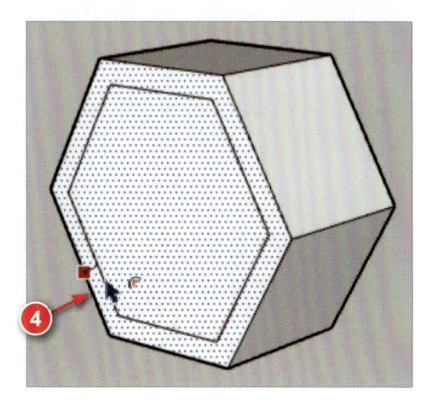

Chapter 3
家具模型繪製

05. 點擊【 ♦ 推/拉】指令，選內側六邊形面往後推，輸入深度 18，按下 Enter 鍵。

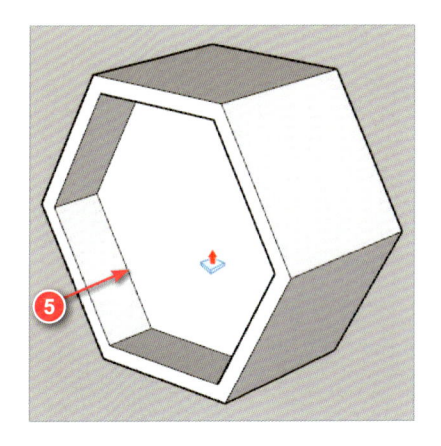

06. 點擊【 ▸ 選取】指令，左鍵點擊書櫃三下選取全部，按下右鍵→【**轉為元件**】，按下【**建立**】。

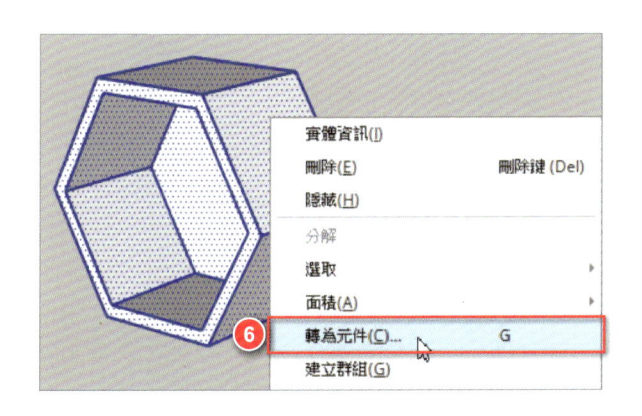

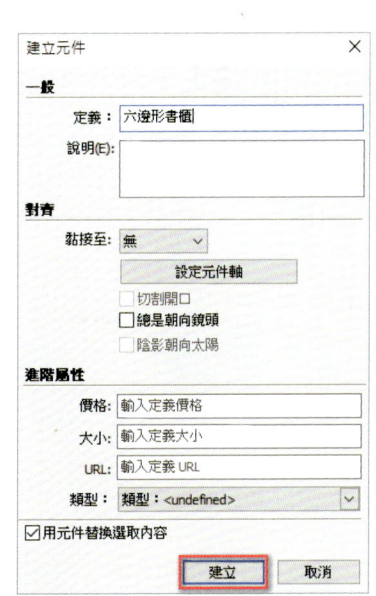

3-3

07. 點擊【✥ 移動】指令，選取書櫃左下角點。

08. 按下 Ctrl 鍵開啟複製模式，移動到左上角點，再輸入 *2，按下 Enter 鍵複製兩個書櫃。

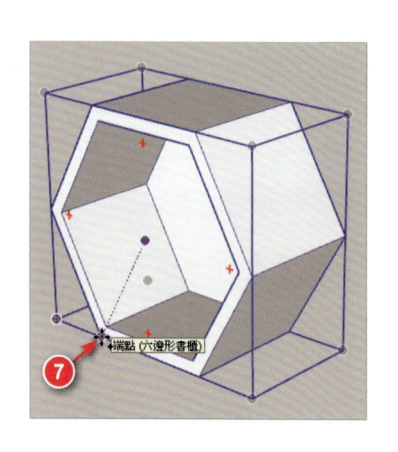

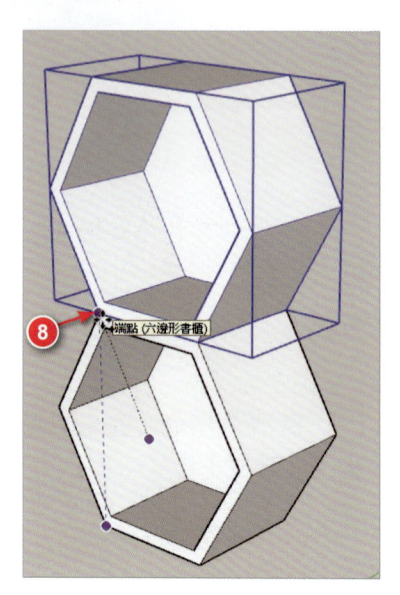

09. 點擊【▶ 選取】指令，框選兩個書櫃。

10. 點擊【✥ 移動】指令，點擊書櫃左下角點，按下 Ctrl 鍵開啟複製模式，移動到右側的端點。

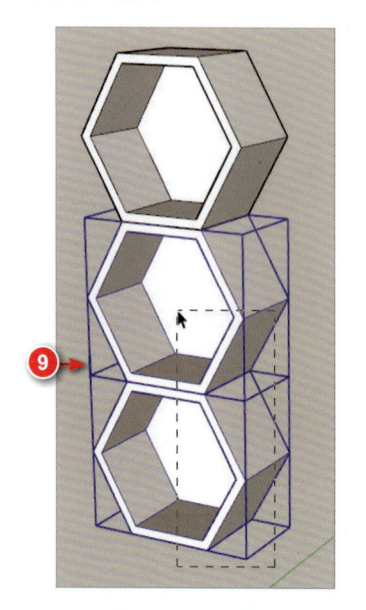

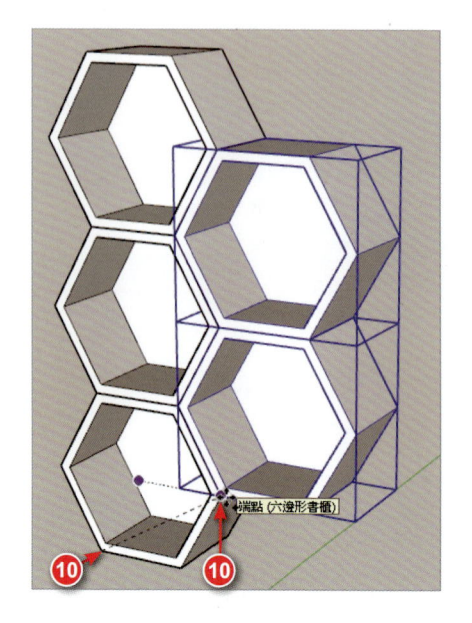

11. 點擊【▶ 選取】指令，框選三個書櫃。

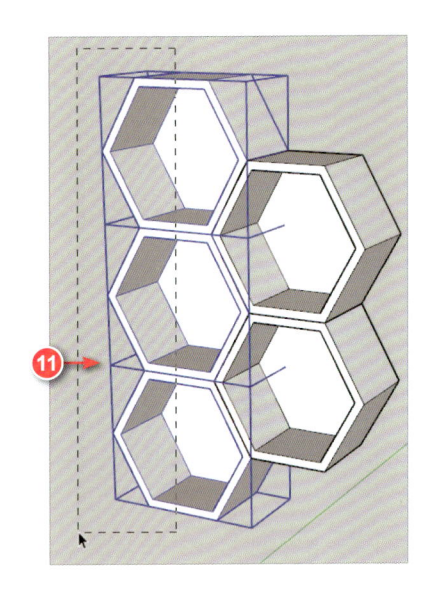

12. 點擊【✣ 移動】指令，選取左側中間的端點，按下 Ctrl 鍵開啟複製模式，移動到右側的端點。

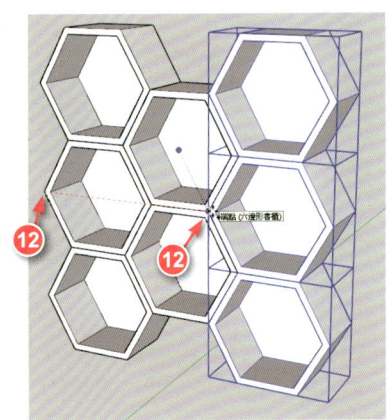

13. 可以參考第 4 章的貼圖方式，使用【🪣 顏料桶】指令貼上材料。

3-5

Lesson 3-2 圓形茶几

01. 點擊【 ⊙ 圓形】指令，在地上繪製一個圓，輸入半徑 45，按下 Enter 鍵。

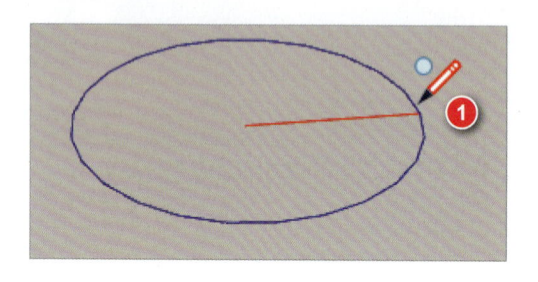

02. 繼續畫圓，按下往左的方向鍵，使圓形垂直於綠色軸，再點擊圓的邊緣繪製一個小圓，輸入半徑 1.5，按下 Enter 鍵。

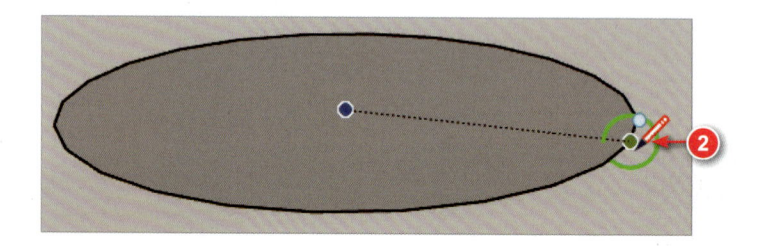

03. 點擊【▶ 選取】指令，選取小圓，在右側實體資訊面板，區段輸入 48，使圓形較平滑，再選取大圓，區段輸入 48。

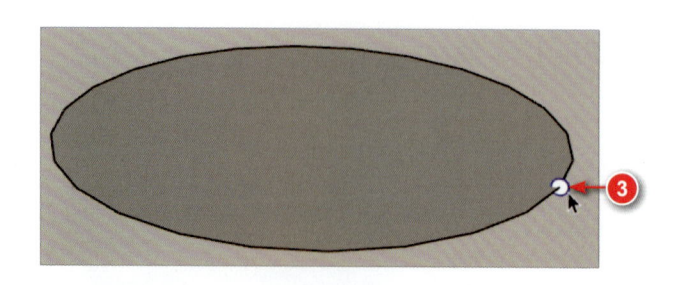

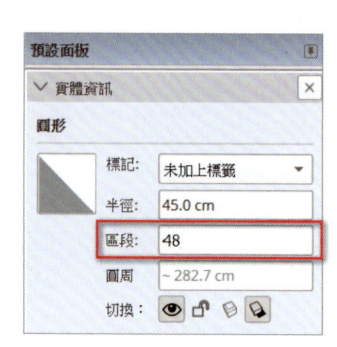

3-6

04. 選取圓形面作為路徑。

05. 點擊【🌀**路徑跟隨**】指令,選取小圓的面,製作圓環。

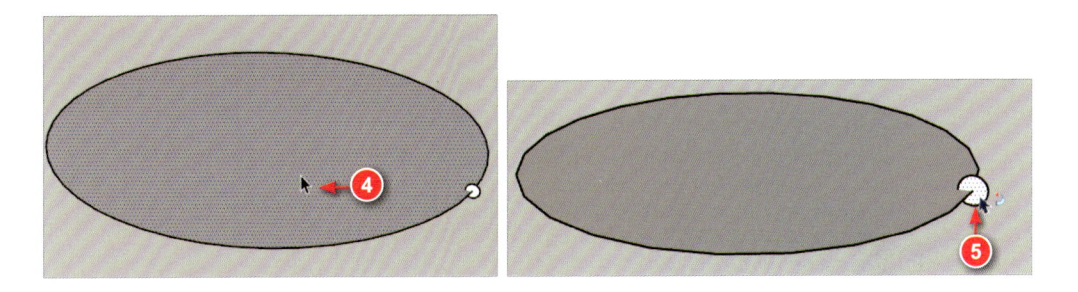

06. 點擊【▸**選取**】指令,左鍵點擊圓環三下選取全部,按下右鍵→【**轉為元件**】。

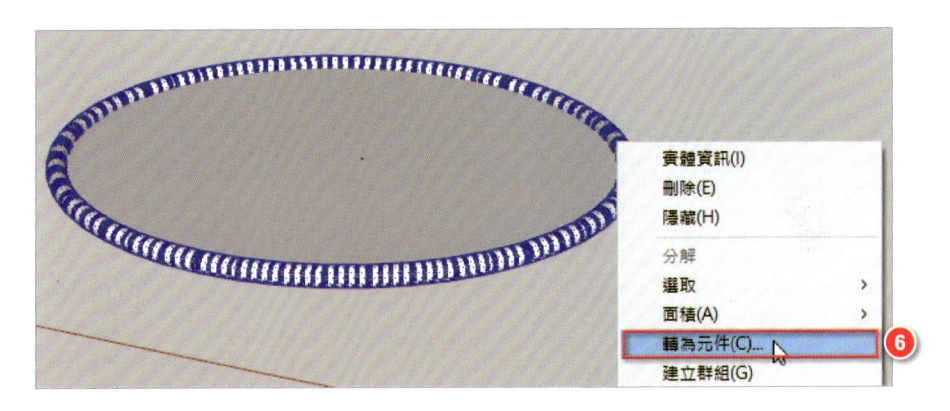

07. 按下【建立】。

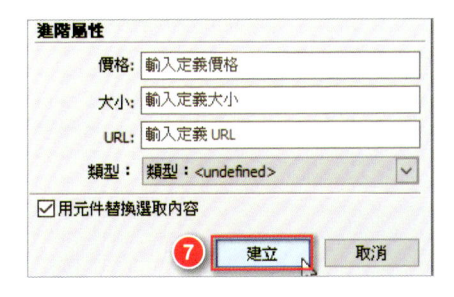

08. 點擊【✥ 移動】指令，按下 Ctrl 鍵開啟複製模式，選取圓環往上沿著藍色軸移動，輸入距離 32，按下 Enter 鍵。

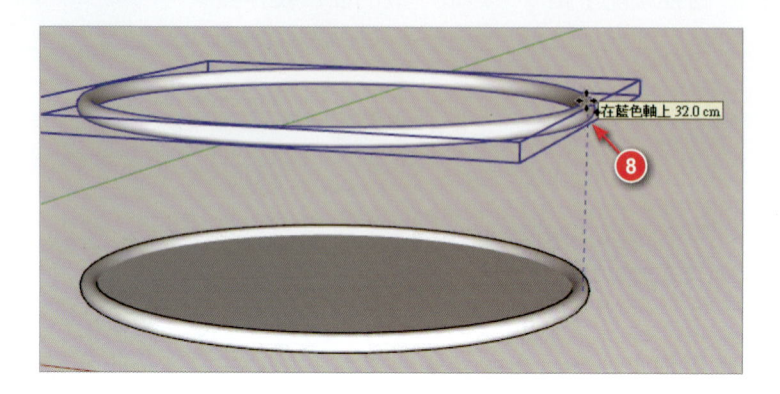

09. 選取圓形面往上移動，輸入距離 33.5，按下 Enter 鍵。

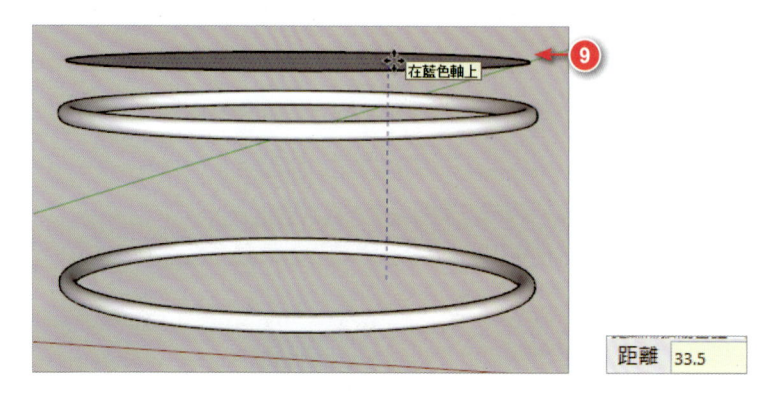

10. 點擊【▶ 選取】指令，選取圓形邊，修改半徑為 47.5。

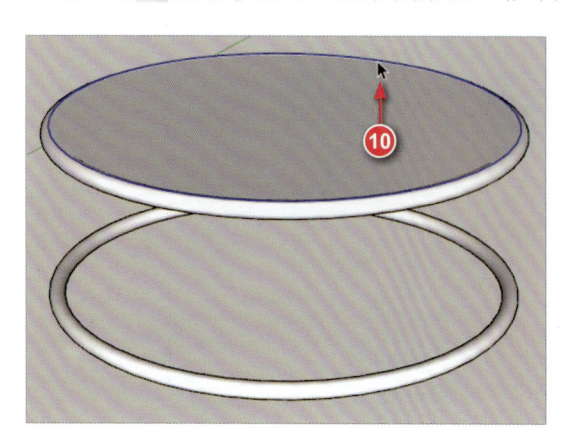

11. 點擊【 ➤ 推/拉】指令，選取圓形面往上拉，輸入厚度 5，按下 Enter 鍵。

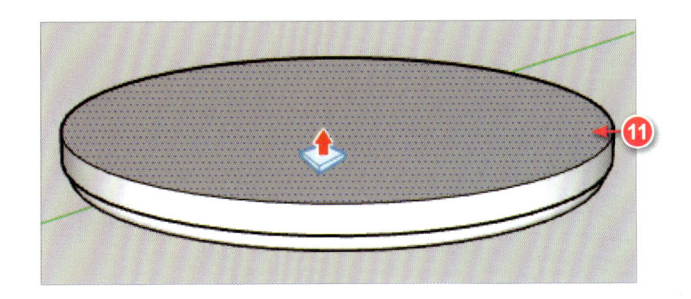

12. 點擊【 ▶ 選取】指令，左鍵點擊圓環三下選取全部，按下右鍵→【**建立群組**】，完成茶几檯面。

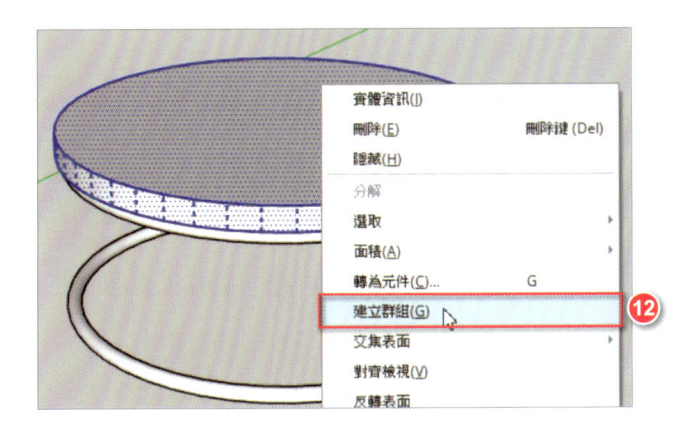

13. 點擊【 ✏ 直線】指令，點擊上下兩個圓環繪製一條線。

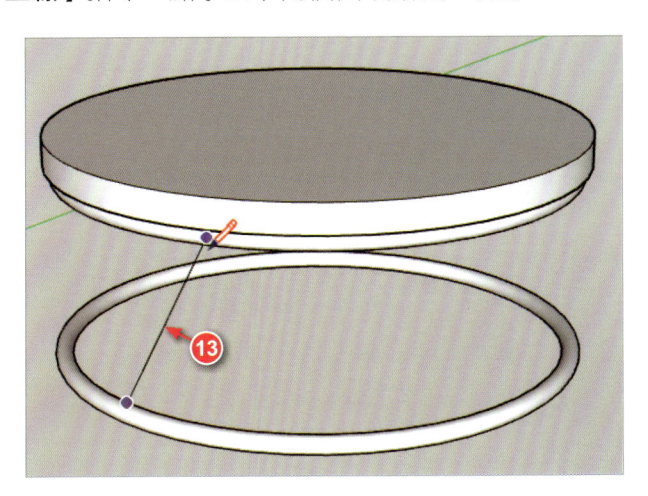

3-9

14. 點擊【 ⊙ 圓形 】指令，點擊直線下方端點繪製一個圓，輸入半徑 1，按下 Enter 鍵。

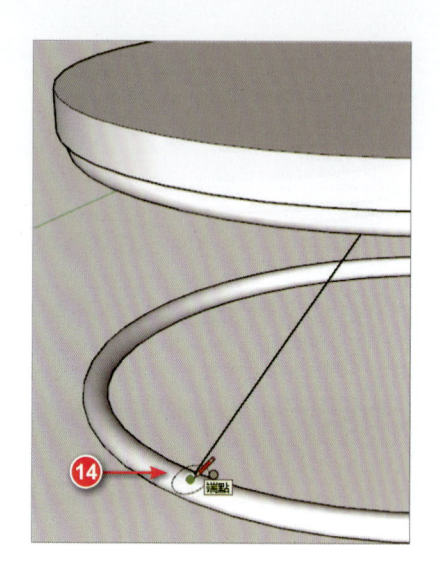

15. 點擊【 ▸ 選取 】指令，選取直線作為路徑。

16. 點擊【 ⌒ 路徑跟隨 】指令，選取小圓的面，製作茶几腳座造型。

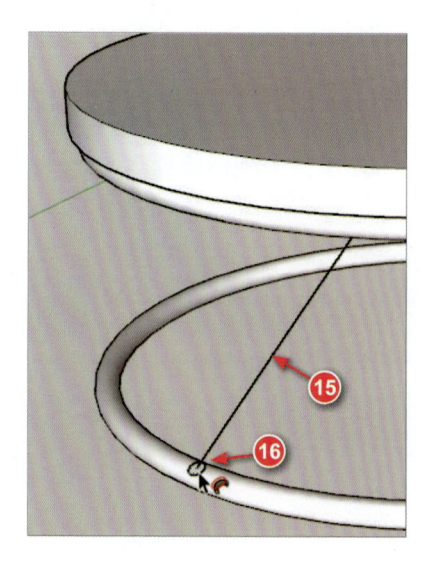

Chapter **3**
家具模型繪製

17. 點擊【 推/拉 】指令，選取上方圓形面往上拉，埋進圓環內，再選取下方圓形面往下拉，也埋進圓環。

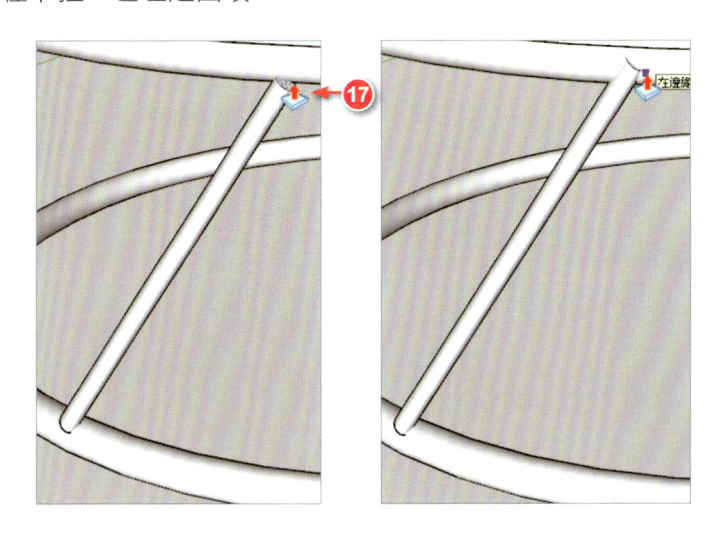

18. 點擊【 選取 】指令，左鍵點擊圓環三下選取全部，按下右鍵→【轉為元件】。

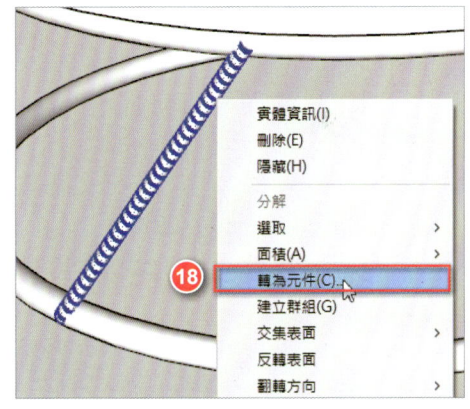

19. 此時圓管依然超出圓環，可以點擊【 移動 】指令，往綠色軸方向移動，輸入距離 1，按下 Enter 鍵。

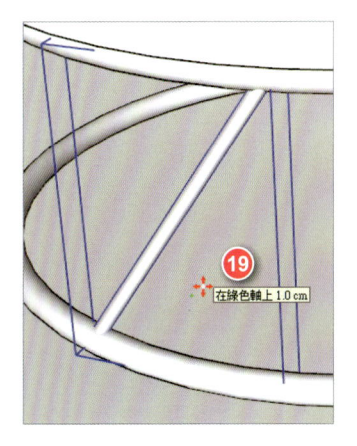

3-11

20. 保持選取圓管的狀態，點擊【 ↻ 旋轉 】指令，滑鼠移動到檯面的邊緣不要點擊。

21. 再移到檯面中心，可以選取到中心點。

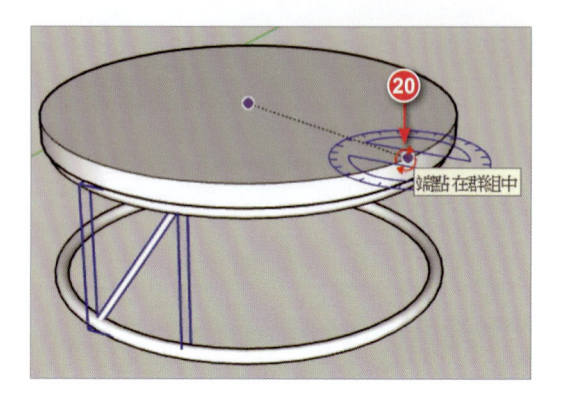

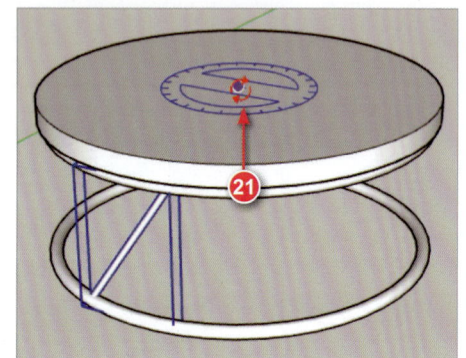

22. 點擊滑鼠左鍵指定任意的起始角度，如左圖。

23. 按一下 Ctrl 鍵開啟複製模式，如右圖。

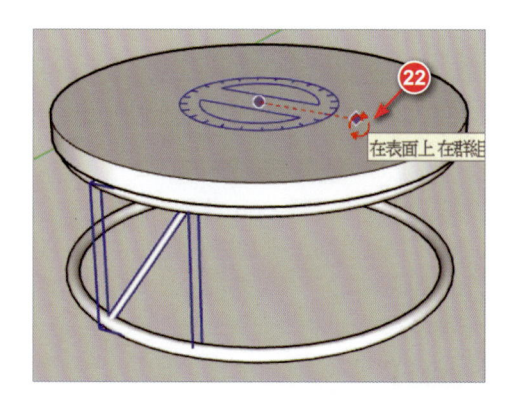

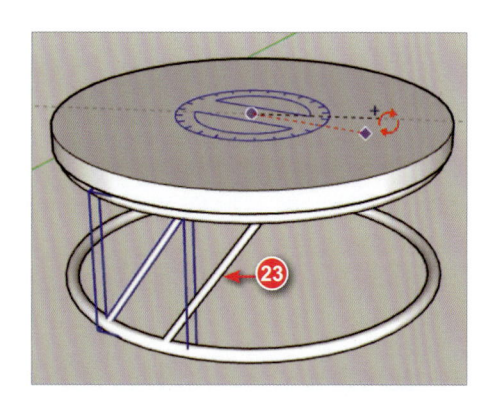

24. 輸入角度 15，按下 Enter 鍵。因為旋轉一圈為 360 度，可以複製 360/15＝24 個圓管，扣除目前已有的圓管，需要複製 23 個，輸入 *23，按下 Enter 鍵。

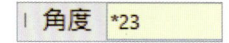

Chapter **3**
家具模型繪製

25. 完成圓形茶几。

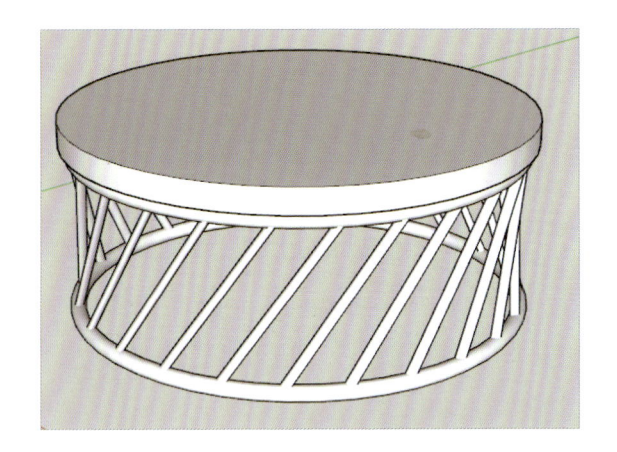

26. 參考第 4 章來貼上材料。

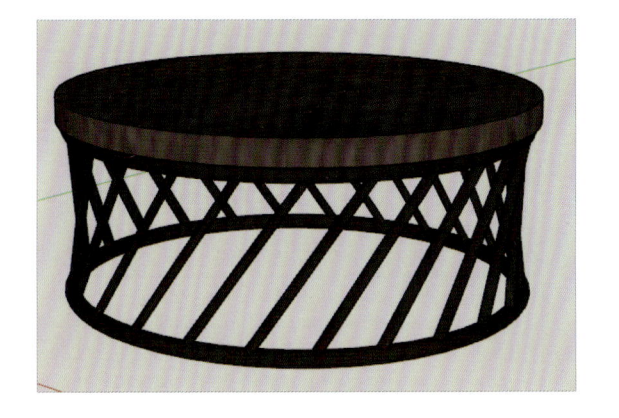

3-13

Lesson 3-3　沙發椅

01. 在檢視工具列中，點擊【正視圖】指令。

02. 先繪製扶手，點擊【 矩形 】指令，輸入尺寸 85,51，按下 Enter 鍵。

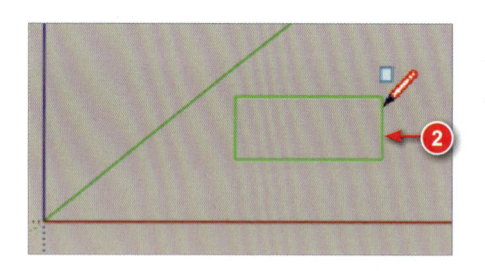

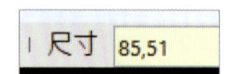

03. 點擊【 直線 】指令，從左下角畫兩條線。

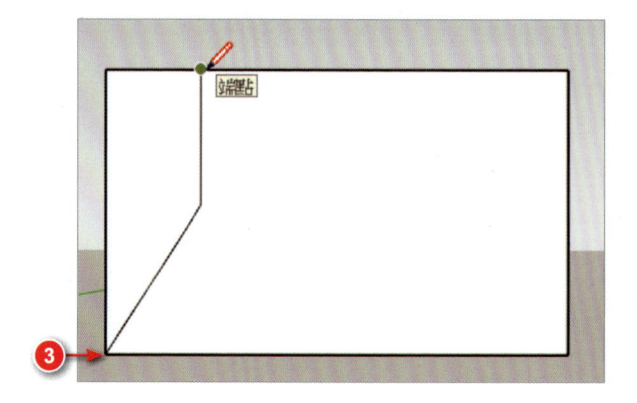

3-14

Chapter 3
家具模型繪製

04. 點擊【 ✐ **兩點圓弧**】指令,點擊圓弧第一點,圓弧變粉紅色再點擊第二點。

05. 沿邊線移動變成粉紅色,再輸入半徑 8,按下 Enter 鍵。

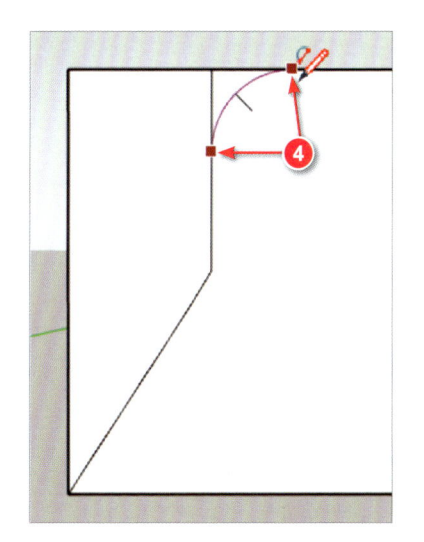

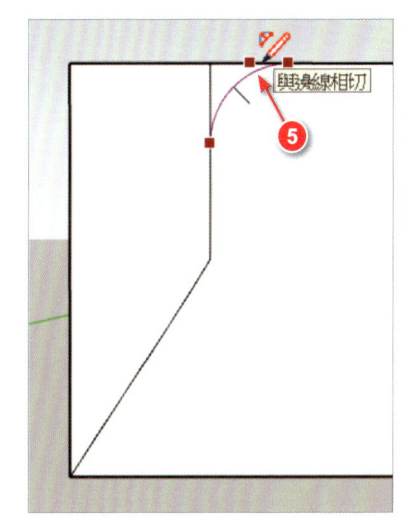

06. 使用同樣方式,在其他轉角繪製圓角。

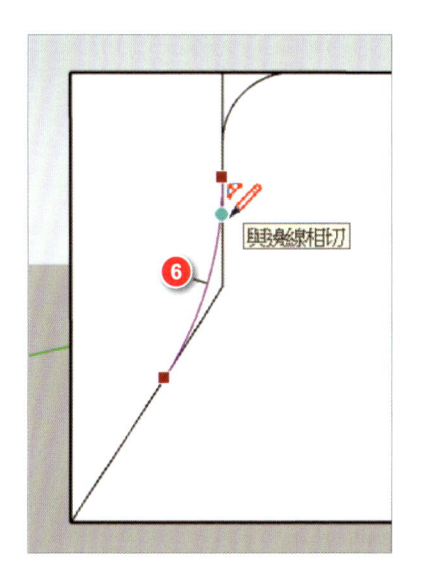

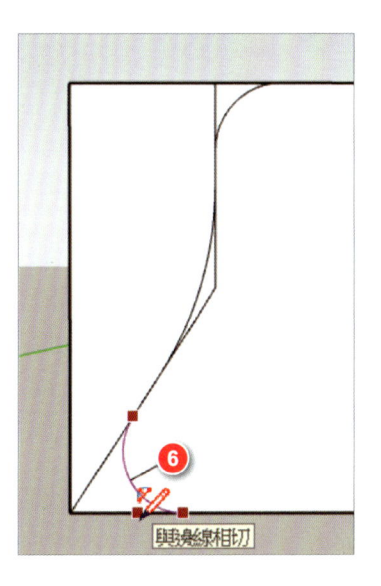

3-15

07. 按空白鍵切換【▶ 選取】指令，選取左側的邊與面，按下 Delete 鍵刪除。

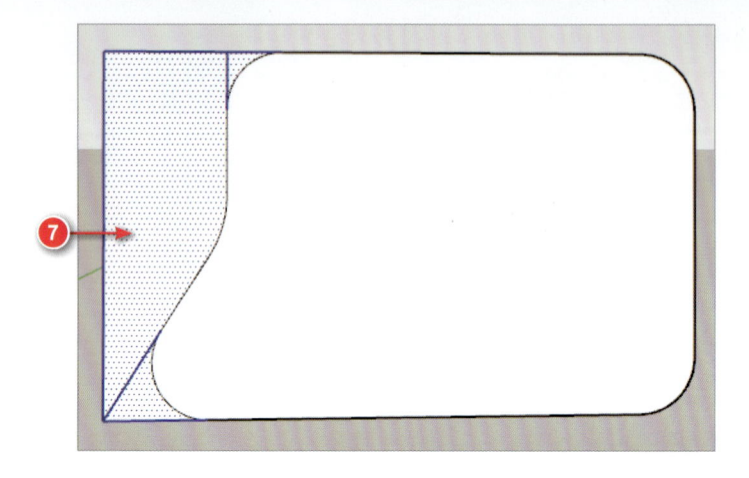

08. 點擊【 偏移】指令，選面往內偏移，輸入間距 3，按下 Enter 鍵。

09. 點擊【 推 / 拉】指令，選面往外長出，輸入厚度 6，按下 Enter 鍵。

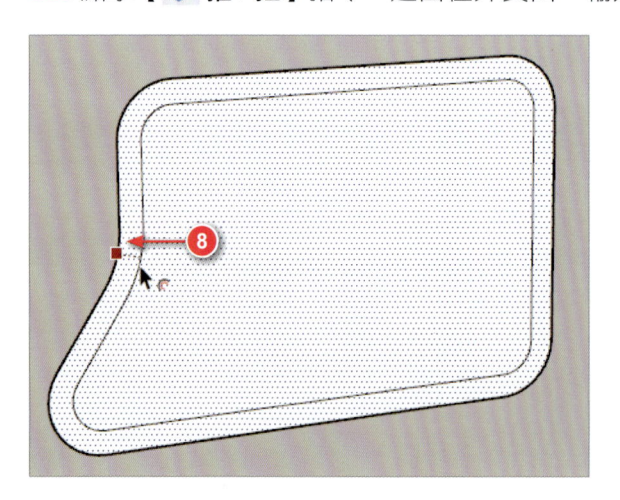

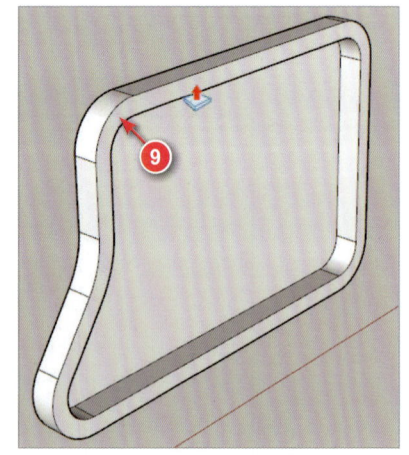

10. 按空白鍵切換【▸ 選取】指令，刪除中間的平面，左鍵點擊扶手三下選取全部，按下右鍵→【轉為元件】並按【建立】。

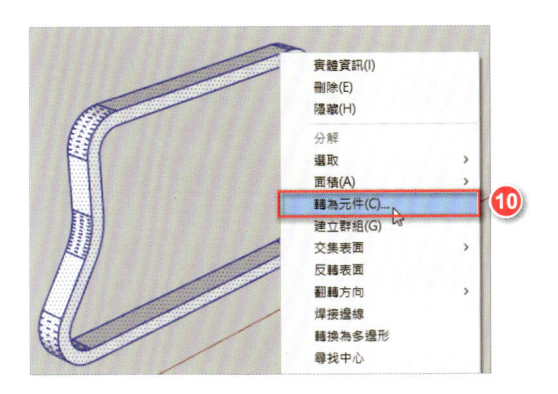

11. 點擊【▱ 矩形】指令，在地面上繪製，輸入尺寸 85,60，按下 Enter 鍵。

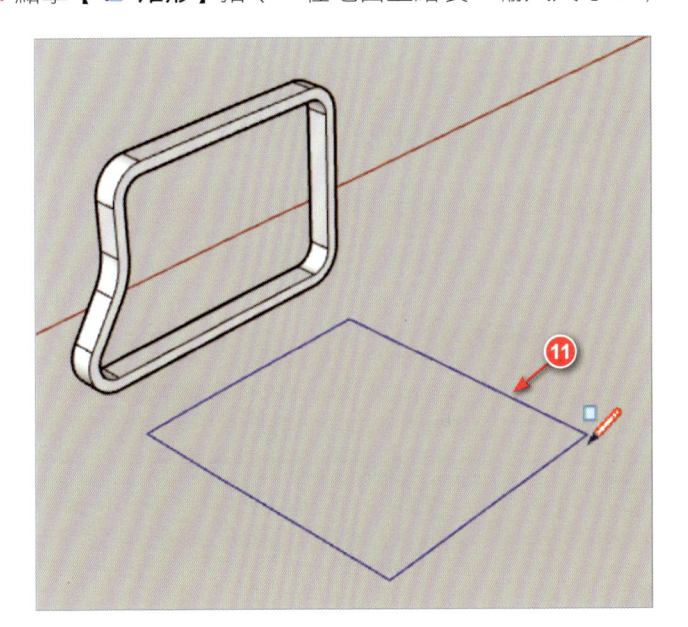

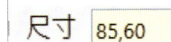

尺寸 85,60

3-17

12. 點擊【🔼 推/拉】指令,往上長出 22。

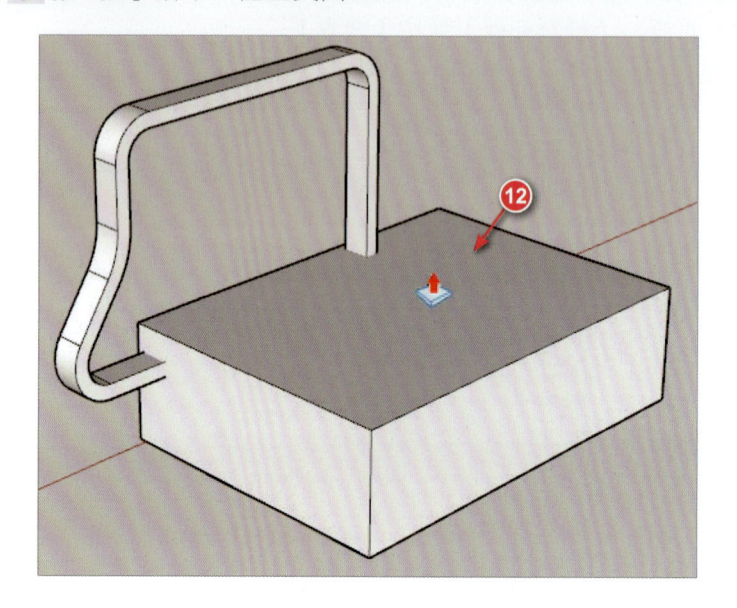

13. 點擊【 兩點圓弧】指令,在左側面繪製圓角,輸入半徑 5,按下 [Enter] 鍵。

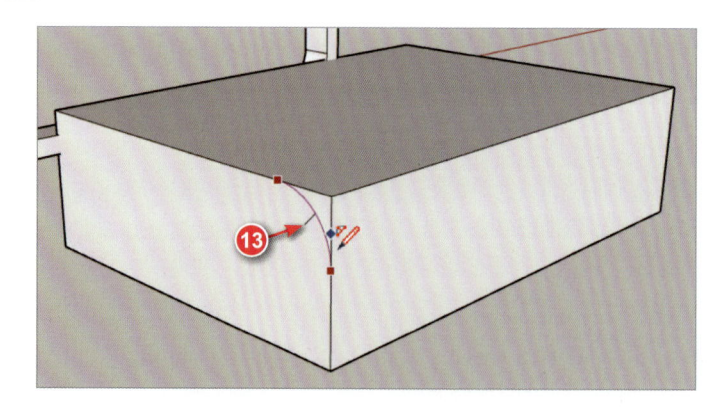

14. 按空白鍵切換【 選取】指令,選上方的面。

15. 點擊【 路徑跟隨】指令,選轉角的圓弧面,製作沙發椅圓角。

Chapter 3
家具模型繪製

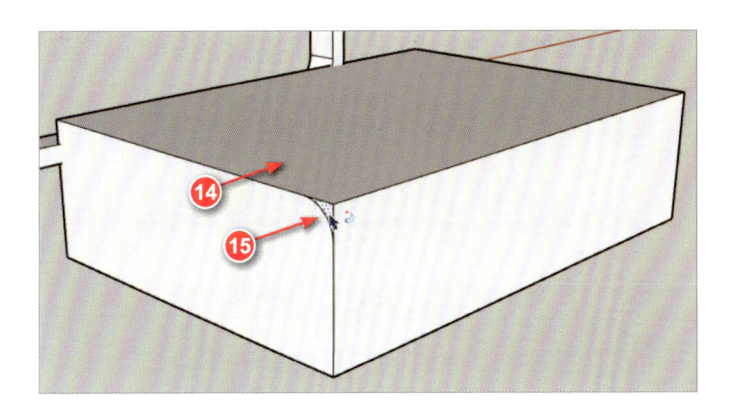

16. 使用同樣方式，先選取底部的面，再用【路徑跟隨】指令選圓弧面。

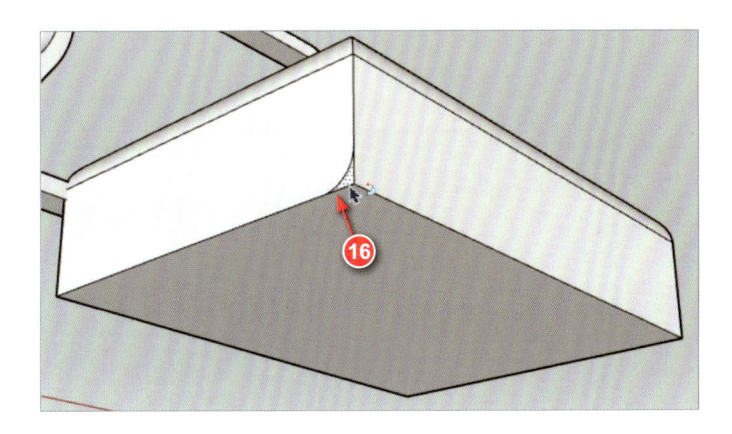

17. 按空白鍵切換【▶ 選取】指令，左鍵點擊三下全部選取，按下右鍵→【建立群組】。

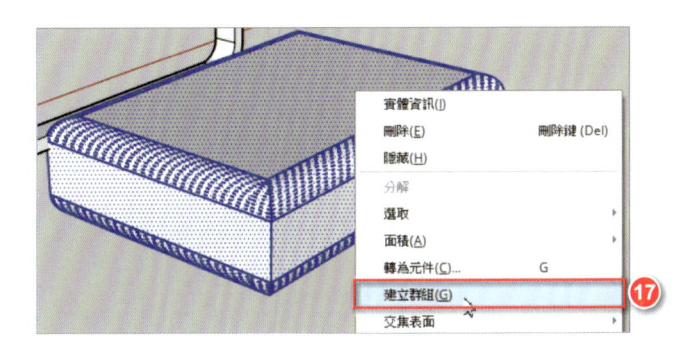

3-19

18. 點擊【 🏠 正視圖】指令，點擊【 ✥ 移動】指令，移動沙發椅到扶手旁。

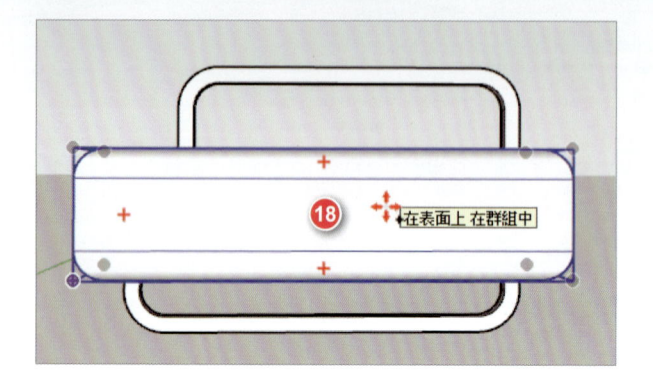

19. 再點擊沙發椅的紅色十字，可以旋轉。

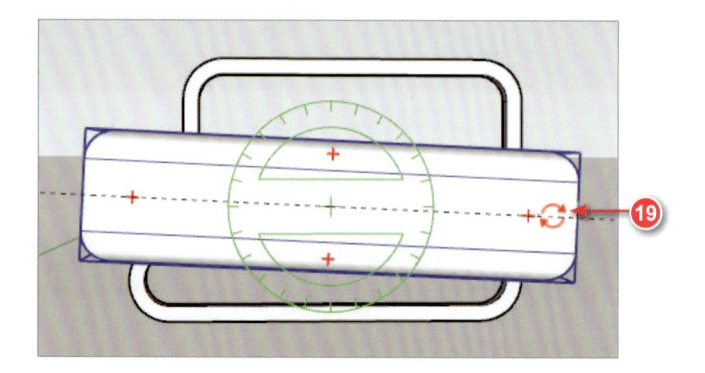

20. 按一下 Ctrl 鍵開啟複製，往上移動複製沙發椅，製作椅背。

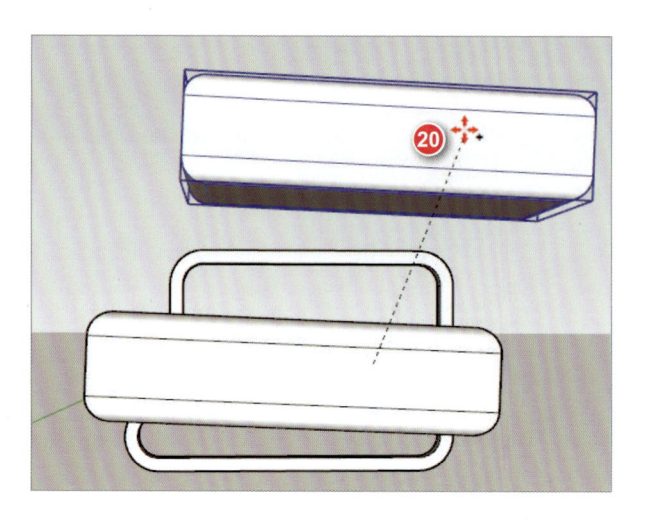

21. 點擊椅背的紅色十字，可以旋轉。

22. 再往後移動。

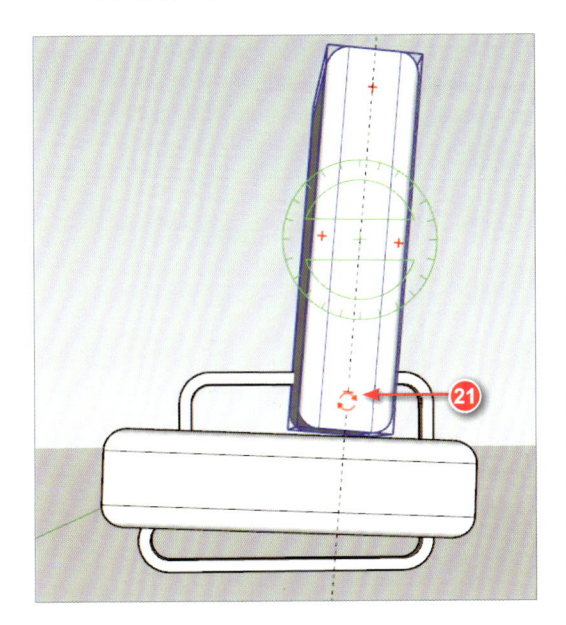

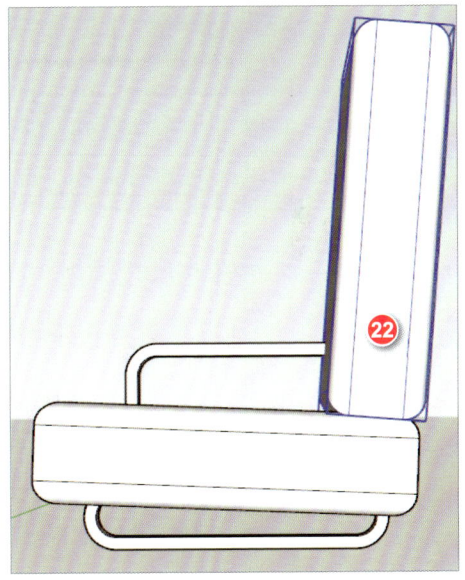

23. 點擊【 比例 】指令，選取椅背，拖曳上方中央的控制點，往下調整高度。

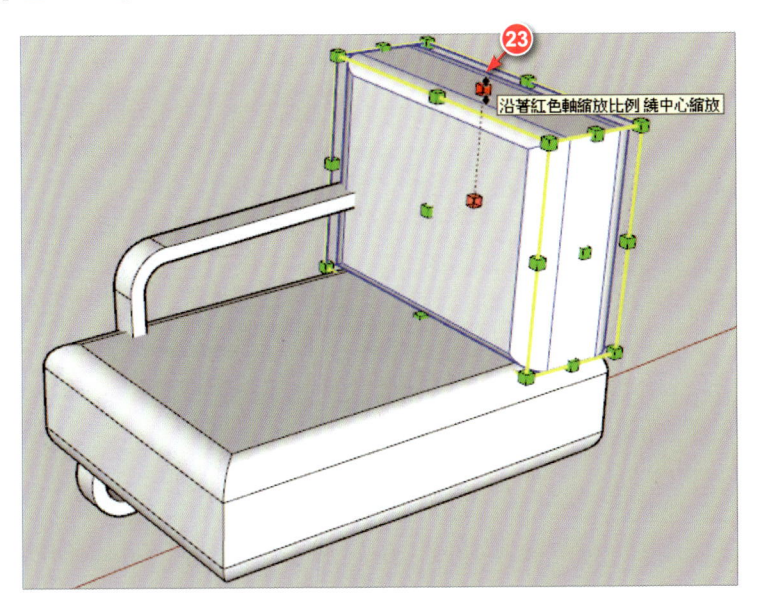

3-21

24. 點擊【▣ 俯視圖】指令，點擊【✥ 移動】指令，上下調整扶手位置，再按一下 Ctrl 鍵，往下移動複製扶手。

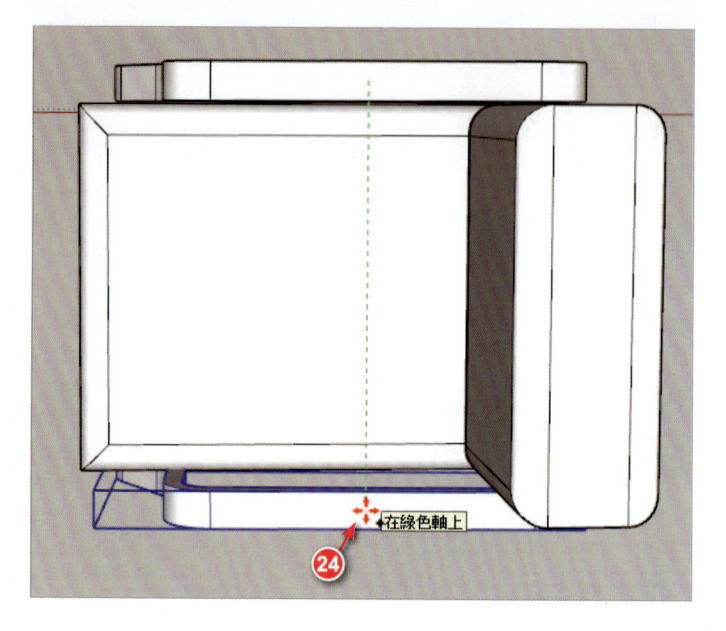

25. 按空白鍵切換【▸ 選取】指令，選取沙發與兩個扶手，按下右鍵→【柔化/平滑邊緣】，調整角度。

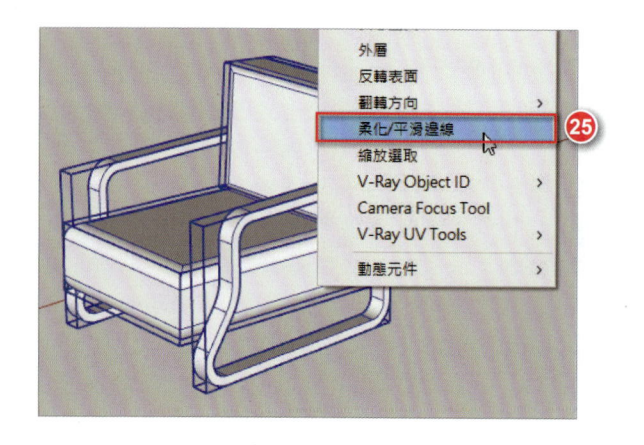

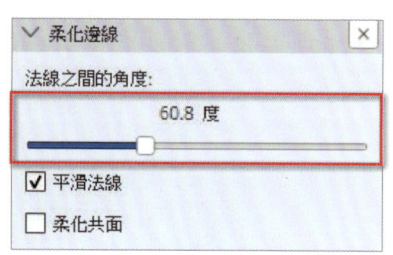

Chapter **3**
家具模型繪製

26. 完成如下圖。

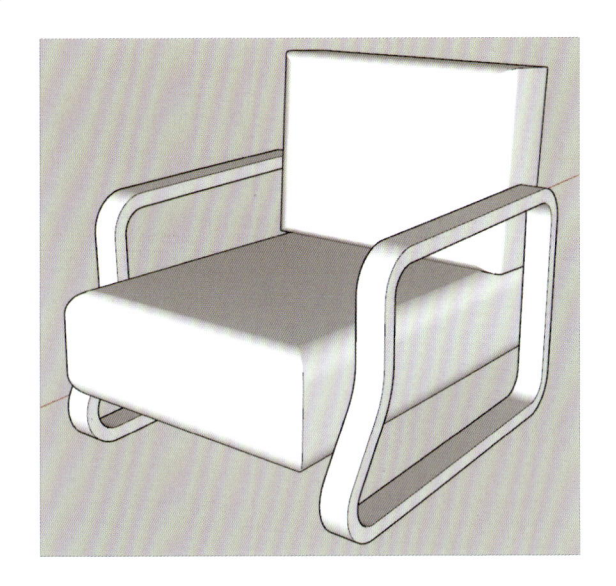

27. 參考第 4 章來貼上材料。

3-23

Lesson 3-4 床頭櫃

01. 點擊【 ◪ 矩形】指令，在地面上繪製，輸入尺寸 30,42，按下 Enter 鍵。

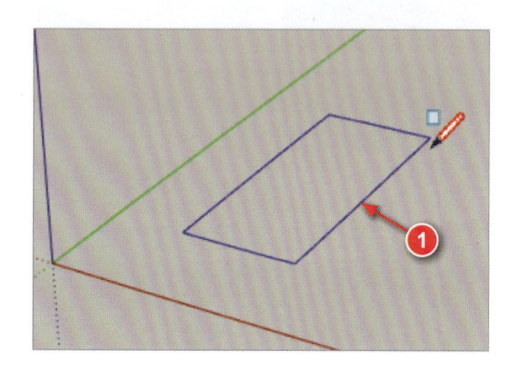

02. 點擊【 ⬇ 推/拉】指令，往上長出 28，按下 Enter 鍵。

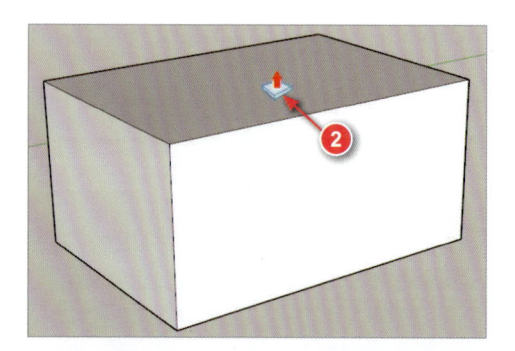

03. 點擊【 ⌬ 偏移】指令，選面往內偏移，輸入間距 2，按下 Enter 鍵。

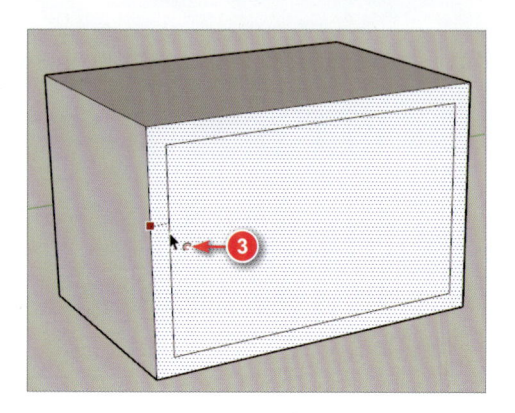

Chapter 3
家具模型繪製

04. 點擊【🔽 推/拉】指令，選面往裡面推，輸入深度 28，按下 Enter 鍵。

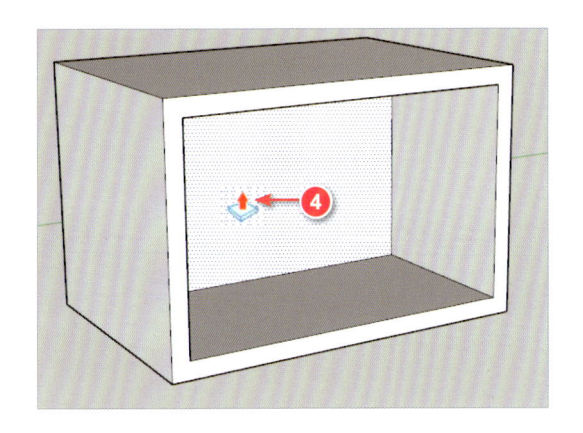

05. 按空白鍵切換【▸ 選取】指令，左鍵點擊床頭櫃三下選取全部，按下右鍵→【建立群組】。

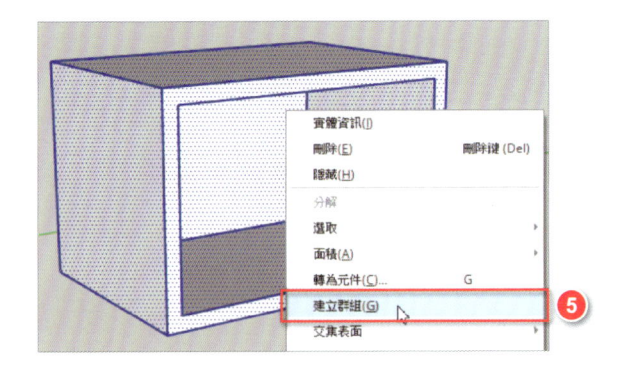

06. 點擊【▱ 矩形】指令，點擊左邊中點與右上角端點，繪製抽屜面板。

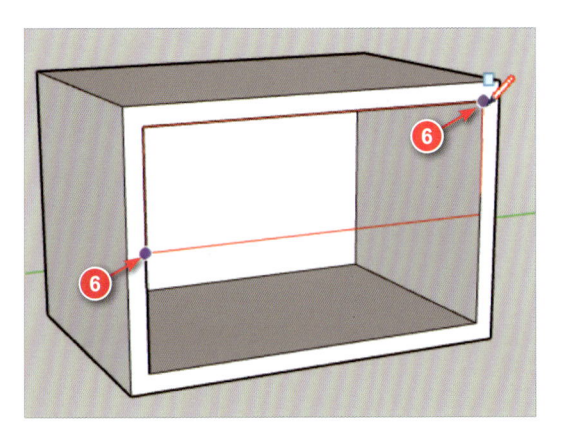

3-25

07. 點擊【✥ 移動】指令，點擊矩形下方線段，往上移動 0.2。

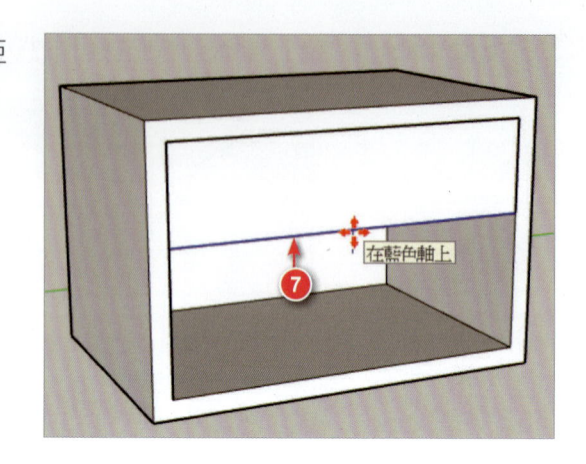

08. 環轉到有些仰角的視角，點擊【推/拉】指令，選矩形面往內長出 2 的厚度。

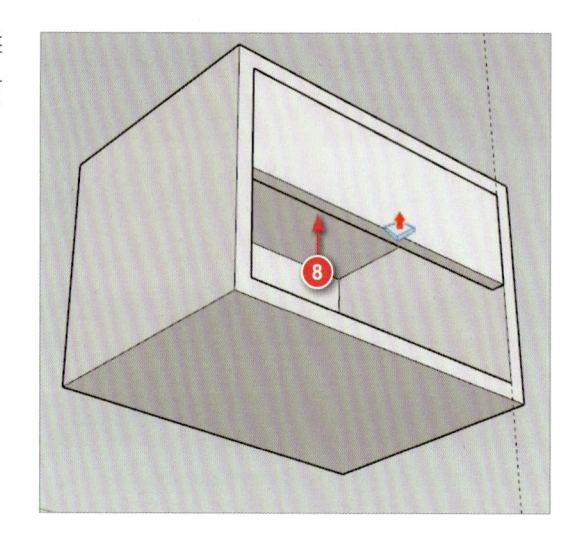

09. 按空白鍵切換【▶ 選取】指令，左鍵點擊抽屜面板三下選取全部，按下右鍵→【轉為元件】並【建立】。

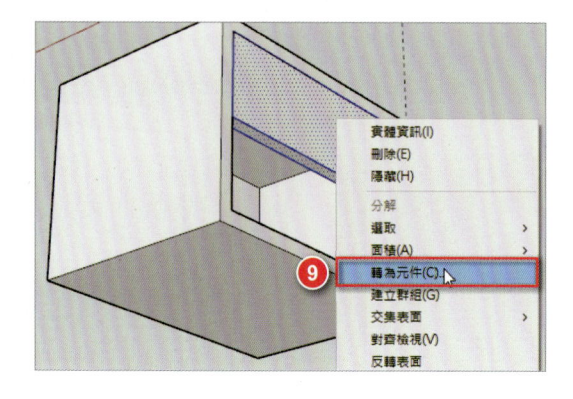

10. 點擊【 ▱ **矩形**】指令，在面板上繪製矩形，輸入尺寸 13,2，按下 Enter 鍵。

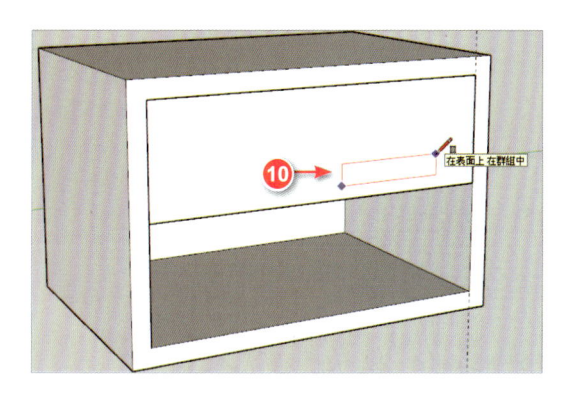

11. 點擊【 ✏ **直線**】指令，在面板與把手上繪製對角斜線。

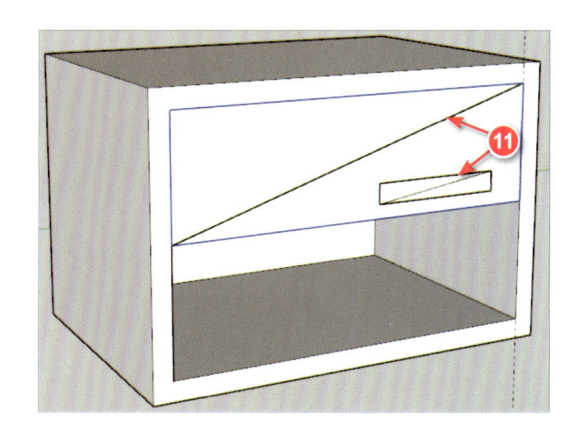

12. 按空白鍵切換【 ▶ **選取**】指令，選取矩形把手與斜線。點擊【 ✦ **移動**】指令，抓取把手斜線的中點，移動到抽屜面板的斜線中點，再將斜角斜線刪除。

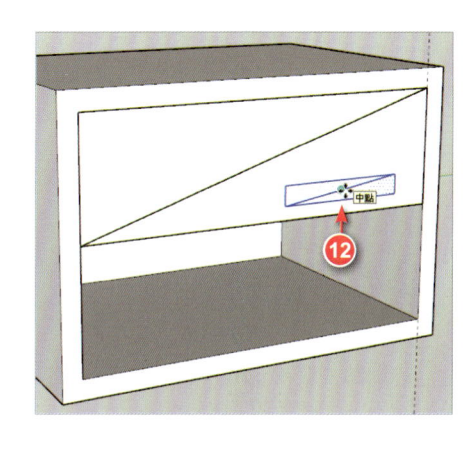

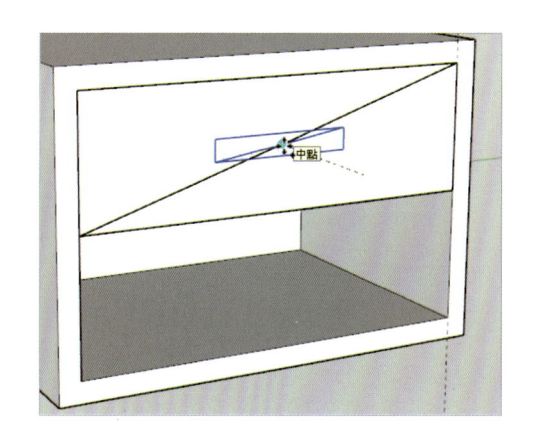

13. 點擊【 ⬆ 推/拉】指令，選矩形把手長出 2 的深度。

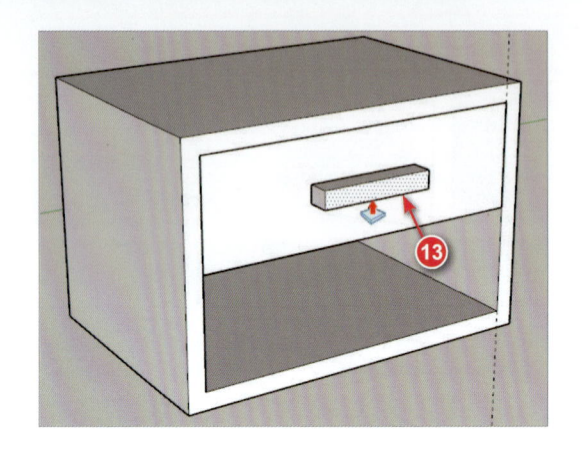

14. 按空白鍵切換【 ▸ 選取】指令，選取把手外側三條線段。

15. 點擊【 ⤵ 偏移】指令，將三條線段往內偏移 0.5。

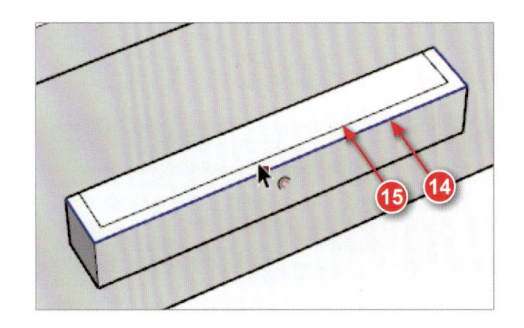

16. 點擊【 ⬆ 推/拉】指令，選把手內側的面，點擊把手下方的端點，使中間變成空心。

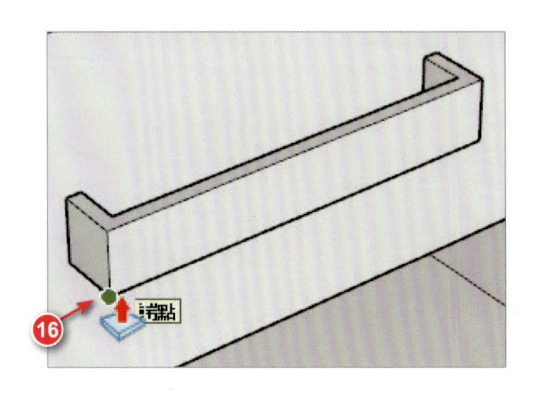

17. 按空白鍵切換【 選取 】指令，左鍵點擊把手三下選取全部，按下右鍵→【轉為元件】並【建立】。

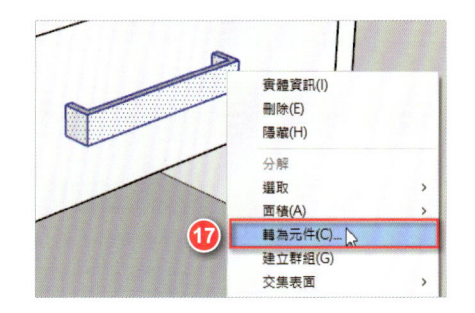

18. 選取抽屜面板與把手，點擊【 移動 】指令，選取原抽屜右下角，複製新抽屜至右下角。

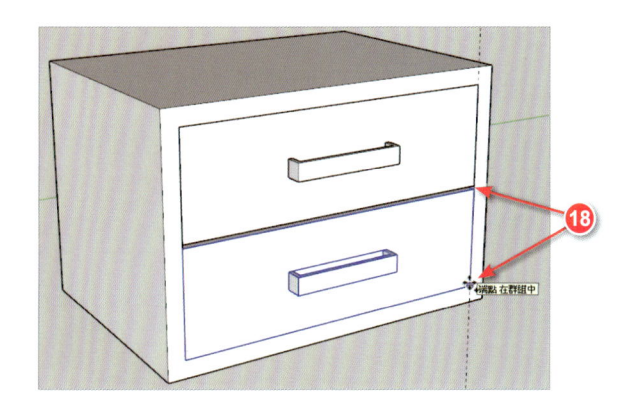

19. 環轉到仰角的角度。點擊【 卷尺工具 】指令，選床頭櫃邊線，往內建立輔助線，輸入距離 7，按下 Enter 鍵。

20. 使用相同方式，建立其他間距 7 的輔助線。

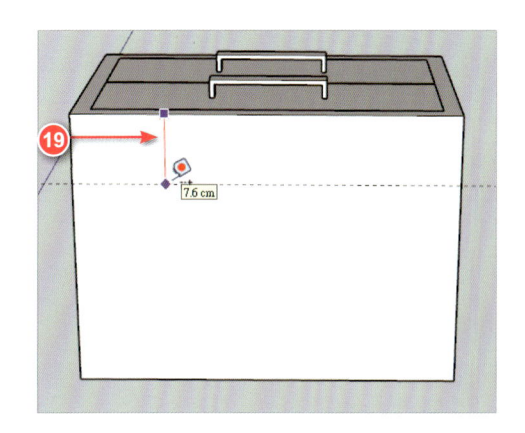

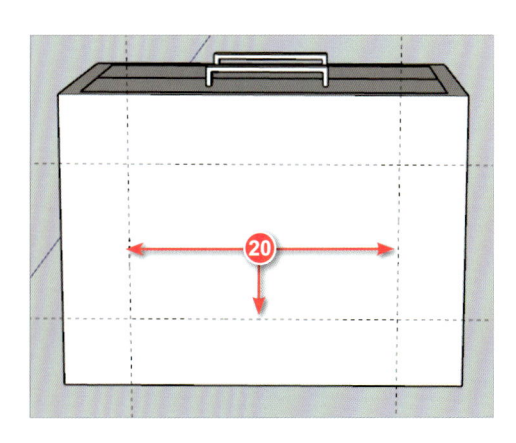

3-29

21. 點擊【⊙ **圓形**】指令，在輔助線的交點繪製圓形，輸入半徑 2，按下 Enter 鍵。

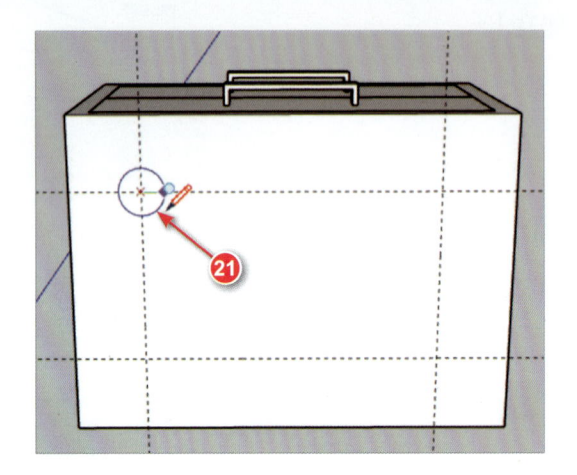

22. 點擊【♦ **推/拉**】指令，選圓形面往下長出 30 的高度。

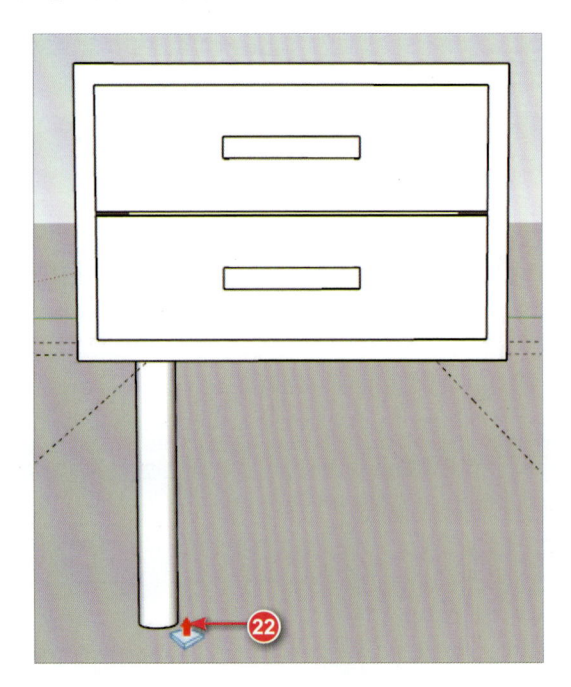

23. 點擊【🔲 比例】指令，選底部的圓形面，點擊 Ctrl 鍵拖曳轉角的控制點，以中心為基準等比例縮小，輸入倍數 0.4，按下 Enter 鍵。

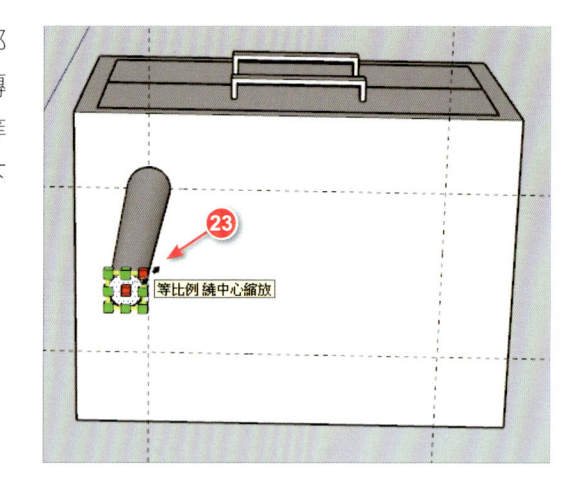

24. 按空白鍵切換【▶ 選取】指令，左鍵點擊床頭櫃的腳三下選取全部。

25. 點擊【✥ 移動】指令，點擊左邊輔助線任一點，沿著綠色軸移動到右邊輔助線。(移動的基準點不一定在物件上，是很常見的移動方式)

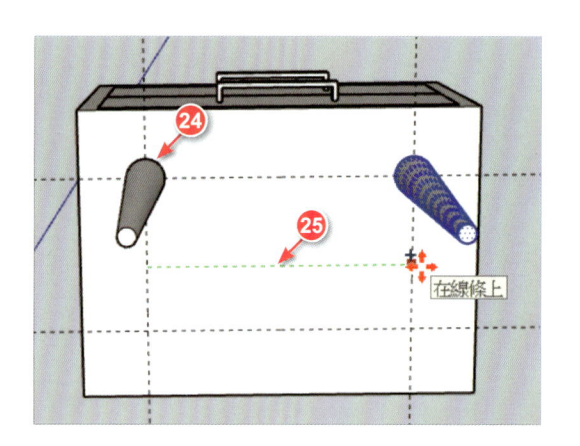

26. 使用同樣方式，按住 Ctrl 鍵加選另一個床頭櫃腳，總共選兩個腳。

27. 再使用【移動】指令，點擊上方的輔助線，移動到下方的輔助線。

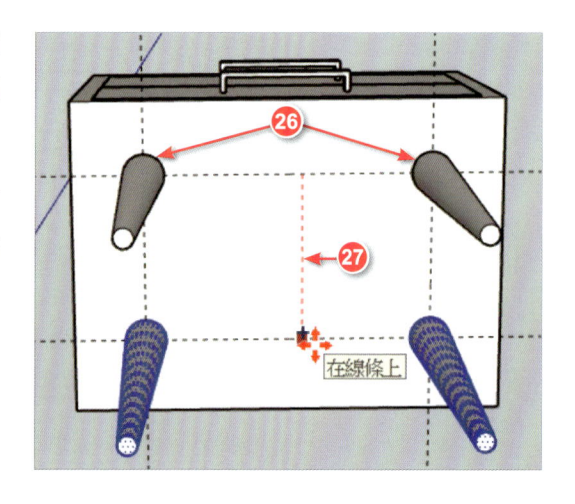

28. 環轉到床頭櫃正面的視角。點擊【▸ 選取】指令，由左往右框選四個腳下方的圓形面。

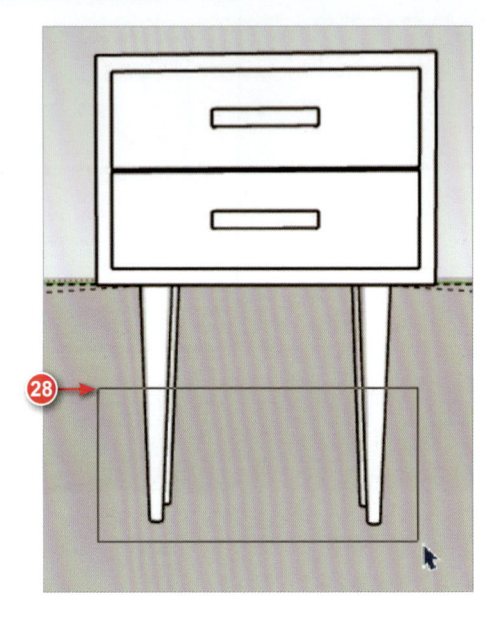

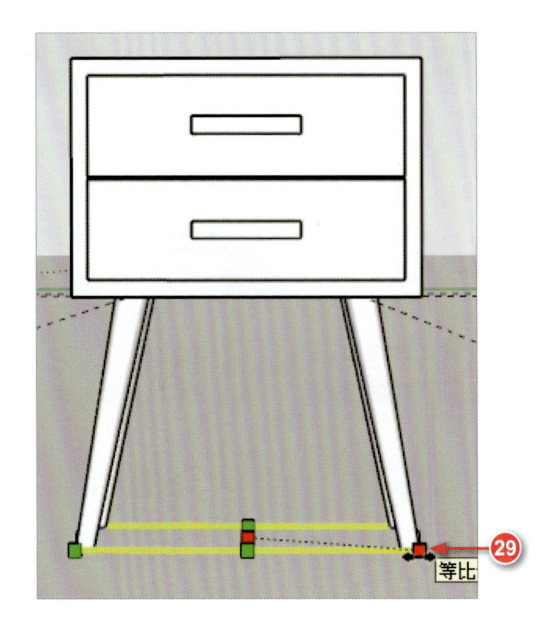

29. 點擊【🔲 比例】指令，按住 Ctrl 鍵拖曳轉角的控制點，以中心為基準等比例放大，輸入倍數 1.4，按下 Enter 鍵。

30. 點擊【編輯】→【刪除輔助線】。完成床頭櫃。

31. 參考第 4 章來貼上材料。

Lesson 3-5 轉角櫃

01. 點擊【 ▱ 矩形】指令，在地面繪製，輸入尺寸 40,40，按下 Enter 鍵。

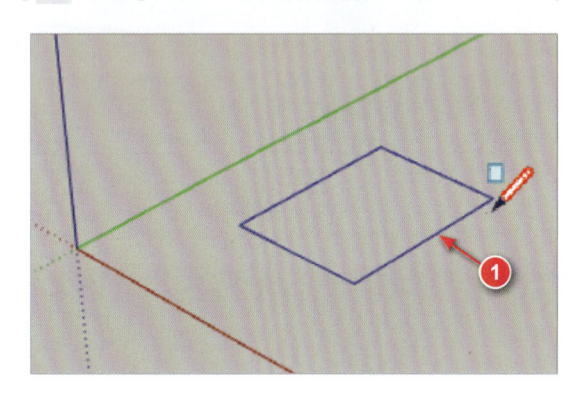

尺寸 40,40

02. 點擊【 ⌒ 兩點畫弧】指令，在轉角繪製半徑 10 的圓角。

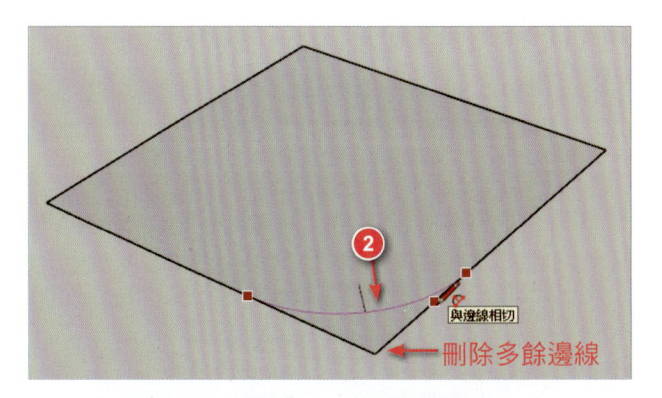

與邊線相切

刪除多餘邊線

03. 點擊【 ⬆ 推/拉】指令，選面往上長出 2 的厚度，完成一片板子。

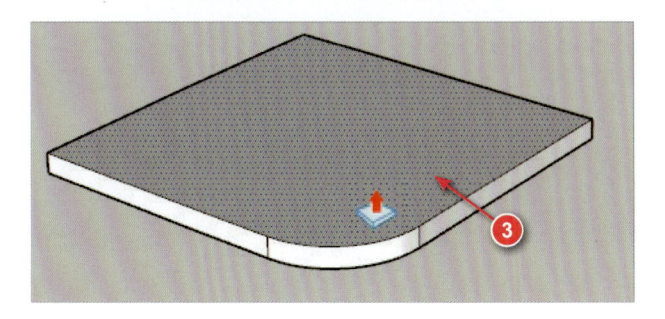

04. 按空白鍵切換【▶ 選取】指令,左鍵點擊板子三下選取全部,按下右鍵→【建立群組】。

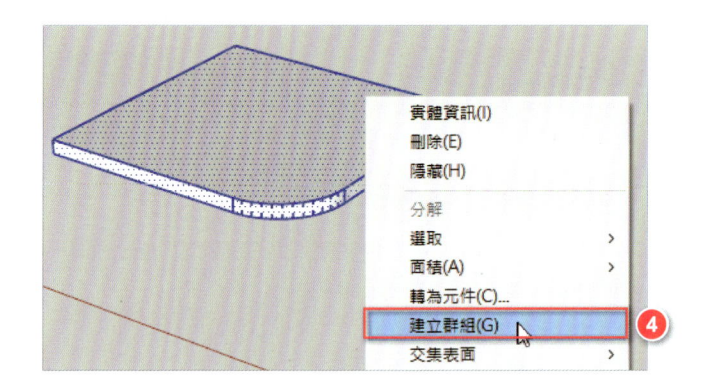

05. 點擊【✥ 移動】指令,點擊板子右下角端點,按一下 Ctrl 鍵開啟複製,往藍色軸方向移動。

06. 輸入距離 72,按下 Enter 鍵。再輸入等分數量 /2,按下 Enter 鍵。

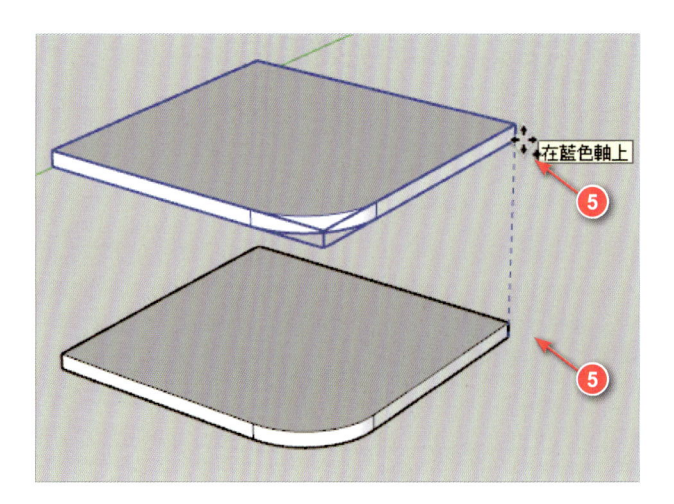

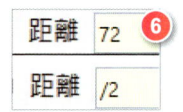

07. 點擊【 ▱ **矩形**】指令，點擊兩個端點，繪製矩形背板。

08. 點擊【 ♦ **推/拉**】指令，選面往內長出厚度 2。

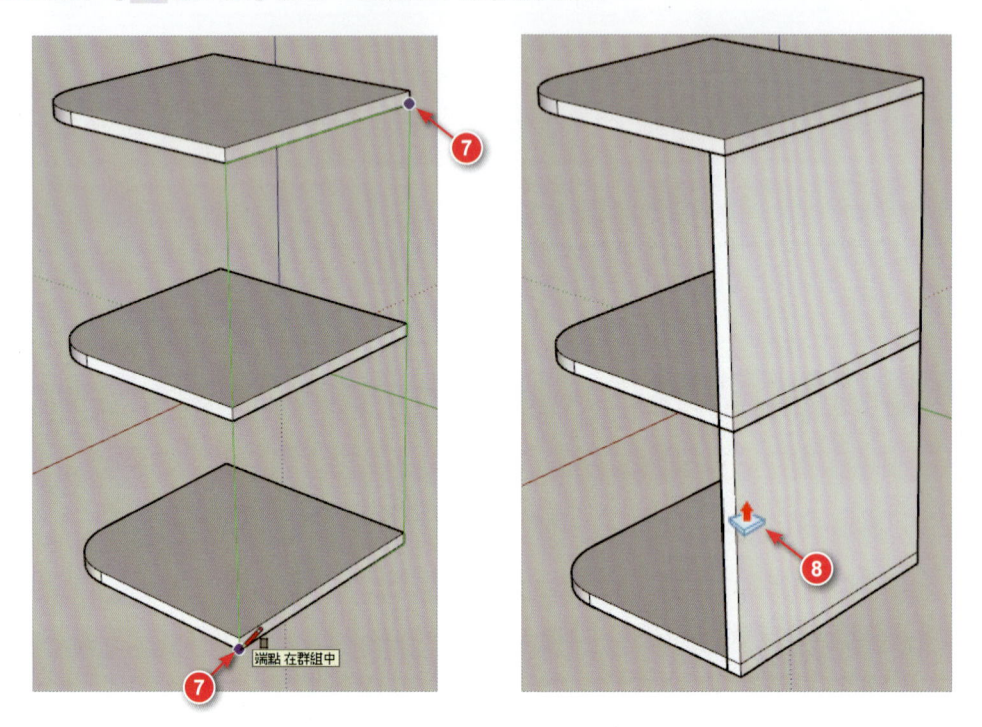

09. 按空白鍵切換【 ▶ **選取**】指令，左鍵點擊板子三下選取全部，按下右鍵→【**建立群組**】。

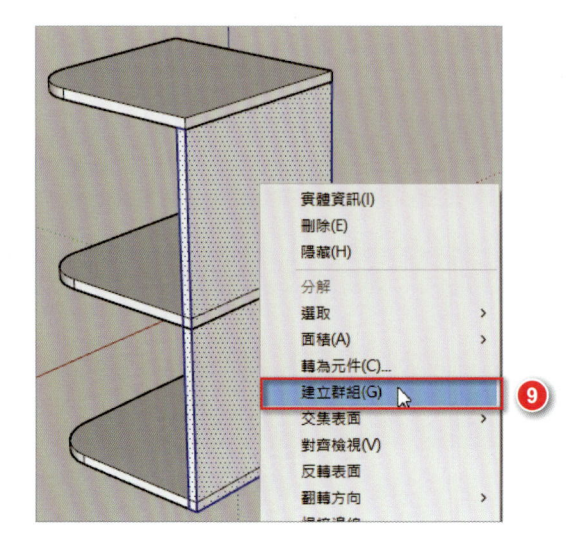

Chapter **3**
家具模型繪製

10. 在工具列上按右鍵→開啟【實心工具】工具列。

動態元件
常用
陰影
測量
新增位置 ⑩
✓ 實心工具
標準
標籤

11. 在實心工具列中，點擊【修剪】指令。

12. 選第一個板子。

13. 選第二個板子。

14. 第二個板子會減去第一個板子，兩個板子重疊處消失，如右圖所示。

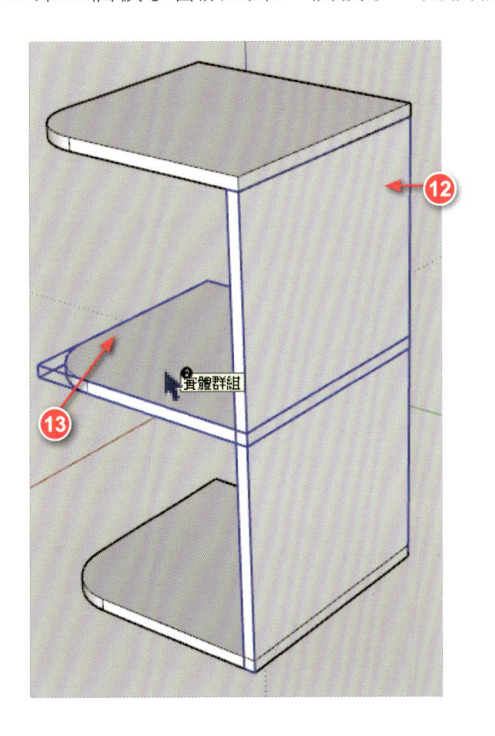

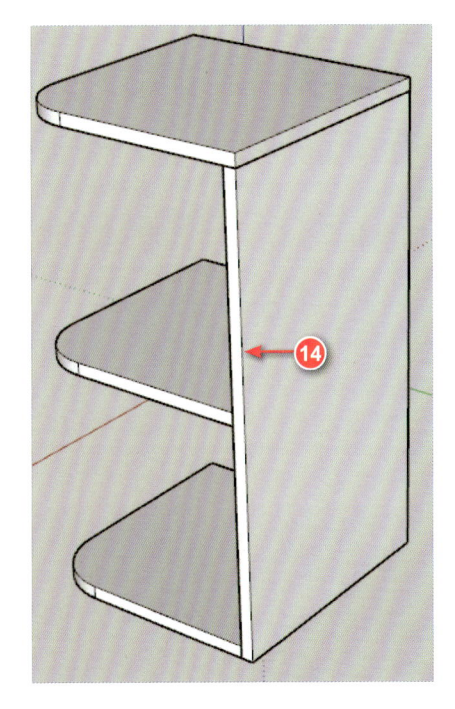

3-37

15. 點擊【▱ 矩形】指令，點擊兩個端點，繪製另一側矩形背板。

16. 點擊【◆ 推/拉】指令，選面往內長出厚度 2。

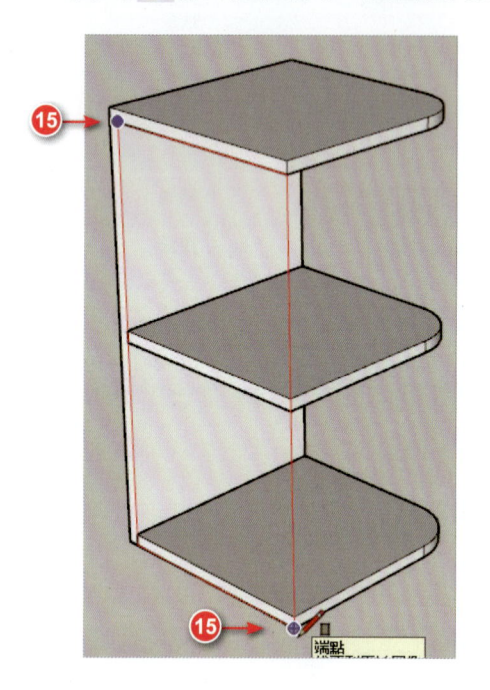

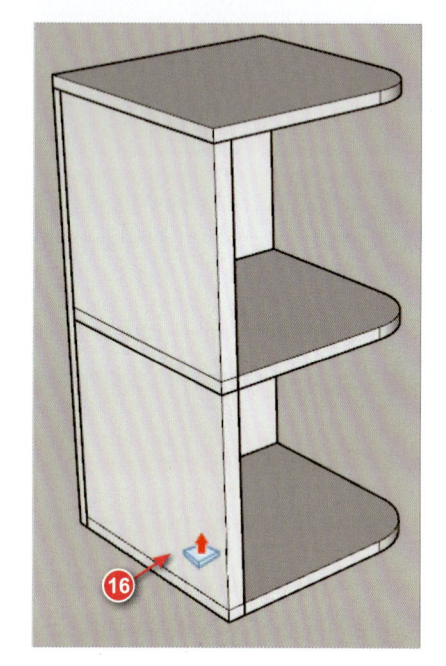

17. 按空白鍵切換【▸ 選取】指令，左鍵點擊板子三下選取全部，按下右鍵→【建立群組】。

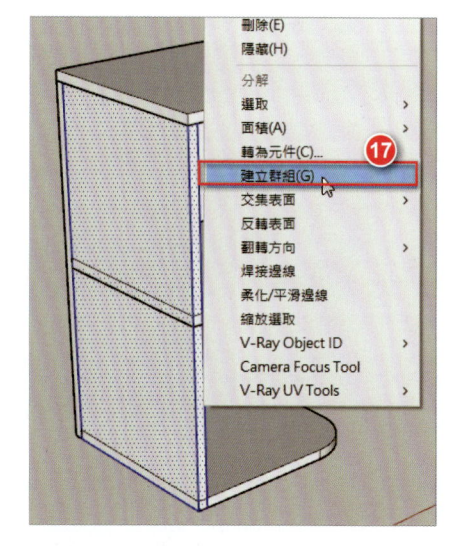

18. 在實心工具列中，點擊【修剪】指令。

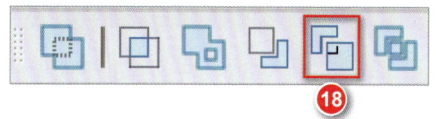

19. 選第一個板子。

20. 選第二個板子。

21. 第二個板子會減去第一個板子，兩個板子重疊處消失，如右圖所示。

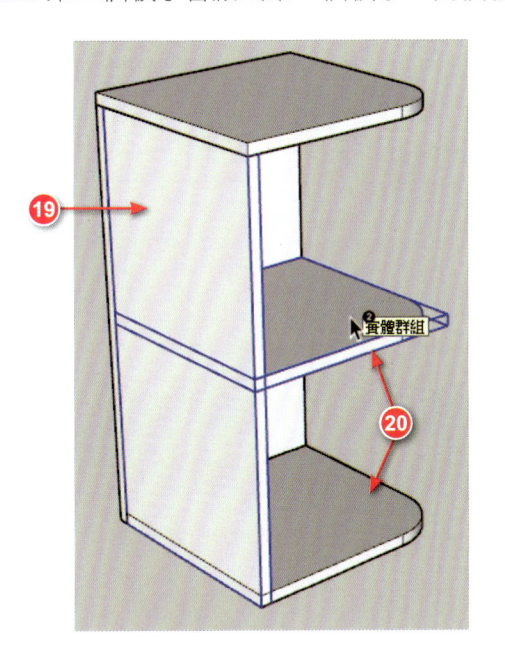

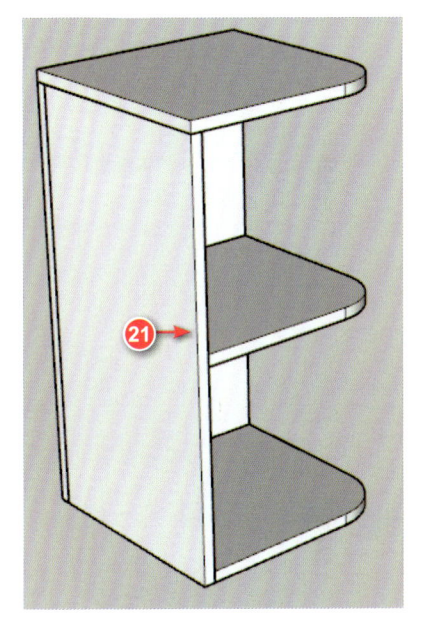

22. 點擊【✏ 直線】指令，點擊四個點繪製梯形形狀。(尺寸自訂)

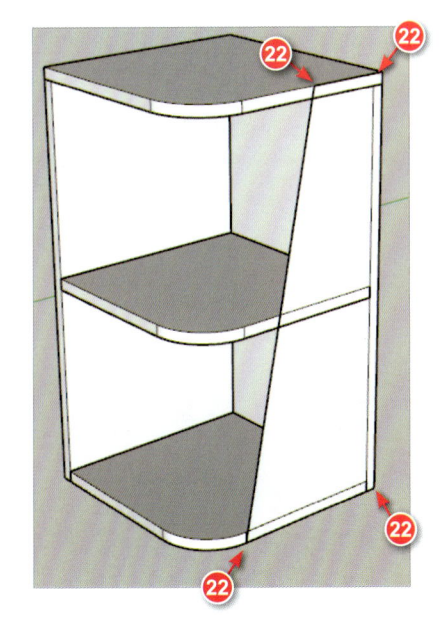

23. 點擊【推/拉】指令，選面往外長出 2 的厚度。

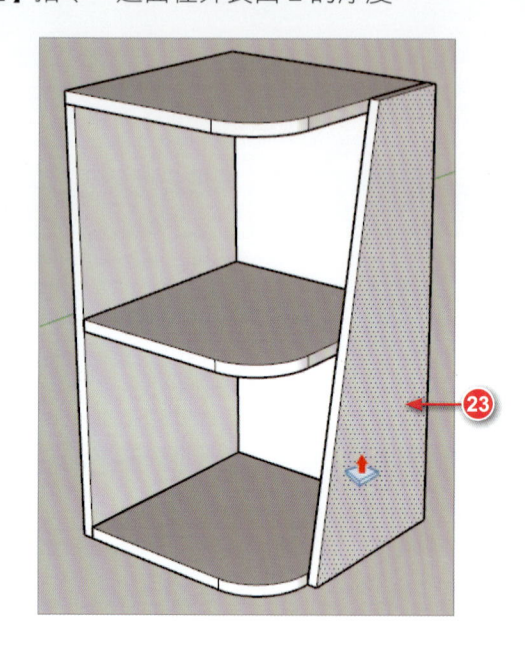

24. 使用同樣方式，繪製另一側的梯形形狀 (如左圖)，並長出 2 的厚度 (如右圖)。

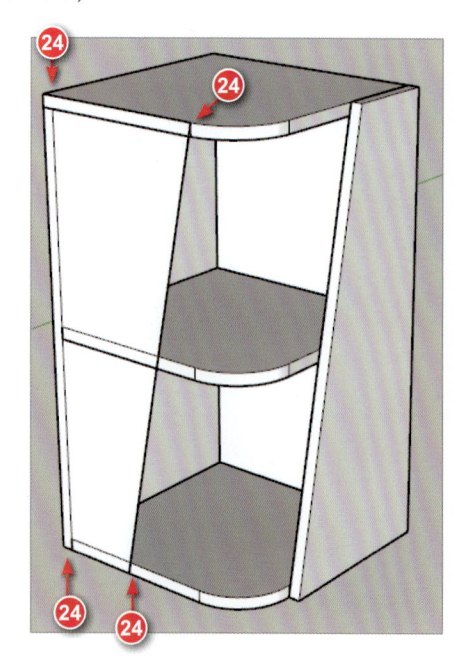

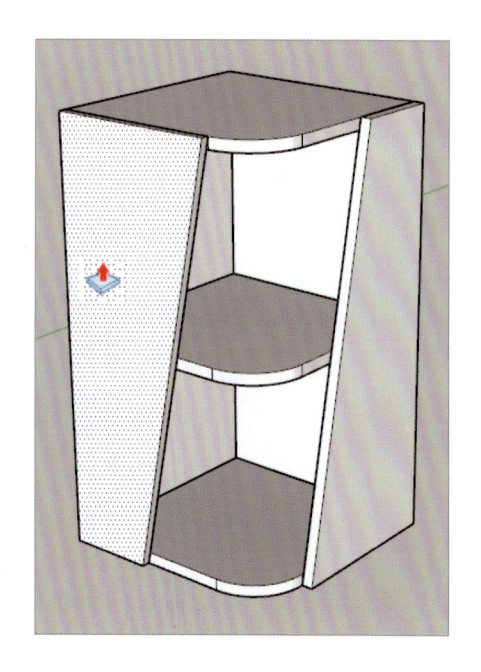

25. 按空白鍵切換【　選取】指令，左鍵點擊板子三下選取全部，按下右鍵→【建立群組】，另一側板子也建立為群組。

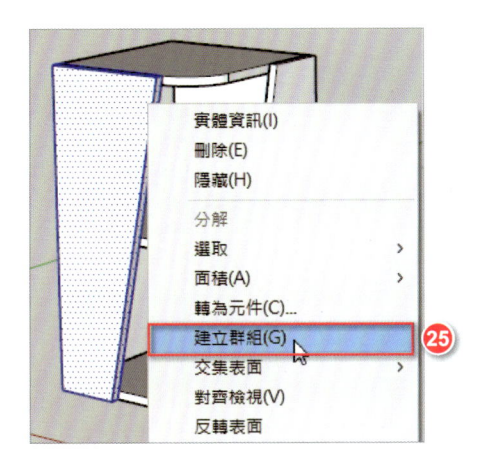

26. 選取全部板子，點擊【　移動】指令，點擊右下角端點，按一下 Ctrl 鍵開啟複製，移動到右上角端點。

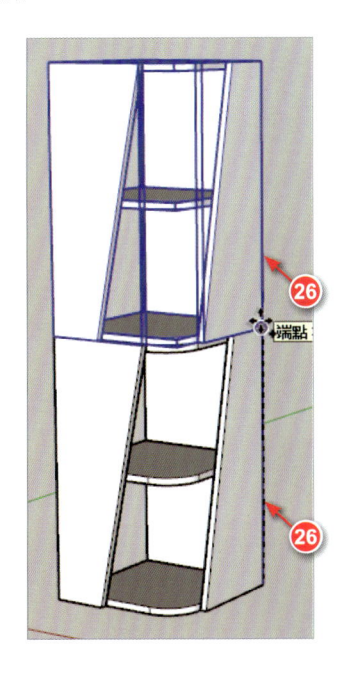

27. 選取板子，點擊【🔺 翻轉】指令，點擊藍色軸向的面，藍色軸為垂直上下的方向，可將櫃子上下翻轉。

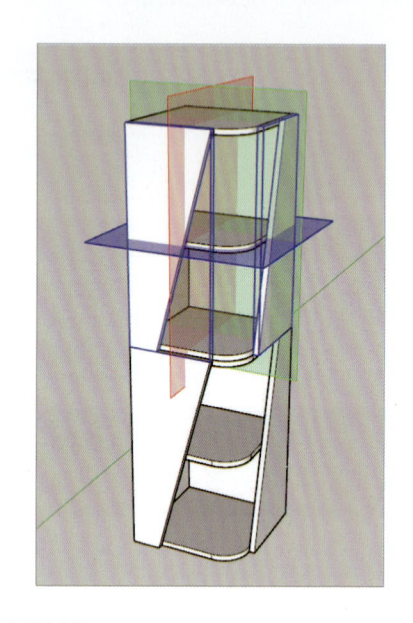

28. 完成轉角櫃，參考第 4 章來貼上材料。

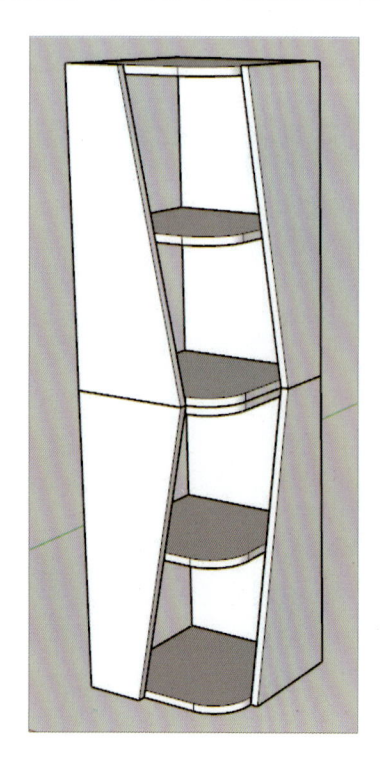

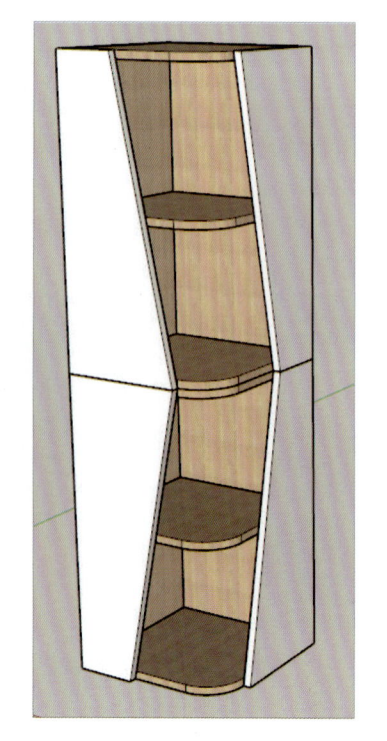

Lesson

3-6 吊燈

01. 點擊【 🏠 正視圖】切換視角。

02. 在功能表點擊【鏡頭】→【平行投影】。

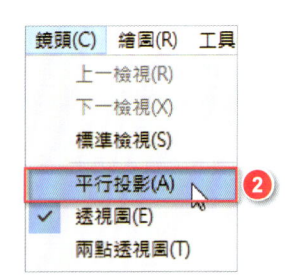

03. 點擊【 ▱ 矩形】指令，繪製尺寸 20,90 的矩形。

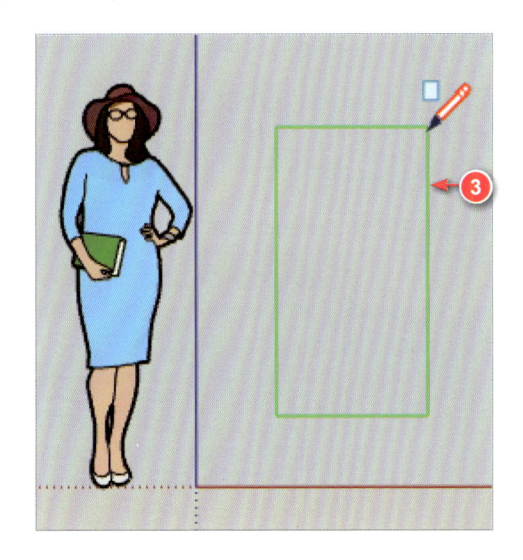

3-43

04. 點擊【 🎯 卷尺工具】指令，點擊下方線段，往上建立輔助線，輸入距離 35，按下 Enter 鍵。

05. 點擊上方線段，往下建立輔助線，輸入距離 3，按下 Enter 鍵。

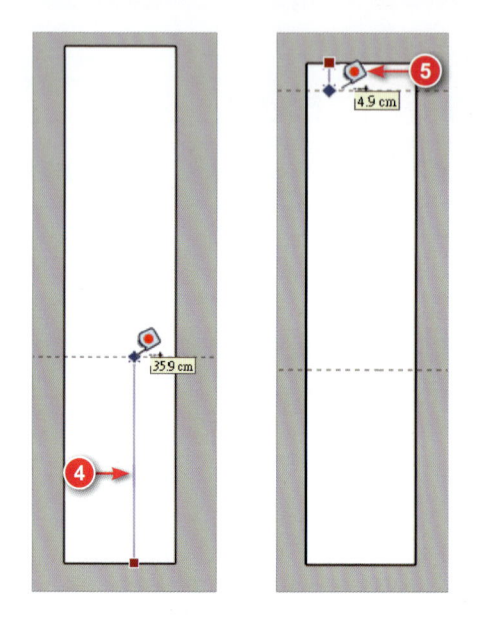

06. 點擊右側線段，往左建立三條輔助線，距離分別為 1、5、7.5。

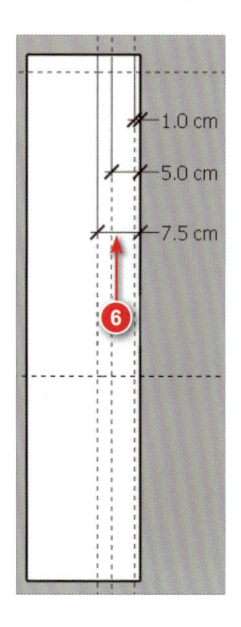

Chapter 3
家具模型繪製

07. 點擊【 ✏ 直線】指令，從輔助線交點繪製吊燈左半邊的形狀，如左圖。

08. 在功能表點擊【編輯】→【刪除輔助線】，如右圖。

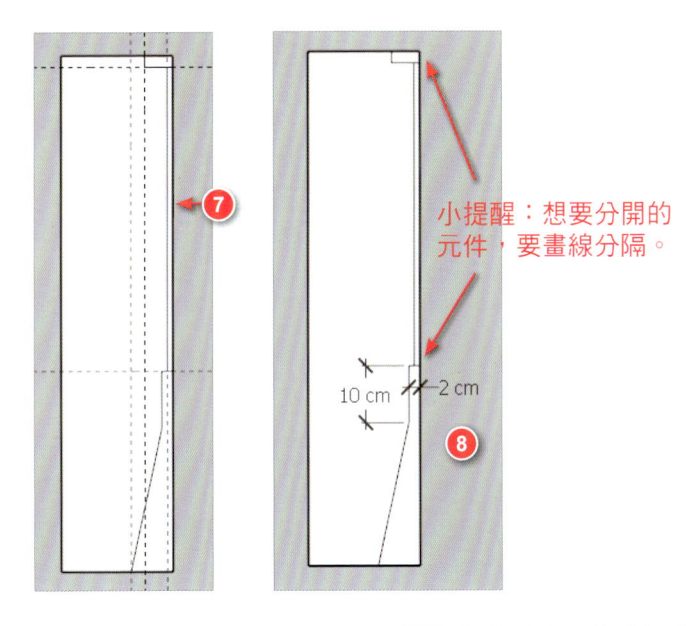

小提醒：想要分開的元件，要畫線分隔。

10 cm　2 cm

09. 點擊【 ▸ 選取】指令，選取多餘的線段，按下 Delete 鍵刪除，完成如右圖。

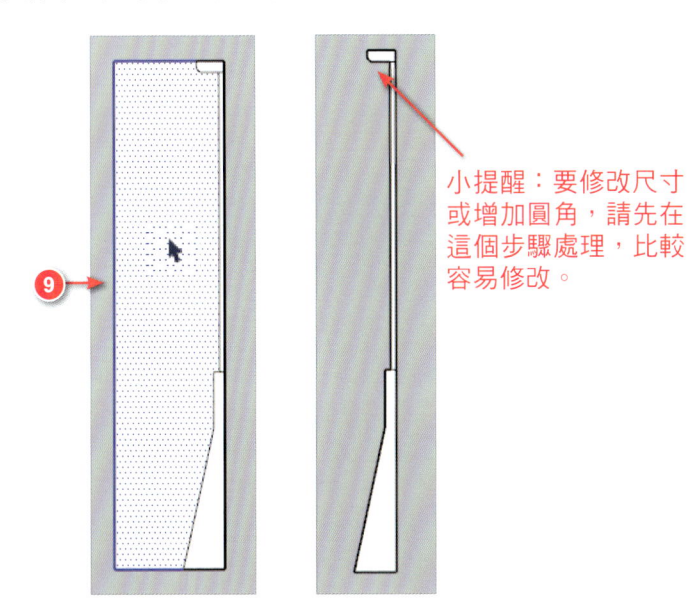

小提醒：要修改尺寸或增加圓角，請先在這個步驟處理，比較容易修改。

3-45

10. 點擊【▶ 選取】指令，選取全部物件，按下 Ctrl + C 鍵，再按下 Ctrl + V 鍵，可複製貼上做備份。

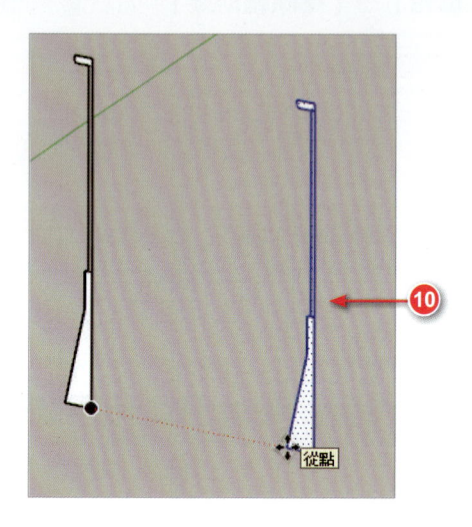

11. 點擊【⊙ 圓形】指令，在鍵盤按一下向上的方向鍵，使圓形鎖定在藍色軸，點擊右側端點作為圓心。

12. 繪製到左側端點。

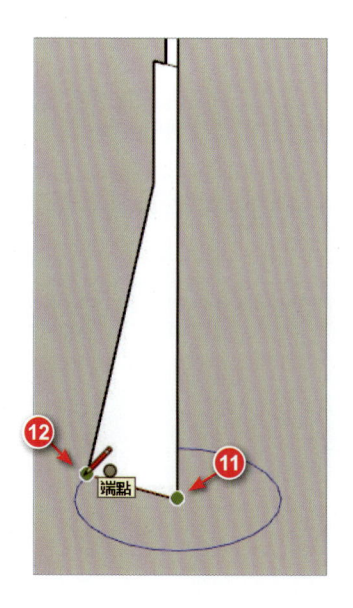

13. 點擊【▸ 選取】指令，選取圓形面作為路徑。

14. 點擊【 路徑跟隨】指令，選取燈座的面，使變成圓柱狀造型。

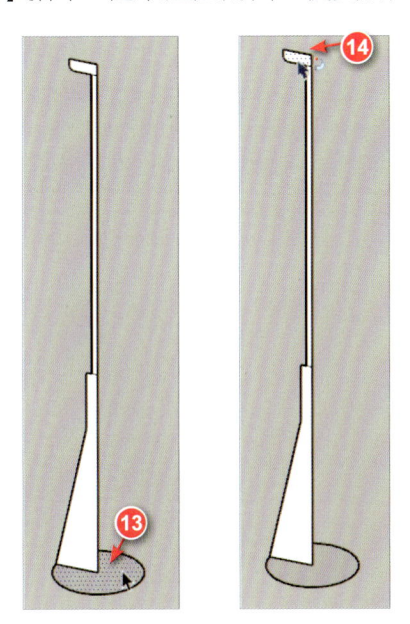

15. 使用相同方式，先選取底部的圓形面，再利用【路徑跟隨】選取吊燈線。

16. 先選取底部的圓形面，再利用【路徑跟隨】選取吊燈形狀。

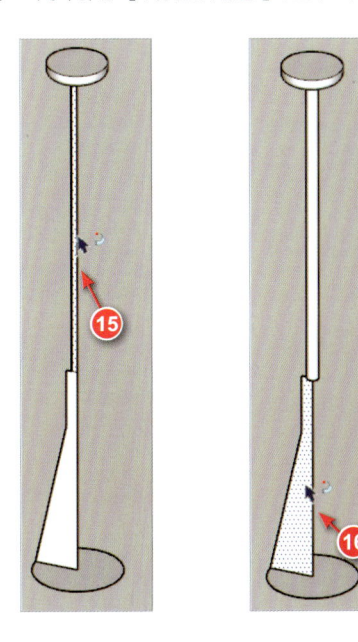

17. 若有破口，可以點擊【✎ 直線】指令，連接兩個圓形面的端點，繪製兩條線，就可以封閉面。(只要有封閉線段，SketchUp 就會自動補面)

18. 點擊【▶ 選取】指令，選取兩條線段，按下 Delete 鍵刪除。

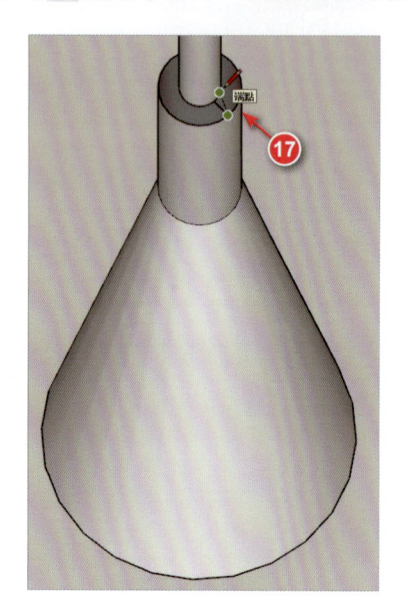

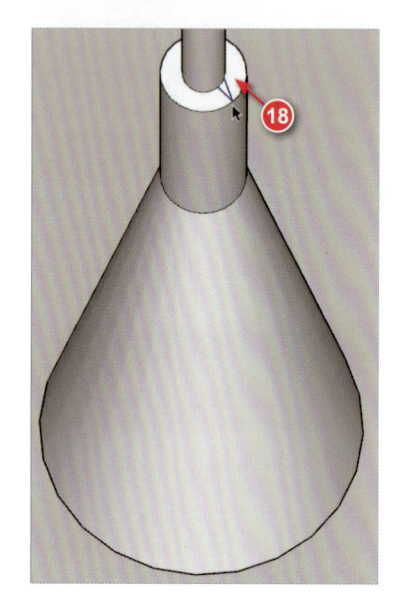

19. 點擊【⌂ 正視圖】指令，點擊【▶ 選取】指令，由左往右框選燈座。

20. 在燈座上按右鍵→【建立群組】。

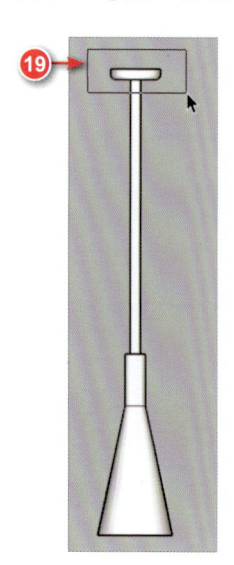

21. 左鍵點擊吊燈線兩下，選取面與相鄰的邊線，按右鍵→【建立群組】。

22. 由左往右框選吊燈造型，按右鍵→【建立群組】。

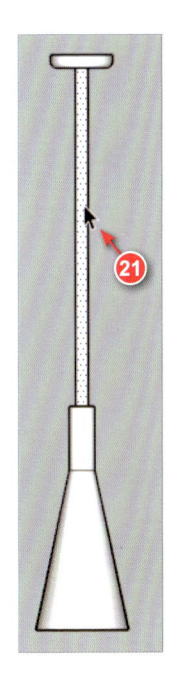

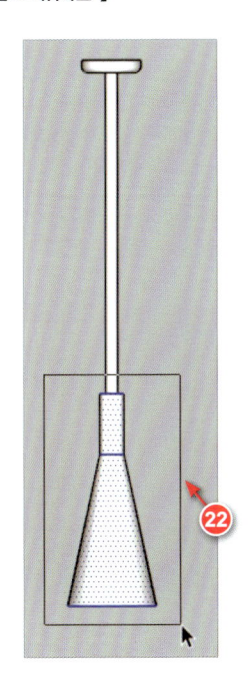

23. 在功能表點擊【鏡頭】→【透視圖】，完成吊燈。

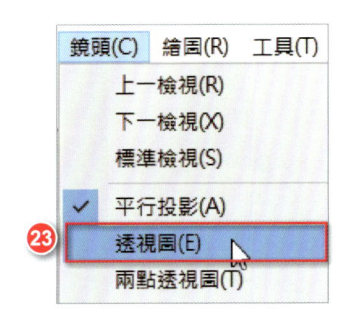

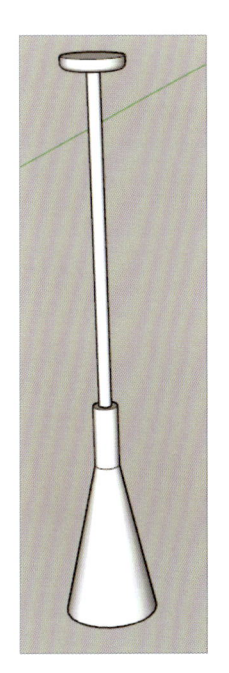

3-49

24. 讀者也可利用圓弧繪製不同形狀的吊燈，再運用相同方式來建模。

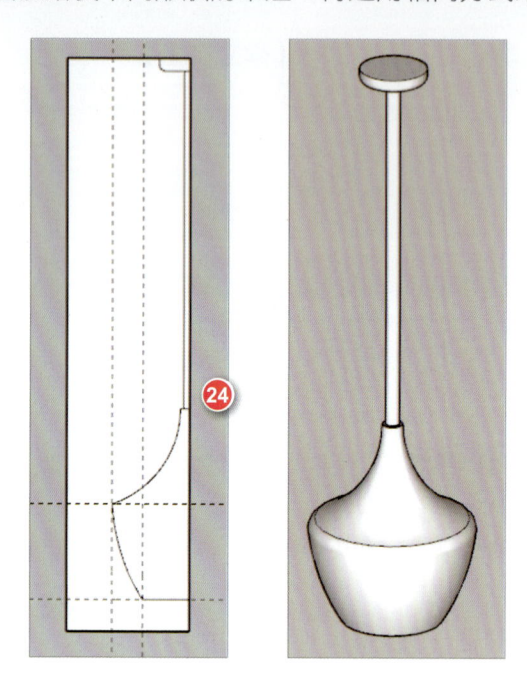

25. 參考第 4 章來貼上材料。

chapter

4

材料與貼圖

在室內設計的場景中，每個物件都會有不同的材質，包括反射、折射、透明度、顏色、圖樣。本章介紹使用 SketchUp 內建的材料面板，替模型表面貼上材質，以及如何管理這些材質，而後續的材質反射特性，必須搭配 V-Ray 外掛材質工具來設定，會在第 8 章介紹。

Lesson 4-1　材料面板

01. 點擊【 🎨 （顏料桶）】按鈕，出現材料面板後，點擊【 🏠 】將材料列表切換為【**在模型中**】，如下圖所示。

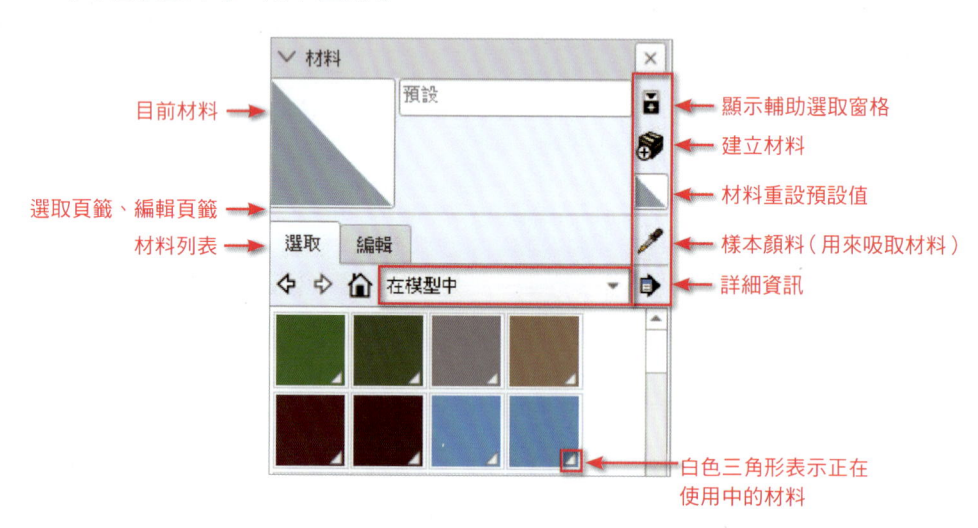

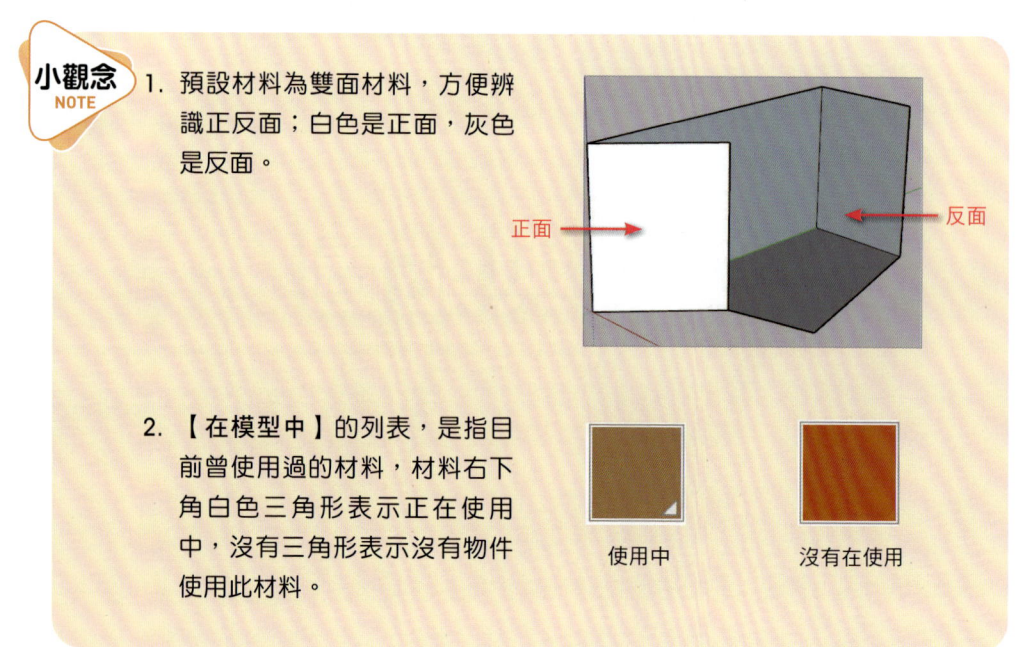

- 目前材料
- 選取頁籤、編輯頁籤
- 材料列表
- 顯示輔助選取窗格
- 建立材料
- 材料重設預設值
- 樣本顏料（用來吸取材料）
- 詳細資訊
- 白色三角形表示正在使用中的材料

小觀念 NOTE

1. 預設材料為雙面材料，方便辨識正反面；白色是正面，灰色是反面。

   正面　　　　　　　反面

2. 【**在模型中**】的列表，是指目前曾使用過的材料，材料右下角白色三角形表示正在使用中，沒有三角形表示沒有物件使用此材料。

   使用中　　　沒有在使用

Lesson 4-2 填充材料

■ 如何填充材料與編輯

01. 請開啟範例檔〈4-2_填充材料.skp〉，點擊【 （顏料桶）】按鈕，在材料列表中選擇【石頭】。

02. 選擇【花崗岩】材料。

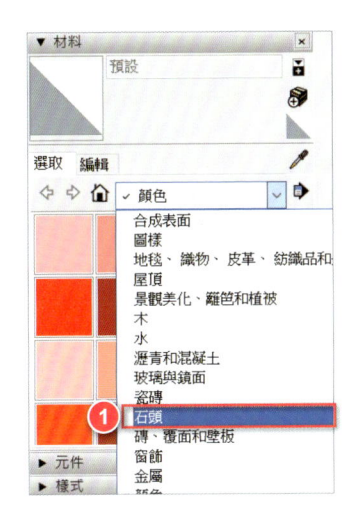

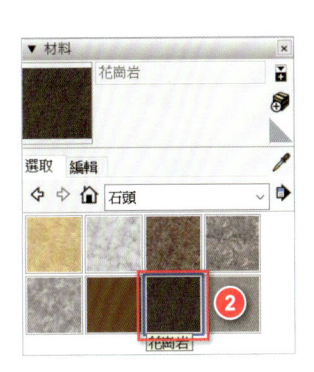

03. 點擊多個牆面，將材料填入牆面，如圖所示。

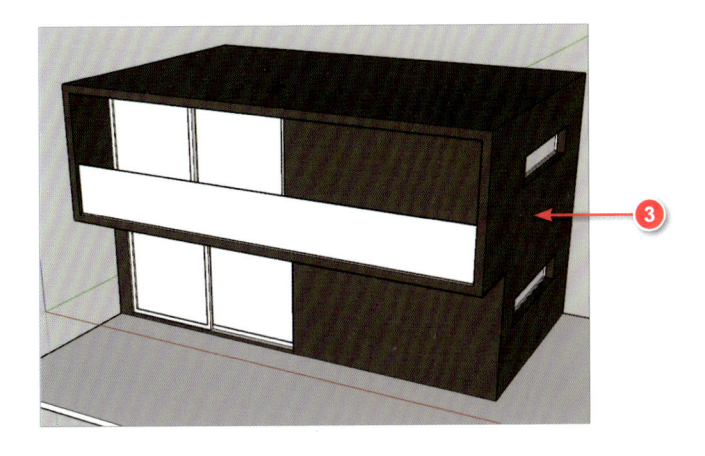

4-3

04. 在材料面板中,點擊【編輯】頁籤。

05. 並設定材料的尺寸為「100」。

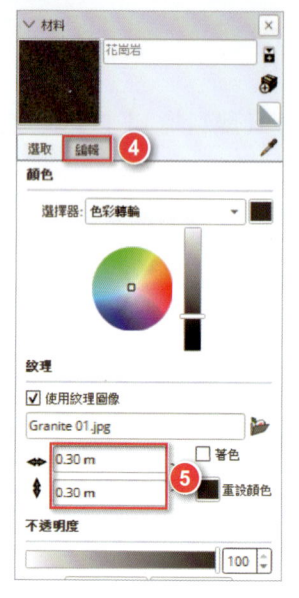

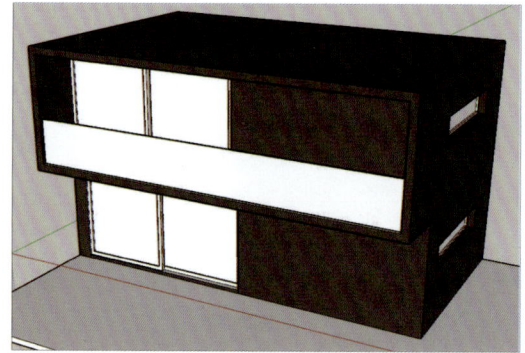

06. 回到【選取】頁籤。

07. 材料列表選擇【玻璃與鏡面】→點擊【半透明藍色玻璃】材料。

08. 將範例檔中的玻璃全部填上材料,如圖所示。

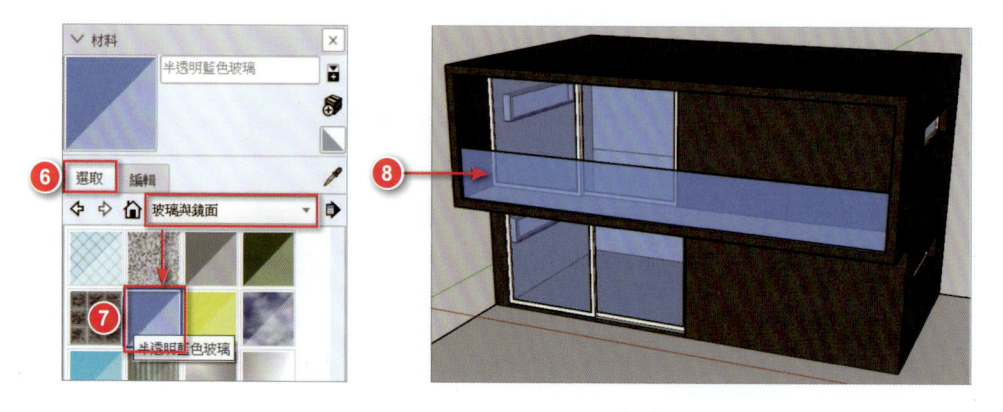

Chapter 4
材料與貼圖

09. 點擊【編輯】頁籤，將【不透明度】數值降低，做出玻璃的透明感。

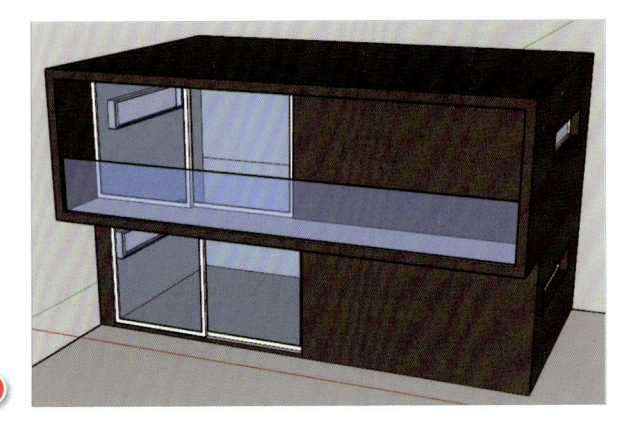

更換貼圖

01. 按下【顏料桶】，打開材料面板，點擊【▰】圖示回到預設值材料。

02. 再點擊【🗲（建立材料）】。

4-5

03. 開啟建立材料面板，點選【🗀】圖示，開啟範例檔〈木地板 .jpg〉。

04. 將材料名稱改成「木地板」，按下【確定】。

05. 將地板填上【木地板】材料。

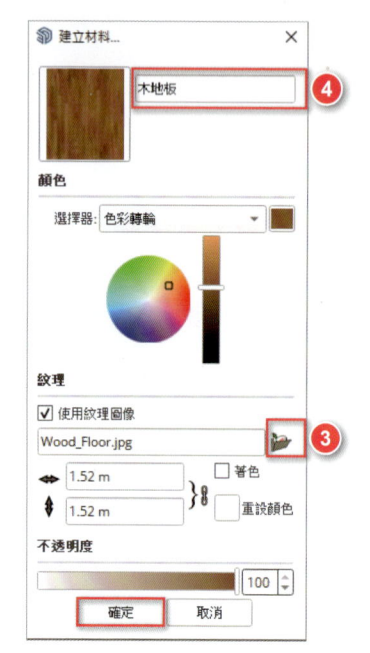

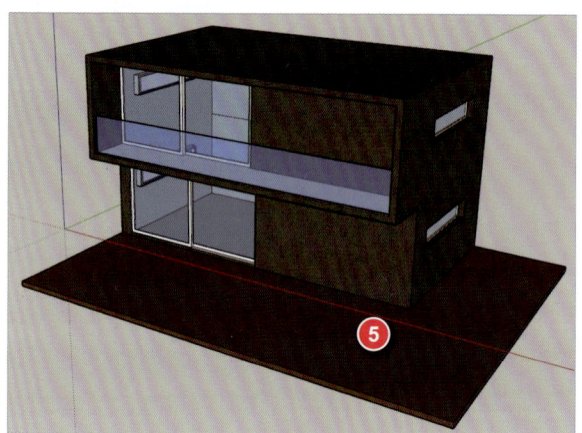

06. 打開【編輯】頁籤調整材料大小，將寬度改為「1000」，如圖所示。

07. 若長寬想分別設定，可點擊 解除長寬比再設定。

08. 可以微調顏色，也會影響貼圖顏色。

09. 完成圖。

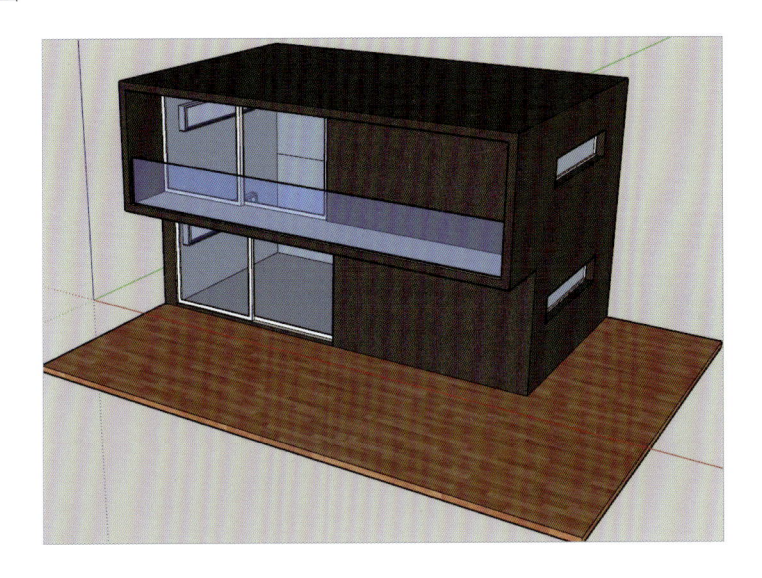

▎選取填充

01. 請開啟範例檔〈4-2_選取填充.skp〉，按下【選取】指令，在右側窗戶上點擊左鍵三下，即可選取到整個窗戶，如圖所示。

02. 點擊【顏料桶】按鈕，材料列表選擇【顏色】，任意選取一顏色。

03. 點擊窗戶填上顏色。

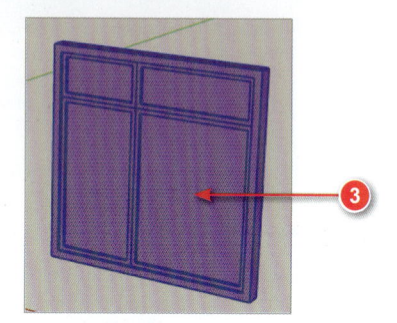

04. 點擊【選取】按鈕，按左鍵選擇第一片玻璃。

05. 再按住 Ctrl 鍵選擇其他玻璃，背面也需要選取。

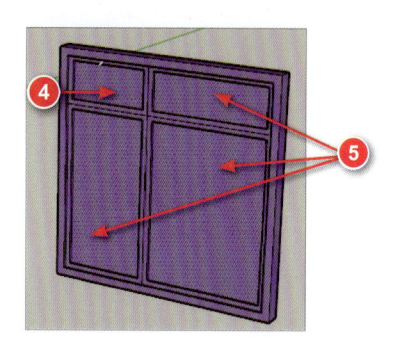

> **小祕訣 TIPS** 因為窗戶已經全部選取，所以選擇第一片玻璃時，不要按住 Ctrl 鍵，否則無法只選取一片玻璃。

06. 點擊【顏料桶】指令，再選擇其他顏色填入被選取的玻璃中，如圖所示。

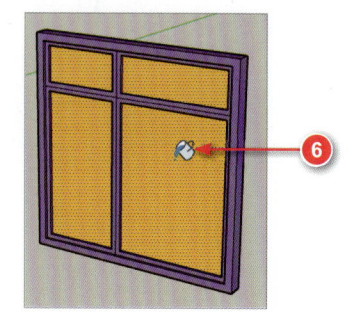

4-8

■ 相鄰填充 (輔助鍵 Ctrl)

與點擊的面相鄰且相同材料的所有面，都會被填充。

01. 點擊【顏料桶】按鈕，材料列表選擇【金屬】→【鋁】材料。

02. 按住 Ctrl 鍵，滑鼠移動至窗框上會出現【🖌】圖示，將材料填入窗框，窗框皆為相鄰且相同材料，所以可以直接替換材料。

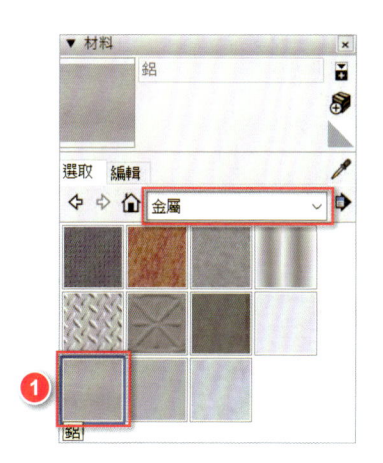

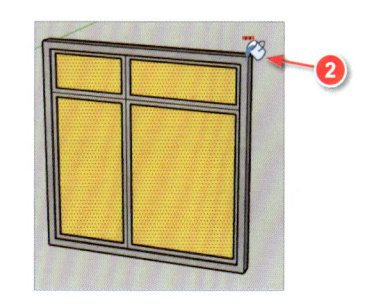

■ 相鄰替換填充（輔助鍵：Shift + Ctrl）

在同一物件裡，與點擊的面同材料的面，都會被填充。

01. 材料列表選擇【玻璃與鏡面】→【半透明藍色玻璃】材料。

02. 按住 Shift 鍵 + Ctrl 鍵，出現【🖌】圖示，點擊【顏料桶】所指示的面。在此物件中，與點擊的面同材料的面都會全部替換成相同材料，所以可以把玻璃材料全部替換，玻璃的面沒有連接也可以替換。

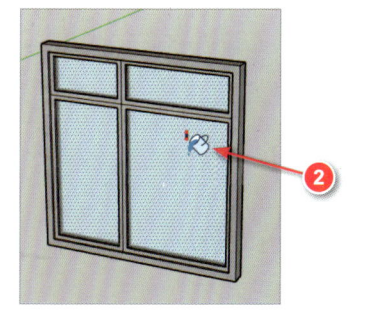

4-9

▌替換貼圖（快捷鍵：Shift）

在場景中與點擊的面同材料的所有面，都會被填充。

01. 選取整個窗戶，點擊【移動】按鈕，將窗戶往右複製一份。

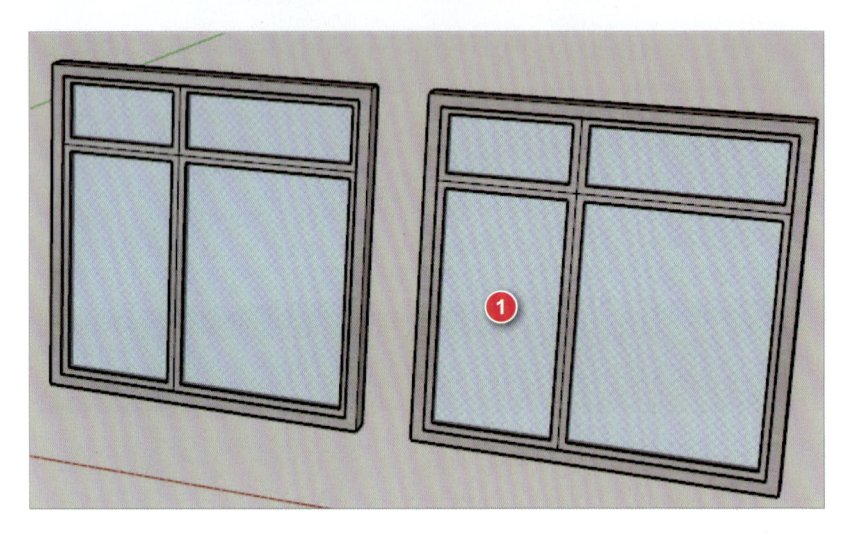

02. 點擊【顏料桶】按鈕，點擊選擇【玻璃與鏡面】→【半透明藍色玻璃】材料。

03. 按住 [Shift] 鍵,出現【 🪣 】圖示,點選其中一個玻璃。在場景中所有與點擊的面同材料的面,都可被填充。即使是分開的玻璃,只要原本是相同材料,還是會被替換成新材料。

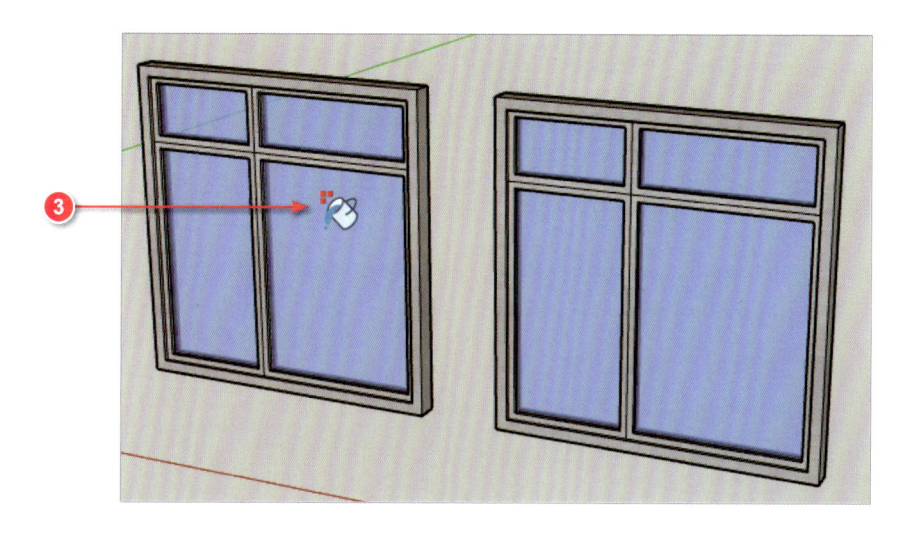

▌群組填充

材料貼給面與群組的差異很大,貼給面的材料會覆蓋掉群組的材料。

01. 開啟範例檔〈4-2_群組填充.skp〉,有一個茶几分成上下兩個群組。

02. 按下【顏料桶】按鈕,點擊選擇【木】→【木材平面接合】材料。將材料貼給茶几群組。

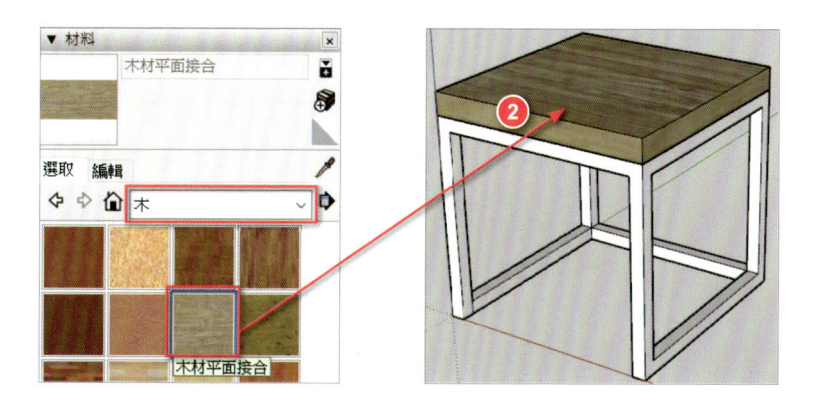

4-11

03. 在群組上按下右鍵→【編輯群組】。

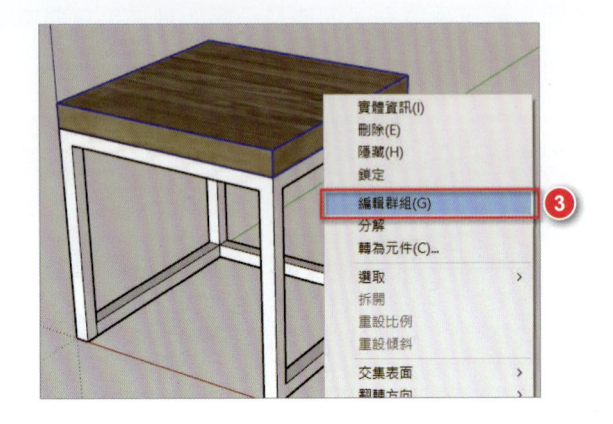

04. 選擇【木材單板 01】材料。將材料貼給茶几上方的平面，會覆蓋掉群組的材料。

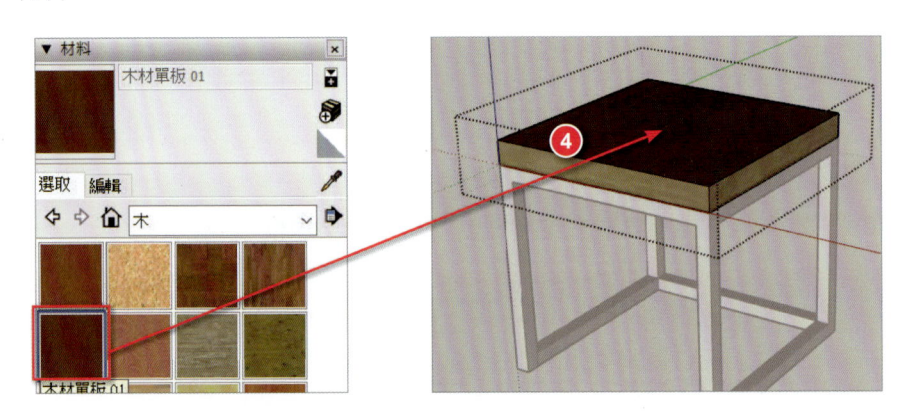

05. 在群組外的空白處按下右鍵→【關閉群組】。

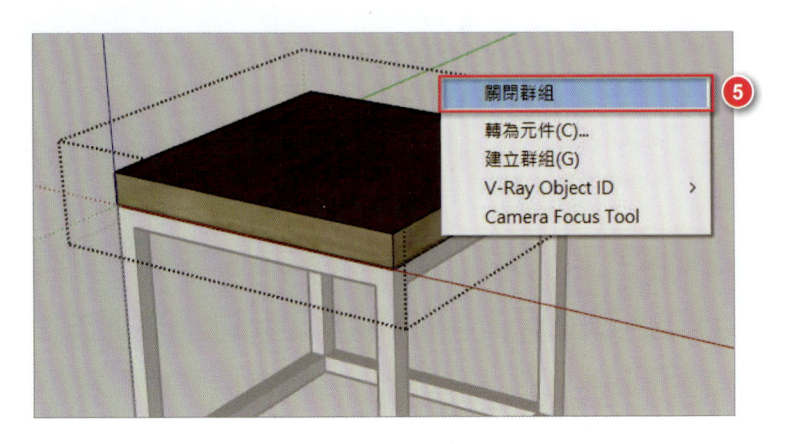

Chapter 4
材料與貼圖

06. 選擇【**木地板**】材料。將材料貼給茶几群組，只有側面有改變材料。

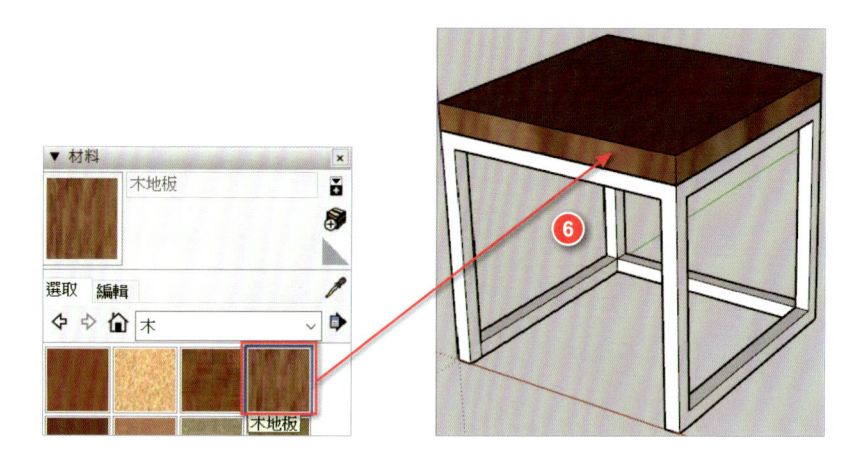

07. 若要恢復群組材料，在群組上按下右鍵→【**編輯群組**】。

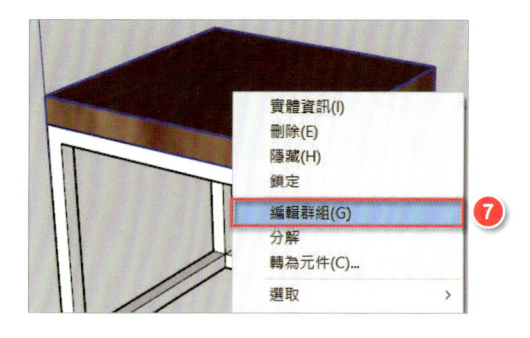

08. 點擊【▨】使用預設值材料。將材料貼給茶几上方的平面，完成。

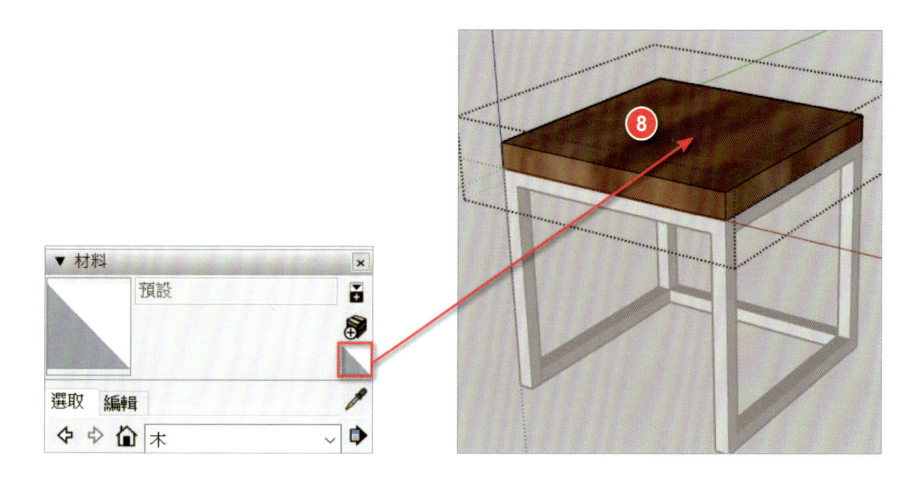

4-13

▌樣本顏料（快捷鍵： Alt ）

可吸取場景中原有的材料，將吸取的材料貼給其他物件，增加貼附材料的速度。

01. 開啟範例檔〈4-2_樣本顏料.skp〉，按下【選取】按鈕，將左側木櫃點擊左鍵三下，選到全部木櫃。

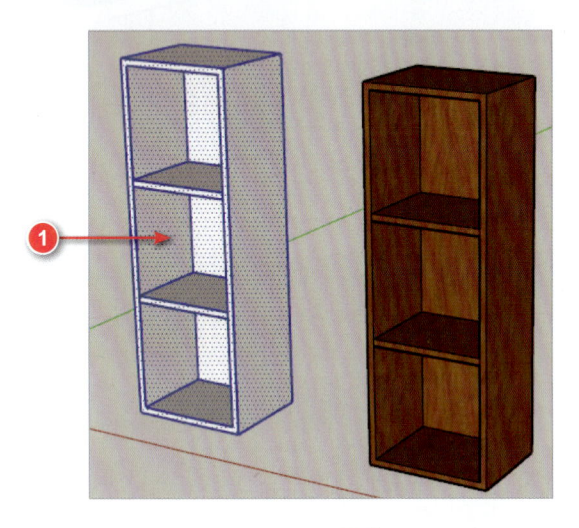

02. 點選【顏料桶】，在材料面板中選擇【🖌】，點選有材料的木櫃的面，就可以吸取到木櫃的材料。

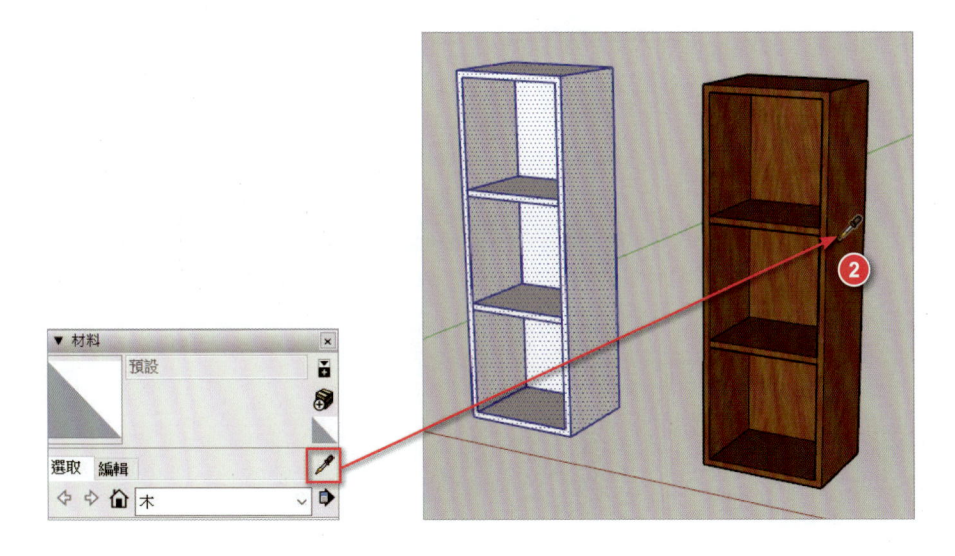

03. 點擊左側木櫃,將吸取到的材料填上被選取的物件。

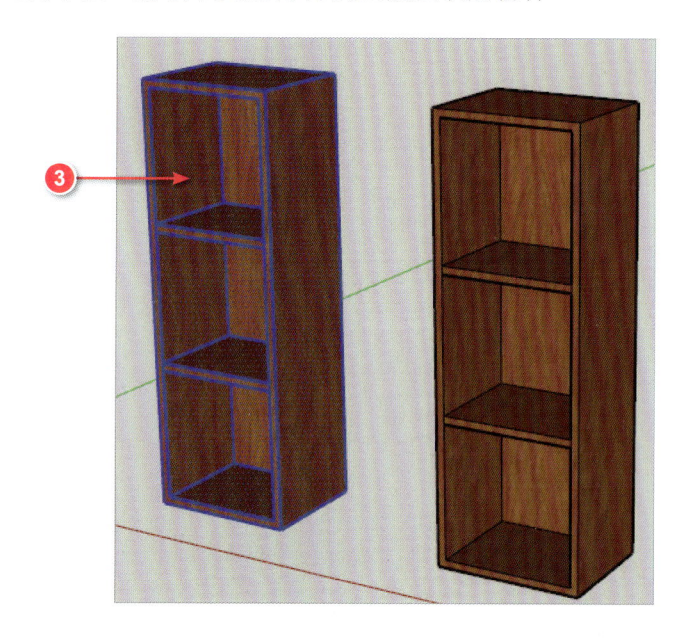

> **小祕訣 TIPS** 在使用【顏料桶】填充材料時,也可以按住 Alt 鍵,點擊物件來吸取材料。

Lesson 4-3　貼圖與貼圖座標

▍平面貼圖

01. 請開啟範例檔〈4-3_平面貼圖.skp〉。

02. 在螢幕位置點擊右鍵，選擇【紋理】→【位置】。

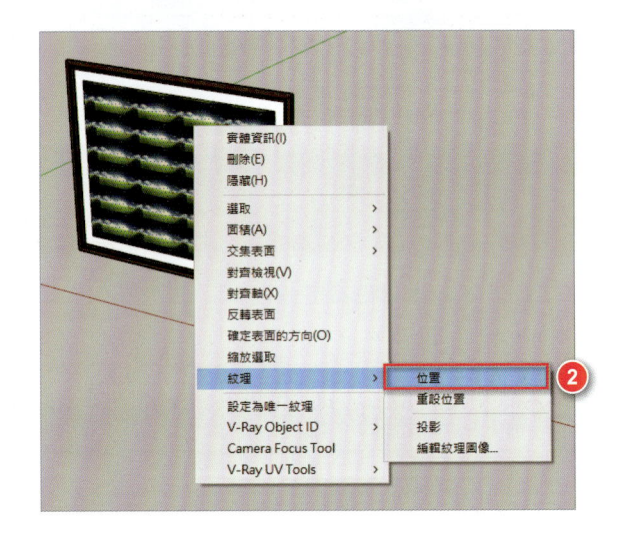

03. 紅色圖釘：按住滑鼠左鍵並拖曳，可移動紋理。

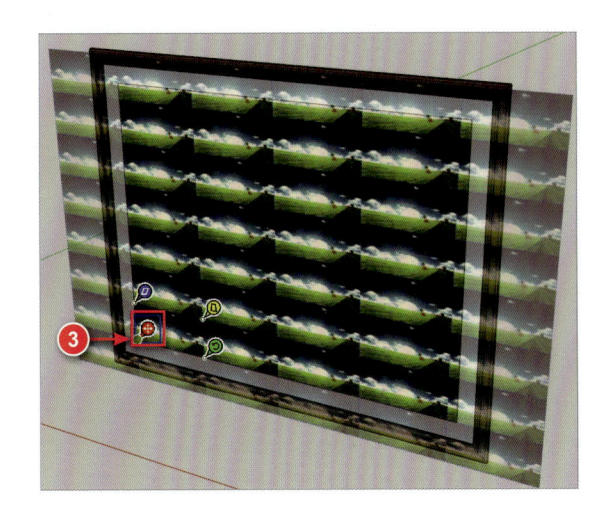

4-16

04. 綠色圖釘：按住滑鼠左鍵並拖曳，可縮放大小或旋轉紋理。

05. 藍色圖釘：按住滑鼠左鍵並拖曳，可像平行四邊形般變形，也可改變高度。

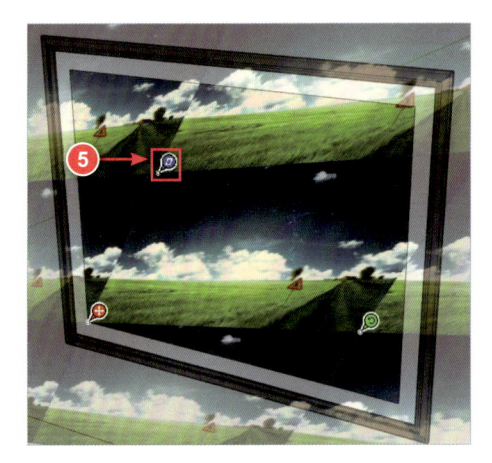

06. 黃色圖釘：按住滑鼠左鍵並拖曳，可像梯形般扭曲變形，有透視感。

07. 在貼圖上點擊滑鼠右鍵→【重設】，可將紋理回復為原本狀態。

08. 在畫面中圖片的位置，按住滑鼠左鍵拖曳可任意移動。

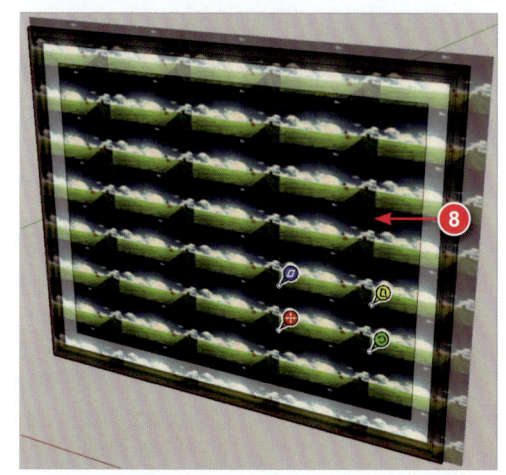

09. 紅色圖釘拖曳至左下角。

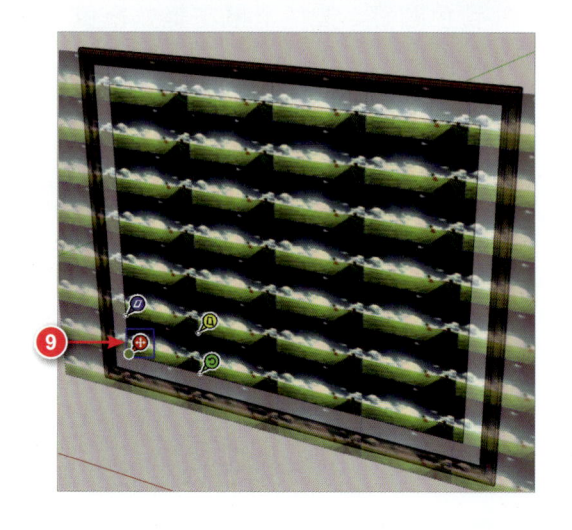

Chapter **4**
材料與貼圖

10. 綠色圖釘拖曳至右下角，決定寬度。

11. 藍色圖釘拖曳至左上角，決定高度。

12. 黃色圖釘不動，在貼圖上點擊滑鼠右鍵→【翻轉】→【左/右】。

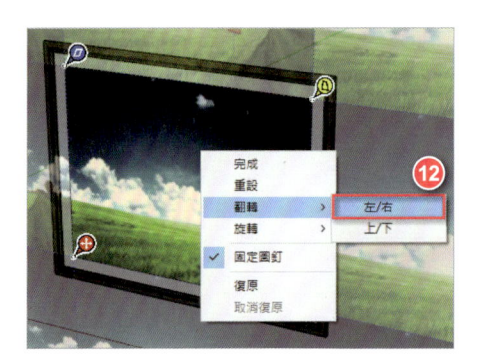

4-19

13. 在貼圖上點擊滑鼠右鍵→【完成】，或是在畫面空白處點擊滑鼠左鍵，離開編輯模式。(按下 Esc 鍵是取消)

14. 完成圖。

投影貼圖

01. 請開啟範例檔〈4-3_投影貼圖.skp〉，點擊功能表的【鏡頭】→【平行投影】。

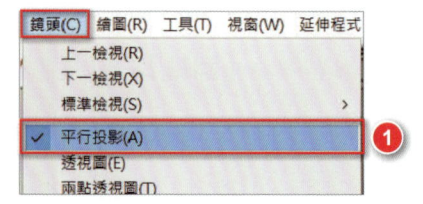

Chapter 4
材料與貼圖

02. 在檢視工具列點擊【 🏠 正視圖 】。點擊功能表的【檔案】→【匯入】，將茶杯的圖案匯入。

03. 檔案類型要選擇【所有支援類型】或【JPEG 圖像 (*.jpg)】，才能選到範例檔〈杯子花紋 .jpg〉，點擊【匯入】。

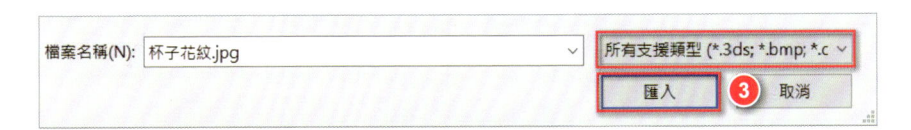

04. 匯入時，點擊左鍵可決定圖片匯入位置。

05. 往右上方移動再按一次左鍵，可決定圖片尺寸。

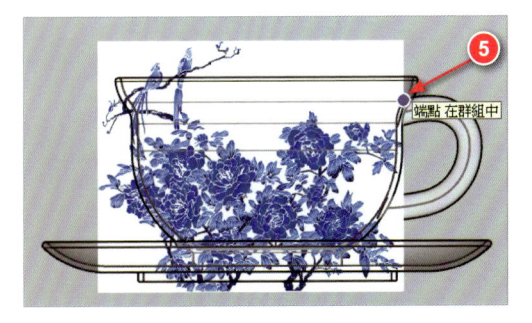

4-21

06. 在樣式工具列中，開啟【　X 射線】，使物件變透明，使用【移動】與【比例】調整圖片位置與大小，確認圖案與茶杯位置重疊。

07. 關閉【　X 射線】。在圖片上按下右鍵→選擇【分解】，分解群組後才能吸取材料。

08. 單獨選取圖片的面，在圖片上再按一次右鍵→【紋理】→將【投影】打勾。

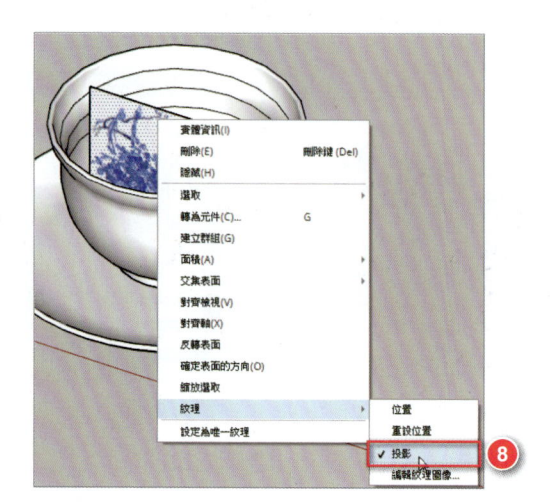

4-22

Chapter 4
材料與貼圖

09. 點選【 (顏料桶)】，在材料面板選擇【 (樣本顏料)】，吸取圖片上的材料。

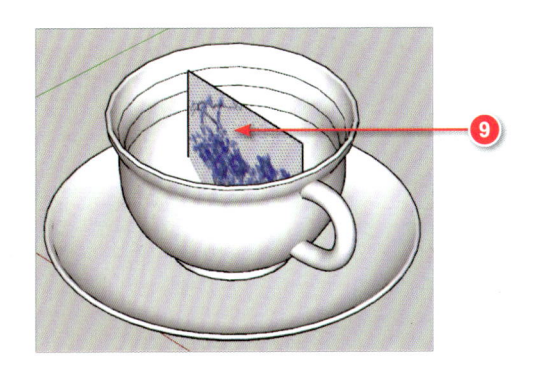

10. 在茶杯上按下右鍵→【編輯群組】。

11. 再將吸取到的材料填入茶杯內，即可將圖片材料投影至茶杯上。

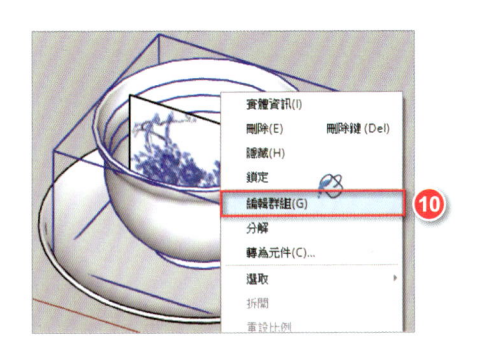

小祕訣 TIPS 可能遇到的問題：

原因：貼給群組，不是貼給曲面

原因：沒有開啟投影

4-23

12. 選擇上方功能表的【檢視】→將【隱藏的幾何圖形】打勾。

13. 切換到【正視圖】，框選不需要貼圖的面。

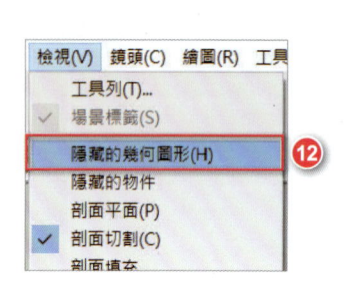

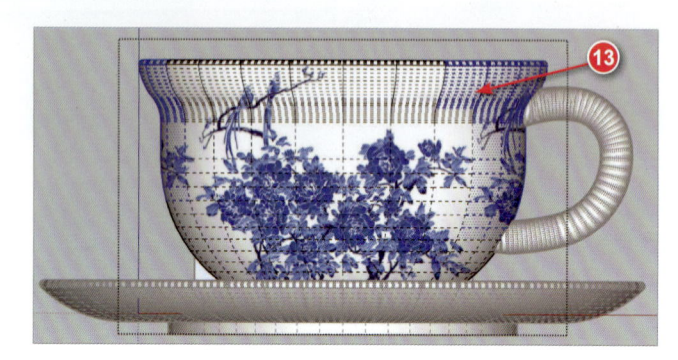

14. 在材料面板，選擇【預設值】材料。

15. 將預設材料填入選取的面，使杯子兩側恢復白色的顏色。

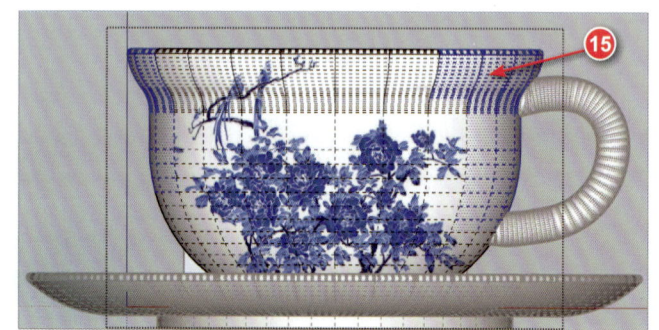

16. 將功能表的【檢視】→【隱藏的幾何圖形】關閉。將杯子的圖片刪除，完成投影貼圖。

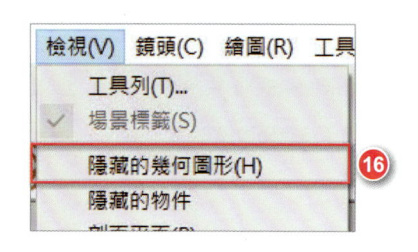

Chapter 4
材料與貼圖

17. 用相同方式,在【**俯視圖**】匯入圖片,投影到盤子上。

18. 在陰影面板,點擊【 】顯示陰影,拖曳時間滑桿改變陰影角度。

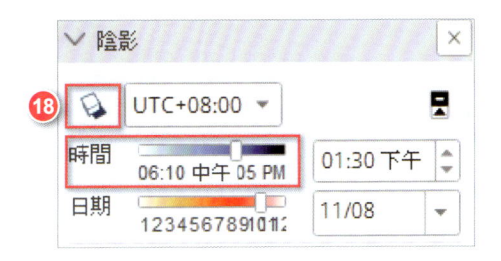

19. 完成圖。

4-25

▌透明貼圖

01. 請開啟範例檔〈4-3_透明貼圖.skp〉，點選【顏料桶】，在材料面板上點選【預設值】。

02. 再點選【 🧊 建立材料 】。

03. 在建立材料面板中，選擇【 ▶ （瀏覽材料圖像檔案）】，選擇範例檔中任一個〈盆栽.png〉檔案，點擊【確定】。

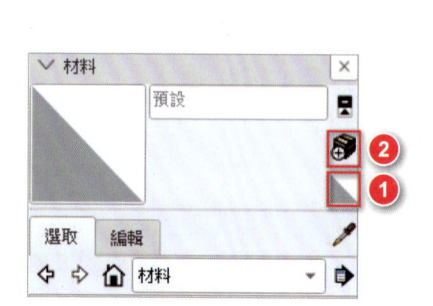

04. 將圖片填入盆栽上方矩形中。

05. 並在矩形上按滑鼠右鍵，選擇【紋理】→【位置】。

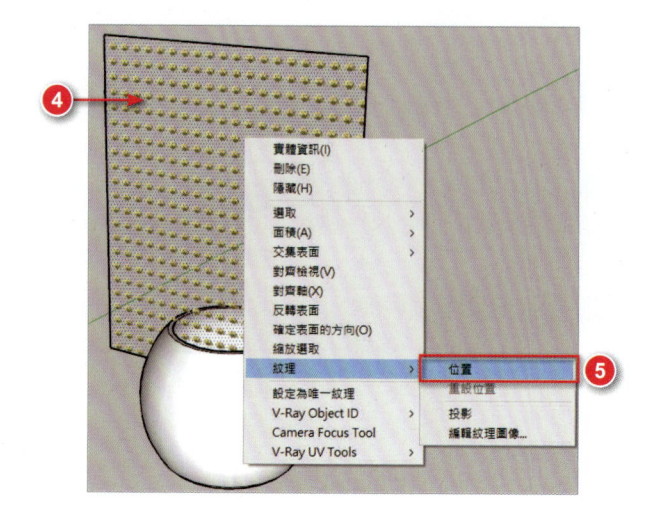

Chapter 4
材料與貼圖

06. 滑鼠左鍵拖曳綠色圖釘,調整圖片大小。

07. 將圖片調整好,滑鼠左鍵拖曳圖片到適當位置,如圖所示。調整完成之後,按下滑鼠右鍵→選擇【完成】。

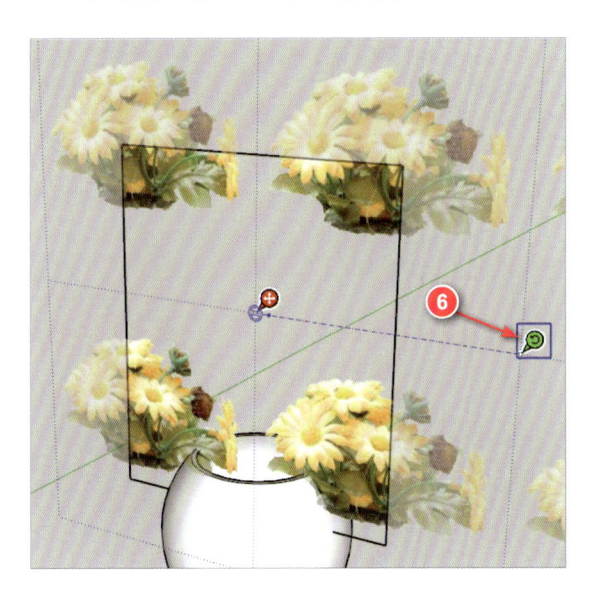

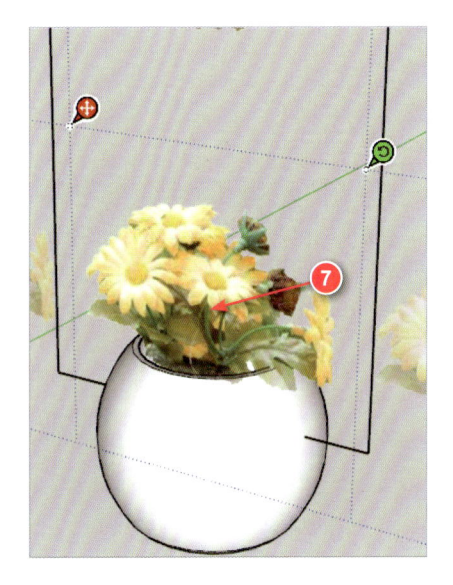

08. 點擊【移動】指令,按下 Esc 取消選取,將矩形上、左、右,側的邊往內移動,調整成盆栽的合適大小。

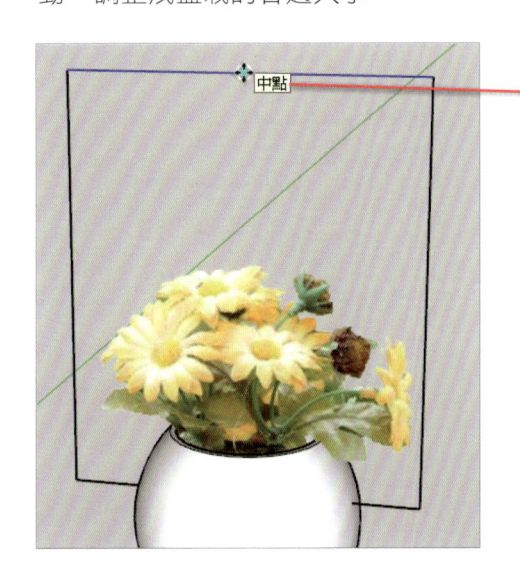

4-27

09. 點擊【選取】指令,將四條邊線選取起來,在邊上按下滑鼠右鍵,選擇【隱藏】。

10. 完成透明貼圖在 SketchUp 的呈現。

> **小祕訣 TIPS** 若要將隱藏的線條顯示出來,請點選功能表【編輯】→【取消隱藏】→【全部】,即可將隱藏的物件顯示。

Lesson 4-4 集合的使用方式

■ 儲存材料

01. 請打開範例檔〈4-4_集合的使用方式.skp〉,點選【顏料桶】,材料列表切換至【在模型中】,可檢視在模型中使用的材料。

02. 在材料面板上選擇任一材料,在材料上點擊右鍵,選擇【另存為】,可將材料存為 .skm 檔。

03. 在 C 槽建立新資料夾,命名為「常用 SKP 材料」,點擊【存檔】,就可以將材料儲存。

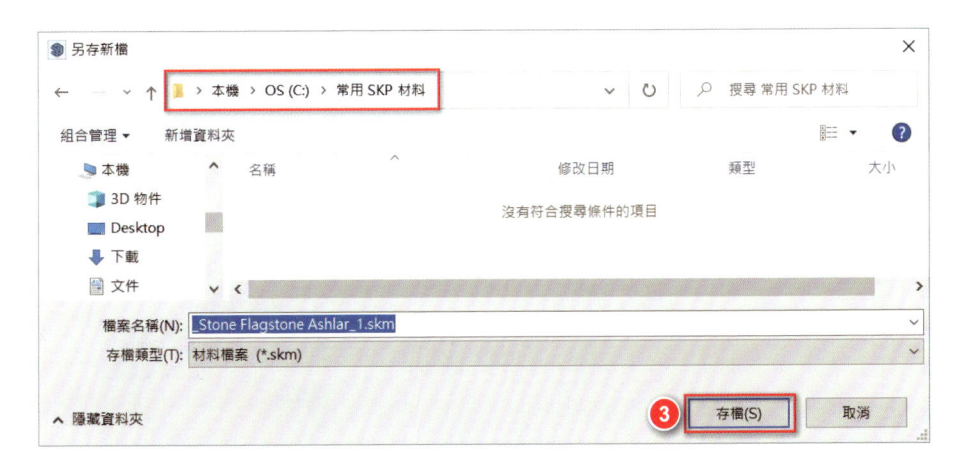

4-29

04. 點擊【 ▶（詳細資訊）】→【將集合儲存為…】，可將整個【在模型中】列表的材料儲存。

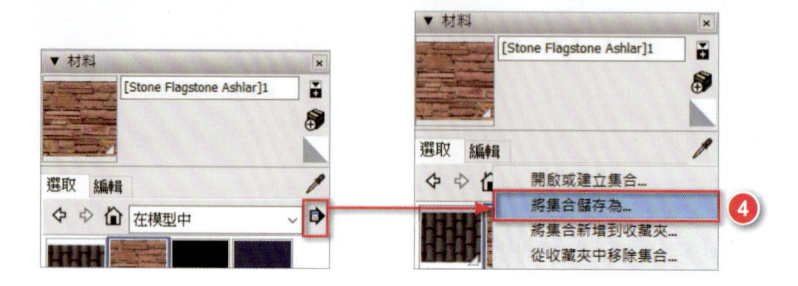

05. 在 C 槽建立新資料夾，命名為「場景材料」，點擊【選擇資料夾】，就可以將材料儲存。

06. 檔案總管的材料檔案如左圖所示。材料面板會自動跳至【場景材料】列表，但重開 SketchUp 軟體後，此列表會消失。

4-30

集合的建立與編輯

01. 點擊【 ➡ （詳細資訊）】按鈕→【將集合新增到收藏夾…】。

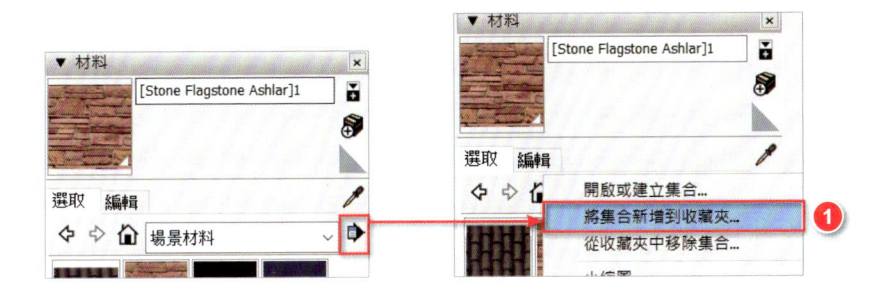

> **小祕訣 TIPS**
> 若用【開啟或建立集合…】選項，建立的集合只是暫時的，重新執行 SketchUp 就會不見。若用【將集合新增到收藏夾…】選項，則重開 SketchUp 後集合不會消失。

02. 選擇上一小節建立的「常用 SKP 材料」，點擊【選擇資料夾】。

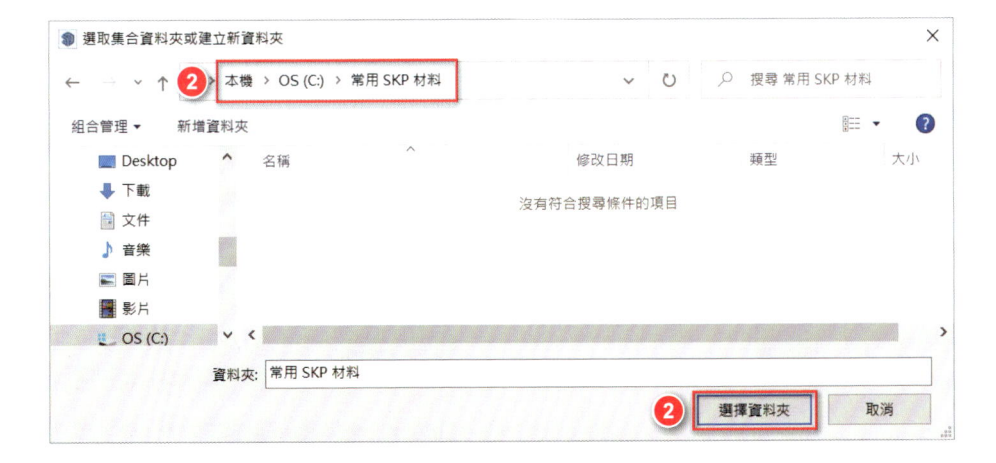

4-31

03. 開啟下拉式選單,可看見上一節儲存的材料會在選單的最底下。

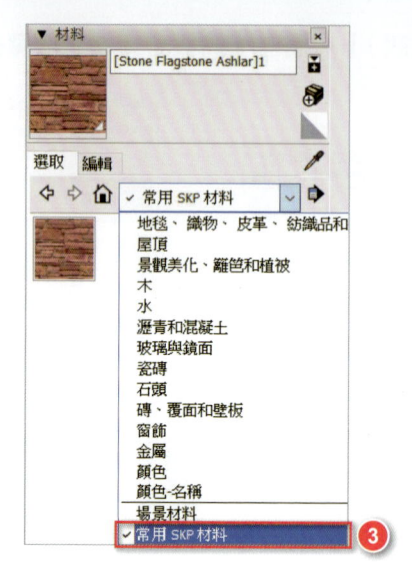

04. 點擊【 】按鈕,顯示輔助選取窗格。

05. 在【**輔助選取窗格**】中選擇【**在模型中**】列表,或其他任意列表。

06. 將需要的材料拖曳至【**常用 SKP 材料**】中,可以將材料一併儲存於常用 SKP 材料的資料夾內,結果如右圖所示。再點擊一次【 】關閉輔助選取窗格。

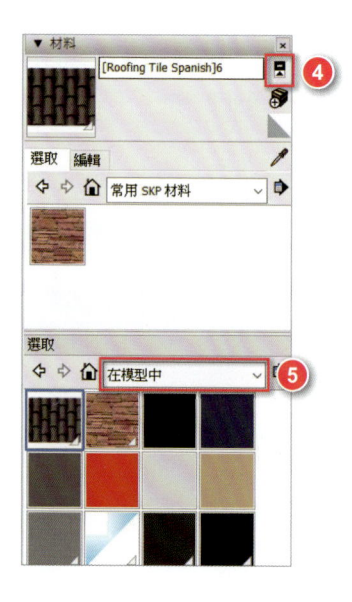

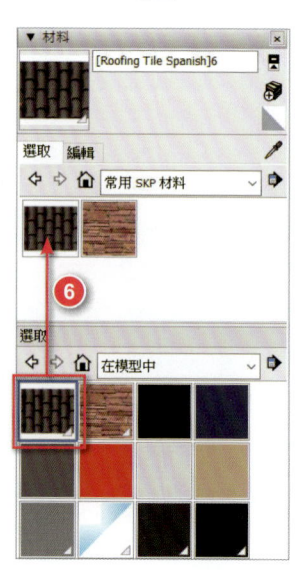

Chapter 4
材料與貼圖

刪除集合

01. 點擊【 ▶ (詳細資訊)】按鈕→【從收藏夾中移除集合…】。

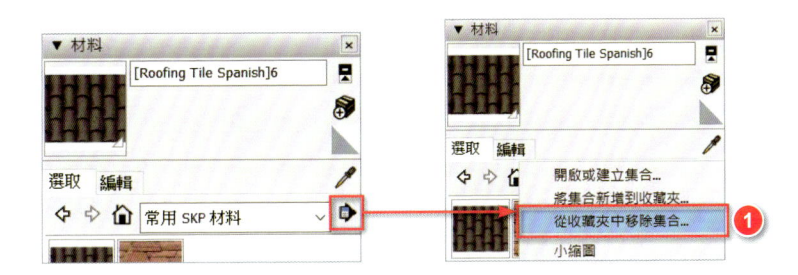

02. 點選【常用 SKP 材料】集合，按下【移除】按鈕。

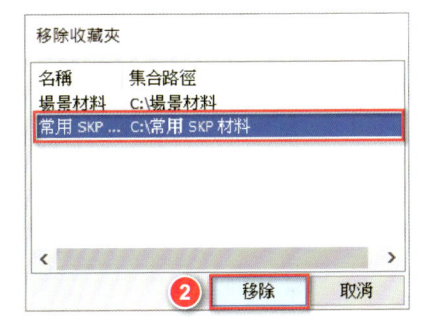

03. 開啟下拉式選單，往下滾動滑鼠滾輪移至選單最下方，確認【常用 SKP 材料】已被刪除。

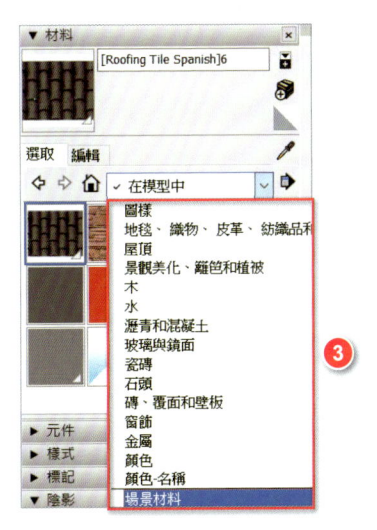

> **小提醒 WARN**　刪除集合只是從材料庫中移除，建立的資料夾還是會存在檔案總管中。

4-33

■ 整理材料

01. 新建或使用過的材料都會保存在【**在模型中**】的集合裡，但不再使用的材料過多會顯得凌亂，必須清除沒有使用的材料。假設此房屋的材料全部不需要，先點擊【**選取**】指令，將房屋全部選取起來。

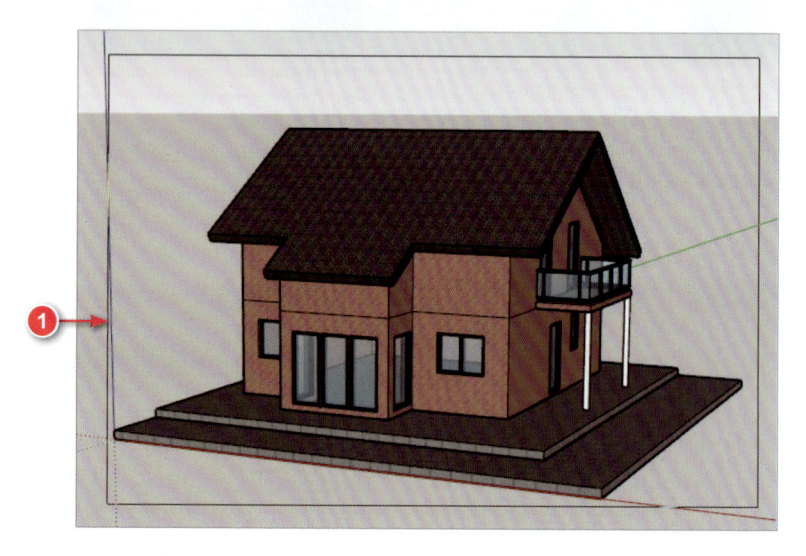

02. 點擊【**顏料桶**】指令，在材料面板中點擊【▧】。

03. 點擊房屋填上預設材料，如圖所示。此動作讓房屋沒有使用任何材料，變成空白房屋。

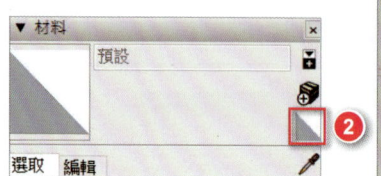

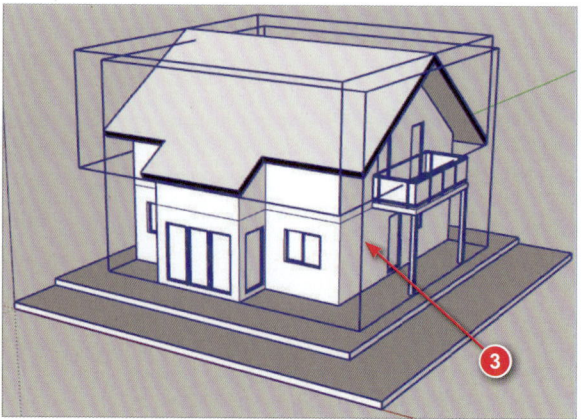

Chapter **4**
材料與貼圖

04. 屋頂邊緣還有灰色顏色的材料，因為此材料是直接指定給面，不是指定給群組，必須使用【**選取**】指令，左鍵兩下點擊屋頂來編輯群組。再左鍵三下點擊屋頂，全選所有屋頂的面。使用【**顏料桶**】，點擊屋頂填入預設材料。

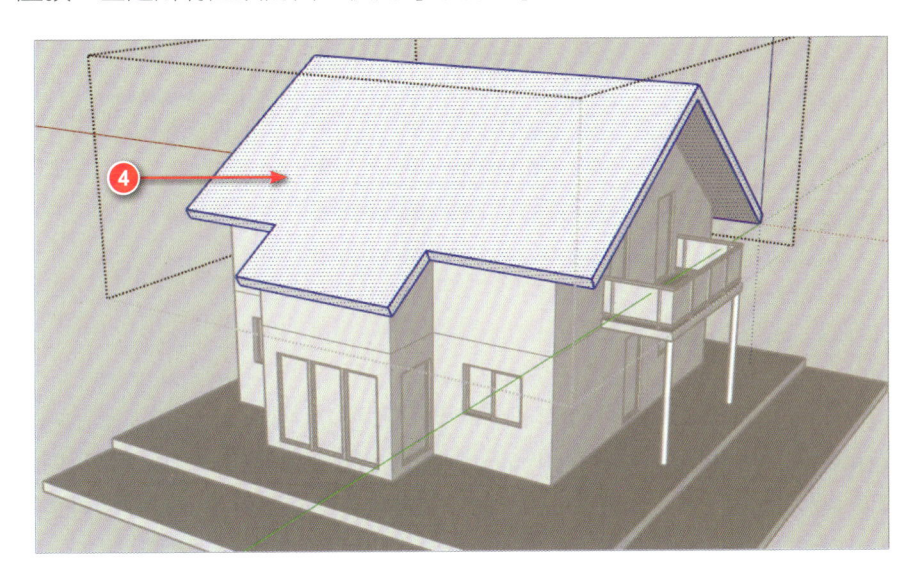

05. 在材料面板點擊【 🏠 (**在模型中**)】右側的【 ➡ (**詳細資訊**)】，選擇【**清除未使用的項目**】，將未使用到的材料刪除。

4-35

06. 因為房屋沒有貼材料，原本房屋的材料會被清除，材料庫變得簡潔，使用中材料也可看得很清楚。

材料存放位置

01. 材料存在一個隱藏的資料夾，必須先設定為顯示才能看見。先打開 Windows 檔案總管，Windows 7 版本請點左上角的【組合管理】→【資料夾和搜尋選項】。Windows 10 版本請點左上角的【檔案】→【變更資料夾和搜尋選項】。

Windows 7 作業系統　　　　Windows 10 作業系統

02. 點擊【檢視】頁籤，在進階設定欄位把捲軸往下拉，選取【**顯示隱藏的檔案、資料夾及磁碟機**】，就可以看見 ProgramData 與 AppData 資料夾。

03. 【**隱藏已知檔案類型的副檔名**】也可以取消勾選，可看見 SketchUp 檔案副檔名，包括 .skp、備份檔 .skb、材料檔 .skm 的副檔名。

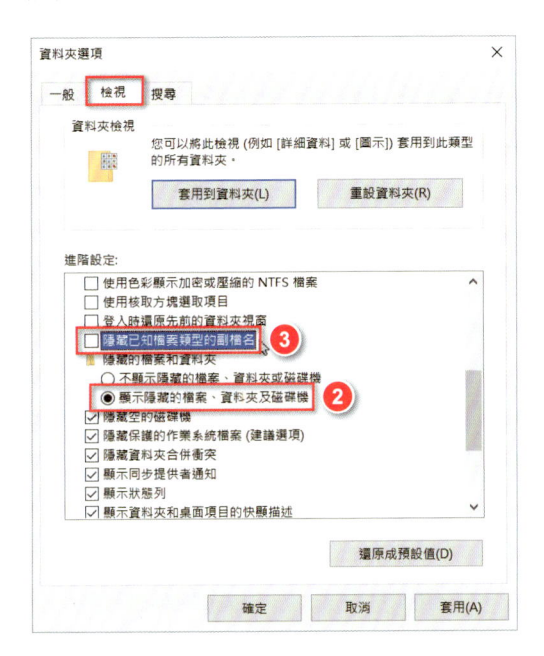

04. SketchUp 2016 之前的版本：材料存放在安裝碟的 Program Files\SketchUp\SketchUp 2016\Materials 目錄中。SketchUp 2016 之後的版本：存在安裝碟的 ProgramData\SketchUp\SketchUp 2022\SketchUp\Materials 資料夾。

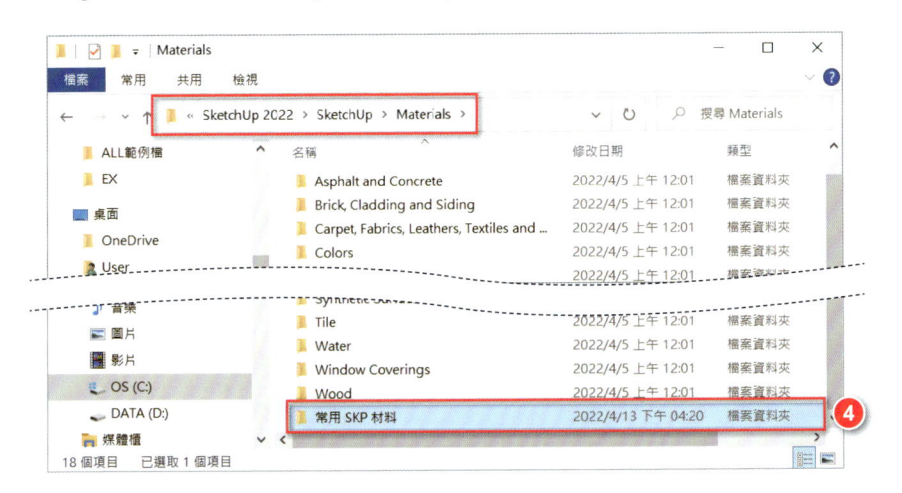

05. 若將材料檔放置在此目錄中，重新執行 SketchUp 就可以看到「常用 SKP 材料」的資料夾，且一直存在，除非刪除此資料夾。

06. 也可以儲存在 C:\Users(使用者)\ 電腦名稱 \AppData\Roaming\SketchUp\SketchUp 2022\SketchUp\Materials 資料夾中。

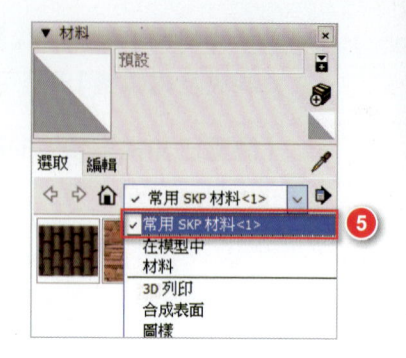

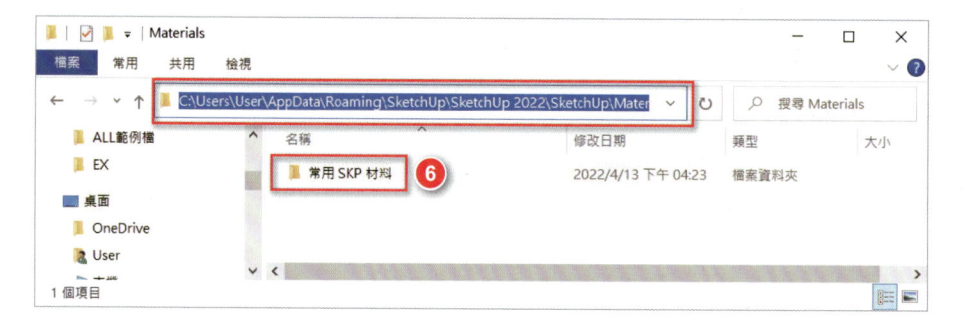

07. 則此資料夾會在材料列表最下方。

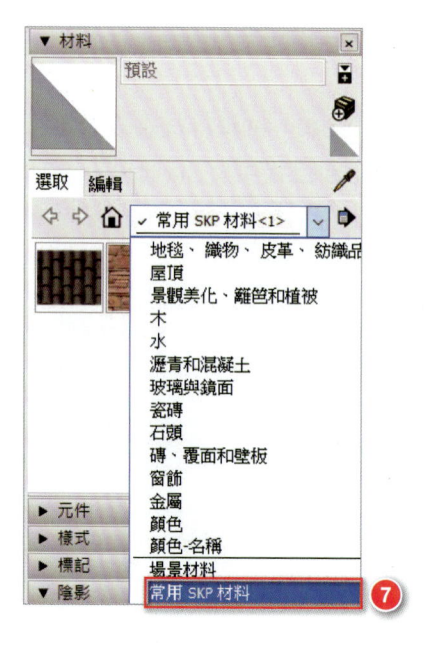

chapter 5

標籤、鏡頭與樣式設定

本章節可以幫助您使用各種便利的工具,新版本將「標記面板」更名為「標籤面板」,可分開管理傢俱、牆面,使得畫面不凌亂,進而增加繪圖效率;「攝影鏡頭」隨時切換視角,且可拍攝廣角鏡頭,彩現測試不煩惱;最後,制定一個「風格樣式」,不管未來遇到什麼類型的專案,都可以調整出最適合的表現方式。

Lesson 5-1 標籤面板

01. 請開啟範例檔〈5-1_標籤面板.skp〉。

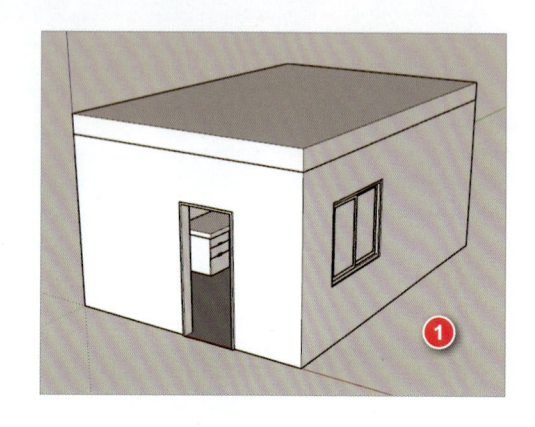

02. 滑鼠移動至畫面右側的預設面板，找到標籤面板。

> **小祕訣 NOTE**　若沒有看到標籤面板，請點擊【視窗】下拉式選單→【預設面板】→【顯示面板】，並確定有勾選【標籤】。

> **小祕訣 NOTE**　有 ✏ 圖示的是目前正在使用的標籤，新繪製的物件皆屬於此標籤。

新增標籤或資料夾 →

隱藏 / 顯示標籤內的物件 →

可清除不需要的標籤、使物件顯示標籤的顏色

目前正在使用的標籤

03. 點擊【 ⊕ （新增標籤）】按鈕，會出現標記。

5-2

Chapter 5
標籤、鏡頭與樣式設定

04. 在標記上點擊滑鼠左鍵兩下，可以編輯名稱，更名為【天花板】。

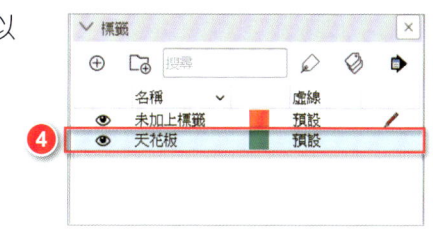

05. 在房間的天花板上點擊滑鼠右鍵 →【實體資訊】。

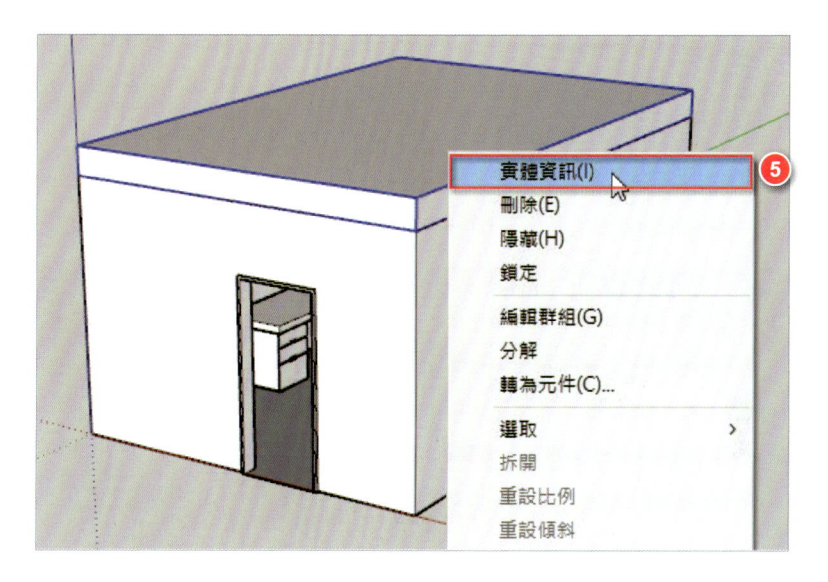

06. 在【實體資訊】面板中，點擊【標記】的下拉式選單，選擇【天花板】。這個步驟是從未加上標籤的群組，移至天花板的群組。

5-3

07. 在【標籤】面板中，將天花板的【可見】選項取消勾選，天花板會被隱藏。隱藏的物件是無法選取的。在建模的時候，視角常常被物件擋到，此時可以將可見選項將物件隱藏，以利於工作的進行。

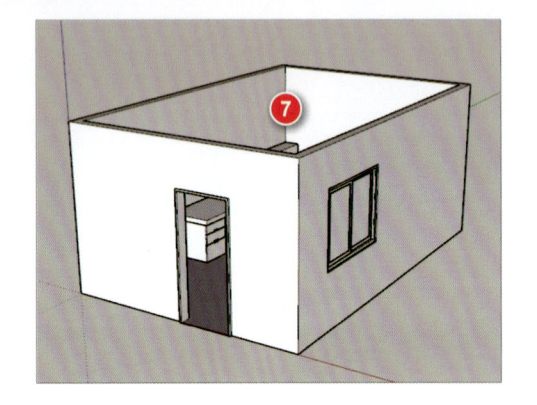

08. 點擊【⊕（新增標籤）】按鈕，新增三個標記。

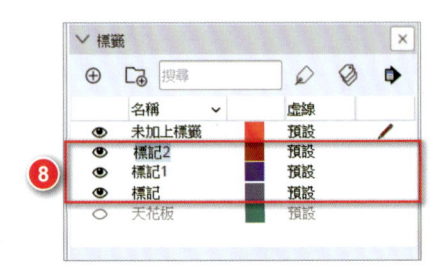

09. 點擊滑鼠左鍵兩下，編輯名稱分別為傢俱、牆面、空白塗層。

10. 名稱處按一下，順序可以顛倒（如中間的圖），也可用資料夾做分類（如右圖），或是在名稱加上 1、2、3 的編號來排序。

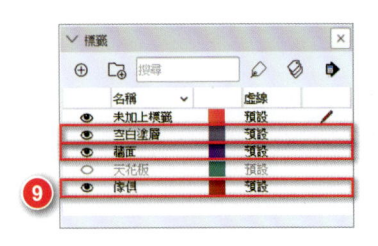

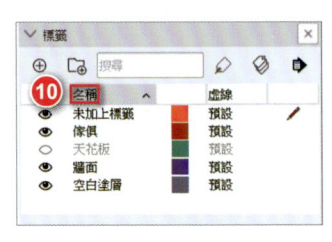

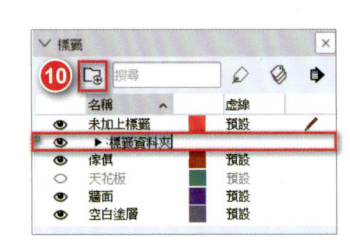

Chapter 5
標籤、鏡頭與樣式設定

11. 在工具列空白處點擊滑鼠右鍵,開啟【**標籤**】工具列。

12. 右圖為標籤工具列。

13. 點擊【 ▶ (**選取**)】按鈕,選取書桌,按住 Ctrl 鍵,再選取床。

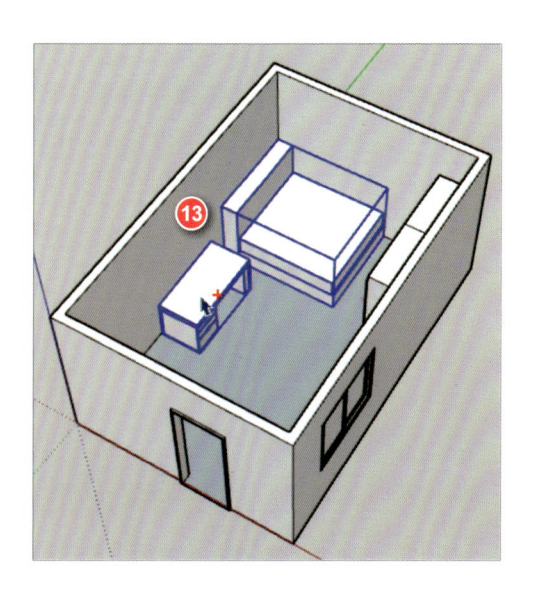

5-5

14. 點擊標籤工具列中的下拉式選單，選擇【傢俱】，將書桌和床移至【傢俱】。

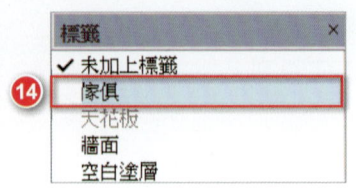

15. 點擊【 ▶ （選取）】按鈕，選取外牆。

16. 點擊標籤工具列的下拉式選單，選擇【牆面】，將外牆移至【牆面】。

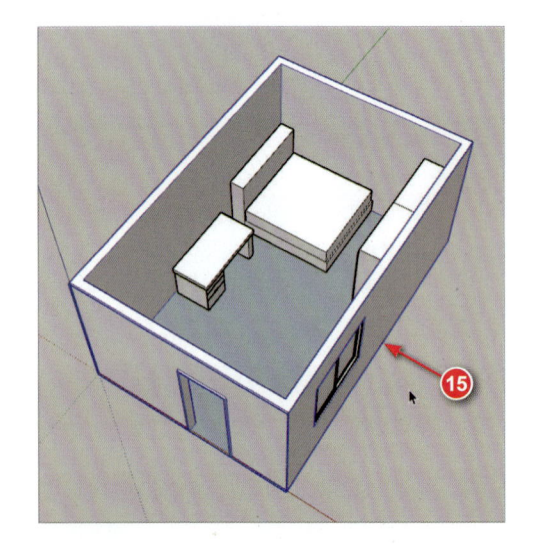

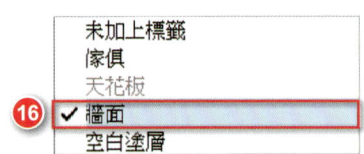

17. 點擊標籤面板的【各標籤具有不同顏色】按鈕。(各標籤所顯示的顏色，在顏色上點擊滑鼠左鍵可更換顏色。)

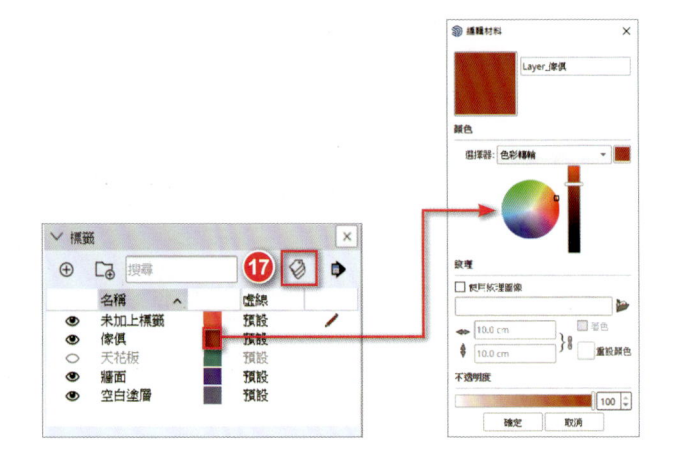

18. 物件會變成標籤顏色，可以很清楚的區分不同標籤。但是只限於辨識標籤，與最後的彩現沒有關聯。

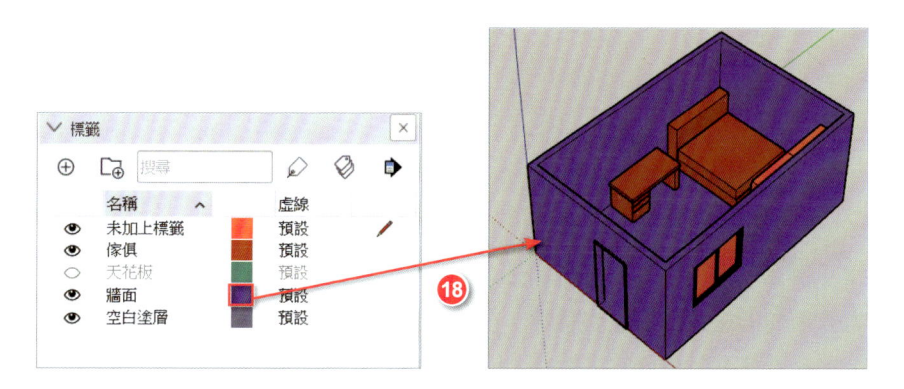

19. 點擊標籤面板的【詳細資訊】→【清除】選項，可清除沒有被使用的標籤，此時沒有使用過的【空白塗層】將會被清除。

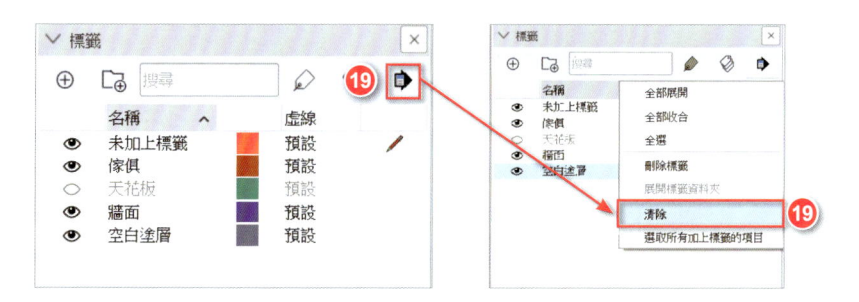

20. 選取【未加上標籤】，點擊【標籤工具】按鈕，再點擊床，就能將床加入【未加上標籤】。

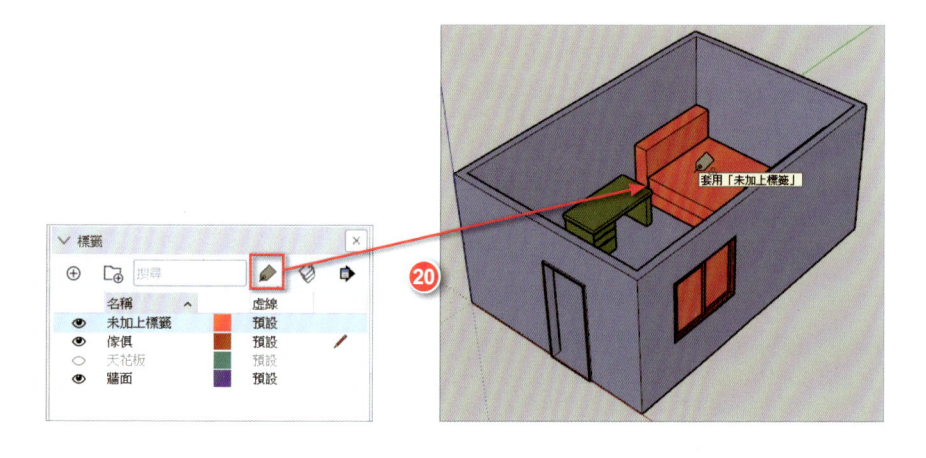

21. 若要同時刪除傢俱和牆面，先選取【傢俱】，按住 Ctrl 鍵，再選【牆面】。

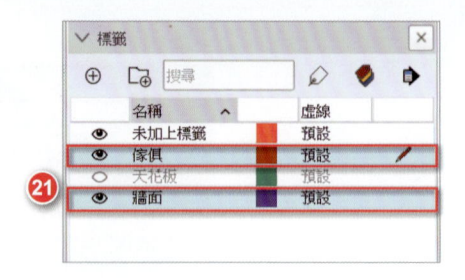

22. 點擊【詳細資訊】→【刪除標籤】按鈕，會跳出一個視窗，如圖所示。點擊【指定其他標籤：未加上標籤】，並點擊【確定】，傢俱和牆面內的物件會被移至預設【未加上標籤】中。

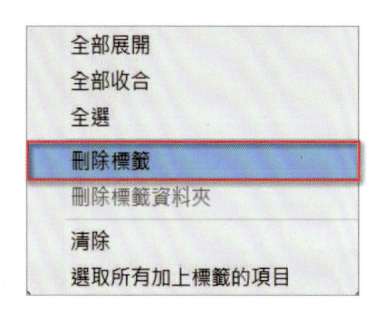

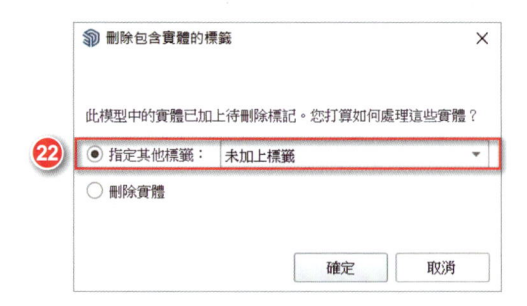

23. 選取傢俱和牆面，會發現已被移至【未加上標籤】中。

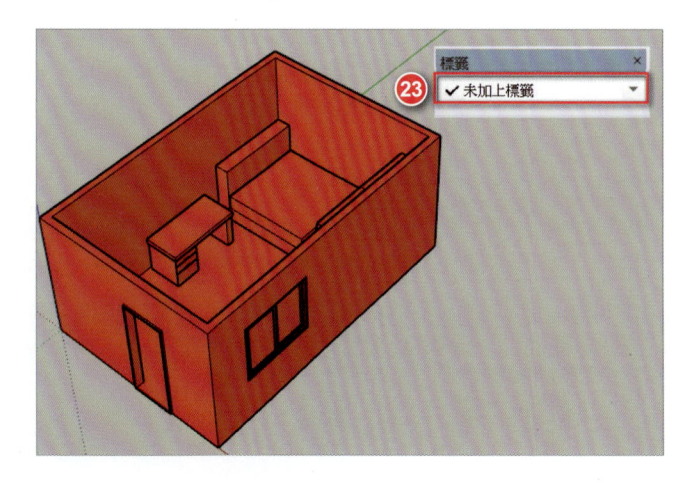

Lesson 5-2 攝影鏡頭

建立鏡頭

01. 開啟範例檔〈5-2_高級鏡頭工具.skp〉。下圖為開啟檔案後的畫面。

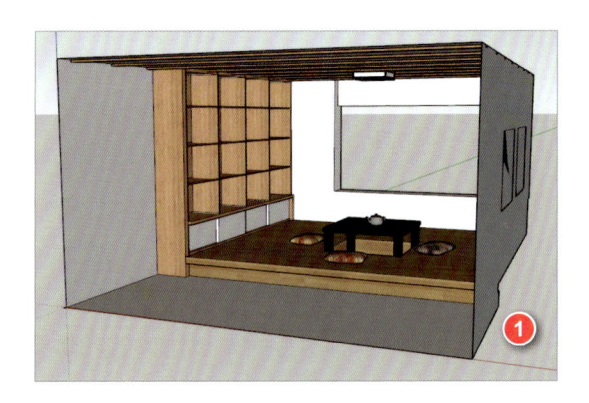

02. 在功能表【延伸程式】→【擴展程式管理器】，點擊左下角【安裝擴充程式】，安裝範例檔的【su_advanced-cameratools-1.3.4.rbz】。

03. 在工具列任一處點擊滑鼠右鍵開啟【高級鏡頭】工具列。

5-9

04. 點擊【📷】按鈕，可以新建一個鏡頭。

> **小祕訣 TIPS**
> 在建立鏡頭前，要點擊功能表的【鏡頭】→ 確認是在【透視圖】的狀態下，才能確定建立鏡頭的畫面是正確的。

05. 點擊建立鏡頭後，跳出視窗，輸入鏡頭名稱，點擊【確定】。

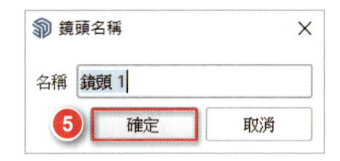

06. 畫面左下角會出現鏡頭的屬性，表示目前是以鏡頭的角度來觀看物件。

07. 畫面正中央有十字記號，表示鏡頭的中心，也就是目標點。

08. 狀態列會顯示操作鏡頭的快捷鍵。按下鍵盤的方向鍵可以控制相機目標點，按住 [Shift] + 方向鍵則是控制相機機身前進或左右移動，按住 [Shift] + [Ctrl] + 上下方向鍵可以控制相機上升下降。

5-10

Chapter 5
標籤、鏡頭與樣式設定

09. 點擊滑鼠右鍵 →【**編輯鏡頭**】，可編輯鏡頭屬性。

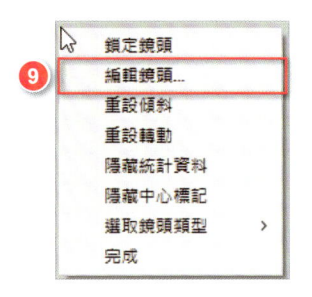

10. 將焦距設為 30，點擊【**確定**】，焦距越小，鏡頭呈現廣角鏡拍攝效果，但焦距太小的話，畫面會過度變形顯得不正常。焦距越大，則是呈現望遠鏡的拍攝效果。

11. 可利用滾動滑鼠滾輪將鏡頭畫面調遠與調近，並環轉調整視角，完成畫面如下圖。

5-11

12. 點擊滑鼠右鍵 →【鎖定鏡頭】，避免不小心移動到鏡頭畫面。或是選擇【完成】，可以直接離開鏡頭。

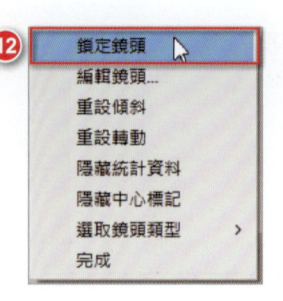

13. 鎖定後移動畫面，就可以離開鏡頭畫面，環轉至由窗外觀看，可以看見鏡頭。

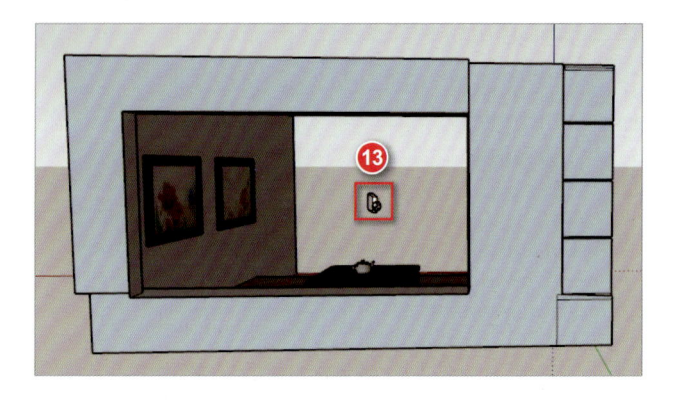

14. 點擊【 】按鈕，可以顯示或隱藏鏡頭。

15. 鏡頭隱藏後如下圖。再次點擊【 】按鈕，可以顯示鏡頭。

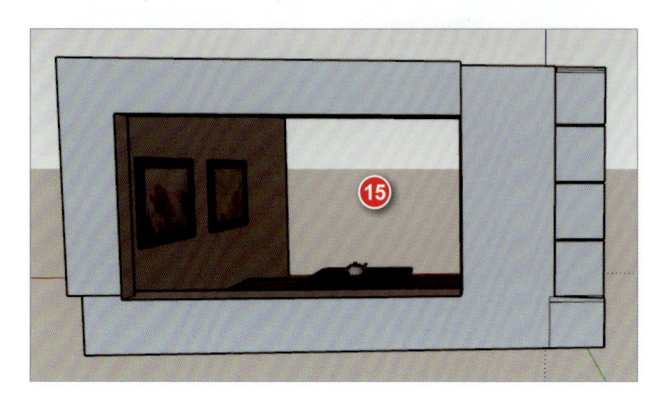

Chapter 5
標籤、鏡頭與樣式設定

16. 點擊【 ☻ 】按鈕,可以由鏡頭畫面觀看。

17. 跳出視窗,選取鏡頭 1,點擊【確定】。

18. 可回到鏡頭畫面。

> **小祕訣 TIPS** 點擊畫面左上角的【鏡頭 1】,也可以切換回鏡頭畫面。

5-13

▌陰影與場景設定

01. 在右側的陰影面板，開啟【👆】顯示陰影，修改時間會改變陰影方向。

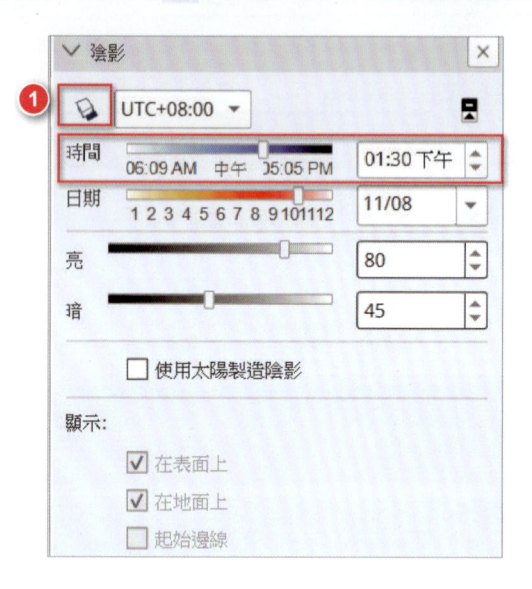

02. 下午 1:30 的陰影方向如下圖。

Chapter **5**
標籤、鏡頭與樣式設定

03. 將時間拖曳到早上。

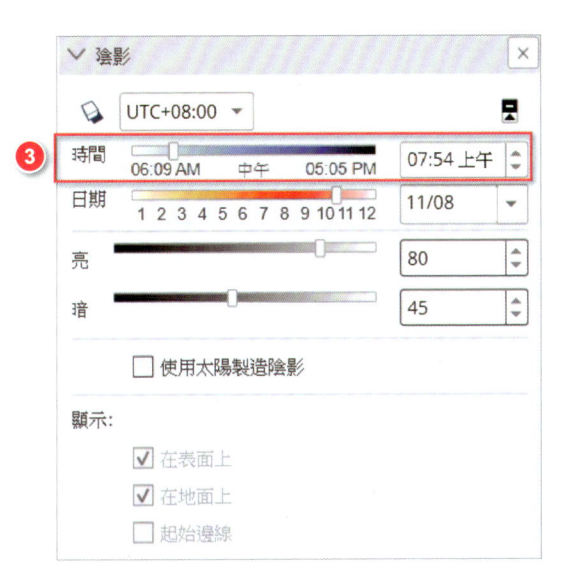

04. 上午 7:54 的陰影方向如下圖。(若希望陽光從窗戶照進屋內,則需要切換到俯視圖,把和室的方位旋轉 180 度。)

5-15

05. 調整完時間，在場景面板的，【鏡頭 1】上按下滑鼠右鍵→【更新場景】。

06. 勾選要更新的選項，按下【更新】。

07. 若要把鏡頭刪除，在鏡頭上按滑鼠右鍵→【解除鎖定】，並按下 Delete 鍵刪除鏡頭。

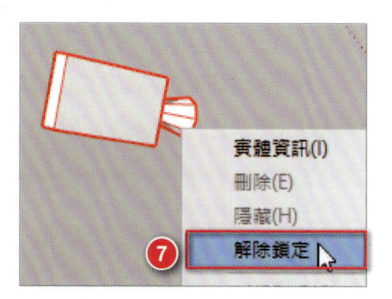

08. 在場景面板的【鏡頭 1】上按滑鼠右鍵→【刪除場景】，就能完全移除此場景。

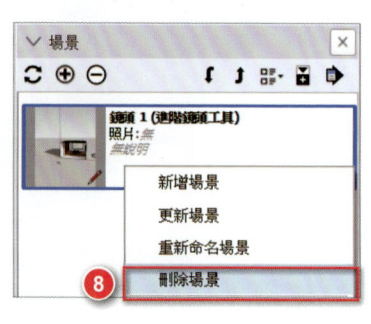

09. 選擇【是】。

Lesson 5-3 樣式設定

■ 切換樣式

01. 開啟檔案〈5-3_樣式設定.skp〉。

02. 在工具列空白處點擊滑鼠右鍵，勾選【樣式】工具列。

5-17

03. 樣式工具列如下圖所示。

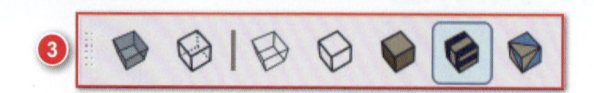

04. 點擊【 ● （帶紋理的陰影）】按鈕，會顯示有貼圖的樣式。

05. 點擊【 ● （陰影）】按鈕，會以單色顯示，請注意地板變化。

Chapter 5
標籤、鏡頭與樣式設定

06. 點擊【 ◇ （隱藏線）】按鈕，後側邊線與表面顏色會隱藏在模型中。

07. 點擊【 ◇ （線框）】按鈕，只顯示模型中的邊線。

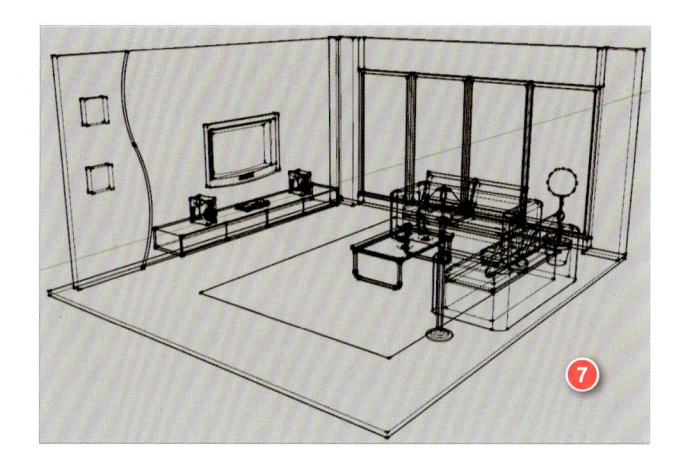

08. 點擊右側【樣式面板】前方三角形展開面板，再點擊下方的下拉式選單，可以選取其他的樣式。

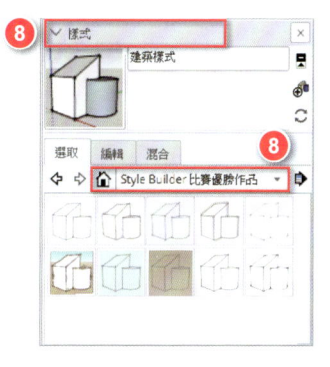

5-19

09. 點擊樣式面板的【 🏠 （在模型中）】，所有使用過的樣式就會顯示在下方圖示，也可以點擊做切換。

10. 點擊右方【 ▶ （詳細資訊）】，如圖所示。

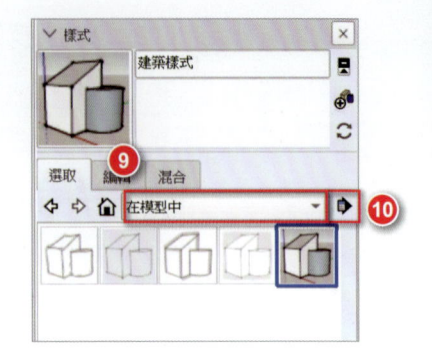

11. 點擊【清除未使用的項目】。

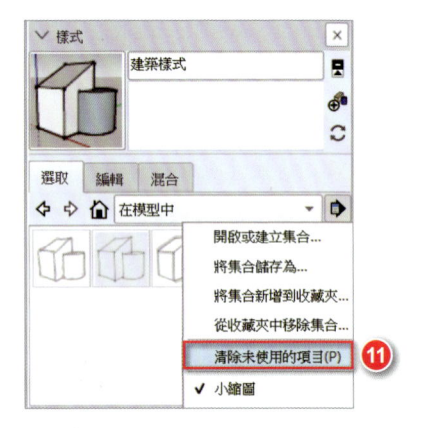

12. 所有的樣式會被刪除，只剩下目前使用的。

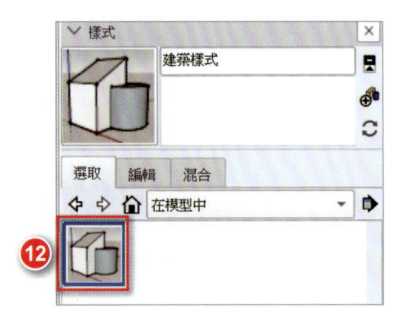

Chapter 5
標籤、鏡頭與樣式設定

▌編輯樣式

01. 延續上一小節檔案操作。

02. 確認目前使用的樣式為【建築樣式】，點擊【編輯】頁籤。

03. 點擊【邊線設定】頁籤，如圖所示。

04. 將【延長線】、【端點】及【虛線】前方的勾退選，並在【輪廓】的欄位中輸入「1」。

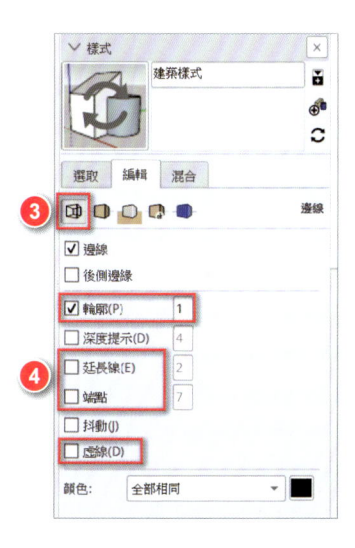

5-21

05. 此時圖中的端點會被取消，線段也會變細。

06. 點擊【背景設定】頁籤，並點擊【天空】右邊的顏色欄位。

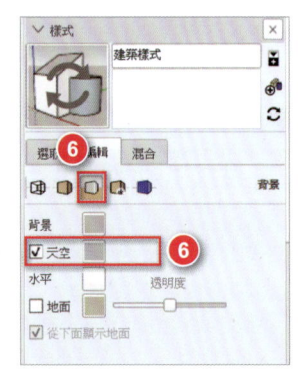

07. 點選所要變更的顏色，並按下【確定】。

Chapter 5
標籤、鏡頭與樣式設定

08. 點擊【地面】做勾選，並點擊【地面】右邊的顏色欄位。

09. 點選所要變更的顏色，並按下【確定】。

10. 完成變更背景的顏色。

11. 點擊【浮水印設定】頁籤，並點擊下方的【 ⊕ 】圖示。

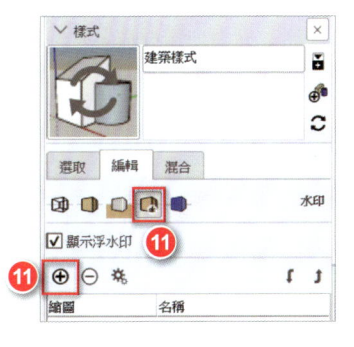

5-23

12. 點擊範例檔【Logo.png】，並點擊【開啟】。

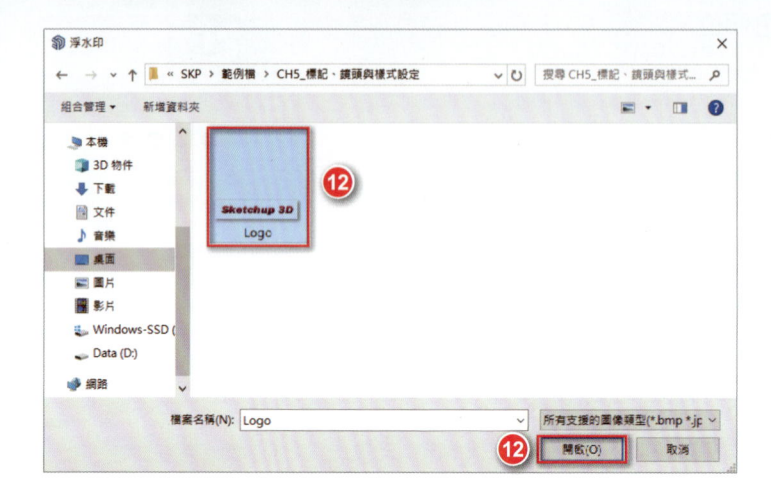

13. 點擊【覆蓋圖】，並點擊【下一個】。

14. 將【模型】箭頭移動到中間，並點擊【下一個】。

15. 點擊【**在螢幕中定位**】，並點擊左下角的圖示，將比例調整到適當的大小後，按下【**完成**】。

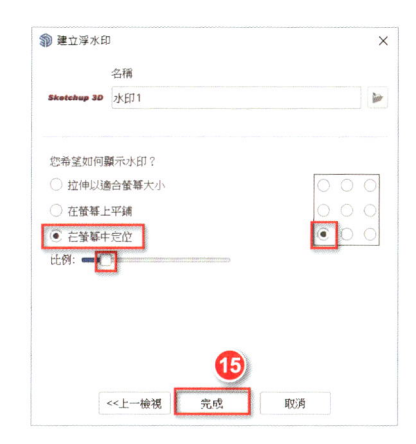

16. 在畫面的左下方就會出現浮水印。

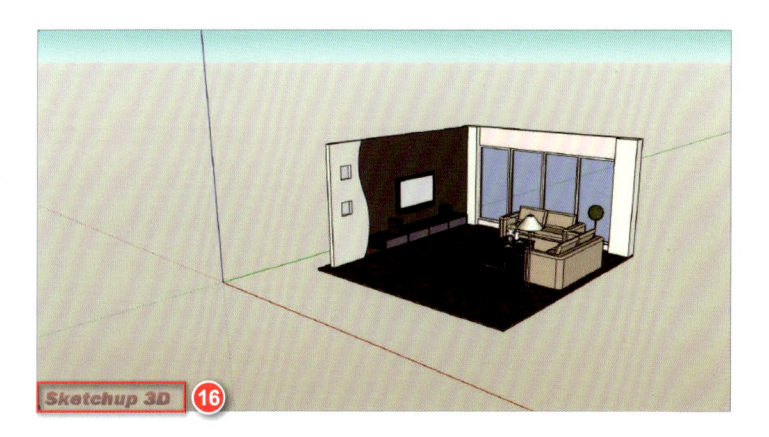

17. 連續點擊樣示下方的浮水印兩下，可以再進入編輯的模式。

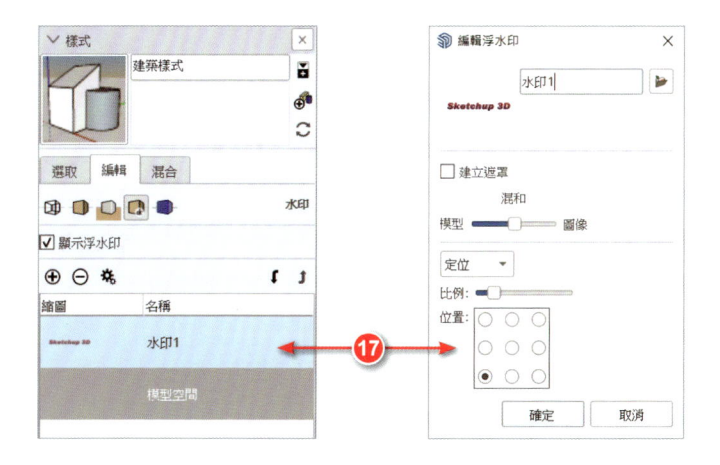

5-25

18. 將【顯示浮水印】前方的勾退選,可以暫時將浮水印隱藏。再次勾選可顯示浮水印。

19. 點擊【水印 1】,再點擊【 ⊖ 】圖示,可以將浮水印刪除。

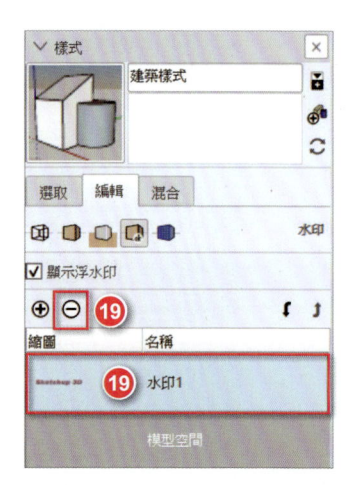

20. 點擊【是】,做刪除。

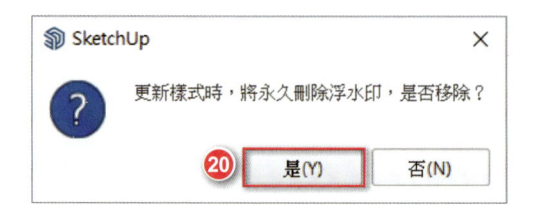

Chapter 5
標籤、鏡頭與樣式設定

21. 點擊【建模設定】頁籤,如圖所示。

22. 並選取圖形中的柱子,如圖所示。

23. 點擊【選取項目】右邊的顏色欄位,如圖所示。

5-27

24. 將顏色調整到紫色,並按下【確定】。

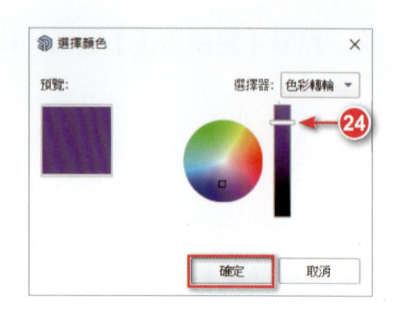

25. 所選取到的物件就會改變為設定的顏色。

26. 點擊【選取】頁籤,如圖所示。

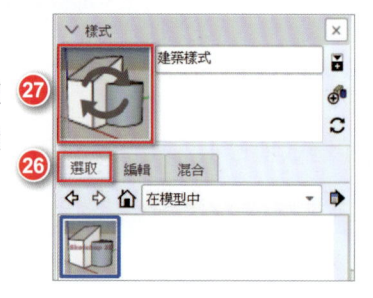

27. 上方的樣示圖示中會出現迴轉箭頭,在圖示上點擊滑鼠左鍵,可以將剛才的設定儲存到下方的建築樣式中。

28. 若是點擊【 ⊕ 】按鈕,則是將剛才的設定另存為新樣式。

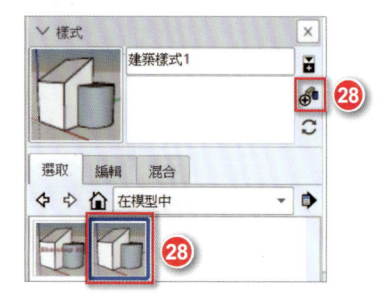

5-28

▍混合樣式

01. 延續上一小節檔案操作,點擊【**隱藏輔助選取窗格**】按鈕。

02. 在預設面板的【**建築樣式 1**】中,點擊【**混合**】頁籤。

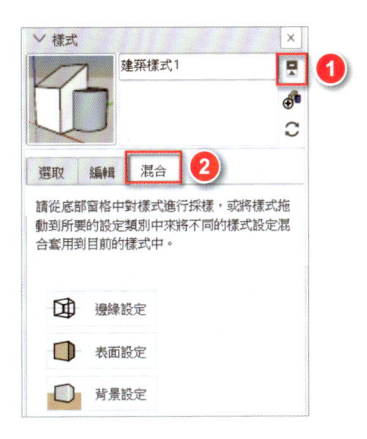

03. 在預設面板的下拉式選單中點選【**Style Builder 比賽優勝作品**】,如圖所示。

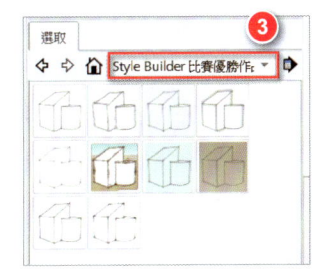

04. 將滑鼠移動到【**帶白化邊界的鉛筆邊線**】,按住滑鼠左鍵拖曳到【**浮水印設定**】中。

05. 此時畫面中的邊界，就會變成白化的效果。

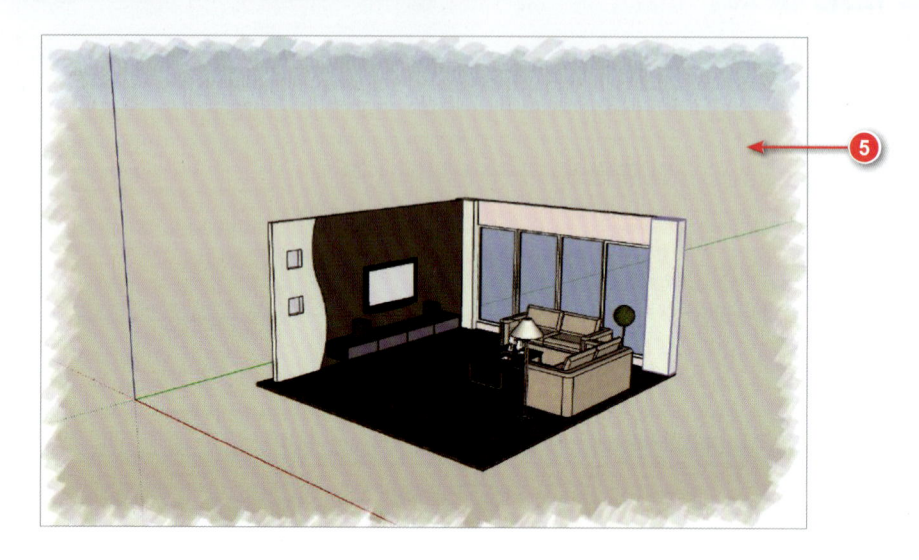

06. 將滑鼠移動到【帶白化邊界的鉛筆邊線】，按住滑鼠左鍵拖曳到【背景設定】中。

Chapter 5
標籤、鏡頭與樣式設定

07. 此時畫面中的背景，變成白色。

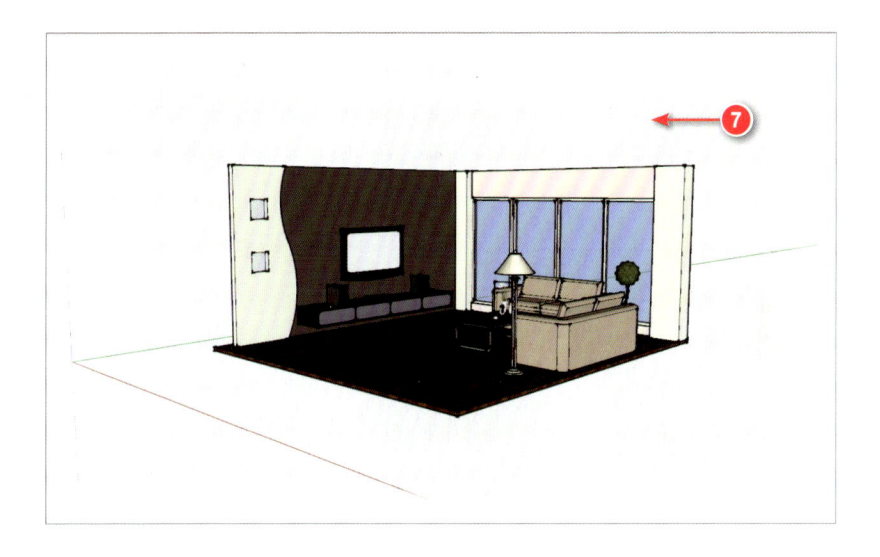

08. 點擊樣示下方的【 ☁ (建立新樣示)】。

09. 在樣示下方欄位中輸入要儲存的名稱【建築樣式-浮水印】，按下 Enter 鍵。

10. 因為有修改名稱，要再點擊左側的【用變更更新樣式】。

11. 在【選取】頁籤，將下拉選單切換到【在模型中】，就可以看到所儲存的樣式。

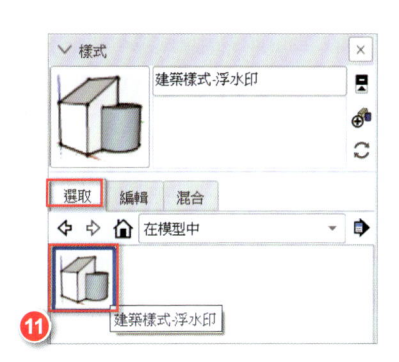

5-31

Lesson 5-4　Extension Warehouse 擴充程式

1001bit tools freeware

01. 在網路上搜尋關鍵字「Extension Warehouse」，開啟 SketchUp Extension Warehouse 網站。

02. 搜尋「1001bit tools freeware」，此為輔助建築建模的外掛。

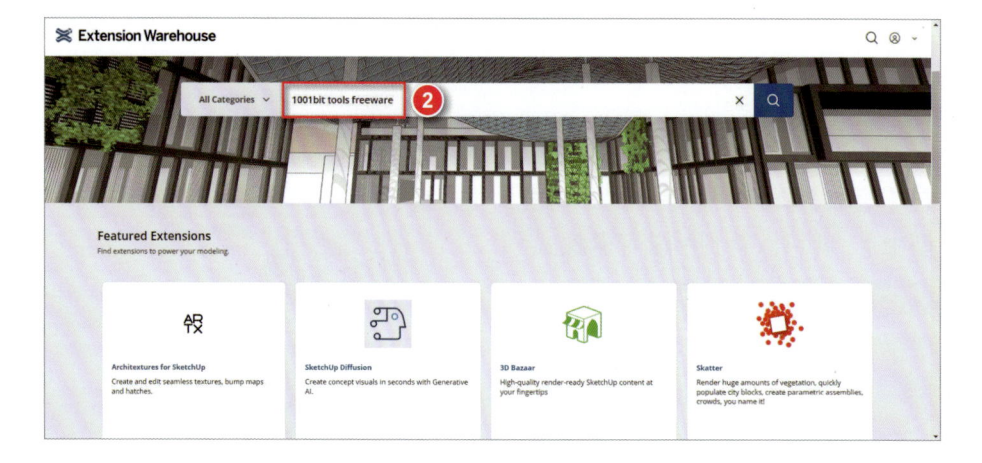

Chapter 5
標籤、鏡頭與樣式設定

03. 下方可以看見價格免費,點擊【1001bit tools freeware】。

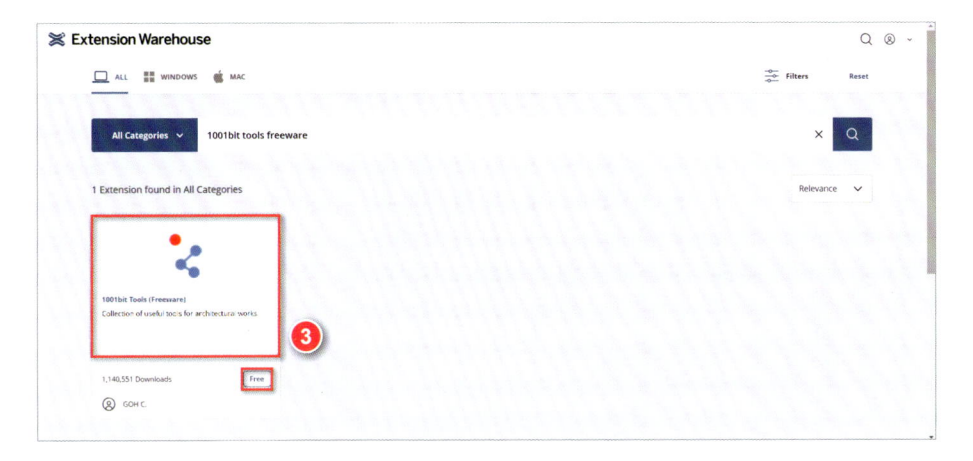

04. 按下【Download】開始下載。若未建立 Trimble ID 或登入帳號,必須先點擊【Sign In to Continue】登入。

5-33

05. 點擊功能表的【延伸程式】→【擴展程式管理器】。

06. 按下【安裝擴充程式】，選擇剛下載的〈1001bit_freeware_v1.0.5.rbz〉檔案。

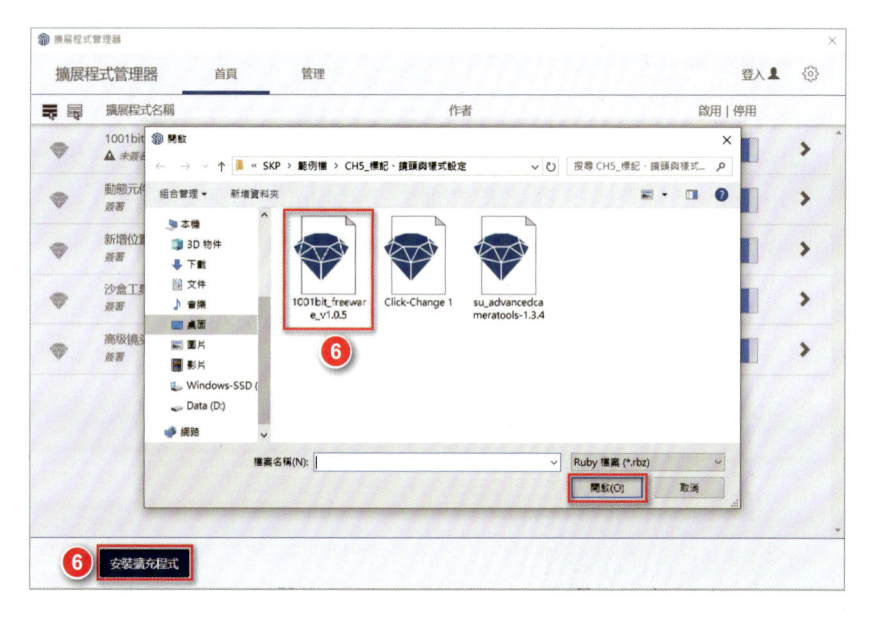

07. 安裝完成會出現工具列。

08. 繪製一個矩形，往內偏移後，再往上推拉長出一道牆。

09. 使用矩形工具，繪製窗戶與門的位置。

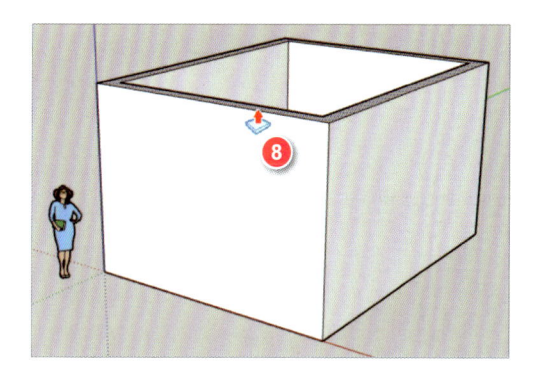

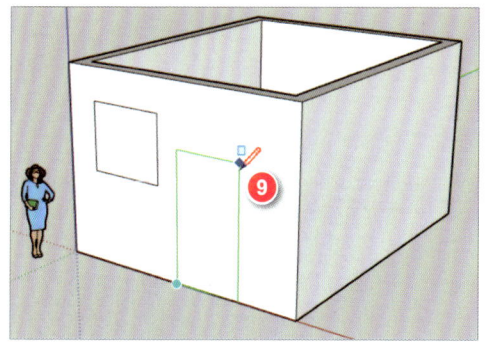

10. 點擊【 🖥 】來建立窗框。

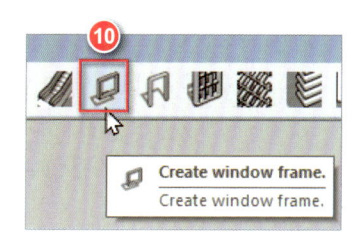

11. 先選擇窗框類型。

12. 對照圖片與欄位的英文代號，設定窗框尺寸。

13. 按下【Create Window Frame（建立窗框）】。

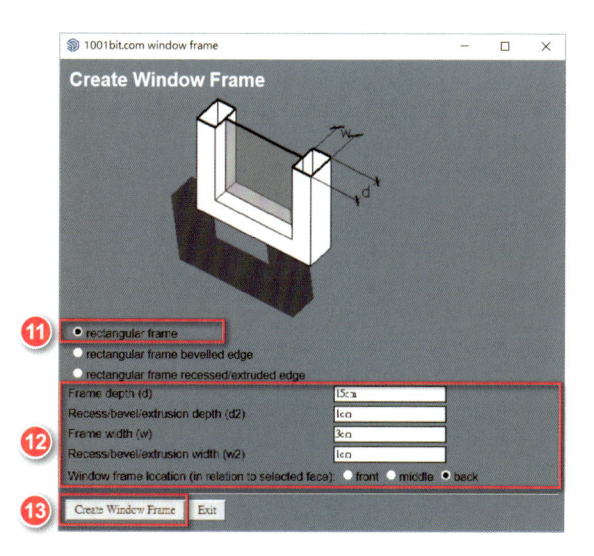

5-35

14. 點擊矩形面，完成窗框。

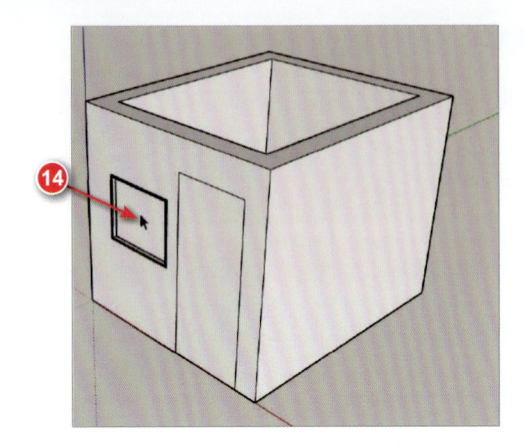

15. 點擊【 🚪 】來建立門框。

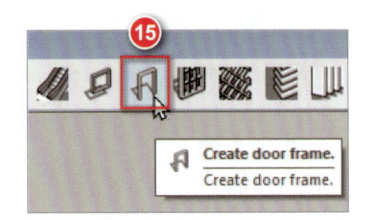

16. 先選擇門框類型。

17. 設定門框尺寸。

18. 按下【Create Door Frame（建立門框）】。

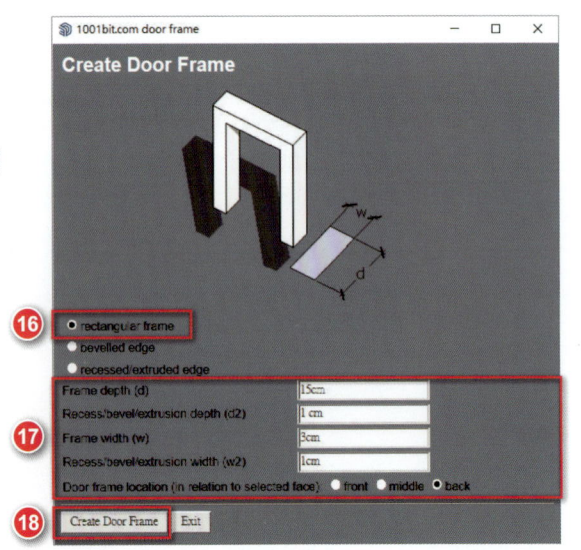

19. 點擊矩形面,完成門框。此網站有許多擴充程式,讀者可自行搜尋下載。

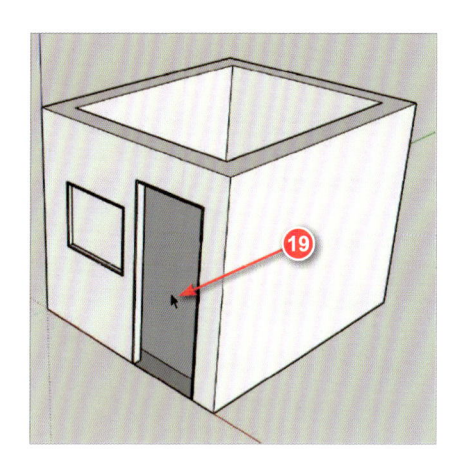

Click-Change 1

01. 在 Extension Warehouse 網站上搜尋「click-change 1 make/pro」外掛並下載。

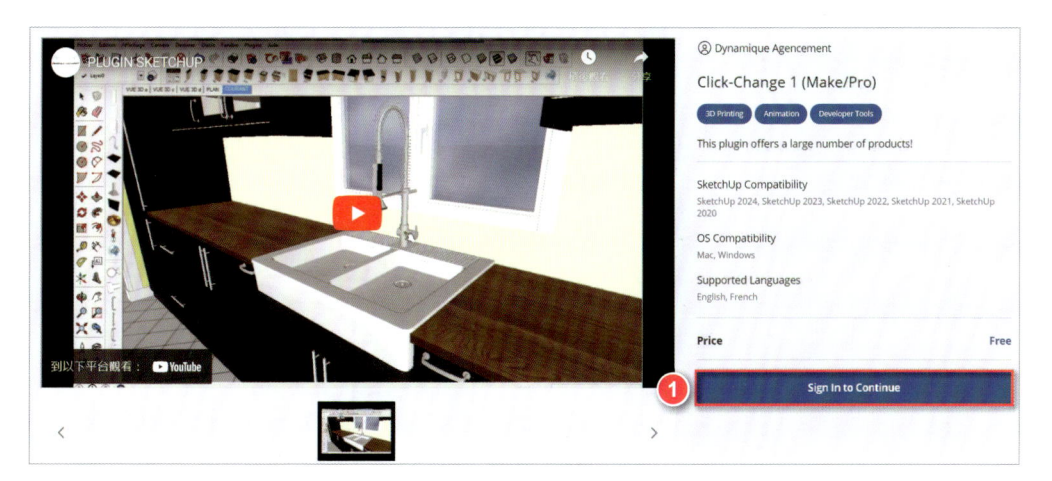

02. 點擊功能表【延伸程式】→【擴展程式管理器】，點擊【安裝擴充程式】，選擇剛下載的 Click-Change 1 檔案。

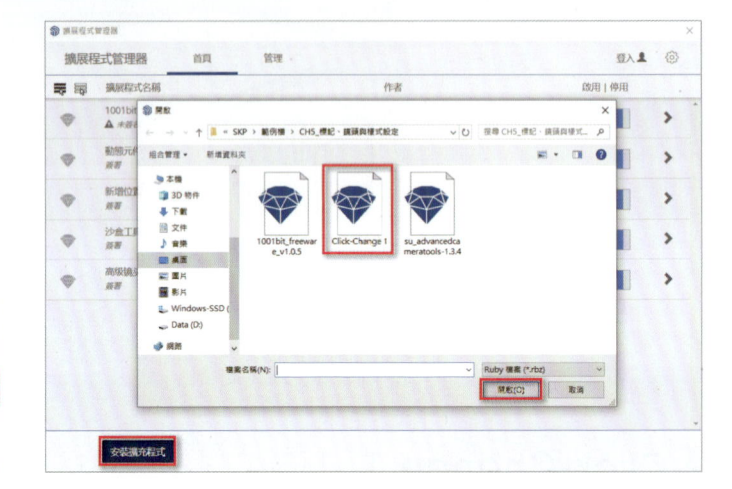

03. 繪製一個矩形，往內偏移後，再往上推拉長出一道牆。使用矩形工具，繪製窗戶與門的位置。

04. 再使用【推/拉】指令，往後挖出窗洞與門洞。

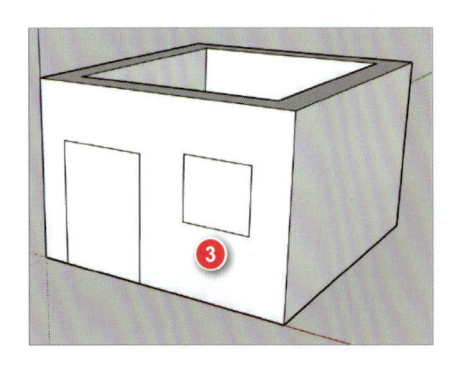

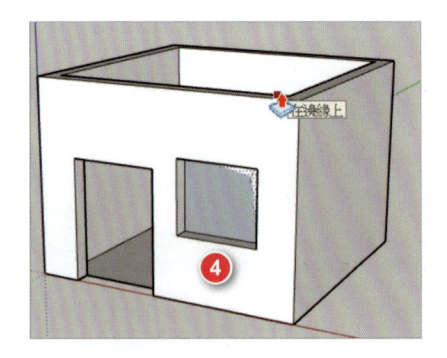

05. 點擊第一個【add door（加入門）】按鈕。

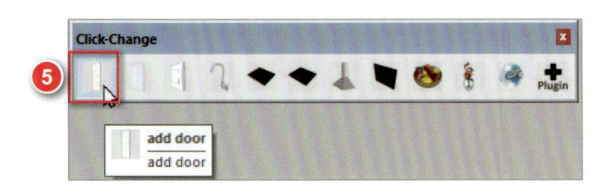

Chapter 5
標籤、鏡頭與樣式設定

06. 將門放置在左下角。

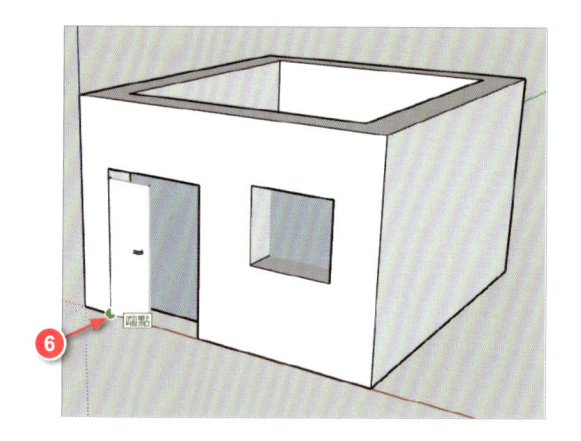

07. 使用【 🔲 比例】指令，點擊右側與上方的綠色點，符合門洞的寬度。因為這個門是屬於動態元件，門框會自動恢復正確尺寸，不會被拉長。

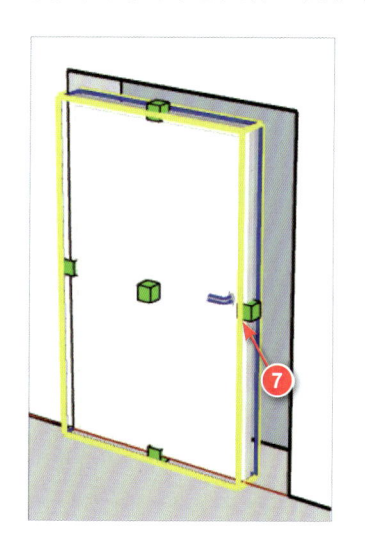

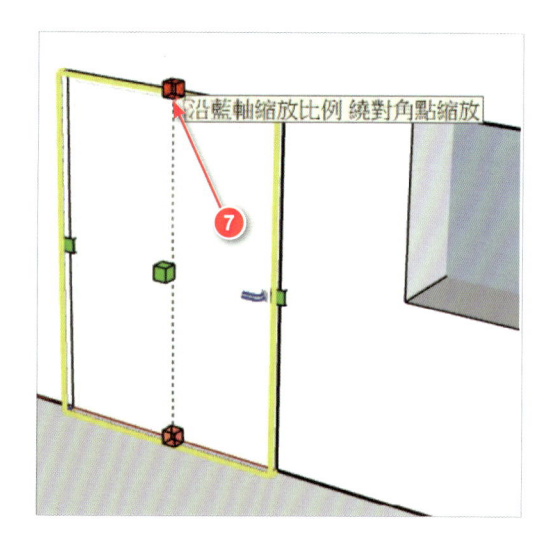

5-39

08. 點擊第二個【add windows（加入窗戶）】按鈕。

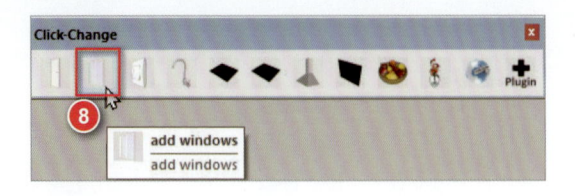

09. 將窗戶放置在窗洞左下角。

10. 使用【比例】指令，點擊右側與上方的綠色點，符合窗洞的寬度。

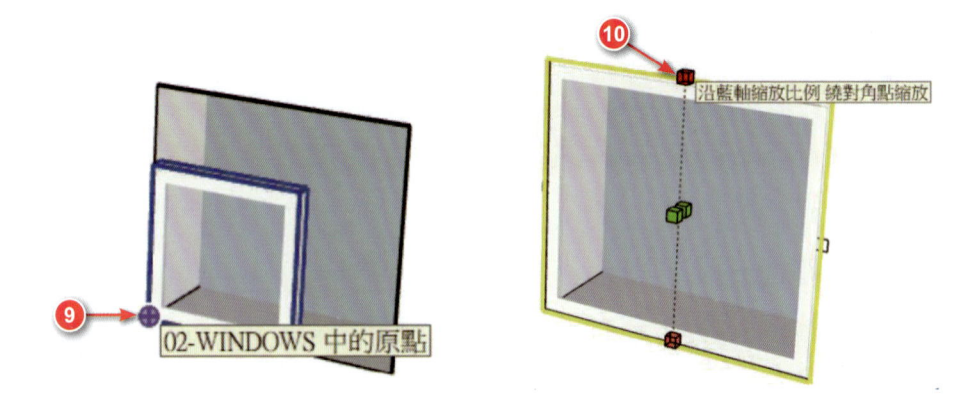

11. 在工具列上按滑鼠右鍵→開啟【動態元件】工具列。

12. 點擊【互動】的按鈕。

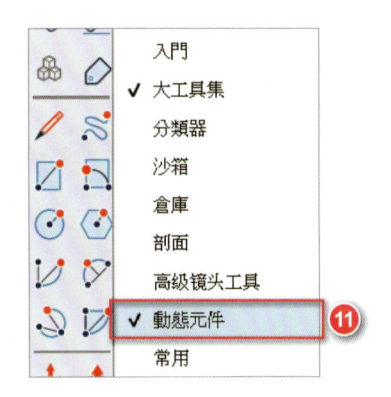

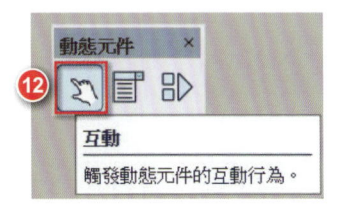

5-40

13. 點擊內側窗框，可以變更窗框樣式。

14. 點擊外側窗框，可以變更雙開、三開或四開窗。

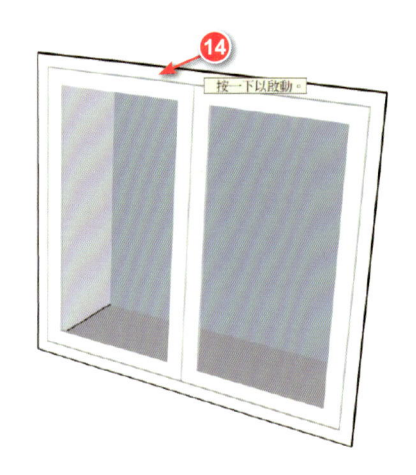

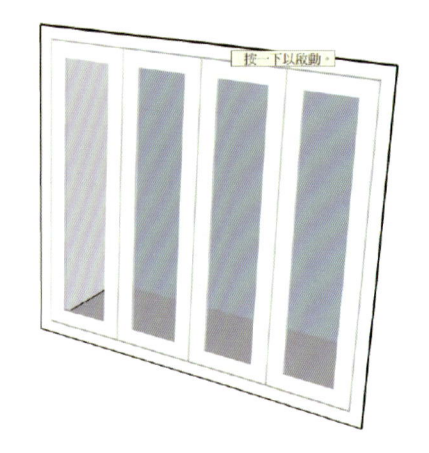

15. 點擊門，可以將門打開，再點擊一次恢復。點擊門框，可以變更開門方向。

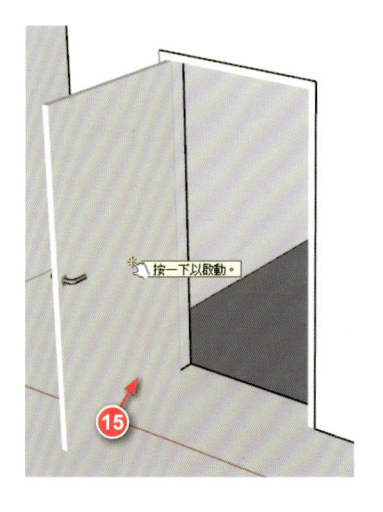

5-41

chapter 6

Enscape 渲染器

為了因應各種不同的室內設計專案的製作需求，SketchUp 發展出非常多的外掛工具。而 V-Ray 與 Enscape 皆為建築與室內設計必備的渲染外掛，可以賦予材質有反射、折射與發光等性質，也可以建立燈光，進而渲染出高品質的擬真效果圖。

Lesson 6-1 Enscape 渲染器

▌Enscape 渲染器

Enscape 為 SketchUp 外掛程式，需要先安裝後才能使用，本書以 Enscape 4.2 版本為範例。

01. 開啟範例檔〈Enscape.skp〉，在工具列按滑鼠右鍵，勾選【Enscape】。

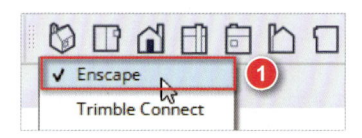

02. 點擊【 ![] 】渲染目前的畫面。

03. 接著會出現下列視窗，按 H 鍵可以關閉或開啟右側的操作說明。

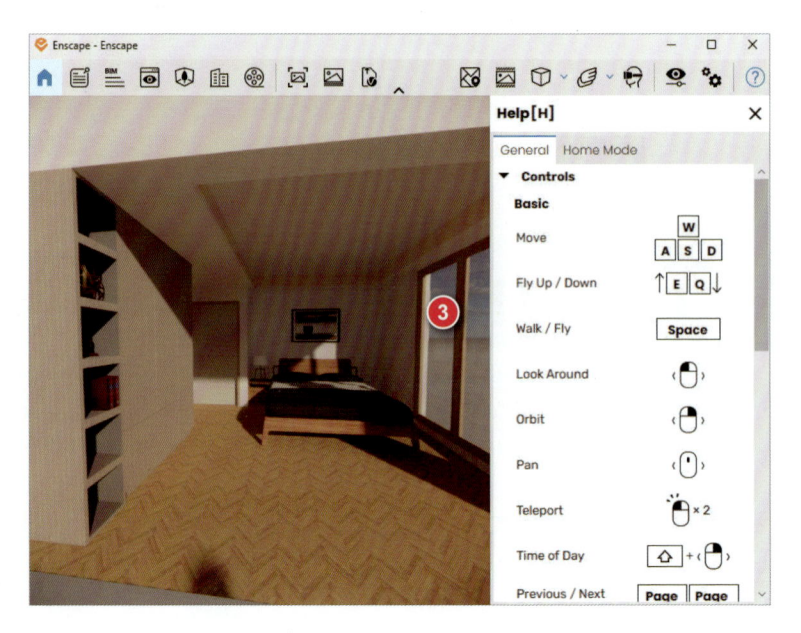

04. 點擊鍵盤 W、A、S、D 可以移動攝影機位置，使用滑鼠滾輪也可前後移動。

05. 點擊鍵盤 E 可以使攝影機往上移動、Q 可以使攝影機往下移動。

06. 點擊鍵盤 Shift + W、A、S、D 可以使攝影機移動加快。點擊鍵盤 Ctrl + W、A、S、D 可以使攝影機移動比按 Shift 更快。

07. 按住滑鼠左鍵拖曳可以環轉攝影機視角，在模型上按住右鍵以滑鼠為中心旋轉攝影機。

08. 按住滑鼠中鍵可以平移畫面，按住 Shift + 滑鼠中鍵可以加快平移速度。

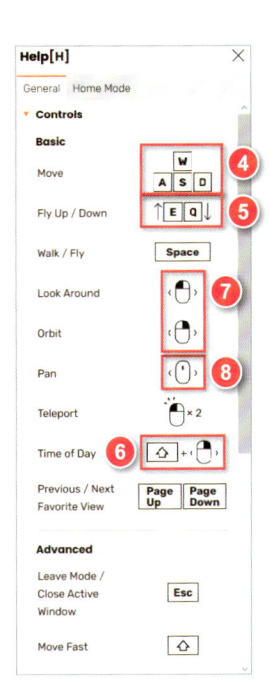

09. 點擊鍵盤 M，畫面左上角會出現小地圖，再按一次 M 關閉。

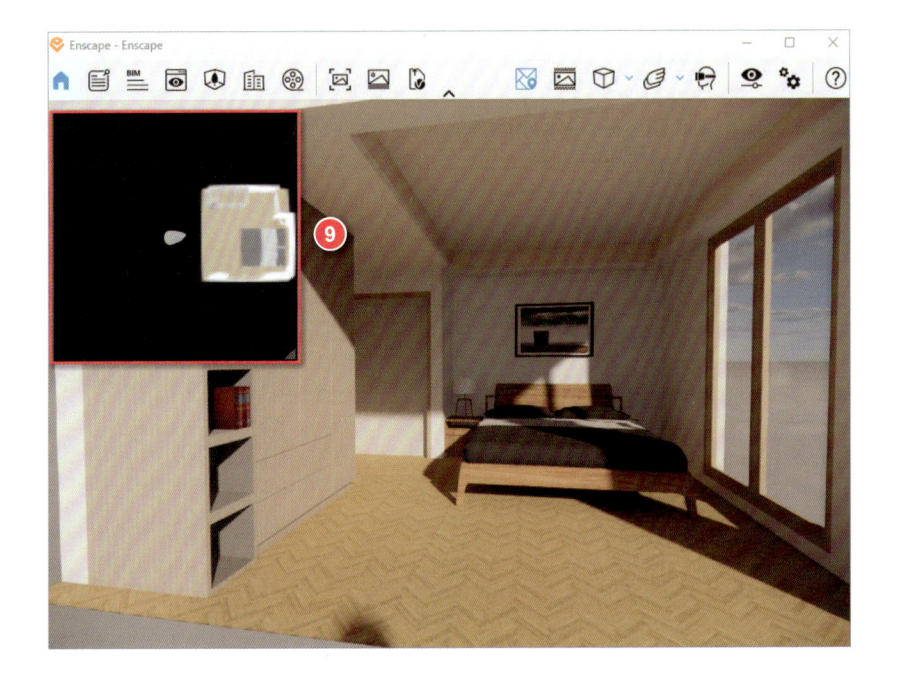

10. 點擊鍵盤 V，畫面左側與下方會出現影片編輯介面，可以用來錄製影片。

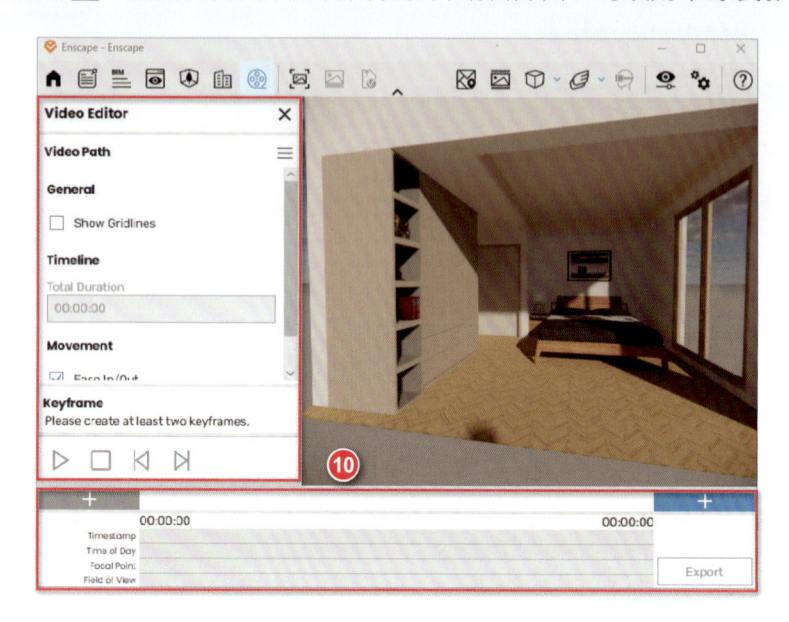

11. 同時按住滑鼠右鍵與 Shift ，往左或往右移動滑鼠，可以改變時間使畫面有不同的陽光。

12. 點擊【 】可以開始渲染。

13. 開啟【 】即時更新畫面，在 SketchUp 的變更可以立刻在 Enscape 呈現。

14. 例如將床刪除後，在 Enscape 的床也會馬上消失，按 Ctrl + Z 復原刪除床。

SketchUp

Enscape

15. 開啟【 】同步更新攝影視角。

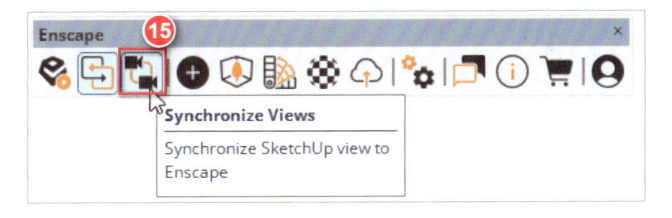

Synchronize Views
Synchronize SketchUp view to Enscape

16. 在 SketchUp 環轉視角，而在 Enscape 也會是相同視角。

SketchUp

Enscape

Enscape 材質編輯器

01. 點擊【▨】開啟 Enscape 材質編輯。

02. 找到不鏽鋼材質。將「Color」調為灰色。

03. 調整「Reflections」的「Roughness」數值能改變粗糙度，數值越小反射越明顯。

04. 調整「Metallic」製作出不鏽鋼質感。

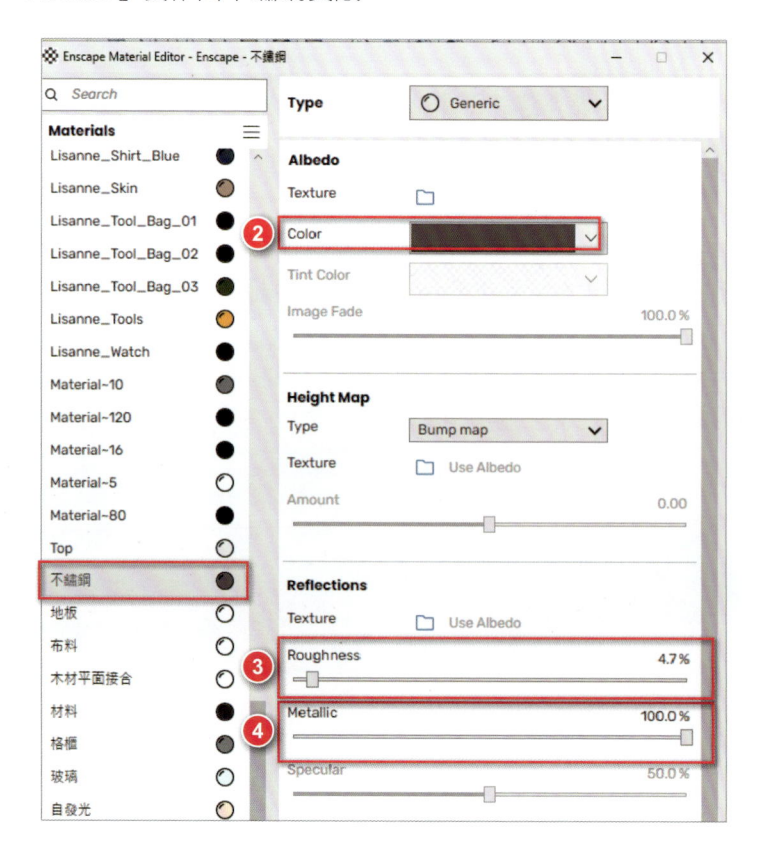

Chapter **6**
Enscape 渲染器

05. 找到地板材質。點擊「Bump」欄位下的「Use Albedo」來增加木地板的凹凸紋路。

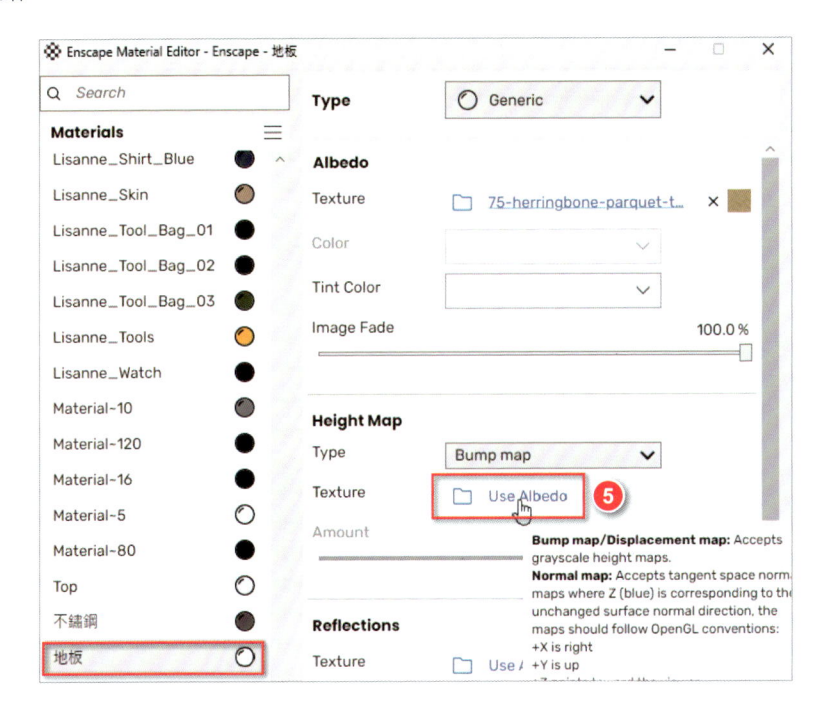

06. 點擊完「Use Albedo」會出現下列視窗。調整「Amount」數值能調整凸紋強度，數值越大凸紋強度越大。

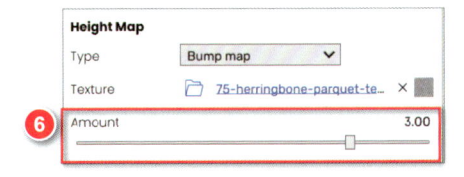

07. 調整「Reflections」的「Roughness」數值能改變粗糙度，粗糙度越小反射越明顯。

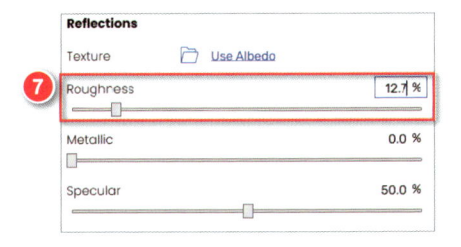

6-7

08. 在 Enscape 視窗上方點擊【 ◱ 】可以截圖目前畫面，選擇存檔類型與存檔位置再按下存檔。

09. 在 Enscape 視窗上方點擊【 ▨ 】可以選擇鏡頭來渲染。

10. 選擇要渲染的鏡頭，按住 Ctrl 鍵可以加選多個鏡頭同時渲染，按下【Render Images】後，選擇存檔位置。

影片錄製與輸出

01. 在 Enscape 視窗中，按下 V 鍵或【 ◉ 】按鈕，開啟影片編輯面板。在時間軸的兩側各有一個 + 按鈕，點擊任一個 + 按鈕可以新增影片關鍵影格來記錄目前位置，時間軸左側是影片開始位置，記錄多個位置串接起來就可以輸出成影片。(右邊 + 按鈕將記錄的位置增加在時間軸右側，左邊 + 按鈕則增加在左側)

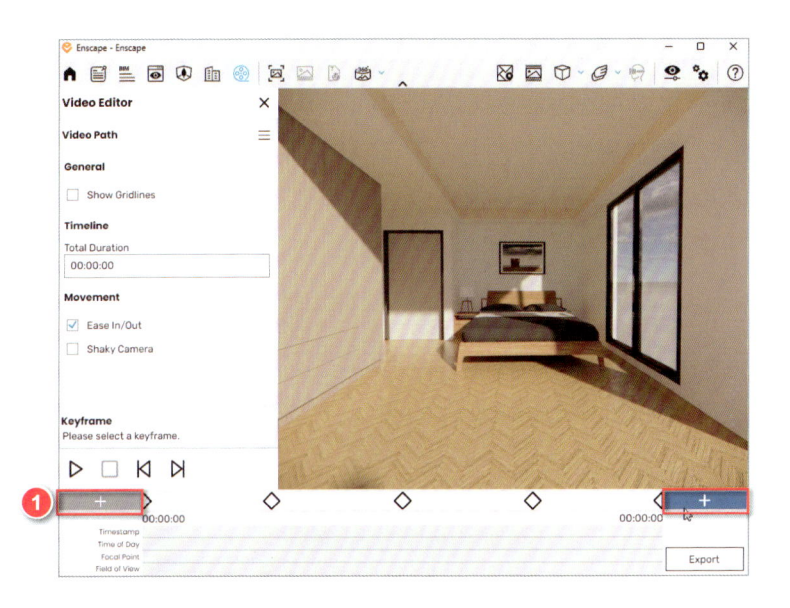

Chapter **6**
Enscape 渲染器

02. 按下【≡】→【New video path】可以重設為新的時間軸，會跳出確認視窗，按下【Yes】確定刪除。

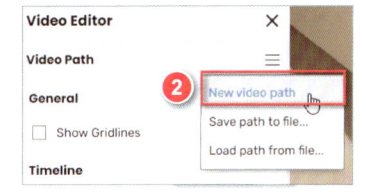

03. 按下左側 + 按鈕，建立第一個關鍵影格。

04. 滑鼠滾輪往前滾動放大畫面，點擊右側的 + 按鈕來新增影片關鍵影格，Enscape 會記錄移動位置。

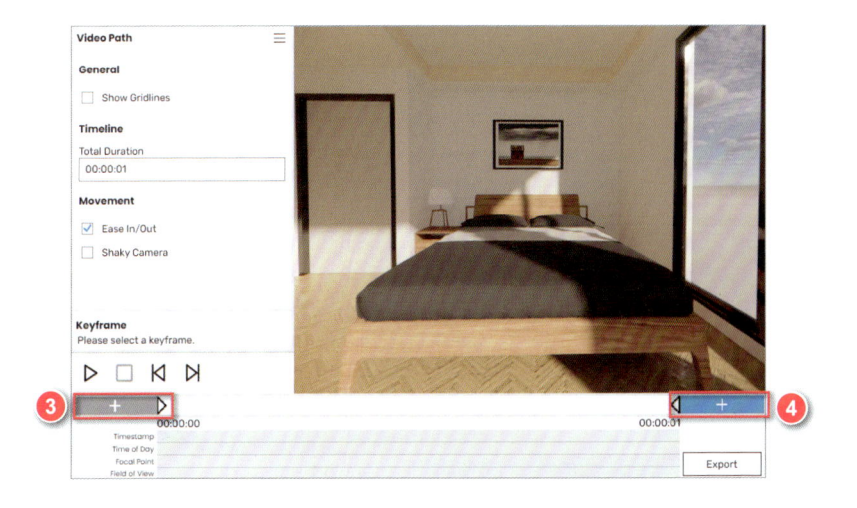

6-9

05. 環轉或平移視角後,點擊右側的 + 按鈕,時間軸上就會有箭頭與菱形,代表有幾個關鍵影格,畫面中會出現每個視角的攝影機。

06. 錄製完後選取最左側的關鍵影格,點擊【▷】可以從選取的關鍵影格開始觀看錄製的影片,點擊【☐】停止播放,點擊【◁ ▷】可以跳至上一個或下一個關鍵影格。

07. 選取關鍵影格,按下 Delete 鍵並選擇【是】可以刪除影格。

08. 選取任一關鍵影格可以在左側 Keyframe 編輯,且關鍵影格會變成藍色,按 Esc 鍵取消選取。

09. 也可以點擊關鍵影格中間,加入新的關鍵影格。

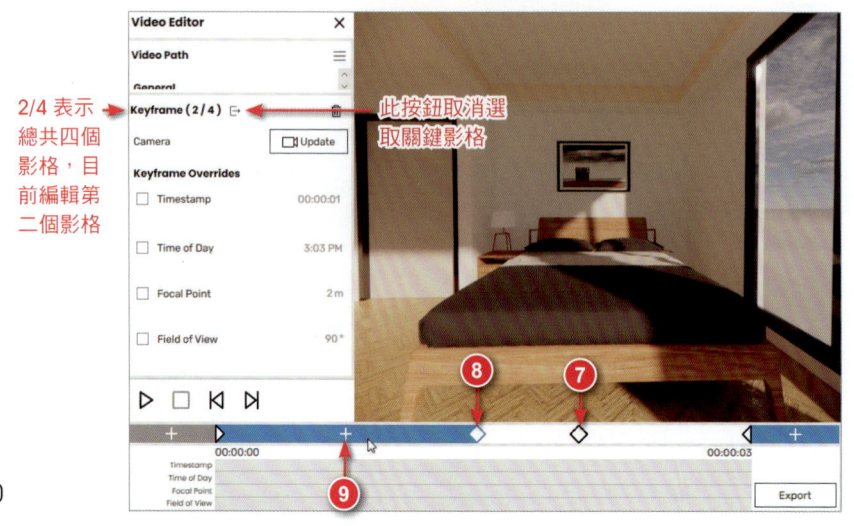

10. 選取任一個關鍵影格，可以修改此影格的視角、遠近…等，點擊【Update】更新視角。

11. 勾選【Timestamp】可以調整時間長短，勾選【Time of Day】可以調整日間或夜晚的時間，當一個影格時間為白天，一個為晚上，可以做出日照變化的影片。(只設定一個影格，不會有變化)

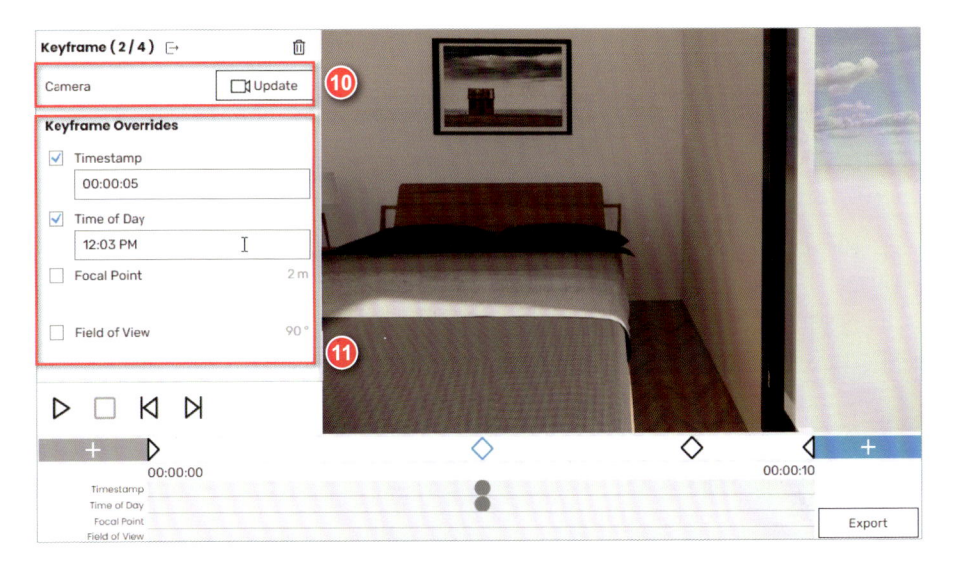

12. 點擊右下角的【Export】來輸出影片。

13. 設定 Resolution 解析度、Quality 品質、Frames per Second 每秒幀數後，按下【Export】輸出，選擇輸出位置與名稱後點擊【確定】，影片格式為 MP4。

14. 回到 Enscape 可以看到輸出進度。按下 Ⓥ 鍵關閉影片編輯面板，可以選擇【Save(存檔)】或【Don't Save(不存檔)】。

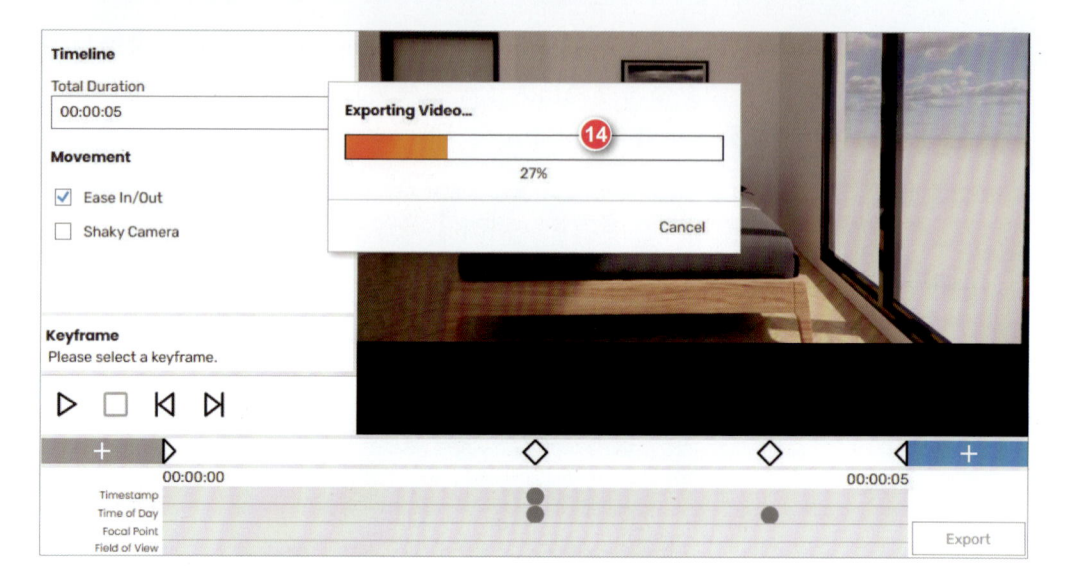

360 度全景圖

01. 先將畫面位置移動至如下圖所示，也就是場景中心的位置。

02. 點擊【 👁 】可以看到目前擁有的場景視角。

03. 按下【Create View】建立新視角。

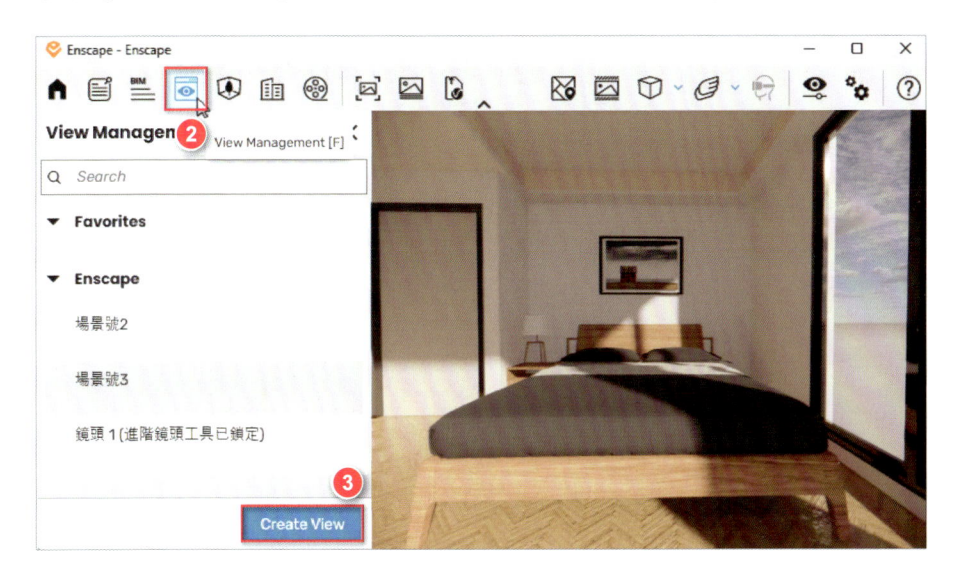

04. 自訂場景名稱，按下【Create(建立)】，如左圖。完成後如右圖。

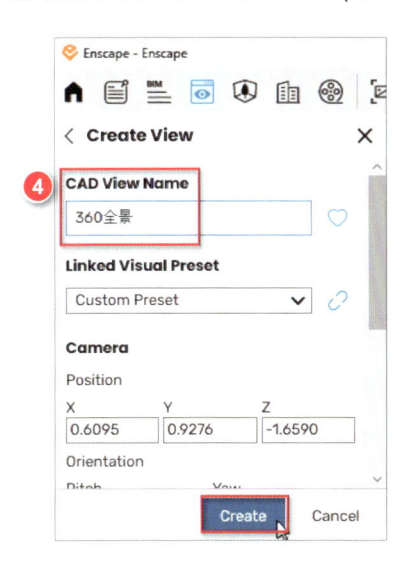

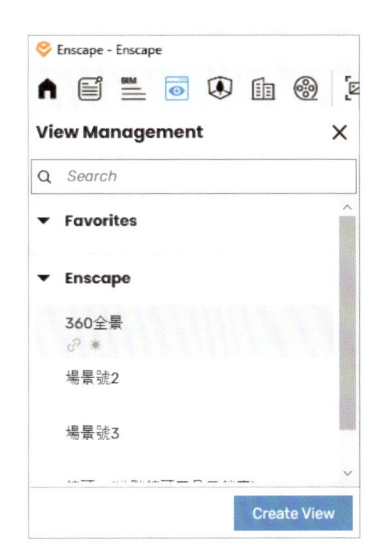

05. 點擊【 🖼 】可以渲染。

06. 勾選要渲染的視角。

07. 按下【 ⌄ 】→【Render Mono Panoramas】渲染全景圖。

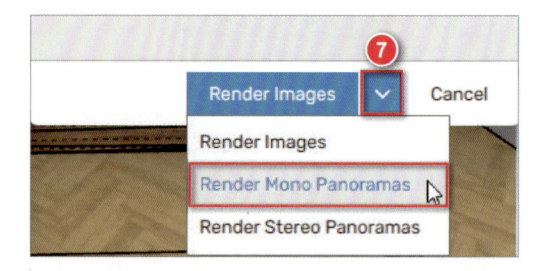

08. 回到 SketchUp，點擊 Enscape 工具列的【 ☁ 】按鈕。

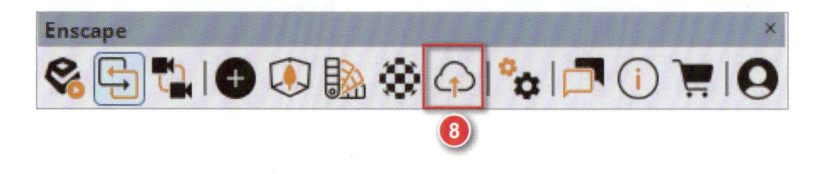

09. 左側選擇渲染時的 SketchUp 檔案名稱。

10. 右側找到渲染完成的全景圖，點擊【⬇】下載圖片。

11. 下載後的全景圖可以參考附錄 B 的 panopdm 網站上傳並分享連結，或是下載其他可以觀看全景圖（panorama）的 APP，例如：VR Media Player。

Lesson 6-2　Enscape 燈光

> **小祕訣 TIPS**　SketchUp 2024 Enscape 4.1 的版本，在建立燈光時，會出現錯誤並關閉 SketchUp 視窗，只能使用匯入元件的方式，Enscape 4.2 已經修正此問題，可以正常使用燈光。

01. 在 Enscape 工具列，點擊【➕】。

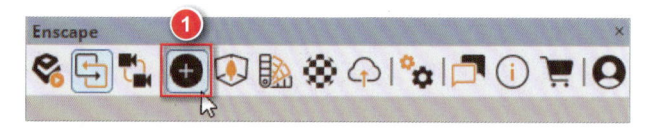

02. 上面是各種燈光類型，下方是目前選取燈光的設定。點擊【Sphere（球型光）】。

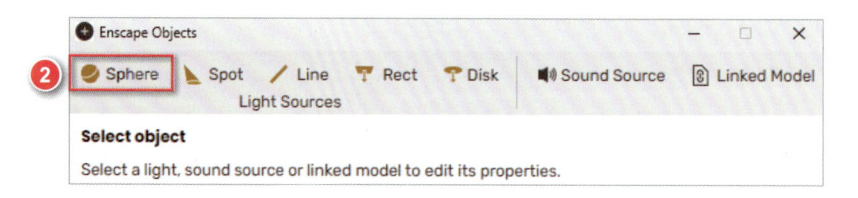

03. 左鍵點擊燈架兩下，放置在檯燈的燈罩中央。Enscape 渲染如右圖。

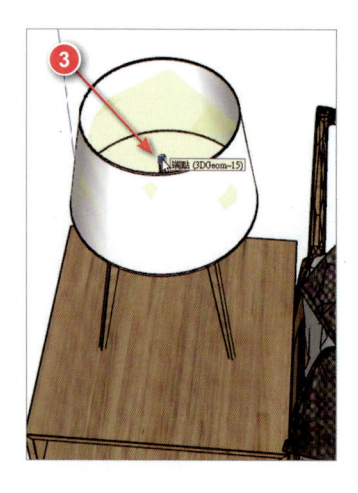

04. Luminous Intensity 可以調整燈光強度，Light Source Radius 調整光源半徑。

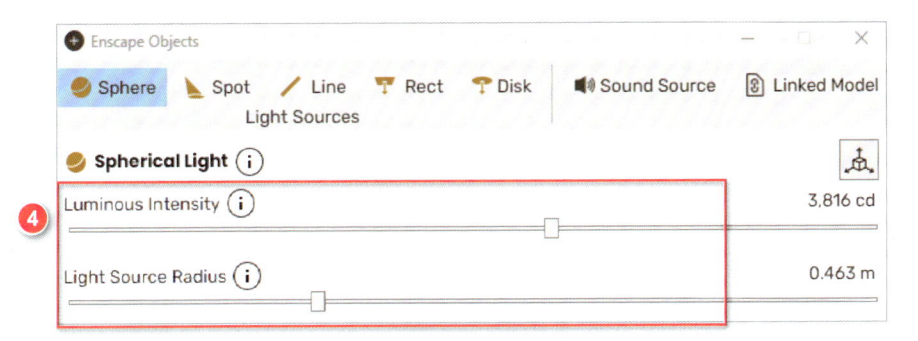

05. 使用【顏料桶】上色，可以改變燈光顏色。

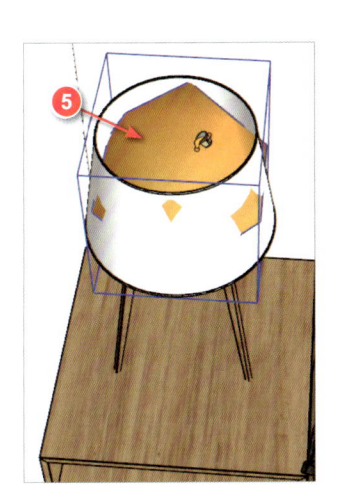

06. 取消選取球型燈，參數欄位會消失。

07. 點擊【Line（線）】的燈光類型。

08. 在天花板點擊兩個點建立燈光。

09. 點擊左側紅點，調整長度。

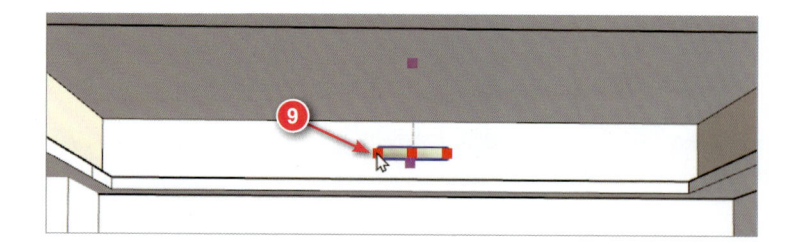

10. 點擊天花板左側，決定長度。

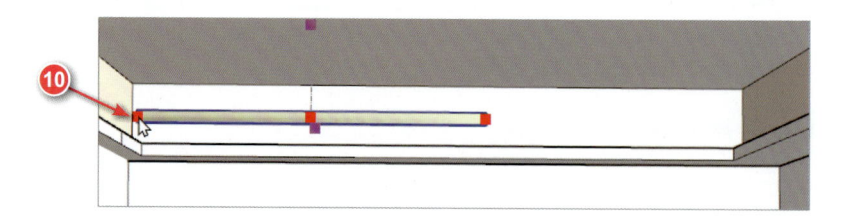

11. 同理，點擊右側紅點，調整長度。

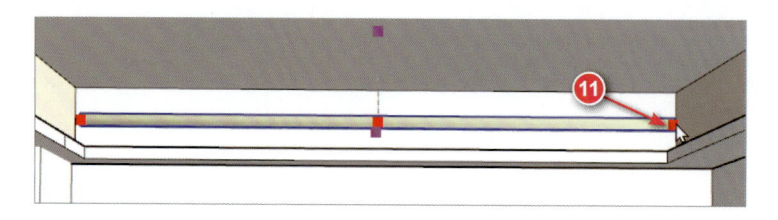

12. 切換到正視圖、平行投影,開啟 X 射線。點擊【**移動**】指令,將燈光往左移動,不要埋在天花板中。

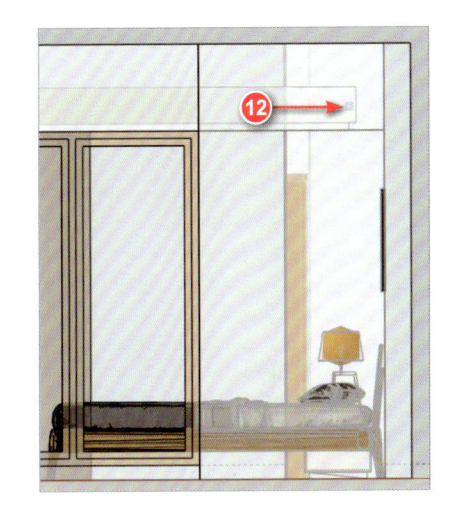

13. Luminous Intensity 調整燈光強度。沒有出現此欄位,表示沒有選取到燈光。

14. 按下【 ⚟ 】可以再次調整長度。

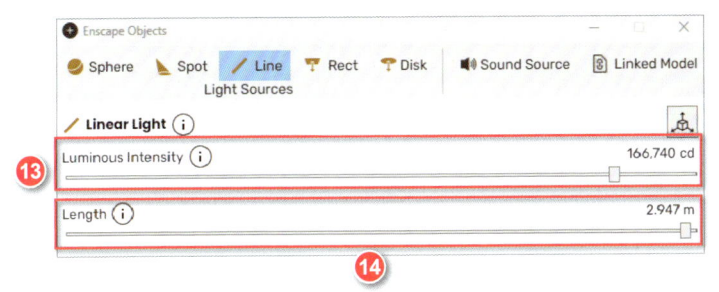

15. Enscape 渲染畫面如下圖。

16. 切換到上視圖,將燈光旋轉複製到天花板的其他位置。

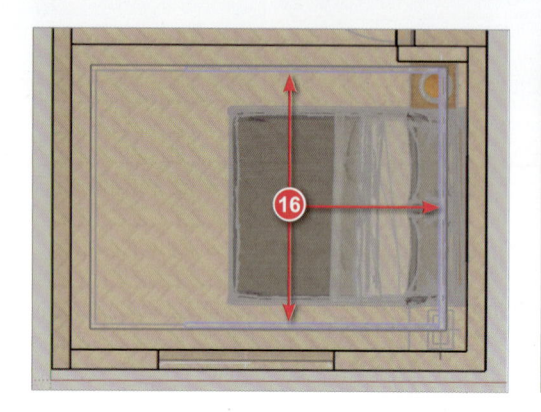

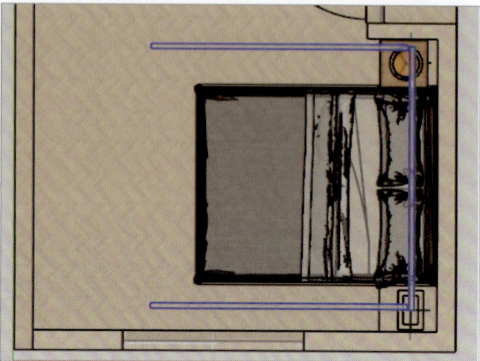

17. 完成圖。

chapter 7

客廳空間繪製

本章將介紹一般的建模流程，從無到有繪製結構與櫃體，放置傢俱與飾品，給予物件材質，最後配合 Enscape 完成渲染，使您更加瞭解一個專案模型如何開始，並且完成您的專業室內設計效果圖。操作步驟中會附上指令快捷鍵，建議可以使用快捷鍵操作，加快建模速度與空間規劃的效率。

Lesson 7-1 匯入參考圖

01. 本章節提供的範例檔〈客廳平面圖 .dwg〉是以公分單位來繪製圖面，並且在 AutoCAD 軟體中，從左上角【A】按鈕→【圖檔公用程式】→【單位】，設定單位為【公分】。

02. 開啟 SketchUp，範本選擇【建築 - 公分】。按下 Ctrl + S 存檔，養成經常存檔習慣。

7-2

03. 點擊【檔案】→【匯入】，選取範例檔〈客廳平面圖 .dwg〉。

04. 按下【關閉】。

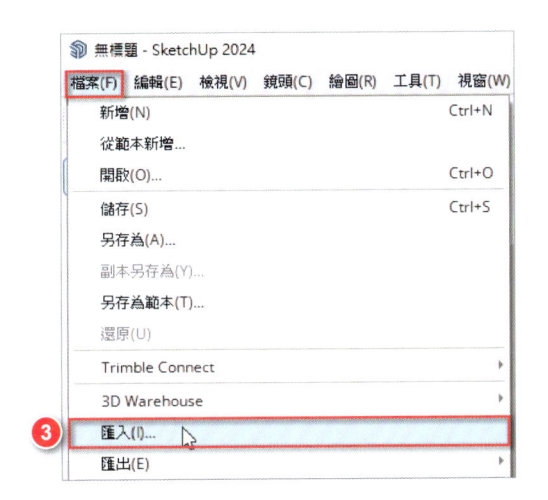

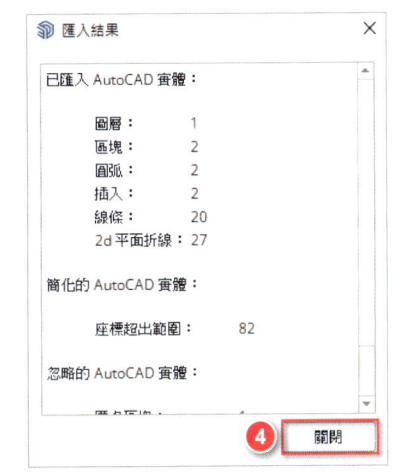

05. 刪除平面人物，點擊【卷尺工具 (T)】指令，測量茶几寬度是否為 70。

06. 縮放畫面到電視櫃，從茶几往電視櫃方向檢視。

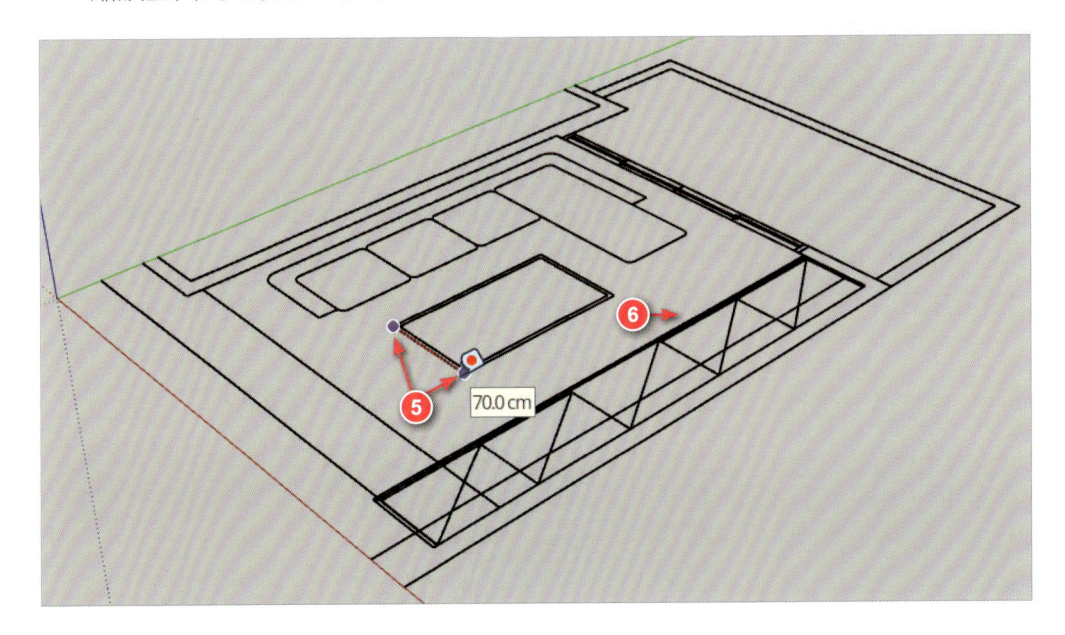

Lesson 7-2 　電視櫃

01. 按下【矩形 (R)】指令，在電視櫃兩側繪製矩形。

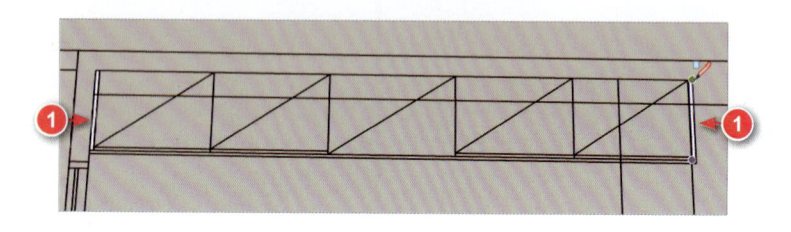

02. 按下【推/拉 (P)】指令，將矩形往上長出 45。

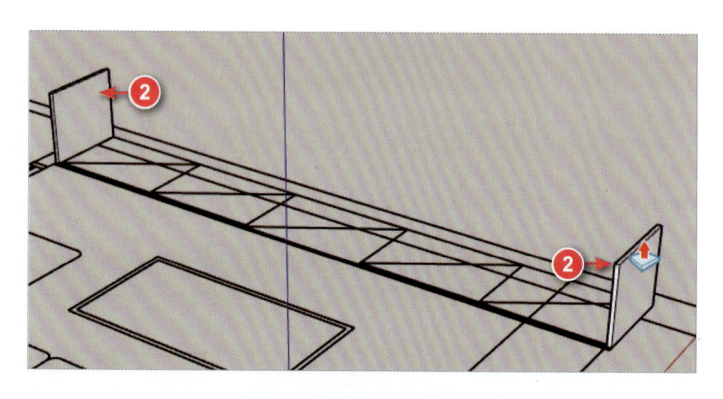

03. 按下空白鍵切換選取指令，在左側方塊上點擊左鍵三下，選取整個方塊，按下滑鼠右鍵→【建立群組 (G)】。右側的方塊也另外建立群組。

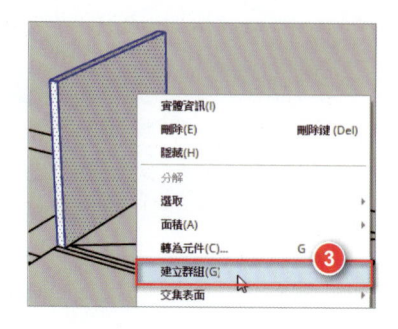

04. 按下【矩形 (R)】指令，繪製矩形。

05. 按下【推拉 (P)】指令，往上長出 35。

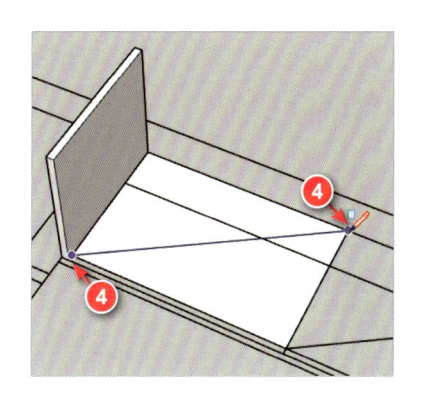

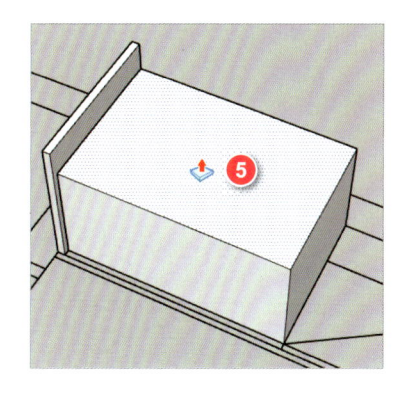

06. 按下【偏移 (F)】指令，選矩形面往內偏移 0.4。

07. 按下空白鍵切換選取指令，在中間的矩形上點擊左鍵兩下，選取面與周圍的邊，按下滑鼠右鍵→【建立群組 (G)】。

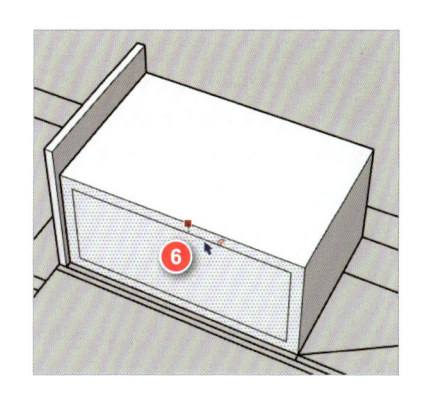

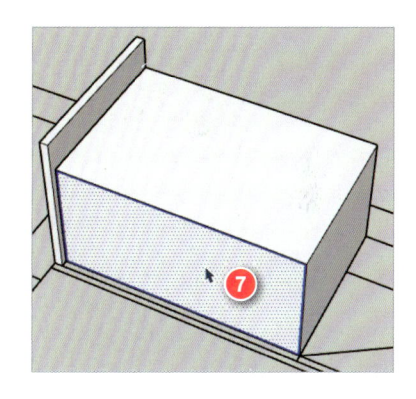

08. 點兩下編輯群組，按下【推拉 (P)】指令，往外長出 2 的厚度，離開群組。

09. 選門板，按下滑鼠右鍵→【隱藏 (H)】。

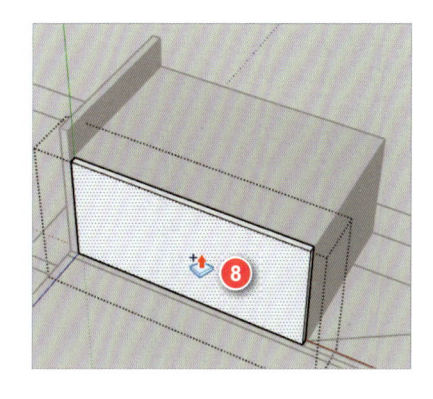

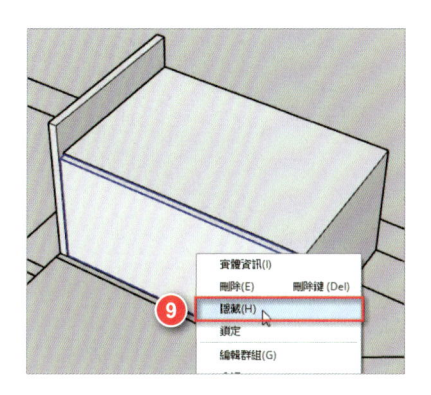

10. 將剩下的方塊建立群組。

11. 編輯群組，按下【**偏移 (F)**】指令，選矩形面往內偏移 2。

12. 按下【**推拉 (P)**】指令，往內推拉 45 的深度，離開群組。

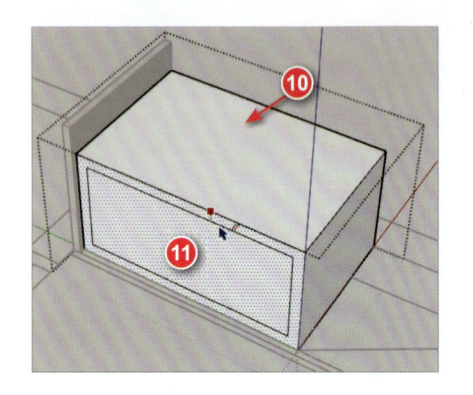

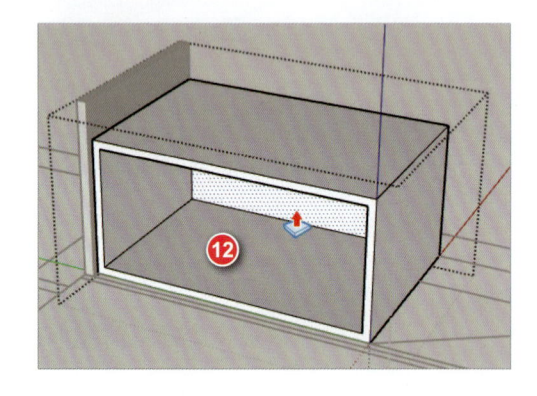

13. 點擊【**編輯**】→【**取消隱藏**】→【**最後的項目**】，取消隱藏門板。

14. 選取兩個方塊群組，按下【**移動 (M)**】指令，點擊右後方的點。

15. 按一下 [Ctrl] 鍵開啟複製，移動複製到右側端點，如右圖。

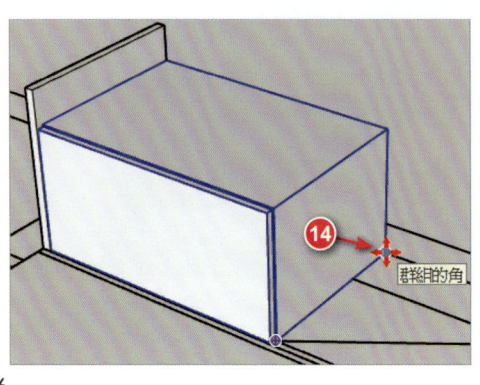

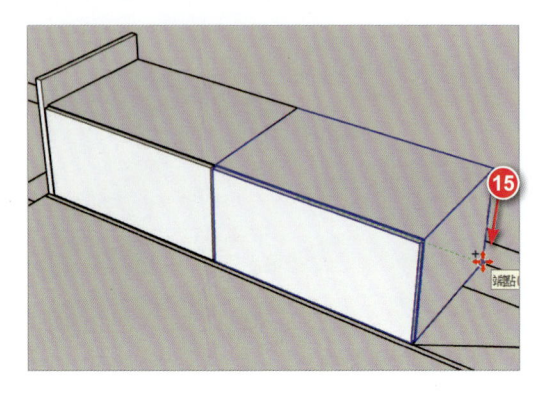

7-6

Chapter 7
客廳空間繪製

16. 按下空白鍵切換選取指令，選取四個群組，按下【**移動** (M)】指令，點擊右後方的點。

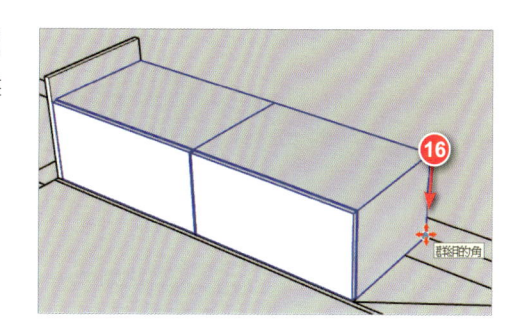

17. 按一下 Ctrl 鍵開啟複製，移動複製到右側方塊的端點，如下圖。

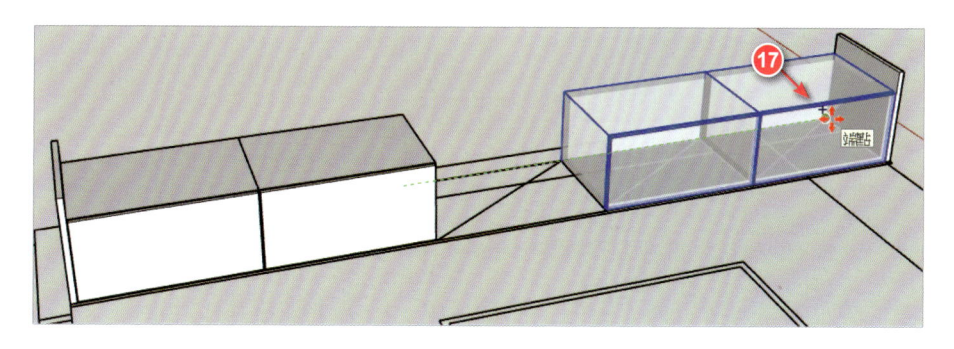

18. 按下【**矩形** (R)】指令，依照中間的平面圖來繪製一個矩形。

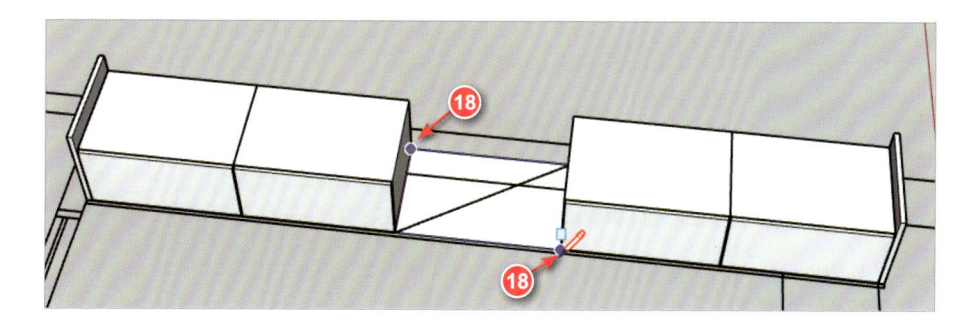

19. 按下【**推拉** (P)】指令，往上長出 35。

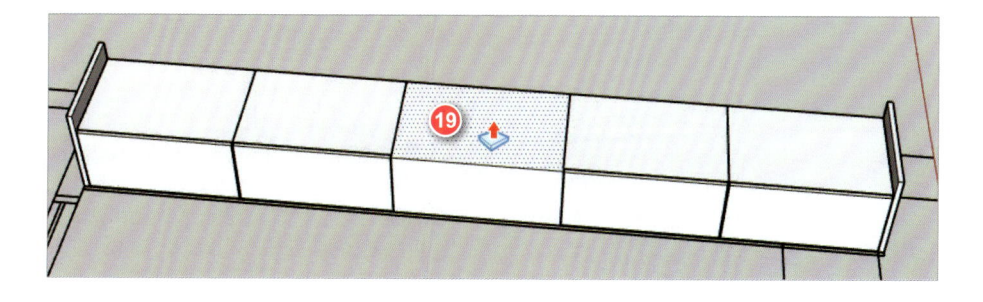

7-7

20. 按下【偏移 (F)】指令，往內偏移 2。

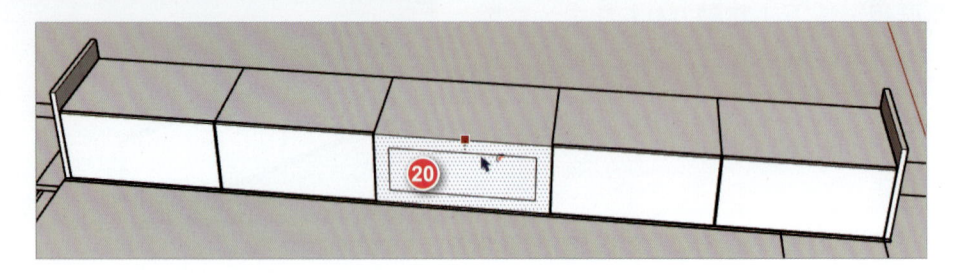

21. 按下【推拉 (P)】指令，往後推 48 深度，並建立群組。

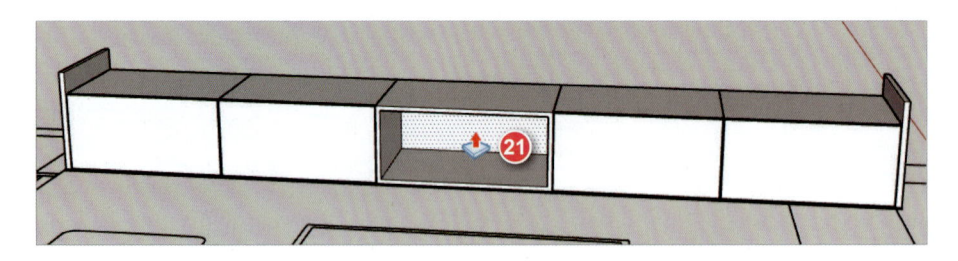

22. 除了左右兩個方塊以外，選取全部電視櫃，按下【移動 (M)】指令，往上移動 10。

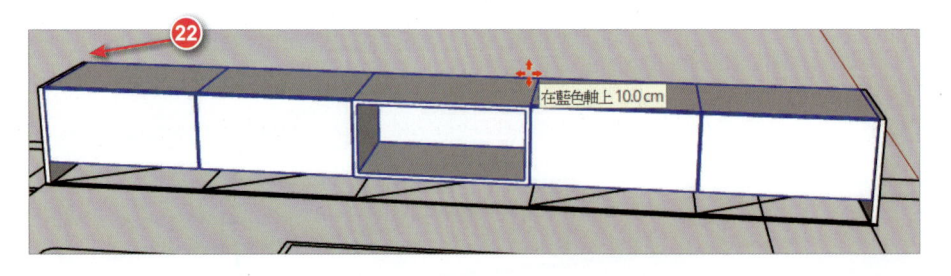

23. 按下【矩形 (R)】指令，在最上方繪製矩形，製作檯面。按下【推拉 (P)】指令，往上長出 2.5。

24. 將前方往外長出 2，並選取整個檯面建立群組。

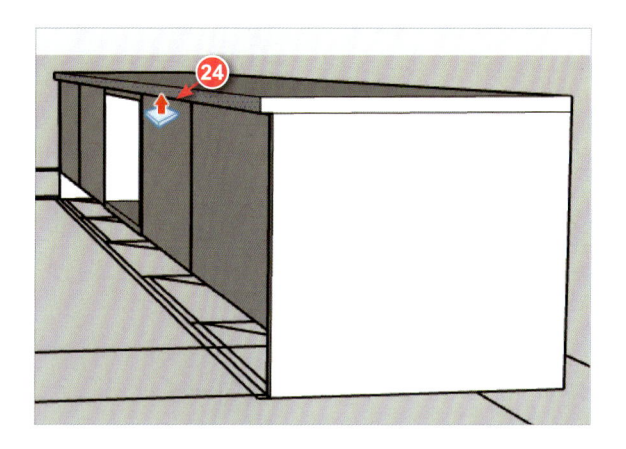

25. 從下往上檢視電視櫃，隱藏平面圖，按下【**矩形 (R)**】指令，在櫃子底部繪製矩形 (不含門板)，製作踢腳板。按下【**推拉 (P)**】指令，往下長出 10。

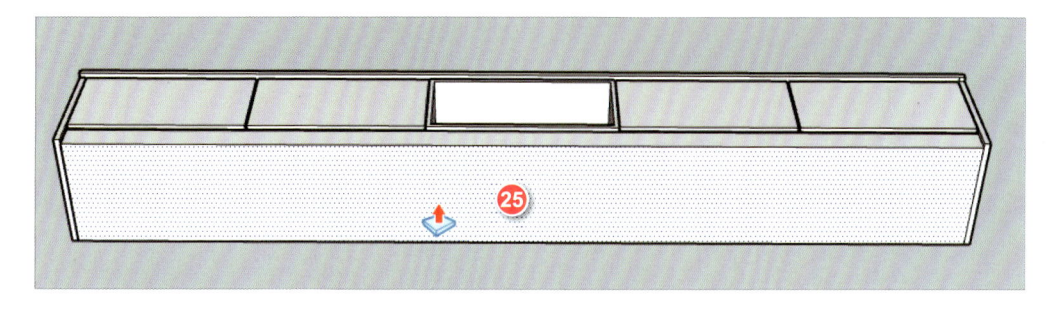

26. 將前方往後退 2，並選取整個踢腳板建立群組。

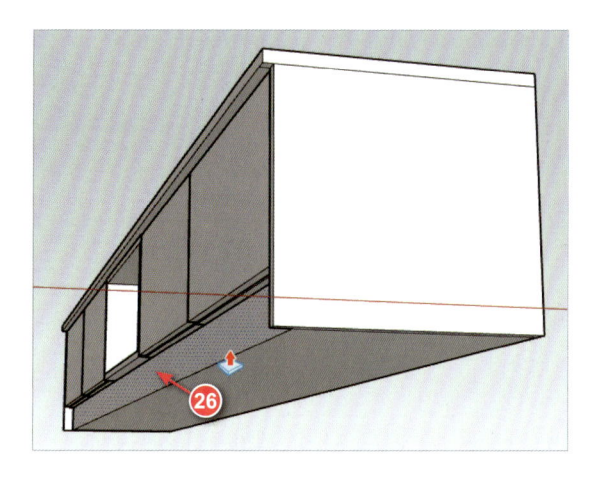

27. 點擊【編輯】→【取消隱藏】→【全部】，取消隱藏平面圖。

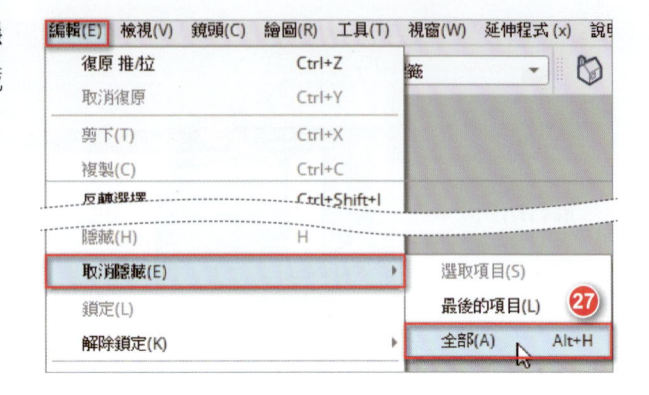

28. 按下【卷尺工具(T)】指令，點擊電視櫃側面的邊，鎖點至牆面轉角點。

29. 按下【矩形(R)】指令，在上方繪製一個矩形鎖點至輔助線交點。

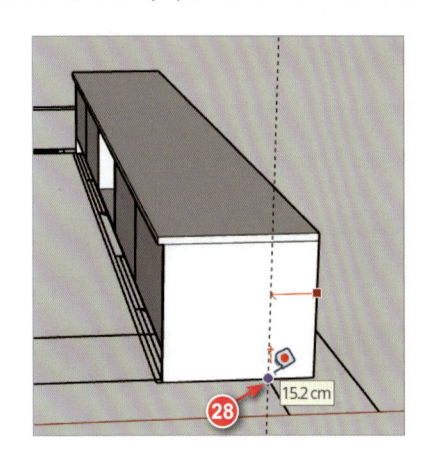

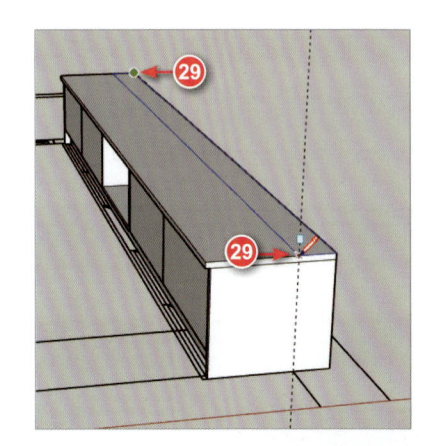

30. 按下【推拉(P)】指令，往上長出 217.5，將方塊建立群組，完成電視牆，刪除輔助線。

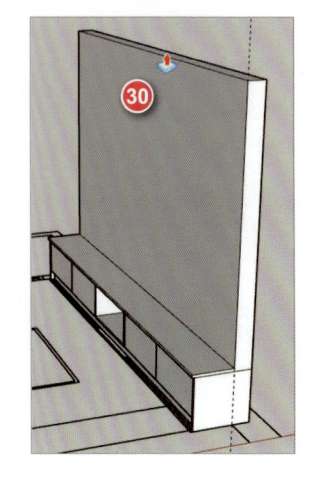

Lesson 7-3 牆面結構

■ 牆面

01. 按下【直線 (L)】指令,沿著平面圖的牆線繪製,完成封閉區域後,會自動生成平面,如左右兩道牆。

02. 按下【矩形 (R)】指令,在落地窗位置繪製矩形。

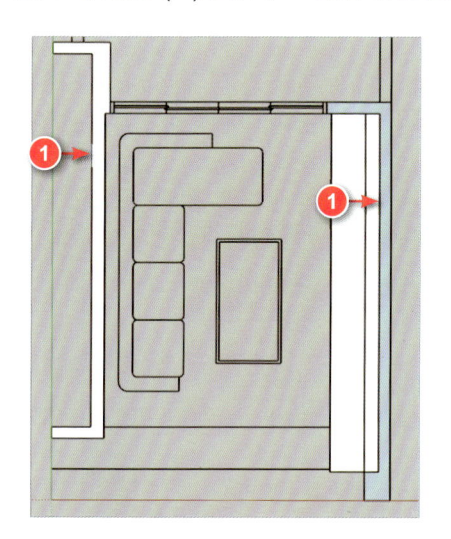

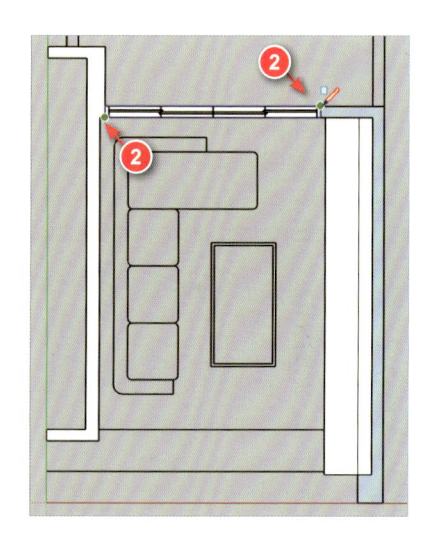

03. 按下【推拉 (P)】指令,將牆面往上長出,若底部是空的,如左圖。按一下 Ctrl 鍵建立起始表面,如右圖,高度輸入 300。

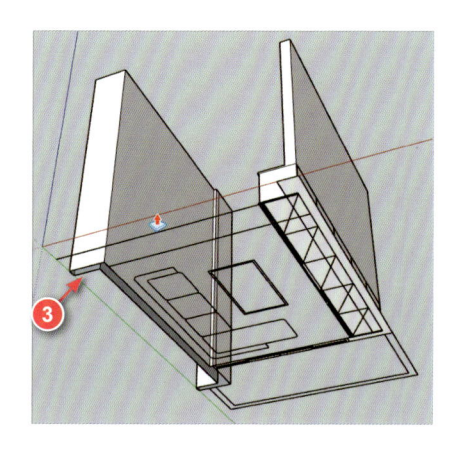

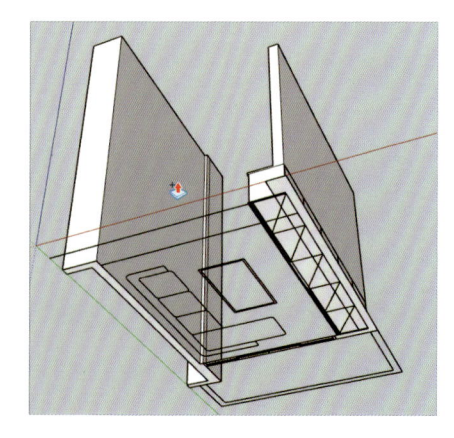

04. 將全部的牆往上長出 300。

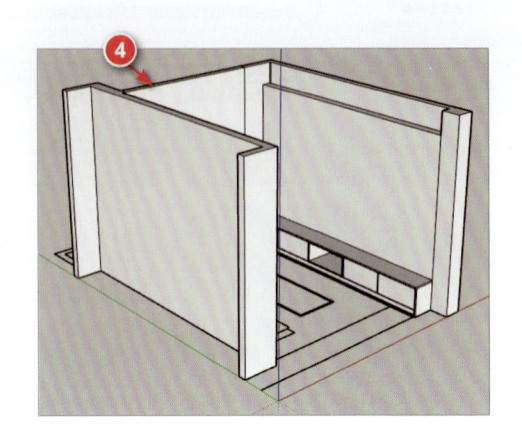

落地窗

01. 從沙發區往窗戶看過去，按下【卷尺工具 (T)】指令，從牆面底部往上建立輔助線，距離為 10、210。

02. 按下【矩形 (R)】指令，鎖點至輔助線的交點，繪製一個矩形。

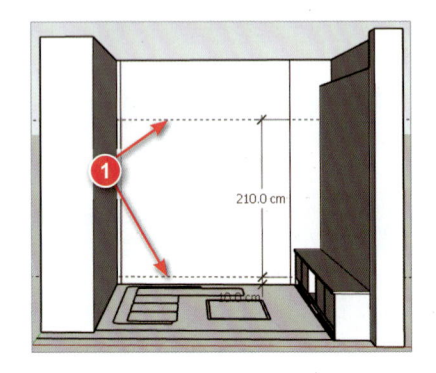

03. 按下【推拉 (P)】指令，選取矩形面往後推 12。

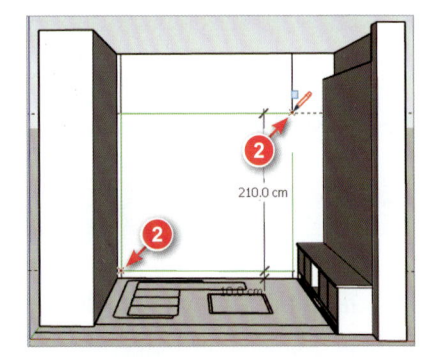

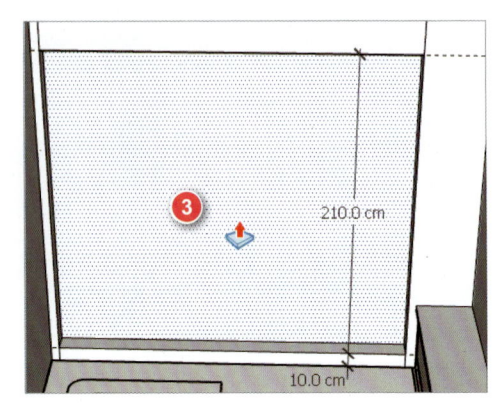

Chapter **7**
客廳空間繪製

04. 按下空白鍵切換選取,選取多餘的面並刪除,完成窗口,並選取全部的牆面建立群組,避免與窗戶連在一起。

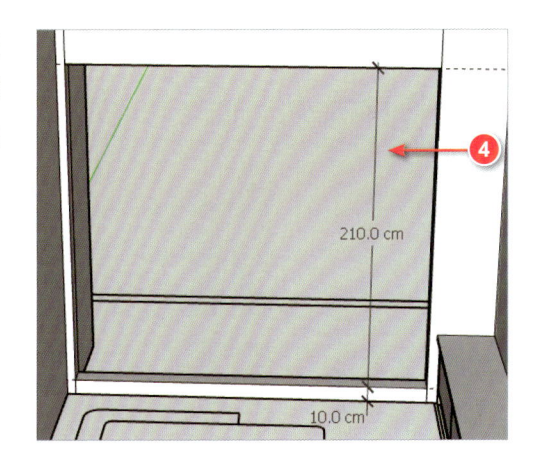

05. 按下【**矩形** (R)】指令,繪製一個矩形,製作窗框。

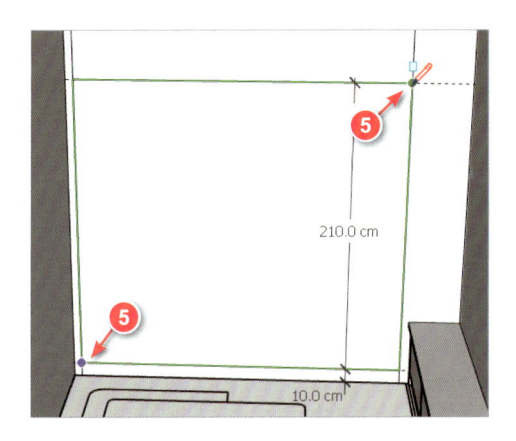

06. 按下【**偏移** (F)】指令,將矩形面往內偏移 3。

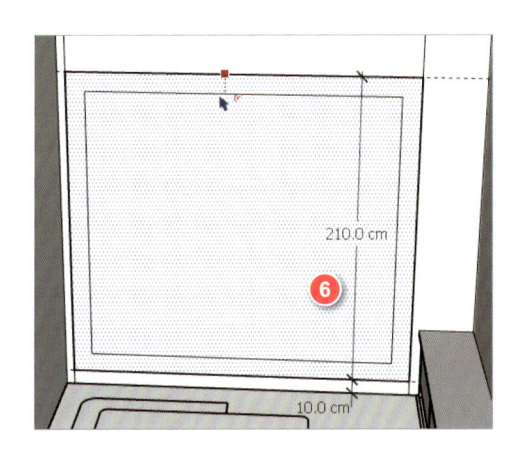

7-13

07. 將中間的面刪除。

08. 按下【推拉 (P)】指令，將窗框長出 8 的厚度。

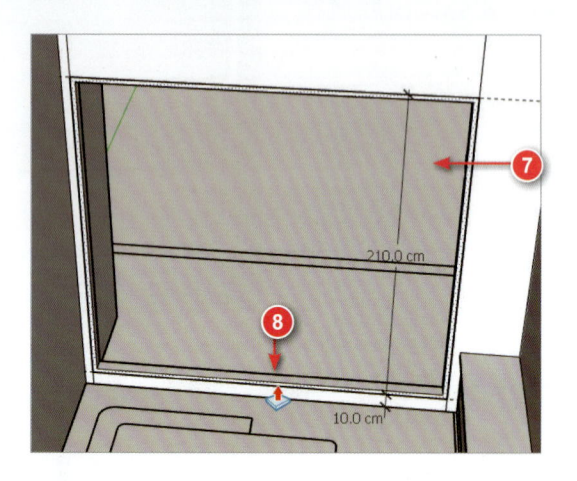

09. 在窗框的上方線段按下右鍵→【分割】。

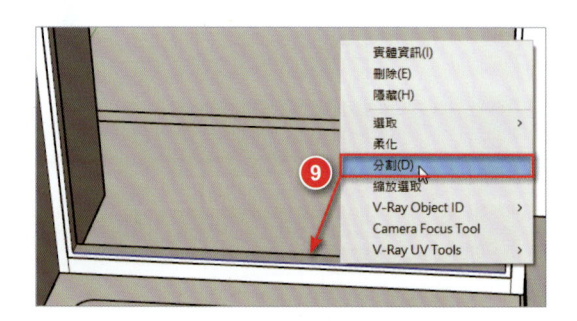

10. 在線段上移動滑鼠控制分段數，出現 3 區段再點擊左鍵確定。

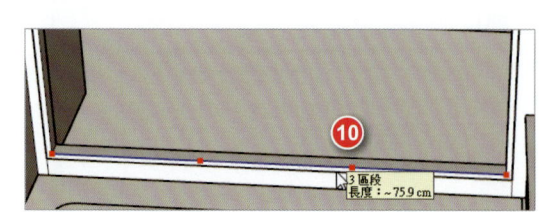

Chapter 7 客廳空間繪製

11. 將窗框建立群組。

12. 按下【矩形 (R)】指令,從窗框角落繪製矩形到分段點,製作玻璃框。

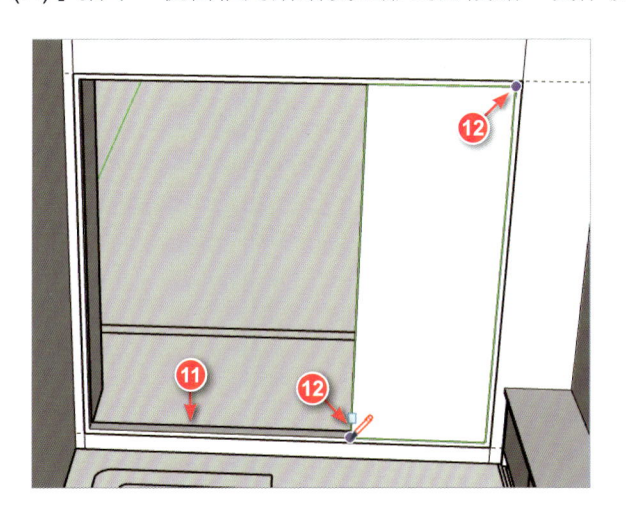

13. 按下【偏移 (F)】指令,往內偏移 3。

14. 刪除中間的面。

15. 按下【推拉 (P)】指令,往後長出 2 的厚度,選取整個玻璃框並建立群組。

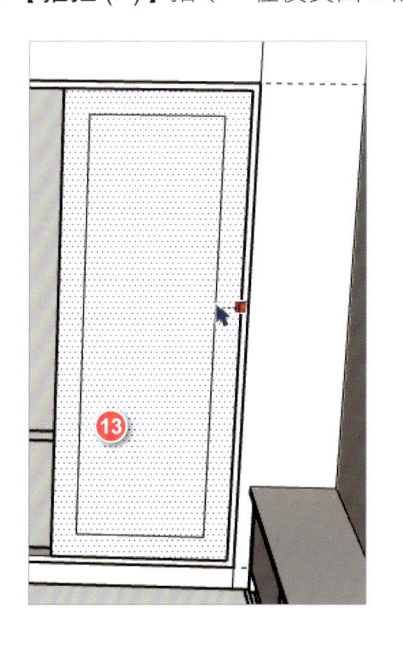

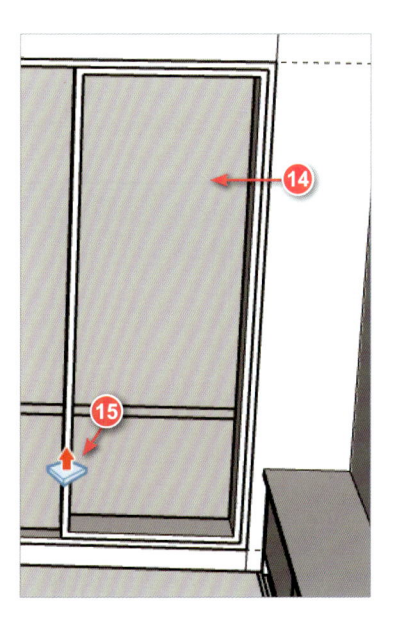

7-15

16. 按下【矩形 (R)】指令，鎖點至玻璃內框，繪製一個矩形，製作玻璃。

17. 按下【推拉 (P)】指令，往後長出 0.8 的厚度，玻璃轉成群組。

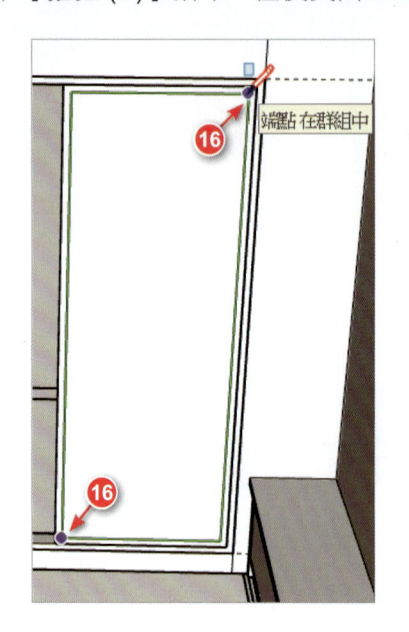

18. 選取玻璃與玻璃框，按下【移動 (M)】指令，點擊玻璃框右下角點。

19. 按一下 [Ctrl] 鍵開啟複製，複製到玻璃框左下角點，輸入 *2 並按下 [Enter] 鍵複製兩組玻璃。

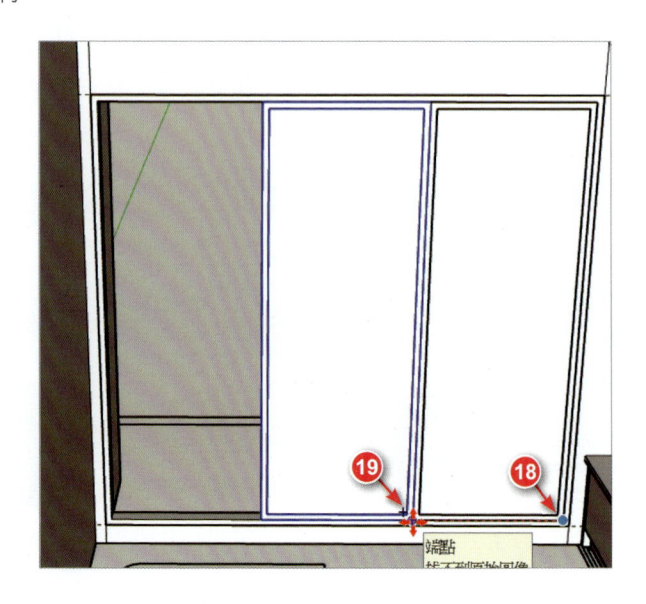

20. 接下來要調整深度。選取三個玻璃,往綠色軸方向移動 0.6,將玻璃移動到玻璃框中間。

21. 選取三個玻璃與玻璃框,往綠色軸方向移動 1.5,將窗戶移動到窗洞中間。

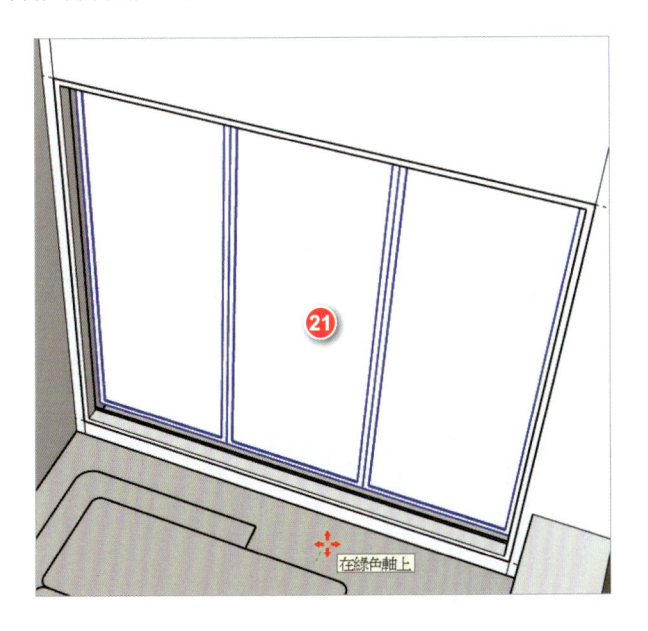

7-17

22. 選取整個窗戶,往綠色軸方向移動 2。

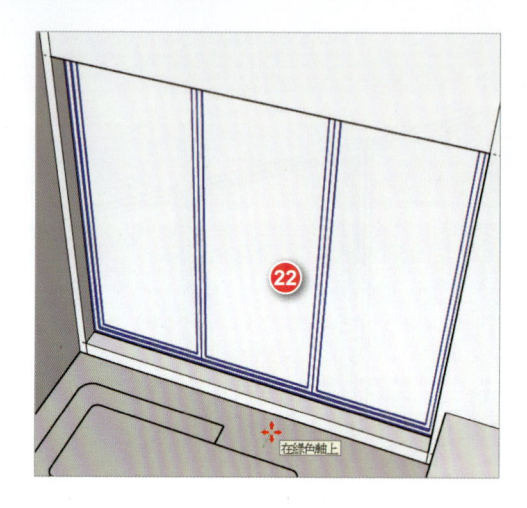

23. 完成後的尺寸如下圖所示。

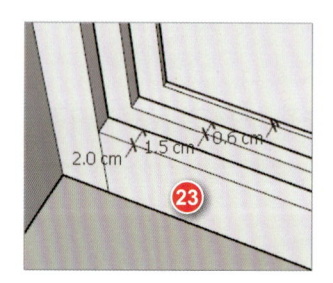

24. 選取中間的玻璃與玻璃框,往綠色軸方向移動 3,使拉門有左右拉動的空間。

Lesson 7-4 天花板

01. 點擊【**矩形** (R)】指令,從左上牆角到右下牆角繪製一個矩形。

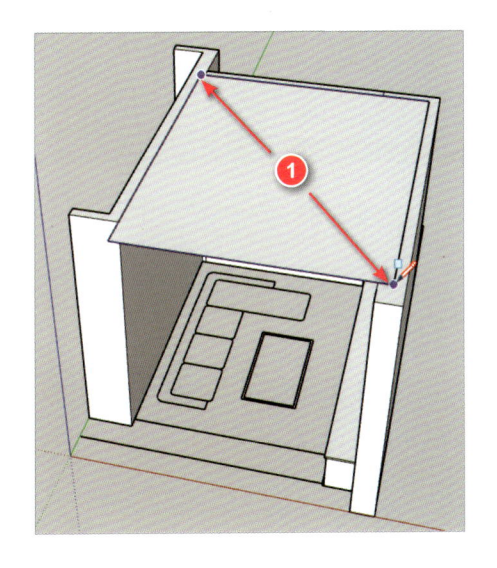

02. 從客廳內往上看天花板,點擊【**推 / 拉** (P)】指令,將矩形往下長出 35。

03. 點擊【**偏移** (F)】指令,將矩形面往內偏移 20。

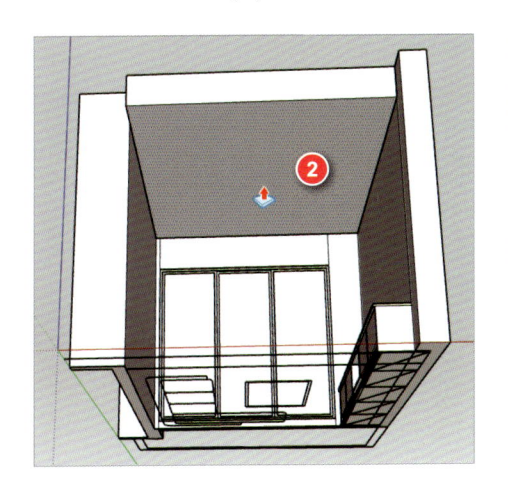

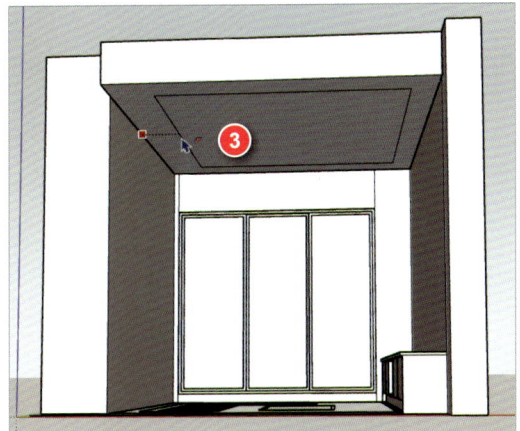

7-19

04. 點擊【**移動** (M)】指令，將右側線段往左移動 45。

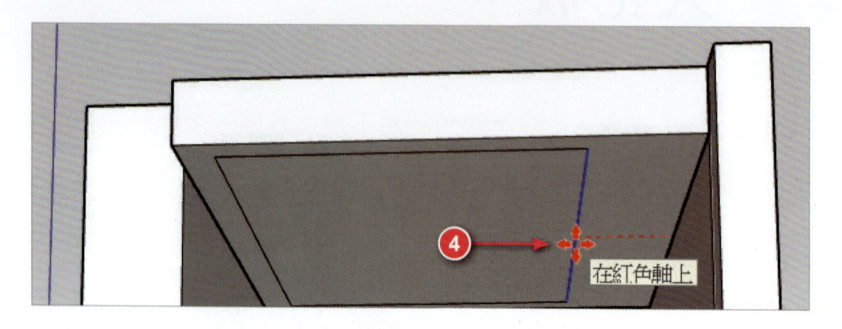

05. 點擊【**推 / 拉** (P)】指令，往上推 27。

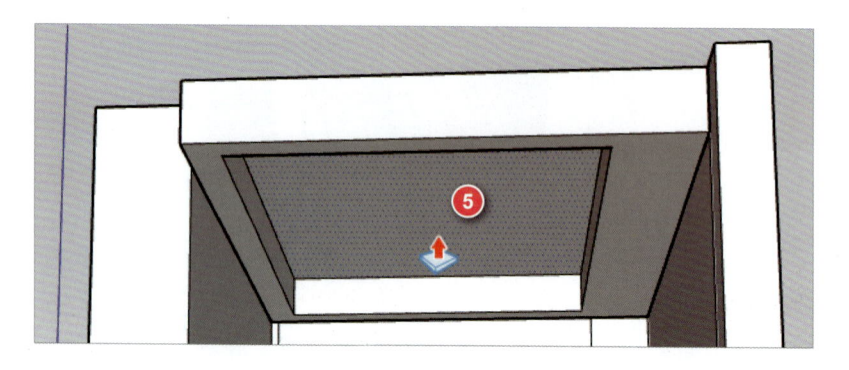

06. 點擊【 🏠 】切到正視圖，點擊【**直線** (L)】指令，繪製天花板的剖面形狀。

07. 選取全部線段，點擊【**移動** (M)】指令，點擊左下角為基準點。

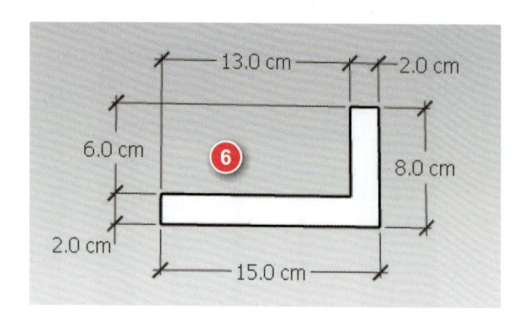

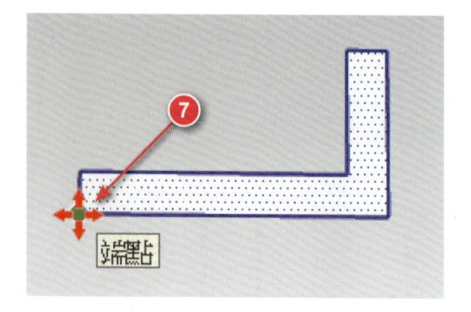

Chapter 7
客廳空間繪製

08. 移動到天花板左側邊線中點。

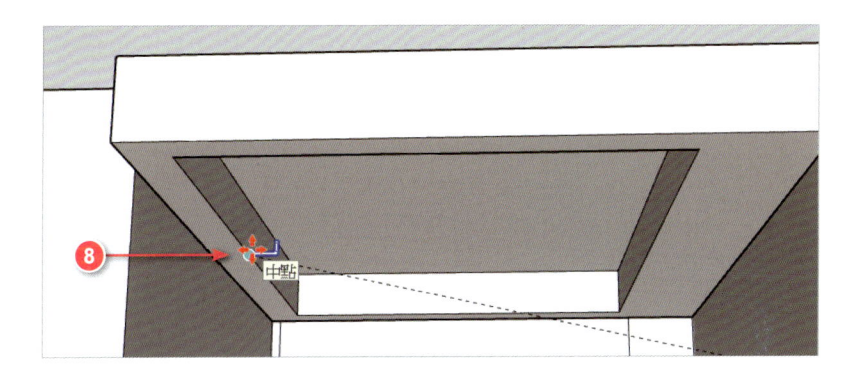

09. 選取外側四條邊線。

10. 點擊【 ◌ 】路徑跟隨指令，點擊步驟 6 繪製的形狀。

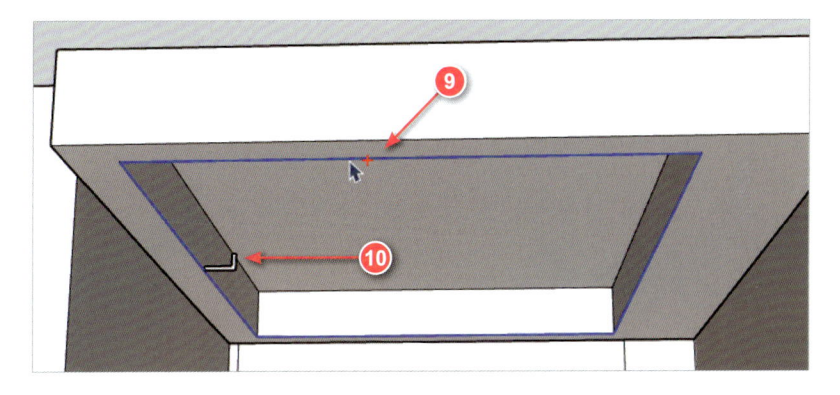

11. 完成圖，可以再將多餘線段選取起來，按 Delete 刪除。

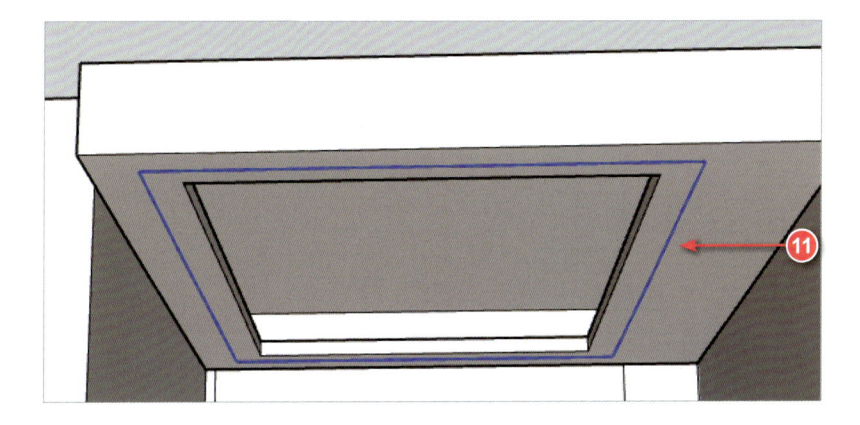

7-21

燈具

01. 點擊【偏移 (F)】指令，將矩形面往內偏移 35，決定放燈具的位置。

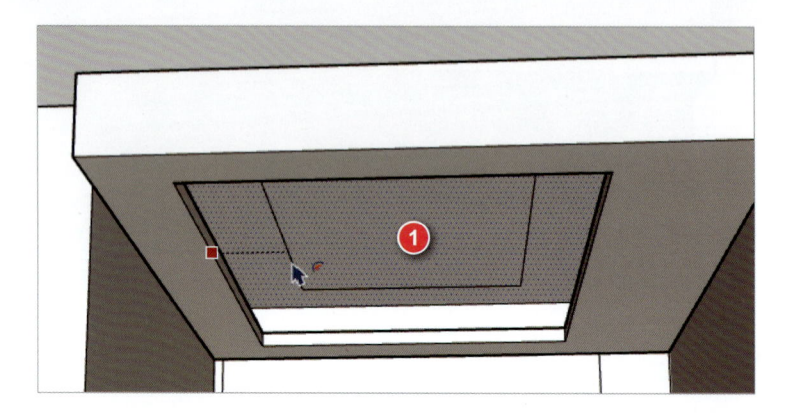

02. 點擊【圓形 (C)】指令，在四個轉角繪製半徑 7.5 的圓形。

03. 點擊【直線 (L)】指令，連接下方與上方線段中點。

04. 點擊【矩形 (R)】指令，按一下 Ctrl 鍵切換為中心矩形，點擊直線的中點，繪製「46, 19.6」的尺寸。

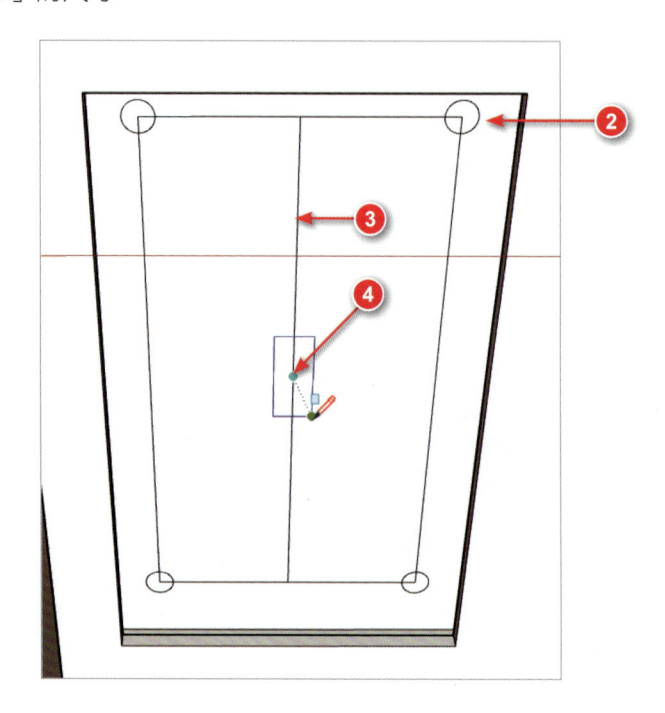

Chapter **7**
客廳空間繪製

> **小祕訣 TIPS** 繪製圓形時要注意方向沿著直線來繪製,如左圖。則圓形的端點與中心點會垂直對齊,如右圖。

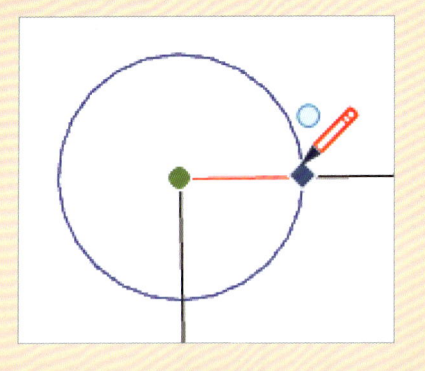

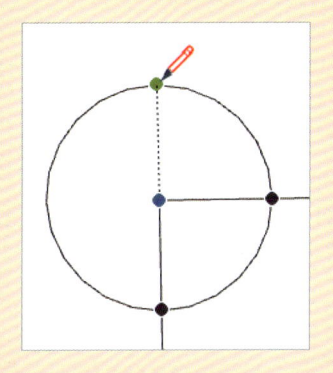

若繪製圓形時沒有對齊直線,如左圖。則圓形的端點與中心點會傾斜一個夾角,如右圖,之後放置嵌燈位置不方便。

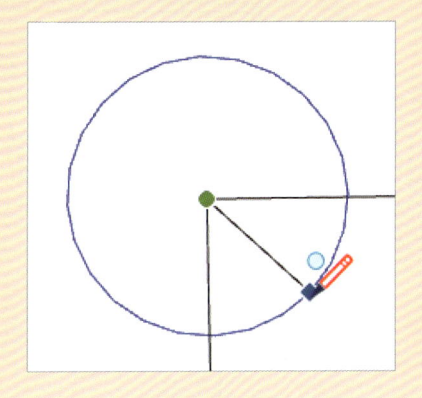

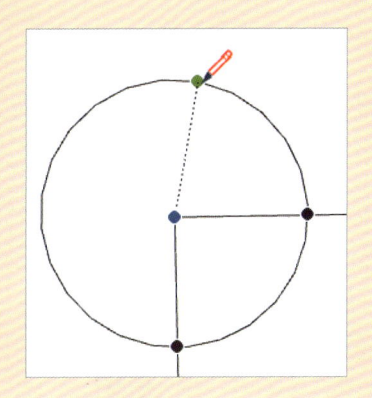

05. 將矩形面、圓形面以及多餘線段刪除,完成放嵌燈的孔洞。將整個天花板建立群組。

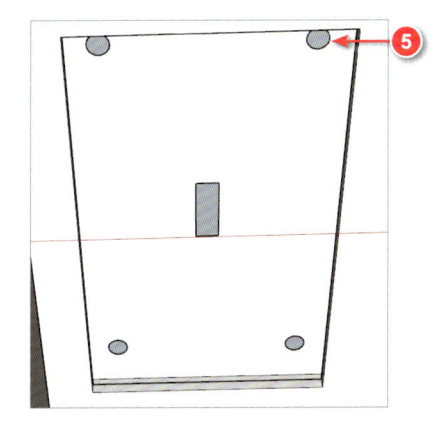

7-23

06. 點擊功能表【檔案】→【匯入】，選擇範例檔〈方形嵌燈.skp〉，移動至矩形孔的轉角。

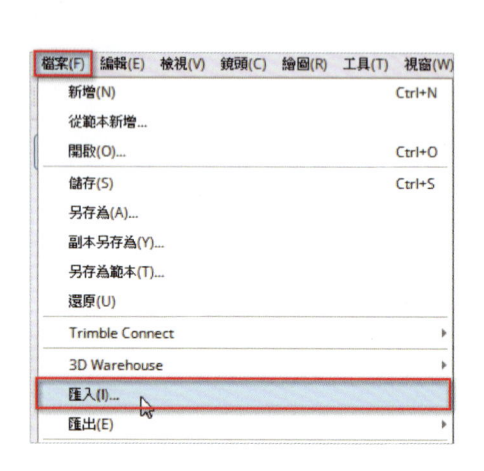

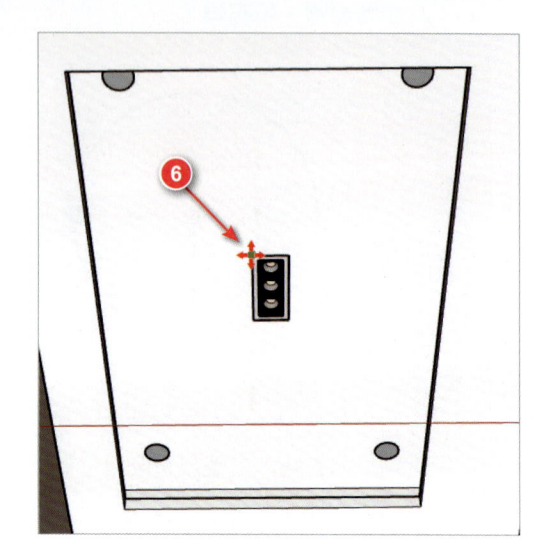

07. 點擊功能表【檔案】→【匯入】，選擇範例檔〈圓形嵌燈.skp〉，移動至圓形孔洞的端點，需注意有無縫隙，有縫隙需再另外調整位置，如左圖。

08. 完成全部嵌燈放置，如右圖。

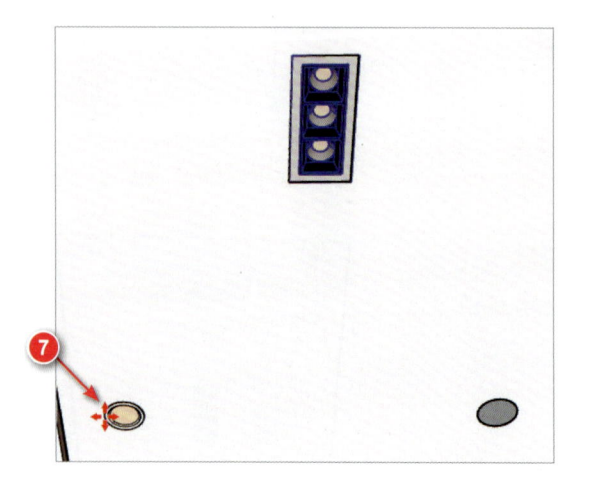

Lesson 7-5 材質設定

■ 天花板

01. 點擊【矩形 (R)】指令，繪製一個矩形地板。

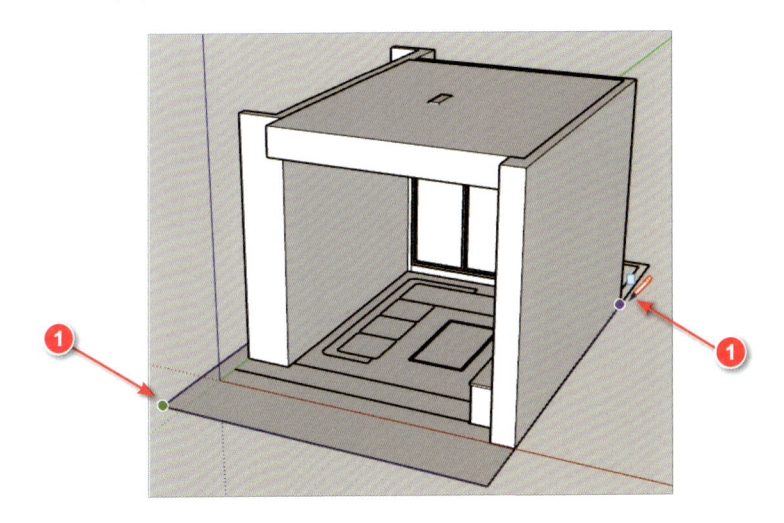

02. 在材料面板中，下拉式選單選擇【顏色 - 名稱】，選擇一個牆面顏色，填入牆面與天花板。

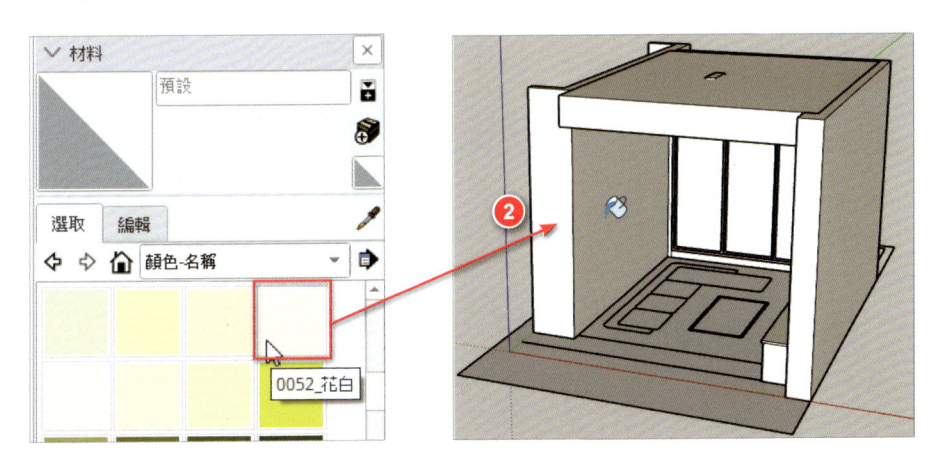

7-25

03. 選擇一個窗框顏色,填入窗框。

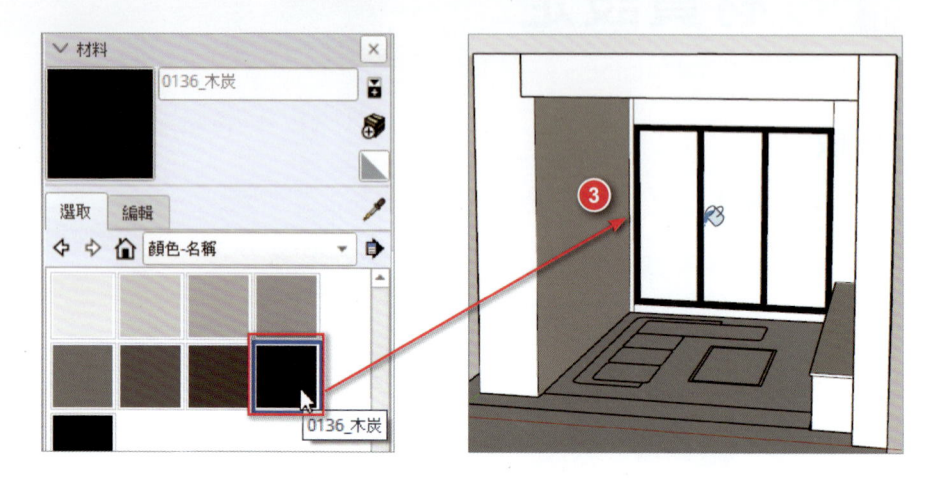

04. 選擇一個玻璃材質,填入玻璃。

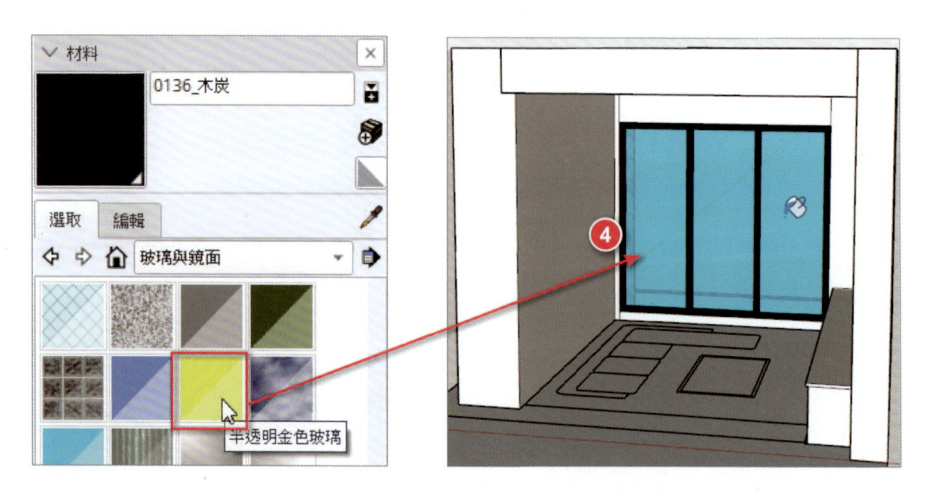

05. 切換到【**編輯**】,將不透明度調低。

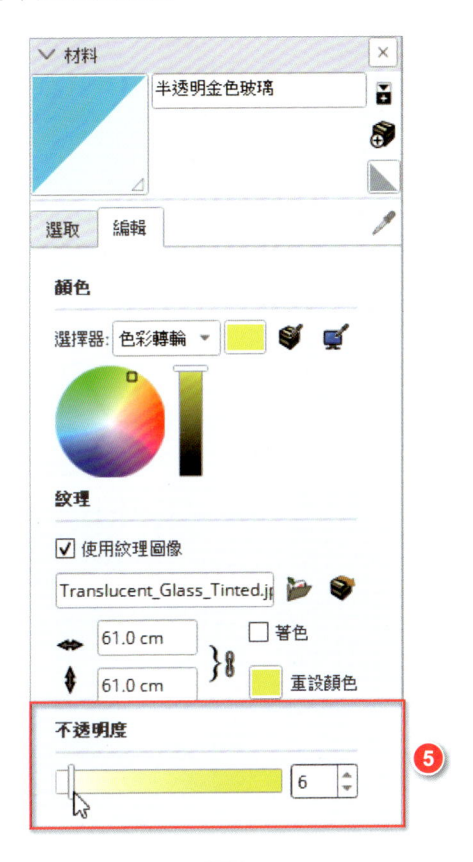

06. 點擊【▲】恢復預設值,再點擊【🎁】建立材料。

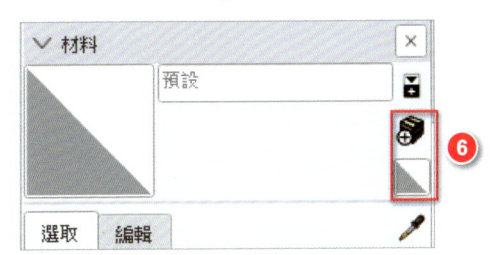

07. 材料名稱輸入「木地板」，點擊【 ▶ 】選擇範例檔〈木地板 .jpg〉，尺寸輸入 100，將材料填給地板。

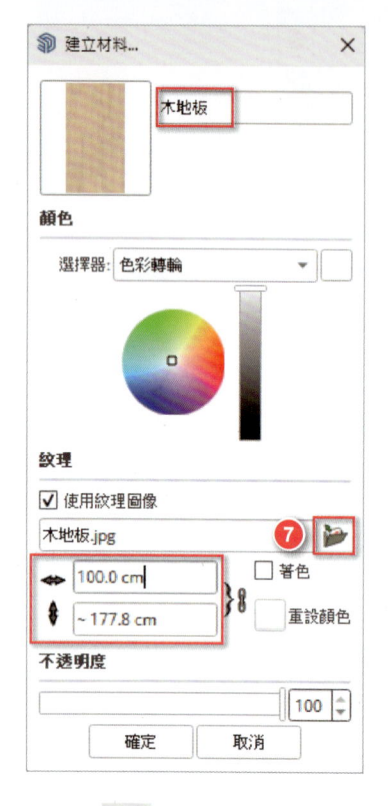

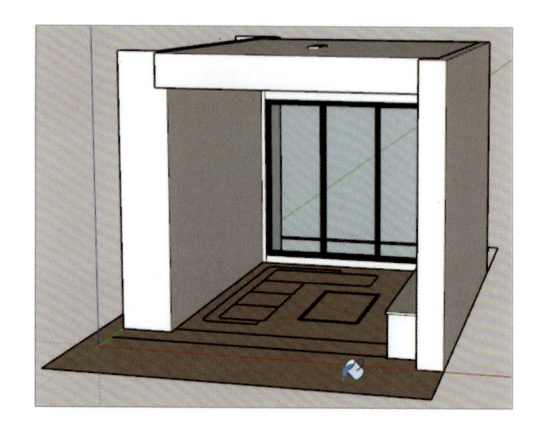

08. 點擊【 ▣ 】建立材料。

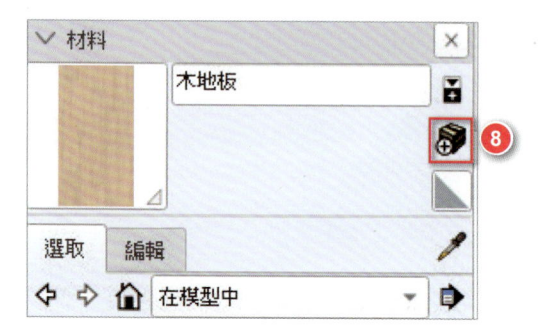

09. 材料名稱輸入「木紋」，點擊【 📂 】選擇範例檔〈木紋 .jpg〉，點擊【 ✂ 】解鎖長寬比，尺寸輸入 172.5 與 230，將材料填給電視櫃。

10. 點擊【 ◤ 】恢復預設值，再點擊【 🧊 】建立材料。

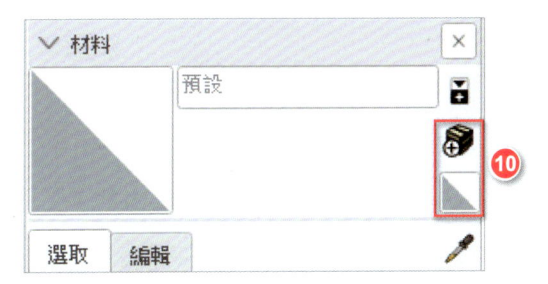

11. 材料名稱輸入「木紋 2」，點擊【🖿】選擇範例檔〈木紋 2.jpg〉，尺寸輸入 70.5，將材料填給電視櫃門板。

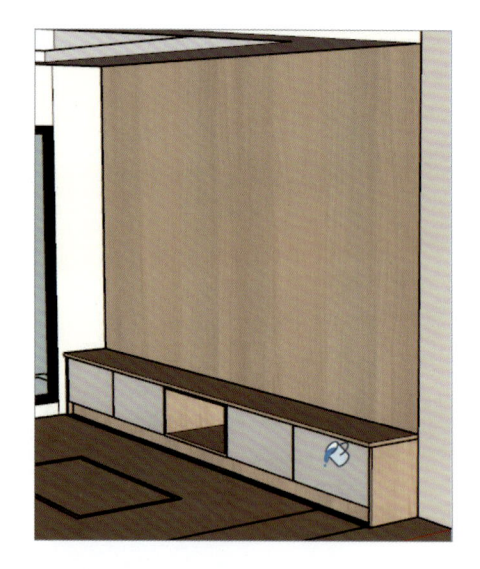

12. 切到【編輯】頁籤，點擊【🖵 (配合螢幕上的顏色)】，再點擊上方的白色區域吸取顏色，可以調整材料顏色。

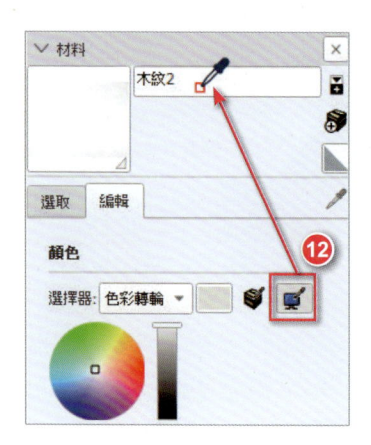

13. 點擊功能表的【檔案】→【匯入】，選擇〈客廳家具 .skp〉，放在沙發後牆面邊緣，檔案中包含沙發、茶几、電視、音響、插座等，可以分解元件後再自由移動位置。

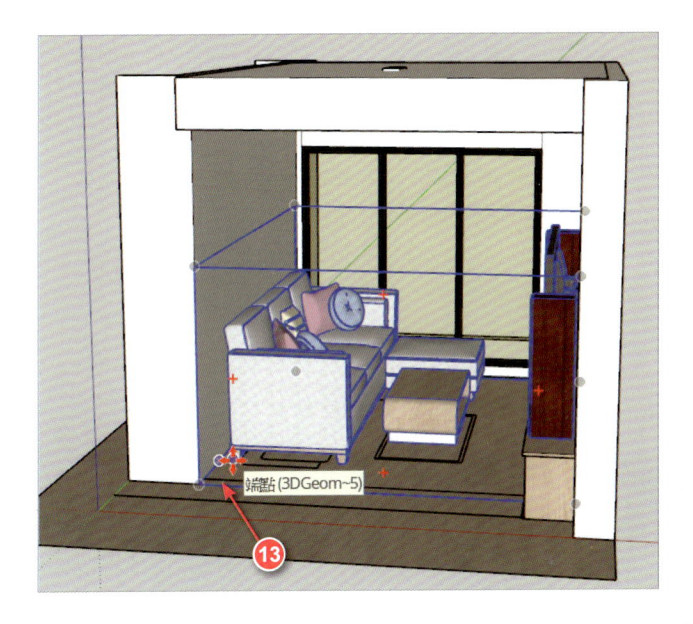

14. 點擊功能表的【鏡頭】→【平行投影】後，分別切換到正視圖與俯視圖，更容易調整家具的位置，以及確認家具下方是否懸空。

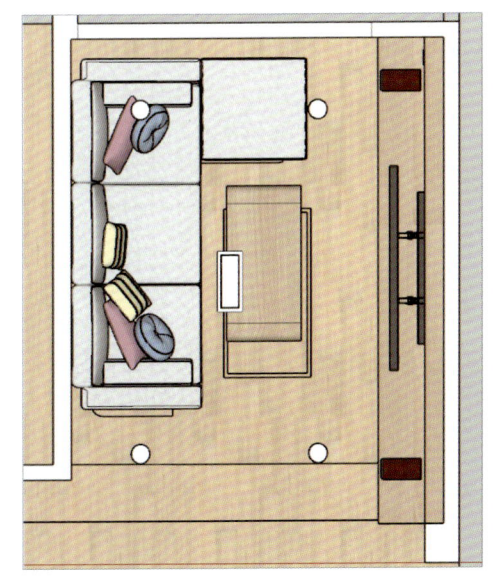

Lesson 7-6　Enscape 渲染

▌匯入物件

01. 在工具列上按滑鼠右鍵，勾選【Enscape】工具列。

02. 點擊 Enscape 工具列的【 ￼ 】開始渲染。

03. Enscape 視窗可以不用關閉，按住 [Shift] 鍵與滑鼠右鍵，移動滑鼠可以調整時間。

Chapter 7
客廳空間繪製

04. 刪除原有沙發，點擊 Enscape 工具列的【 】開啟 Enscape 資源庫。搜尋「sofa」，點擊任一個沙發。

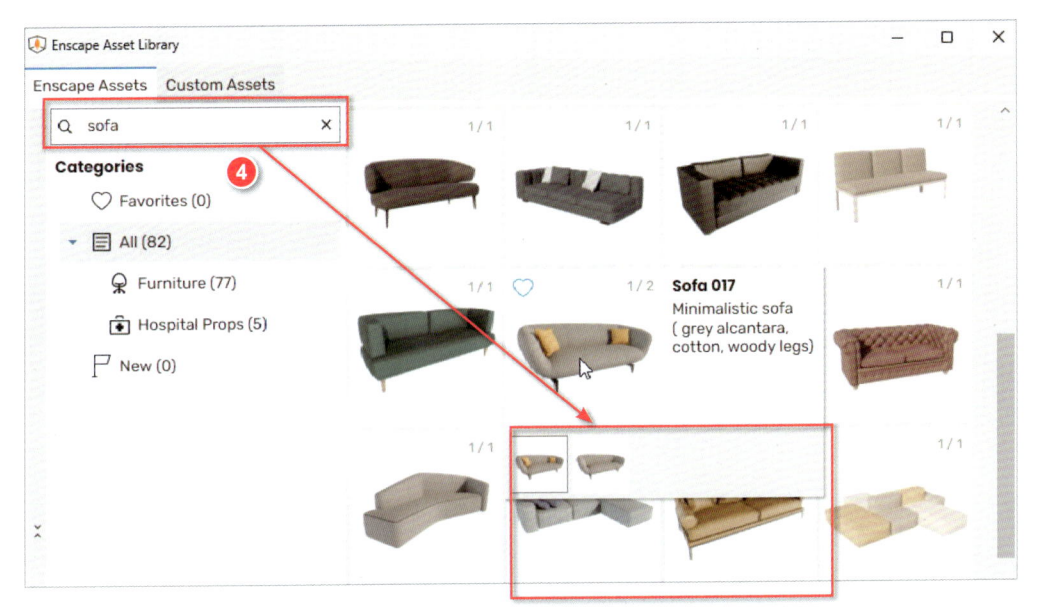

05. 放置在客廳，按下 Esc 鍵結束。

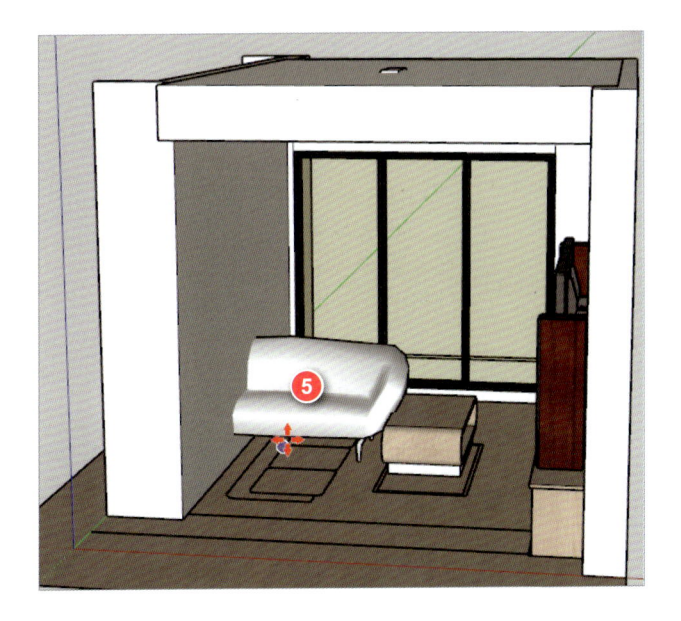

06. 點擊【**移動** (M)】指令，點擊沙發元件上的紅色十字可以旋轉，如右圖。

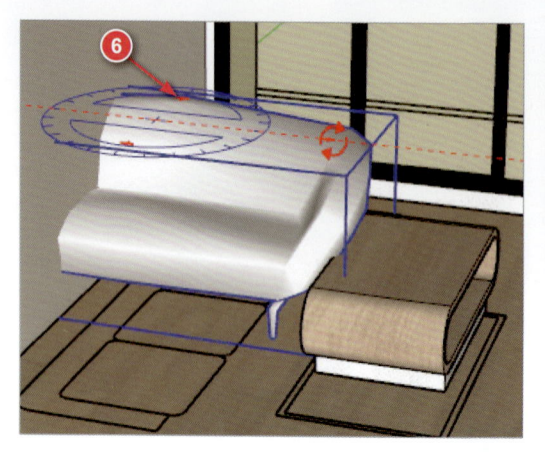

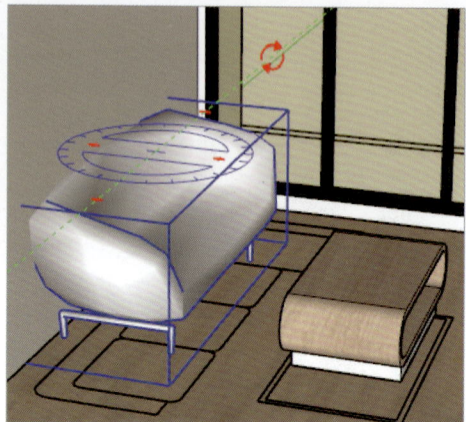

07. Enscape 渲染視窗如下圖。

▍Enscape 材質設定

01. 點擊 Enscape 工具列的【✱】開啟 Enscape 材質編輯。

02. 點擊【顏料桶 (B)】指令，按住 Alt 鍵吸取地板材料，找到木地板後，點擊 Bump map 下方的【Use Albedo】來加入凸紋效果。

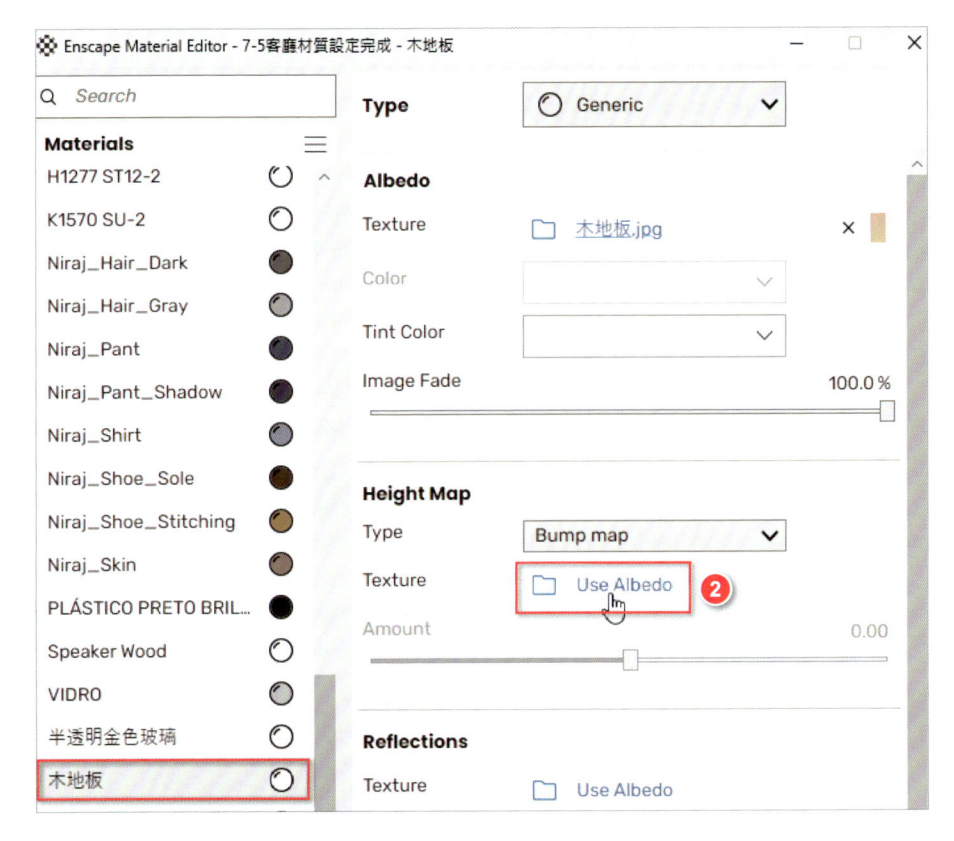

03. 並調整 Amount 值來降低凸紋強度。

04. 當 Roughness 粗糙度為 0，觀察遠處地板，會變得反射清晰且光滑。

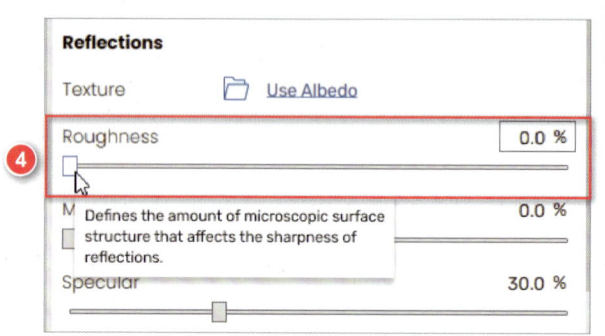

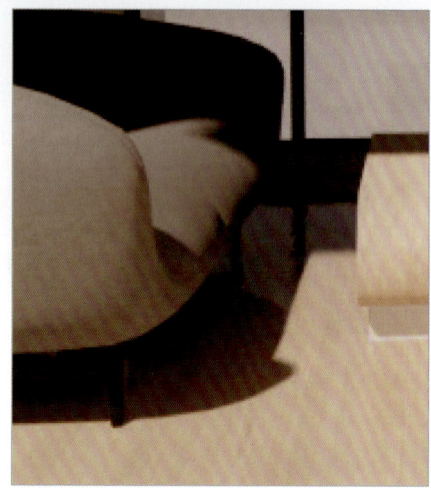

05. 當 Roughness 粗糙度調高，地板會變得反射模糊。將其他木紋材料增加反射效果並設定粗糙度。(【Metallic】為金屬化，【Specular】為反光程度。)

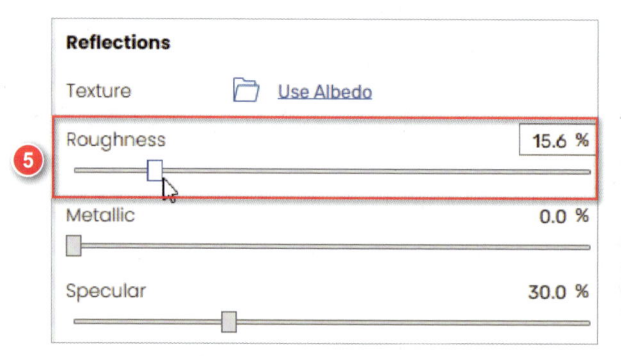

06. 點擊【**顏料桶**(B)】指令，按住 Alt 鍵吸取嵌燈材料，將 Type(材質類型)設定為【Self-Illuminated(**自發光**)】。

07. 【Color】調整發光顏色。【Luminance】可以控制材質亮度。

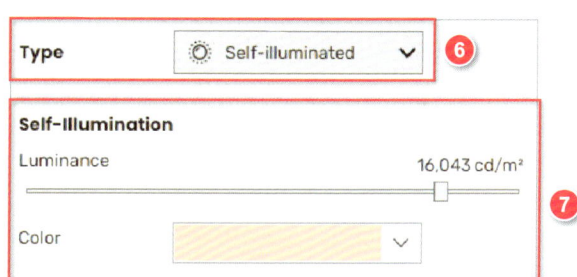

08. 將圓形嵌燈也開啟自發光，如下圖。

7-37

Enscape 燈光設定

> **小祕訣 TIPS**
> SketchUp 2024 Enscape 4.1 的版本，在建立 Enscape 的燈光時，會出現錯誤並關閉 SketchUp 視窗，Enscape 4.2 已經修正此問題，可以正常使用燈光。

01. 從嵌燈中心往下畫一條線段。

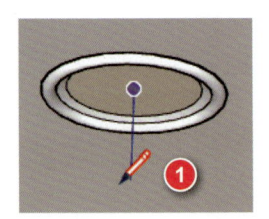

02. 點擊 Enscape 工具列的【➕】開啟 Enscape 燈光。

03. 點擊【Spot】建立聚光燈。

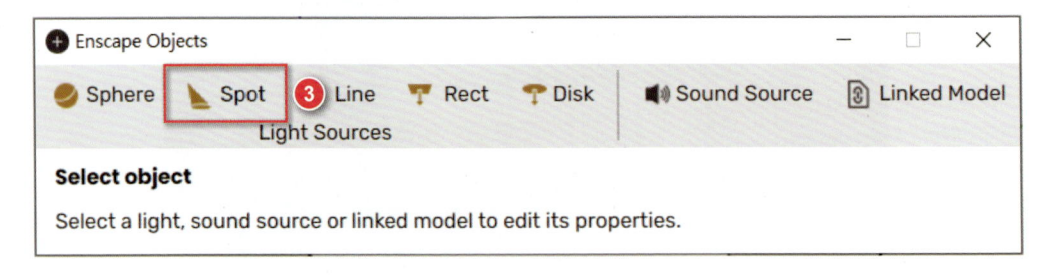

7-38

04. 滑鼠在線段上,由上往下點擊兩個點,決定燈光起點。

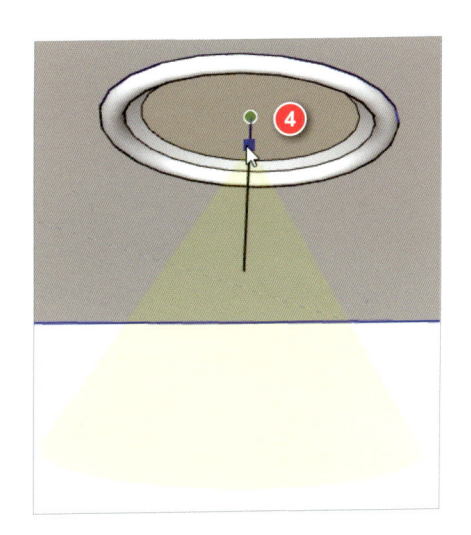

05. 在線段的下方,再點擊兩個點,決定燈光方向。

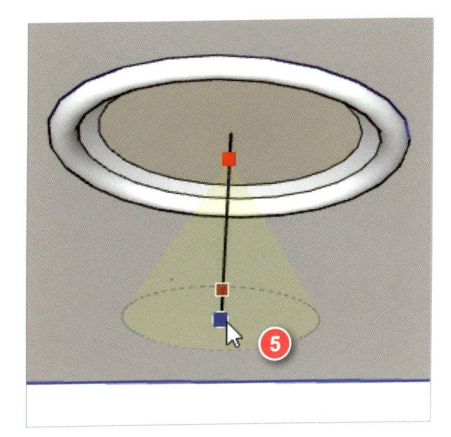

06. 將聚光燈複製到其他嵌燈中心。

7-39

07. 點擊【 ➕ 】，選取其中一個聚光燈，【Luminous intensity】調整燈光強度，【Beam Angle】調整錐度，控制燈光範圍。

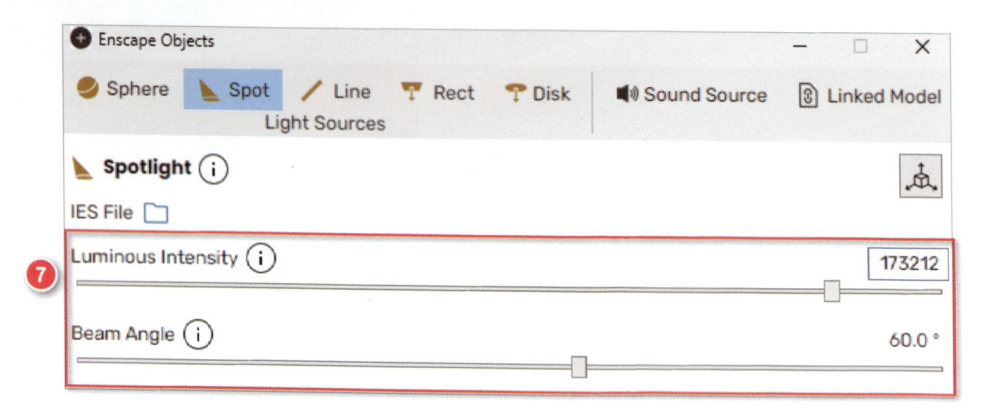

08. Enscape 渲染視窗如下圖。

09. 點擊【**顏料桶**(B)】指令，填入顏色給聚光燈，可以控制燈光顏色。

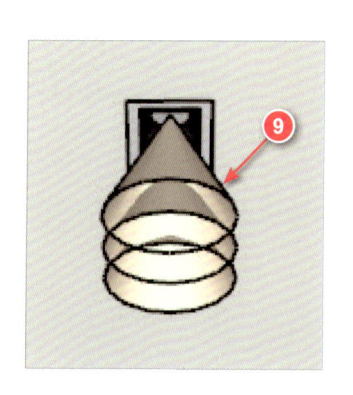

10. 點擊【📁】可以替燈光套用不同的 IES 檔，產生不同形狀的光源。此處選擇範例檔〈5.IES〉，並增加 Luminous Instensity 發光強度的數值。

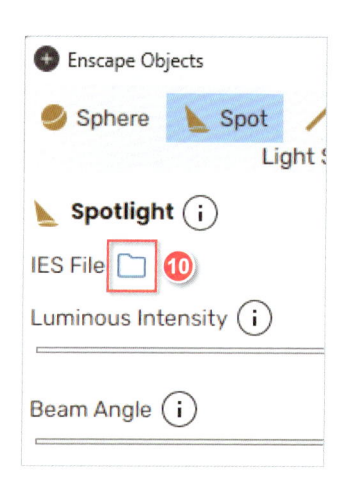

7-41

11. 按下打叉，刪除 IES 檔。

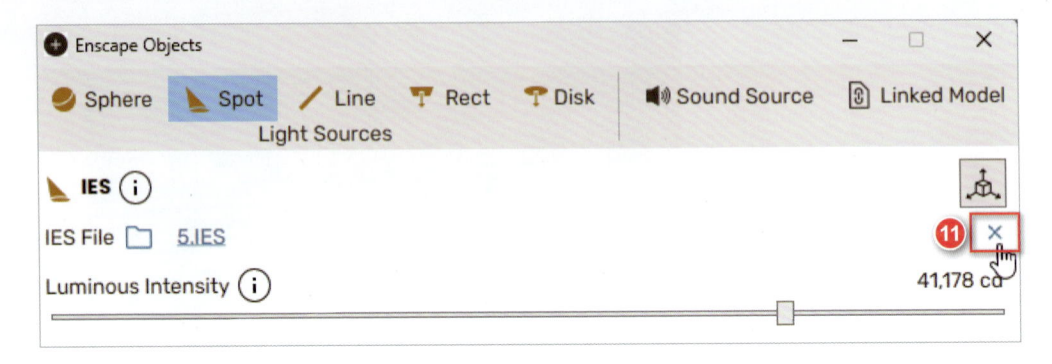

12. 點擊【檔案】→【匯入】，匯入〈Line.skp〉，放置在電視上方的天花板凹槽中，保持選取狀態。

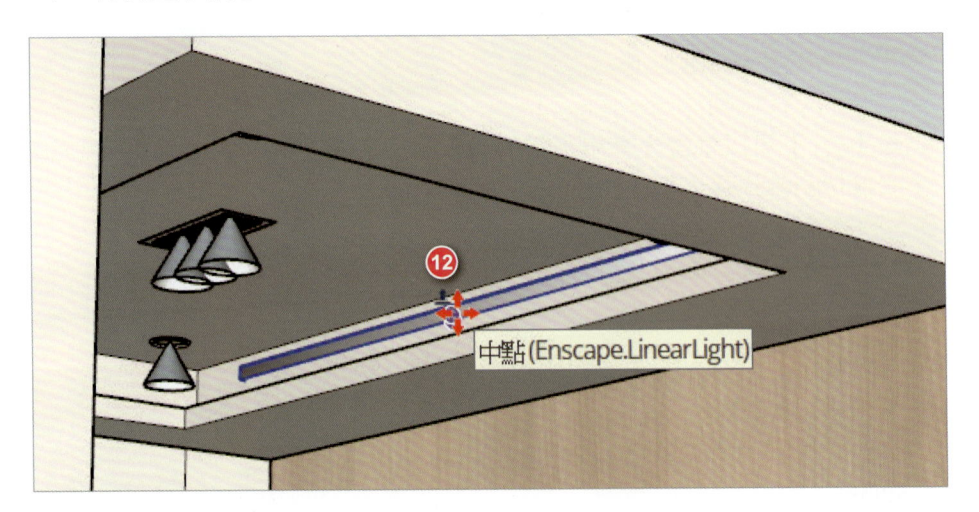

Chapter 7
客廳空間繪製

13. 點擊【鏡頭】→【平行投影】,切換到上視圖,燈光往左移動,不要埋在天花板內,移動時不要鎖點。

14. 移動複製到天花板其他三側。

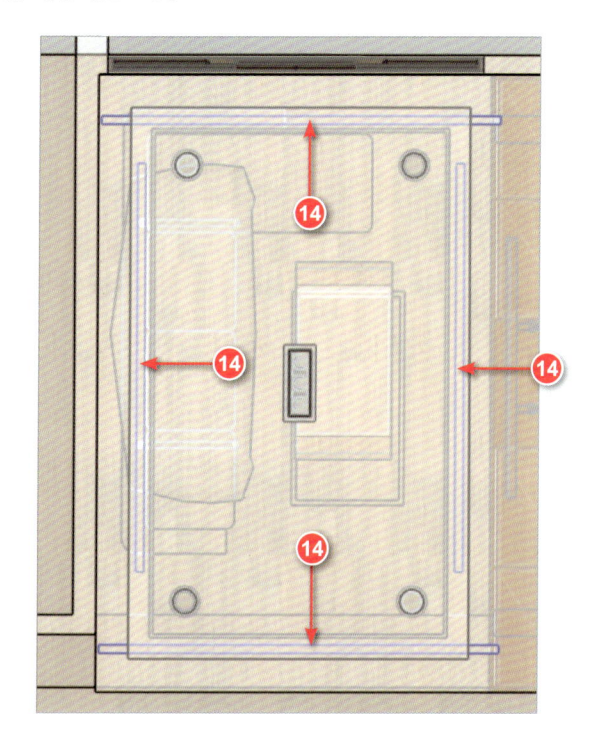

7-43

15. 在燈光上點擊左鍵兩下，可以重新調整長度。

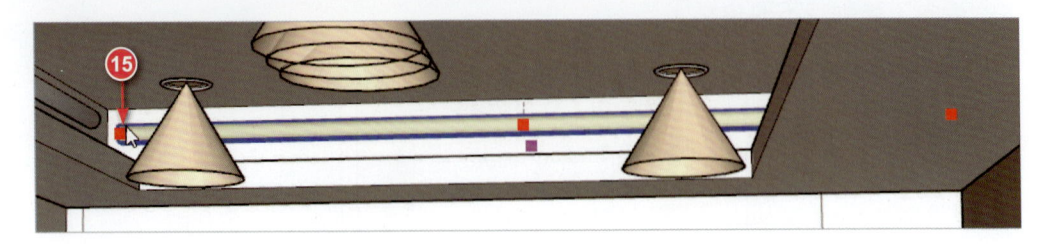

16. 渲染如下圖。

▍Enscape 渲染設定

01. 點擊 Enscape 渲染視窗的【👁】開啟渲染設定。

02. 點擊【Main(主要)】,【Expourse】調整曝光強度,【Field of View】調整視角,太廣角會變形。

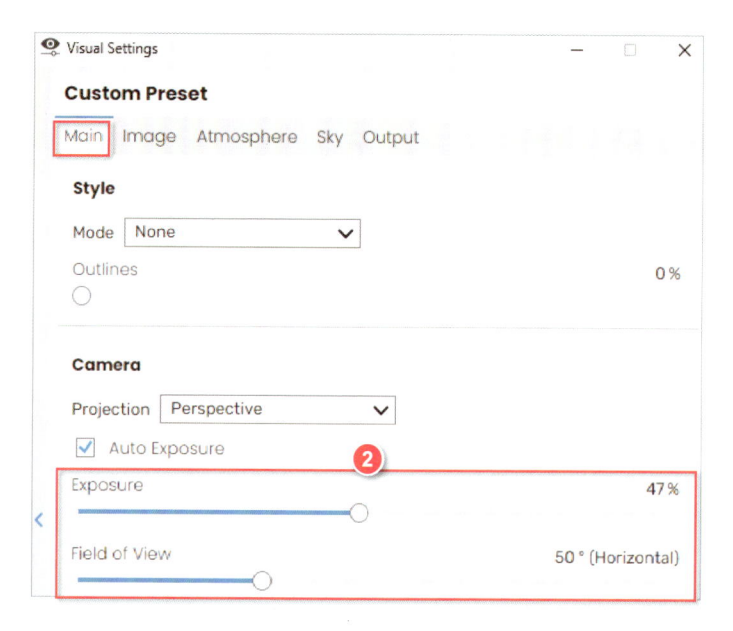

03. 渲染如下圖。

04. 點擊【Image(圖像)】,【Highlights】調整高光部位,使太亮的地方不會曝光,【Shadows】調整陰影強度。【Color Temperature】調整整體色溫,數值小偏黃色。

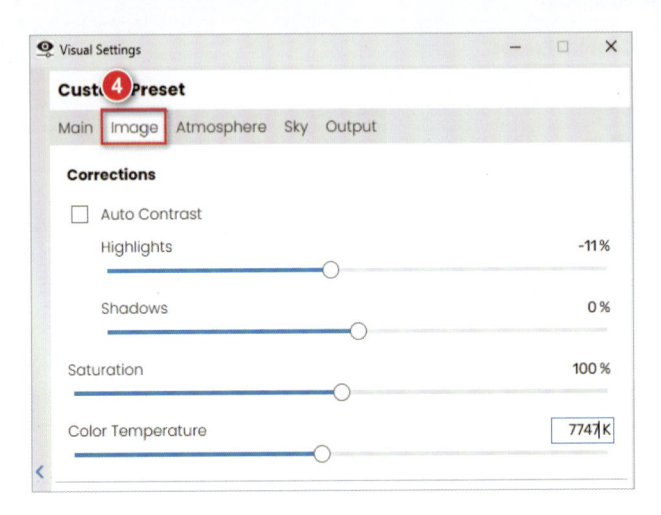

05. 點擊【Atomsphere(大氣)】,【Sun Brightness】調整太陽亮度。

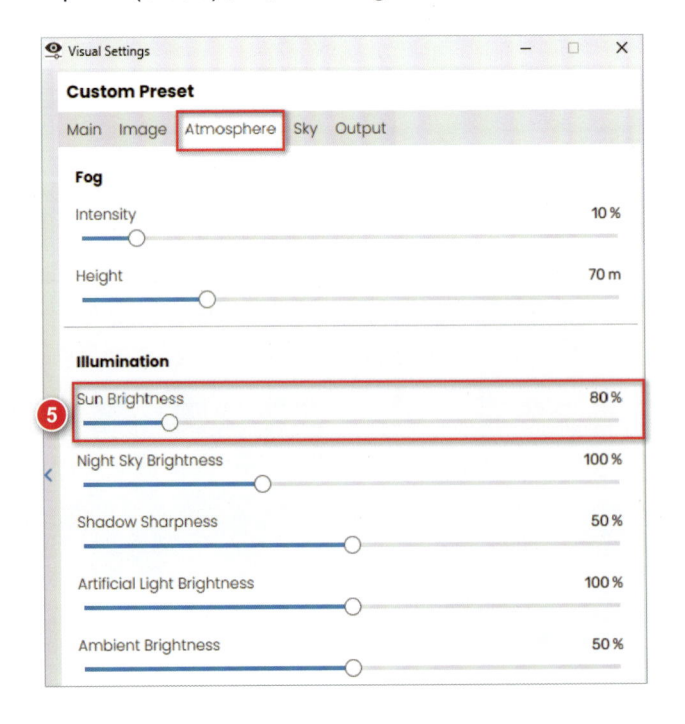

06. 點擊【Sky(天空)】,【Source】選擇一個背景環境照明,【Rotation】調整此背景的角度。

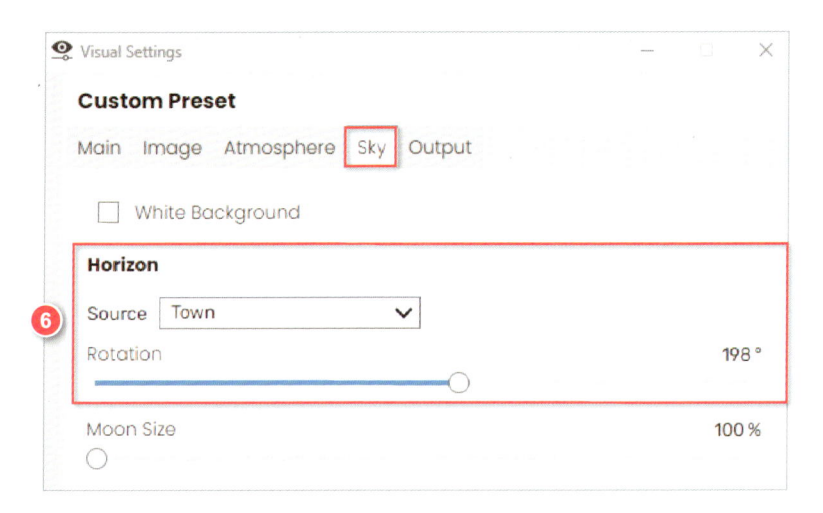

07. 渲染如下圖。

08. Clouds 下方參數可以調整雲層,【Density】調整密度,【Variety】調整種類。

09. 點擊【 (Safe Frame)】開啟安全框,此時顯示的畫面,才是最終彩現圖的尺寸。

10. 在最後【Output】頁籤,開啟 Resolution(解析度)下拉選單,選擇 Custom 可以自訂尺寸。【File Format】可以選擇彩現圖片格式。

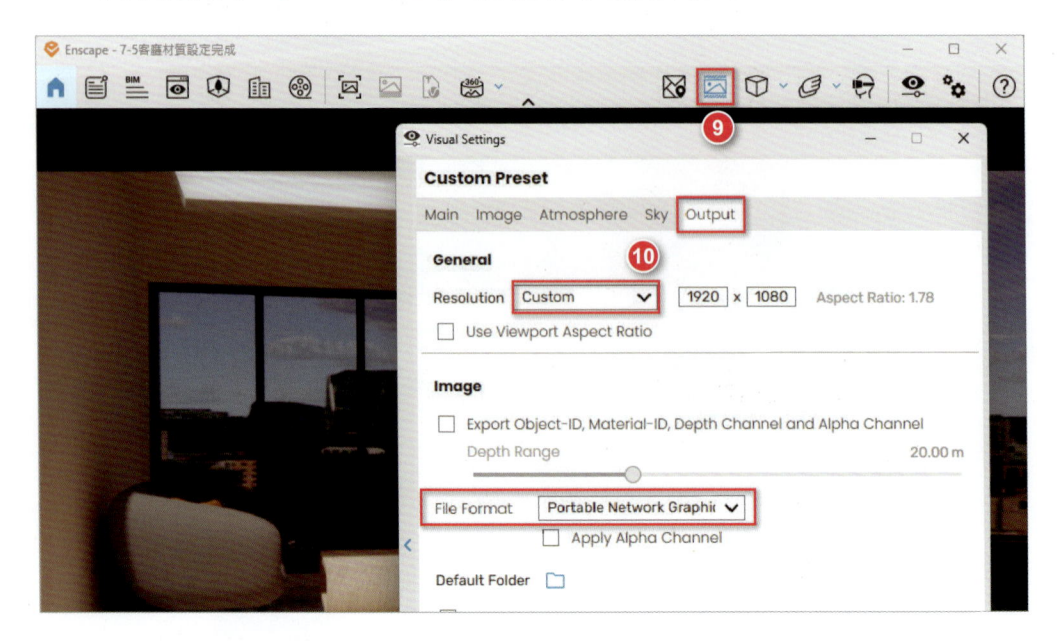

7-48

Chapter 7
客廳空間繪製

11. 渲染如下圖。

12. 點擊【 ▣ 】將目前視角截圖。

7-49

V-Ray 渲染器的使用

chapter 8

V-Ray 與 Enscape 外掛皆可以渲染出高品質的擬真效果圖，而 Enscape 的優勢在於快速渲染，內建許多高品質家具、樹木模型，減少繪製與下載模型的時間，效率高；而 V-Ray 則可以細節的調整材質、燈光與彩現的設定，全部在同一個視窗，容易調整，且有內建材質庫可套用，可渲染出高品質的效果圖。

Lesson

8-1 V-Ray 面板介紹

■ V-Ray 專屬的工具列

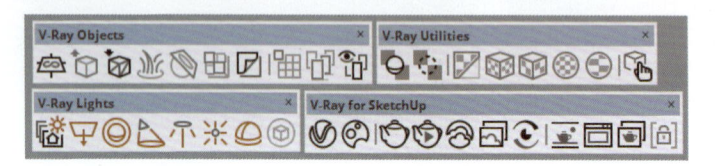

請先安裝 V-Ray 6.2 外掛，開啟〈書房有材質 .skp〉範例檔，在功能表上點擊右鍵即可將四個 V-Ray 工具列叫出來。

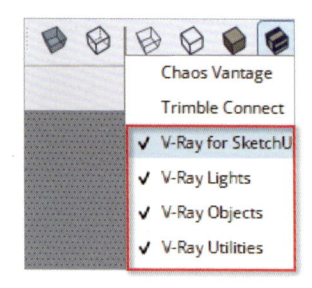

■ V-Ray 介面語言

新版 V-Ray 可以選擇英文或簡體中文，本書以英文介面為主。更換語言的位置在【延伸程式】→【V-Ray】→【Language】→【English】，設定完成必須重開 SketchUp。

8-2

V-Ray 工具列各個按鈕意義

點擊 V-Ray for SketchUp 工具列的【⊘（Asset Editor）】可開啟 V-Ray 資源編輯器，可以對材質、環境、燈光…等做設定。點擊 ⊗ ⊙ ⊗ ▣ | ⚙ 可對不同功能做設定。

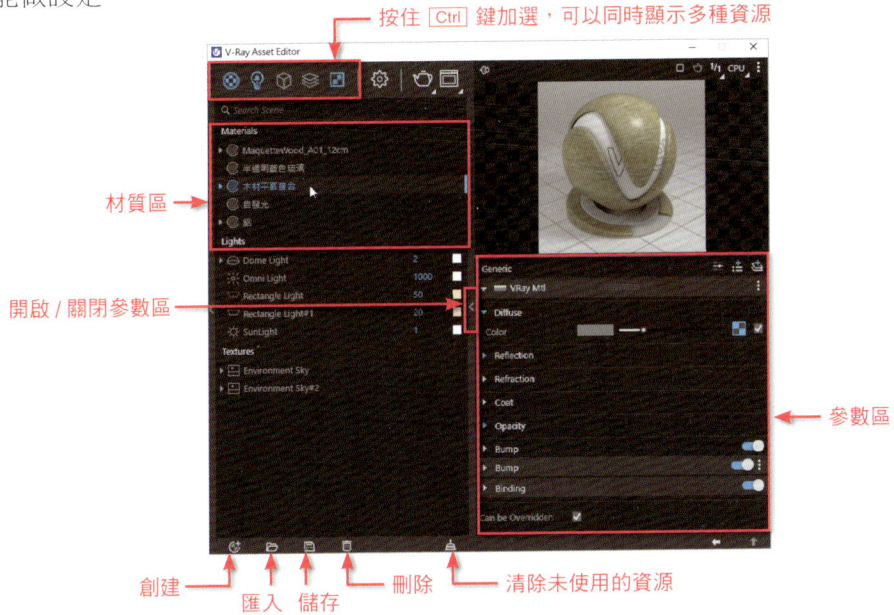

按住 Ctrl 鍵加選，可以同時顯示多種資源

材質區
開啟/關閉參數區
參數區
創建　匯入　儲存　刪除　清除未使用的資源

- ⊗ Materials（材質）：可對材質做反射(Reflection)、折射(Refraction)…等參數設定。先按下【Edit in V-Ray】可在 V-Ray 編輯材質，點擊右上角【🗄（Add Layer）】可新增【Emissive（自發光）】…等圖層。

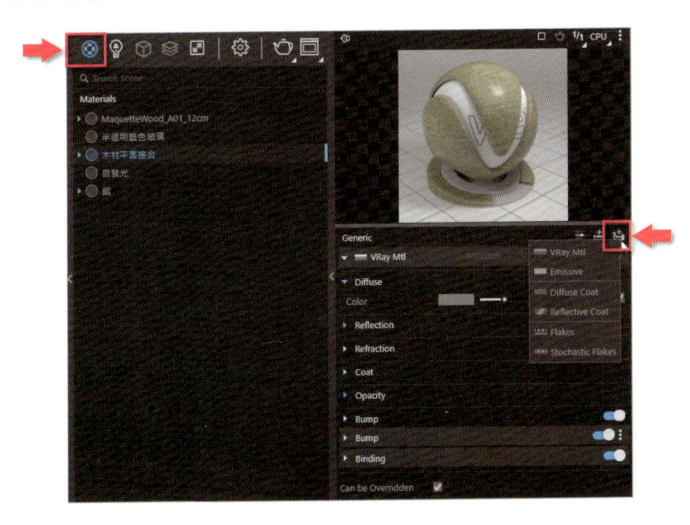

8-3

- 參數區：一般材質有 V-Ray Mtl、Bump（凸紋）…等圖層，可依所需的材質屬性，添加圖層與修改圖層。

- 💡 Lights（燈光）：可對 SunLight（太陽光）、Rectangle Light（矩形光）、IES …等燈光做參數設定。

Denoiser 為新功能，可以減少彩現的雜點。

- ⚙ setting（設置）：針對環境以及彩現設定。點擊面板右上角 ⇄ 可將進階面板叫出來。Denoiser 為新功能，可以減少彩現的雜點。

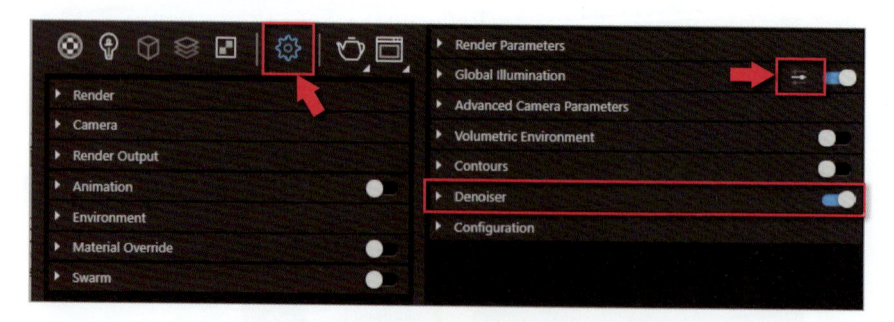

- Render（彩現）：彩現的品質統一由 Quality（品質）控制，通常使用 Low（低）或 Medium（中等）。Engine 可以設定由電腦的 CPU 或 RTX（顯示卡）來計算圖面，或是 CUDA（兩者同時計算）。

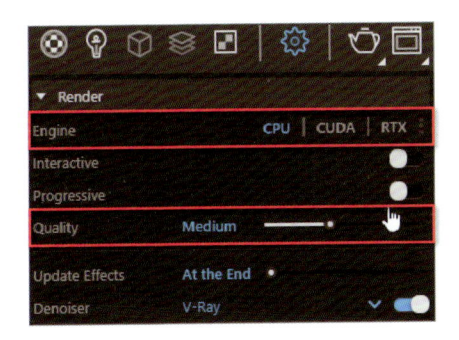

- Camera（相機）：V-Ray 物理相機設定。【Exposure Value（曝光值）】、【White Balance（白平衡）】等設定也都在此。

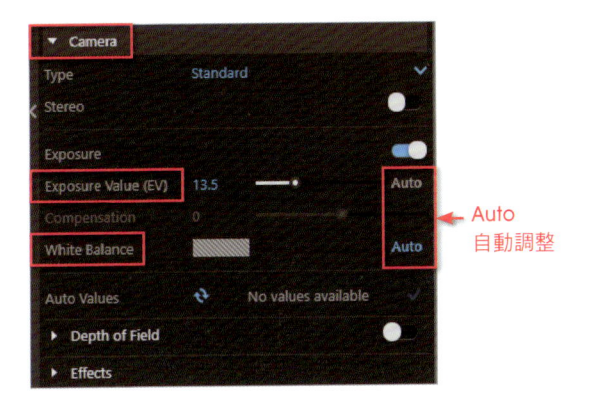

- Render Output（彩現輸出）：可以設定彩現圖片的尺寸。
- Environment（環境）：環境光與背景設定。

- Render Parameters：面板裡的【Noise Limit（噪波限制）】，可以控制彩現圖中黑斑以及噪點的數量，數值越小黑斑及噪點越少。

  【Max Subdivs】數值越大追蹤的光線越多，畫面越漂亮。

  【Antialiasing Filter（抗鋸齒）】常用的抗鋸齒設定有【Box】、【Lanczos】。

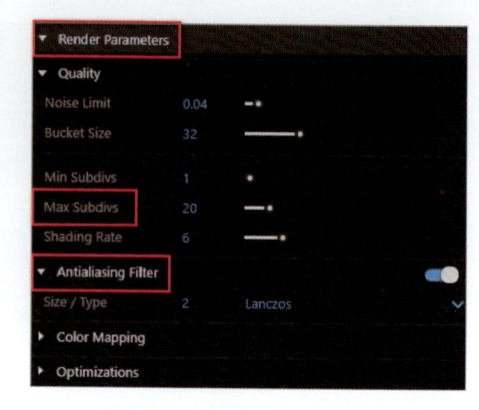

- Global Illumination：間接照明設定面板，是 V-Ray 彩現中最重要的設定面板。室內設計的【Primary Rays（一次反彈）】主要設定為【Irradiance map（發光貼圖）】或【Brute force】。【Secondary Rays（二次反彈）】主要設定為【Light cache（光子快取）】。下方的【Irradiance Map（發光貼圖）】與【Light Cache（光子快取）】細部設定，主要調整欄位為【Subdivs（細分值）】，數值越大越好，算圖時間也越長。

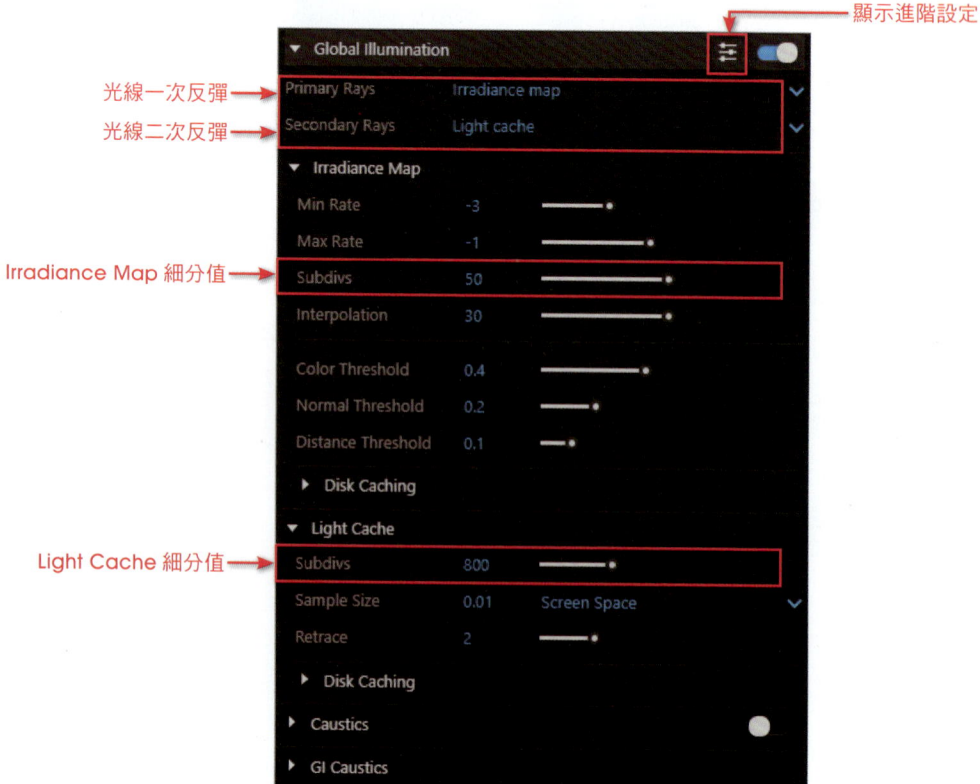

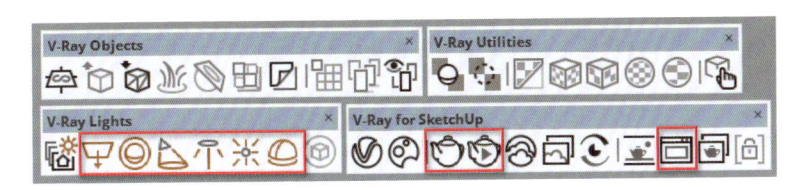

Chapter **8**
V-Ray 渲染器的使用

- :計算彩現結果。
- :互動式彩現,可以即時彩現。變更視角或編輯材質後,會馬上更新彩現。
- :不彩現,直接開啟彩現視窗(Frame Buffer)。
- :建立點光源(Omni Light)。
- :建立矩形光(平面光)(Rectangle Light),是 V-Ray 中最常見的光源模式。
- :建立聚光燈(Spot Light)。
- :建立 IES 燈(IES Light),利用附加的檔案可改變 IES 燈的光照形狀。
- :建立球型燈(Sphere Light)。
- :建立半球型的 Dome Light,利用 Hdr 檔案可改變環境光。

8-7

Lesson 8-2　V-Ray 材質與燈光設定

■ 折射 Refraction

01. 開啟〈書房無材質 .skp〉範例檔，可以發現裡頭並未填上材質。

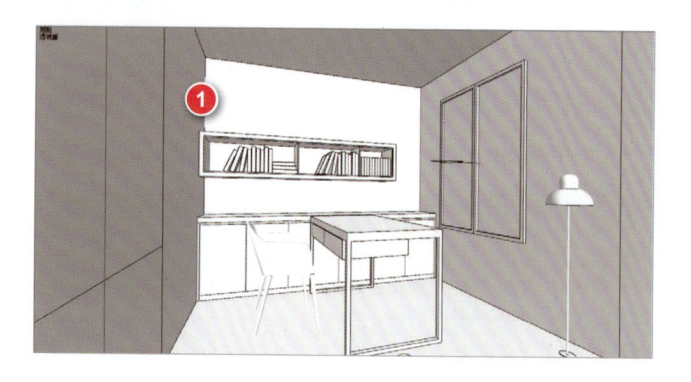

02. 點擊【🎨 顏料桶】來填入材質，並至右側材料面板→【玻璃與鏡面】選擇【半透明藍色玻璃】作為玻璃材質。

03. 點擊玻璃將材質填上去。可以發現玻璃變成半透明藍色的。

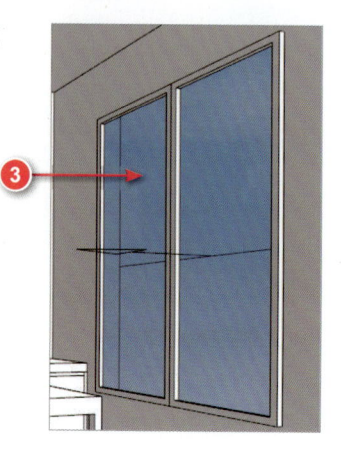

Chapter **8**
V-Ray 渲染器的使用

04. 點擊【🫖 Render】彩現,可以發現窗戶變為玻璃材質且陽光可以照射進來。若彩現被牆面擋住,點擊上方「書房」場景回到此視角。

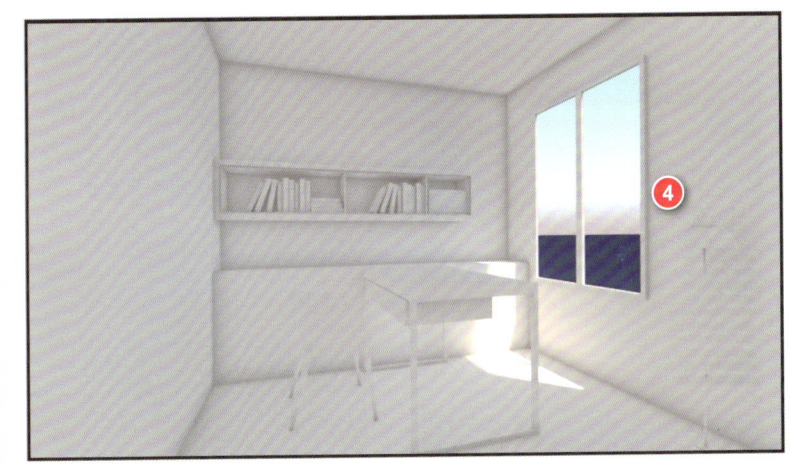

05. 點擊【✅ Asset Editor】開啟資源編輯器,選取【半透明藍色玻璃】,並點擊 ▶ 按鈕將材質參數面板展開。點擊【Refraction(折射)】左邊的三角形展開。

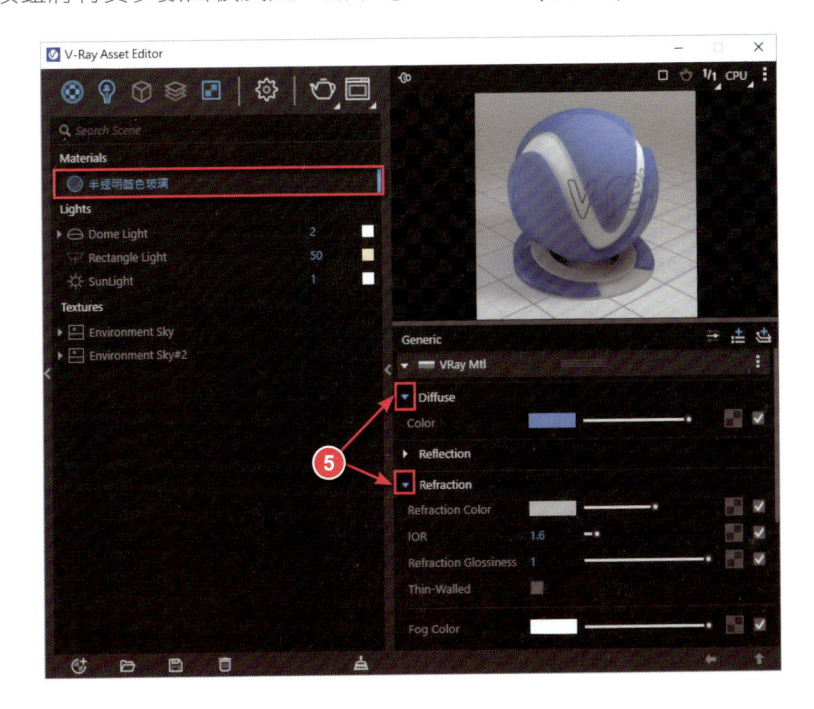

8-9

06. 將【Refraction Color(折射顏色)】滑桿往左拖曳,顏色越黑折射越弱,也會較不透明,算圖後可以發現畫面較暗,因為玻璃較不透明所以外面陽光照不進來。

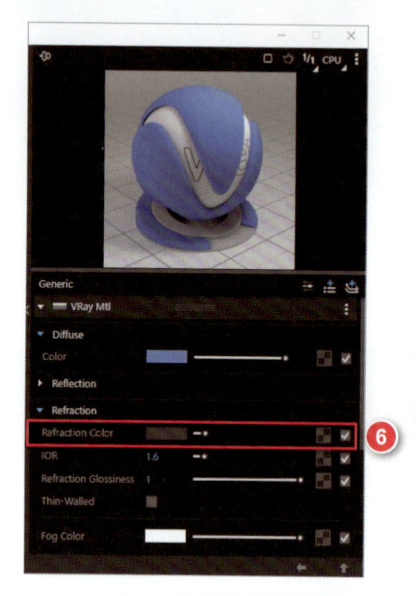

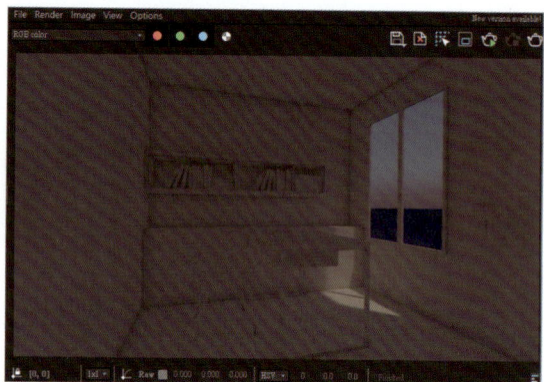

07. 滑桿往右拖曳到全白,顏色越白折射越強,也會較透明,且 Diffuse(漫射)的顏色會完全消失。彩現後可以發現陽光照射進來了,若太亮可往左調整。

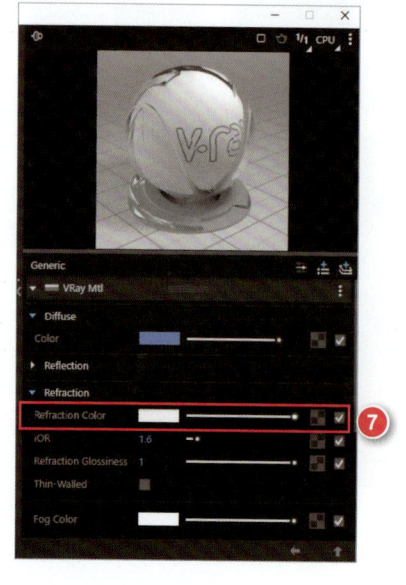

08. 【Fog Color】可以設定玻璃顏色。【Depth】可以設定顏色強度。Fog Color 即使是淺色，彩現後會變成深色，因此 Depth 數值要往右調，Fog Color 調回白色可以恢復原本顏色。

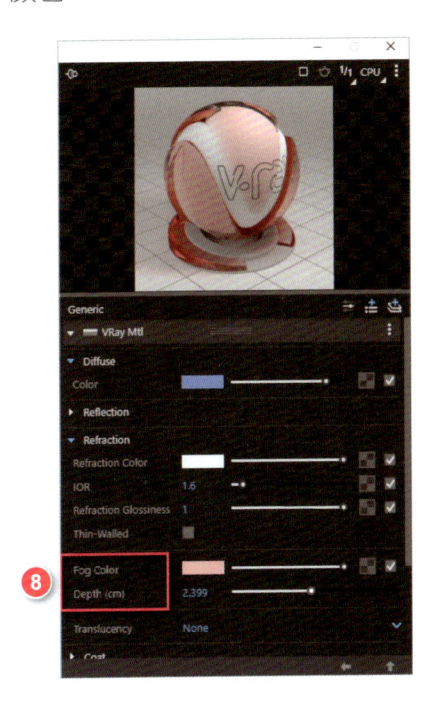

反射 Reflection

01. 點擊【 🎨 顏料桶】來填入材質，並至右側材料面板→【木】選擇任一木紋作為地板材質。

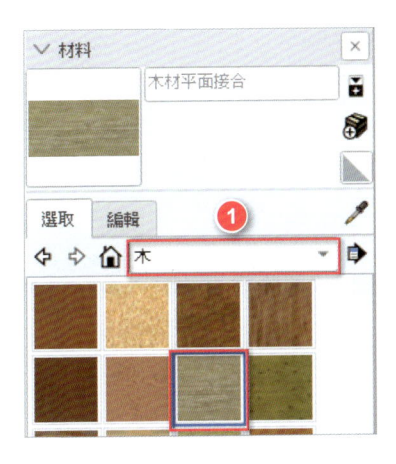

02. 將地板填入木紋材質。

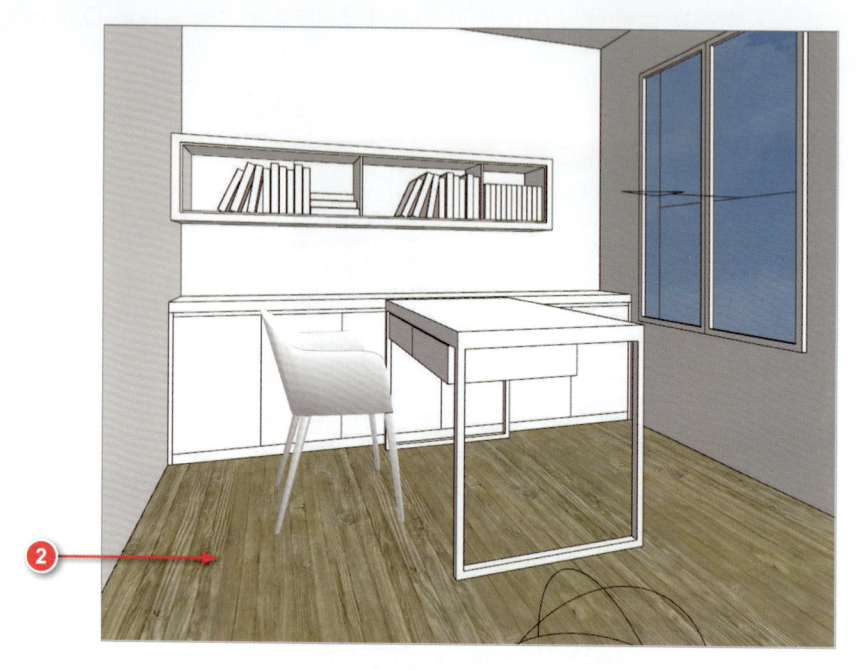

03. 點擊【🫖 Render】彩現，可以發現地板並沒有反射的紋路。

04. 點擊【 Asset Editor】開啟資源編輯器，選取「木材平面接合」材質。點擊【Reflection（反射）】左邊三角形展開，將【Reflection Color（反射顏色）】滑桿往右拖曳，顏色越白反射越強，黑色則是完全沒反射。

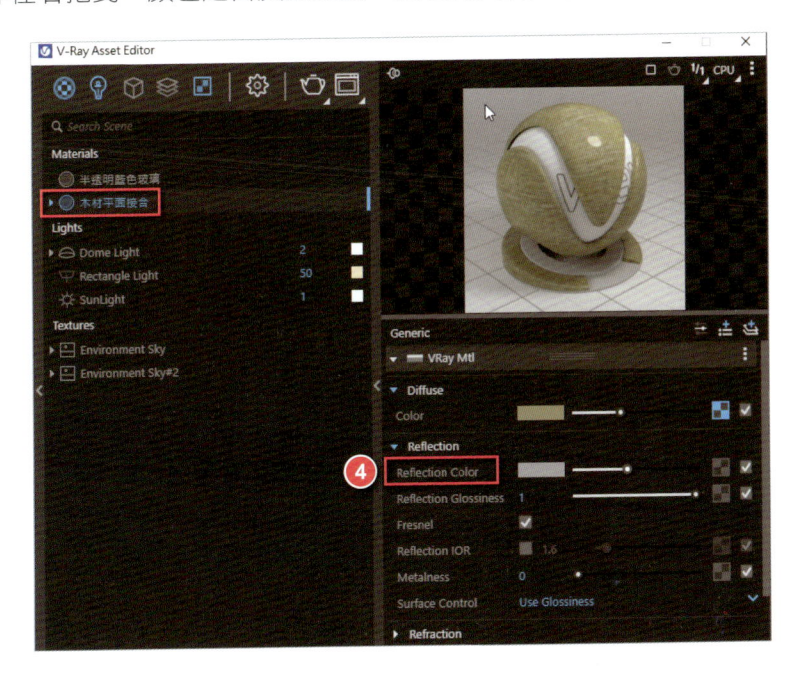

05. 調整視角可以看到地板，彩現後可以發現地板有反射的倒影。

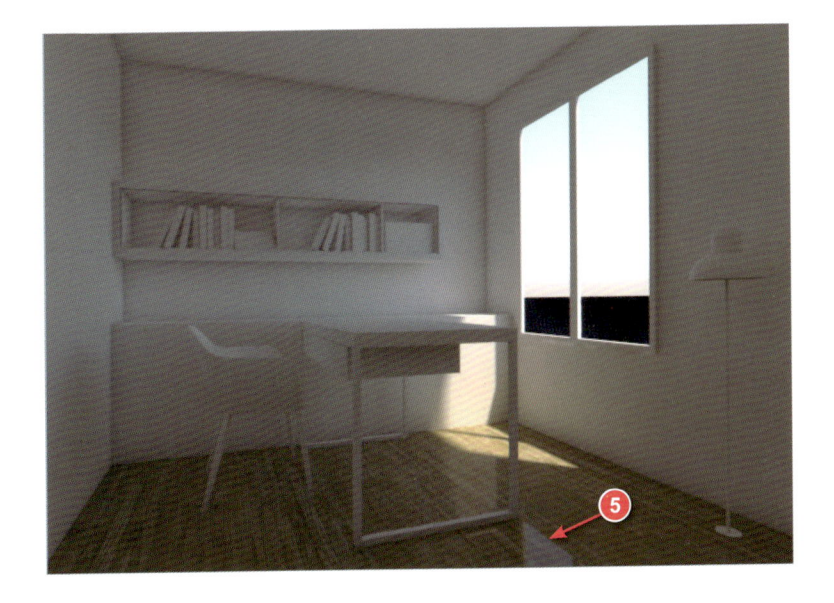

8-13

06. 調整【Reflection Glossiness】數值可改變反射模糊度。數值越低，反射越模糊，且彩現時間會較久。

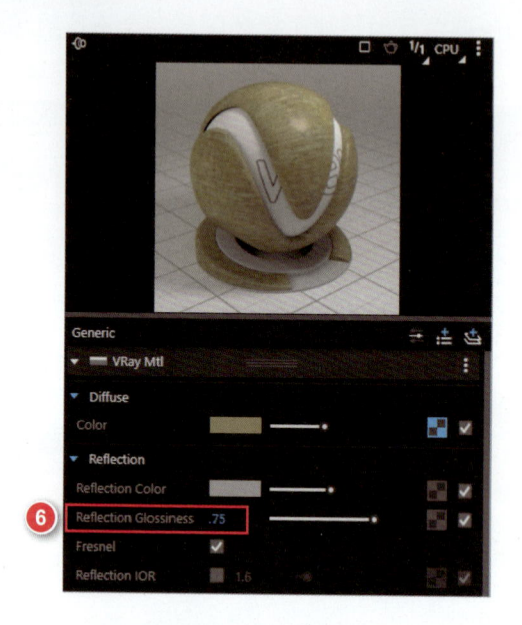

07. 拉高 Reflection Glossiness 的數值，彩現後可以發現地板反射的倒影較為模糊。

金屬

01. 點擊【🎨 顏料桶】來填入材質,並至右側材料面板→【金屬】選擇【鋁】作為落地燈(立燈)材質。

02. 點擊【 Asset Editor】開啟資源編輯器,選取「鋁」材質,在右上角點擊 按鈕→【Floor(地板)】,可以改變預覽材質的場景。

03. 調整【Reflection Color(反射顏色)】搖桿使反射變強。

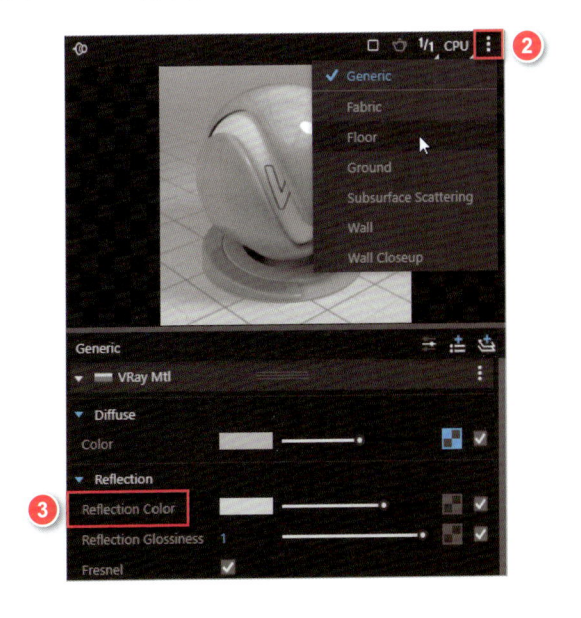

04. 勾選【Fresnel（菲涅爾）】使觀看物件的角度影響反射的強度，從預覽圖看出窗戶下方反射較強，因為往窗戶方向觀看角度較傾斜。自己腳下角度較小，反射較弱。

05. 不勾選【Fresnel（菲涅爾）】則整體反射強度一致。

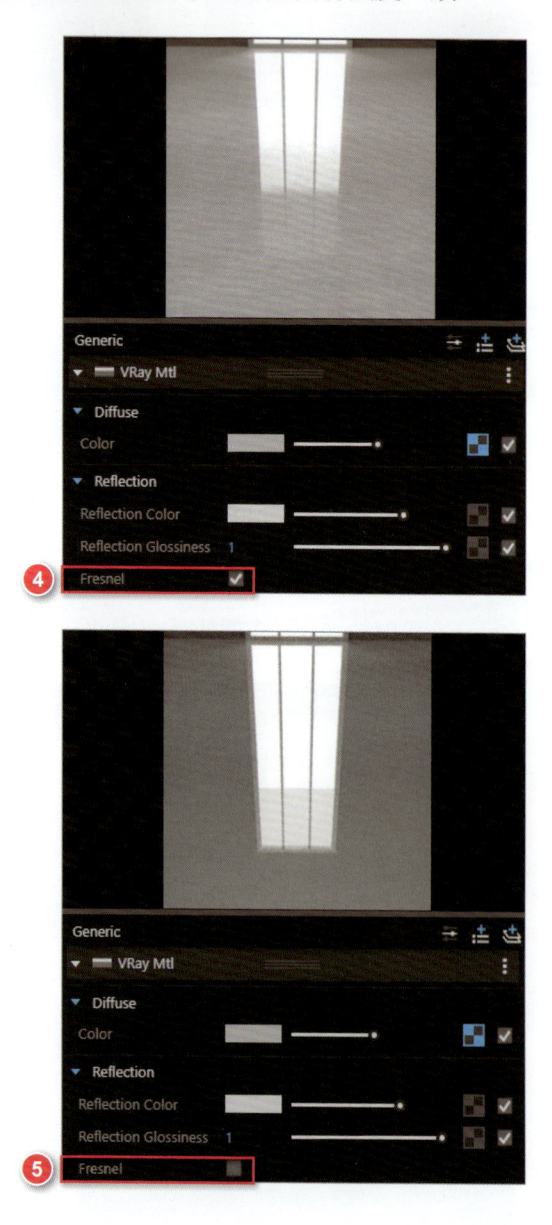

06. 在右上角點擊【 ┋ 】按鈕→【Generic(一般的)】，切換回原本的場景。

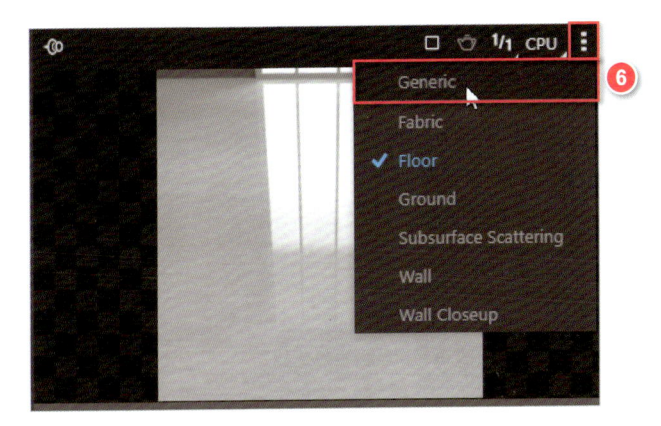

07. 調整【Metainess】可以增加金屬質感光澤。

08. 彩現後可以發現落地燈有金屬質感，從書桌位置觀察落地燈會有不同的反射結果。

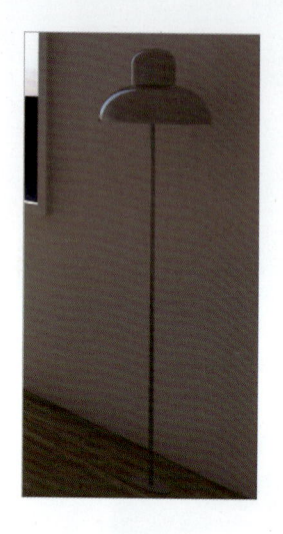

09. 調整【Reflection Glossiness】數值可改變反射模糊度。

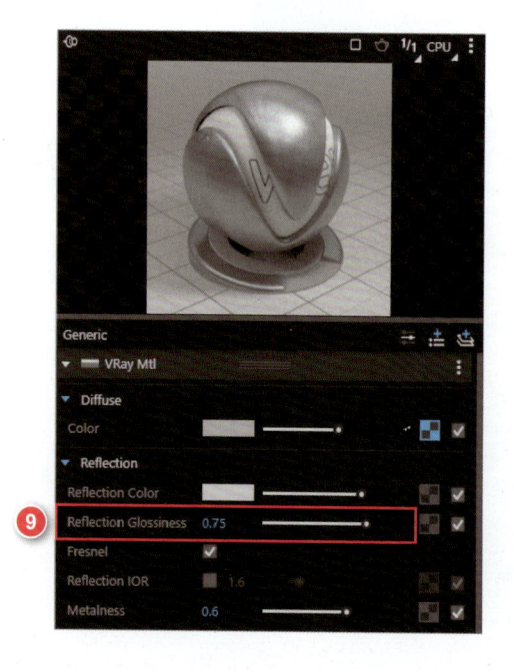

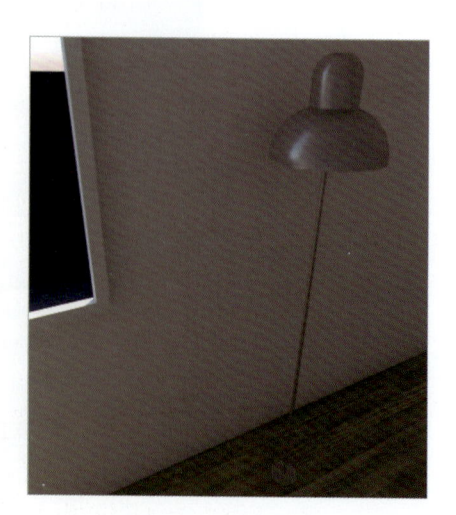

8-18

自發光

01. 點擊【🎨 **顏料桶**】來填入材質,並至右側材料面板→【**顏色**】選擇任一顏色作為自發光材質,選擇完顏色後點擊【**建立材料..**】。

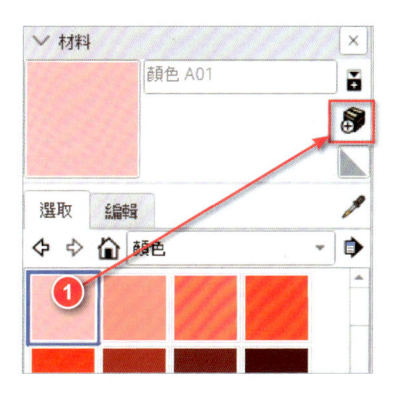

02. 將名稱命名為「自發光」後,點擊【**確定**】即可。

03. 將下圖所示的面填上自發光材質。

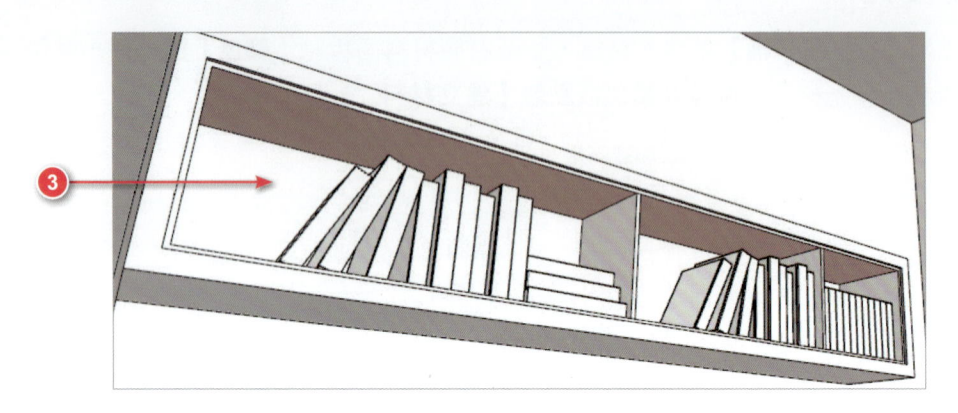

04. 點擊【🅥 Asset Editor】開啟資源編輯器，選取「自發光」材質，並點擊右側【🗃 Add Layer】→【Emissive 自發光】來添加自發光。

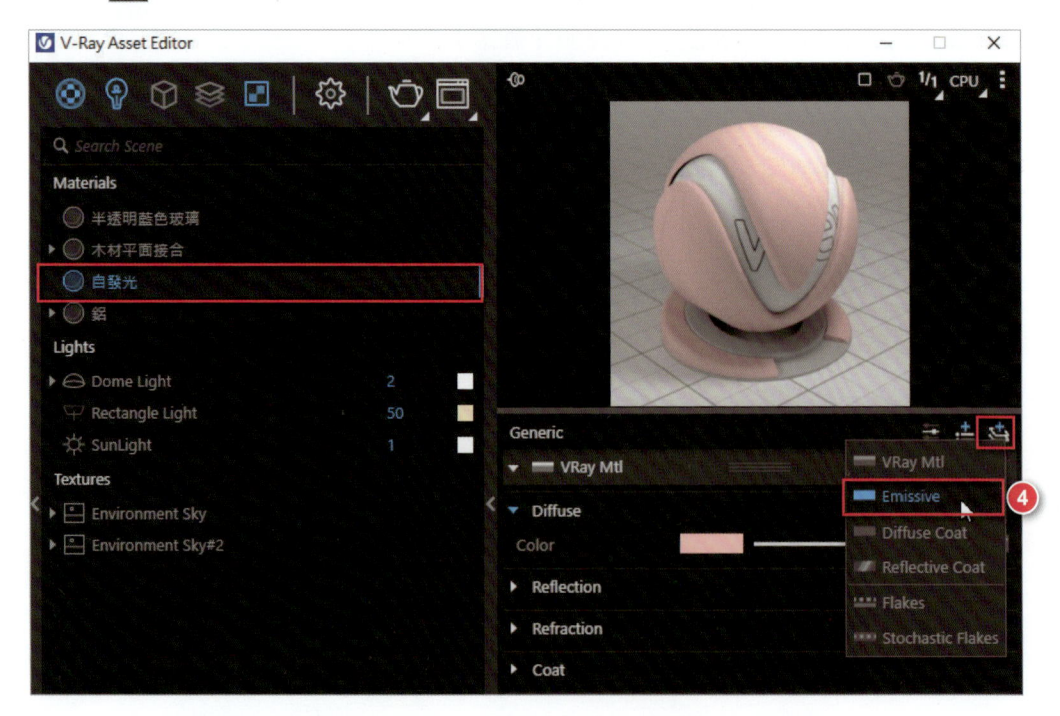

05. 在【Emissive】面板裡的【Intensity（強度）】旁邊的欄位輸入「1.5」，此處數值越大，自發光強度越強。【Color（顏色）】可自由調整發光的顏色。

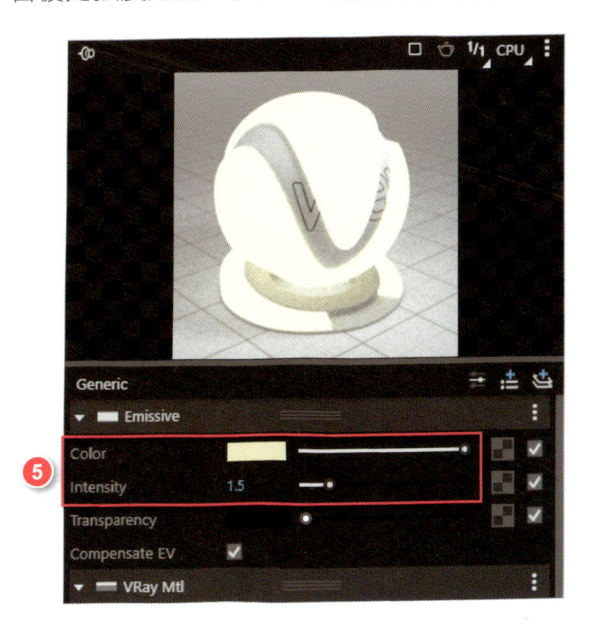

06. 彩現後可以發現櫃子會發亮。自發光是非常適合用來製作間接照明或層板燈。

▌平面光

01. 在工具列上點擊滑鼠右鍵，開啟【V-Ray Lights】V-Ray 燈光工具列。

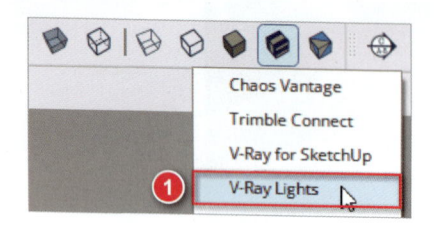

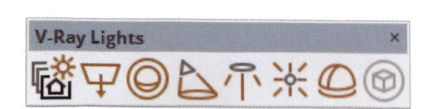

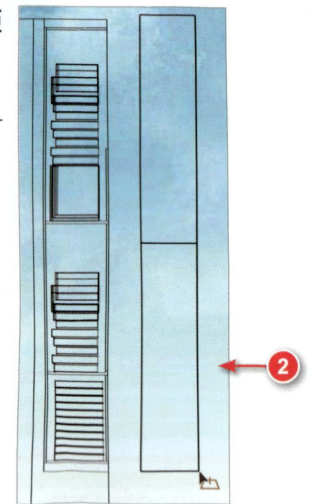

02. 點擊 V-Ray Lights 工具列的【 Rectangle Light（矩形光）】，切換至上視圖、平行投影並開啟線框模式。繪製一平面光在距離書櫃稍遠的位置以避免鎖點，且長寬與書櫃差不多。

03. 將平面光移至書櫃裡。

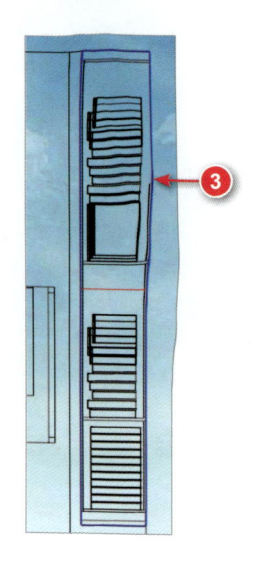

Chapter **8**
V-Ray 渲染器的使用

04. 切換到正視圖，在平面光上按右鍵→【**翻轉方向**】→【**元件的藍軸**】，使光源是往下照射的，再利用移動工具將平面光移至書櫃下方。

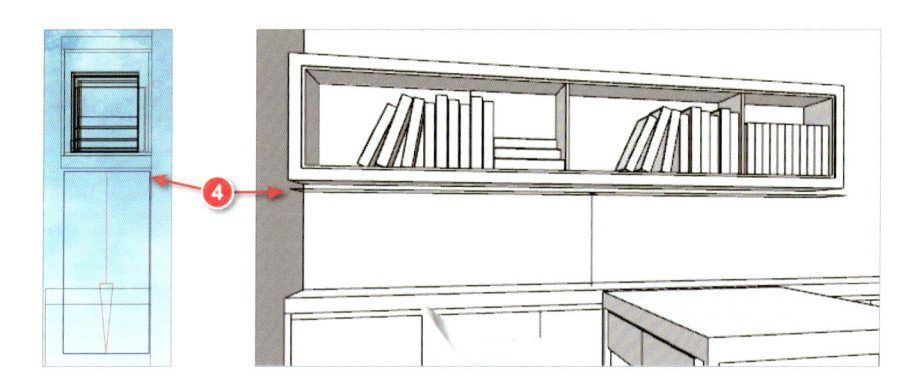

05. 點擊【 Asset Editor】，開啟資源編輯器，點擊【 Light】，並選取【Rectangle Light#1】。

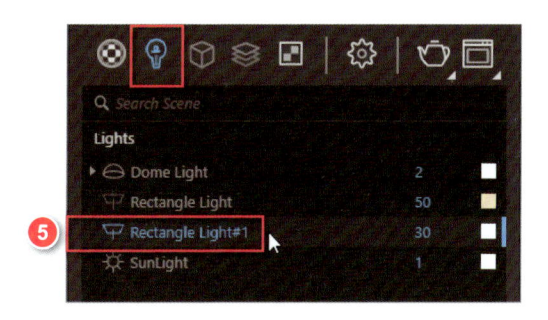

06. 在【Rectangle Light#1】參數調整區中，將【Options（選項）】展開，並把【Double Sided（雙面）】打勾，使矩形光往兩個方向照射光線，如左圖。右圖為沒有開的結果。

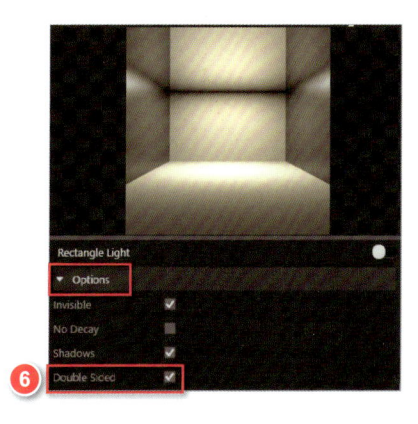

8-23

07. 在【Options】中,將【Invisible(不可見)】打勾,讓平面光變透明,如左圖。右圖為沒有開的結果。

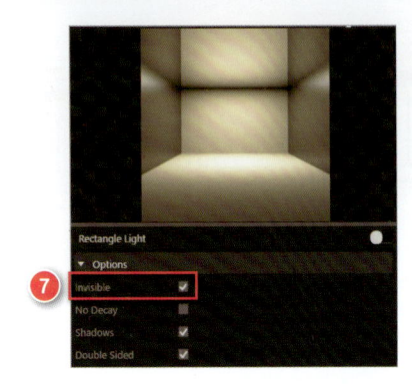

08. 在【Parameters】面板下的【Color / Texture】可以設定平面光顏色,【Intensity】可以設定矩形光亮度,數值越大越亮。

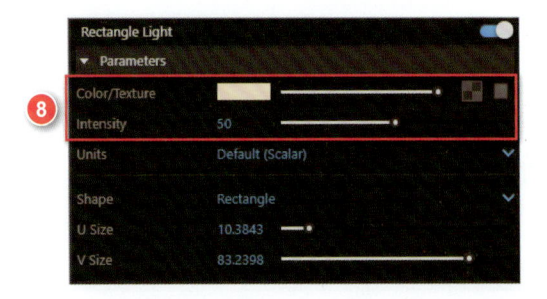

09. 設定完成後彩現如下圖,可依照相同方式將其他家具貼上材質並彩現。

10. 彩現視窗的右側會出現類似 Photoshop 軟體的圖層功能，可以自由開啟或關閉圖層效果。

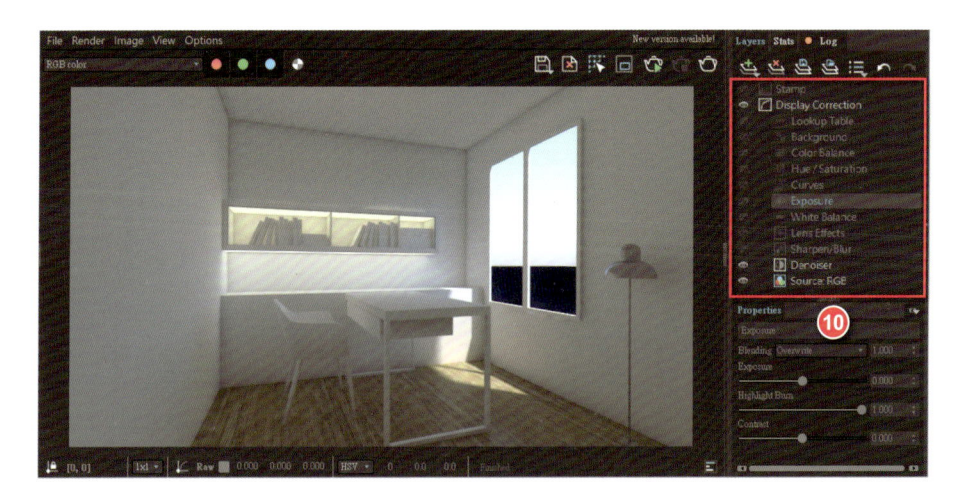

11. 選取【Exposure（曝光）】並開啟左側的眼睛，啟用曝光的效果。

12. 調整 Exposure 曝光值，數值越大越亮。Highlight Burn 數值越小可降低曝光。Contrast（對比）數值越大，越凸顯明暗差異。

13. 【Blending】為圖層混合模式，可以將圖層與彩現圖片做不一樣的合成效果，右側數值為混合的程度，1 影響最大，0 沒有影響。

14. 此處可以復原圖層參數，與 SketchUp 的復原步驟不相關。

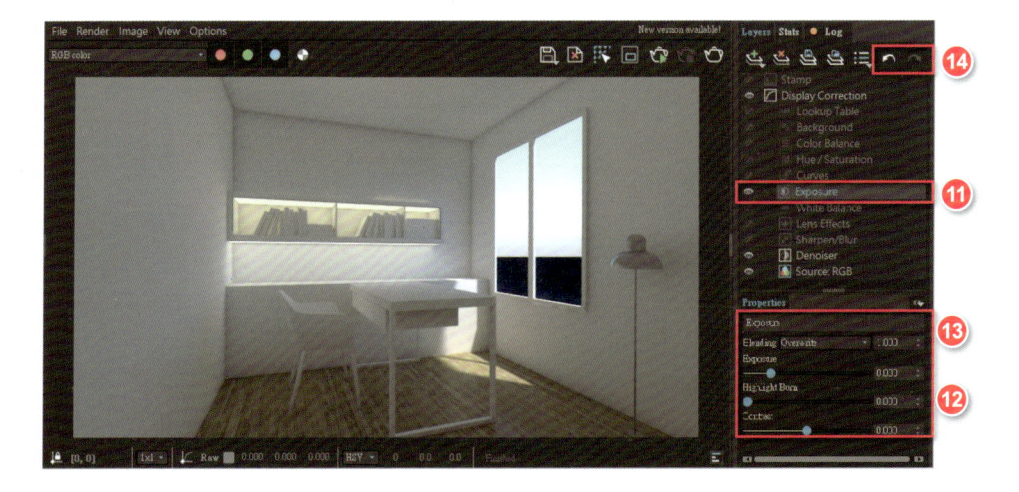

15. 點擊【💾】按鈕儲存圖片。

點光源

01. 在 V-Ray Light 工具列中，點擊【Omni Light（點光源）】按鈕。

02. 放置在立燈中間。

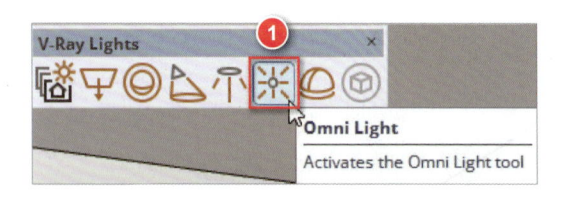

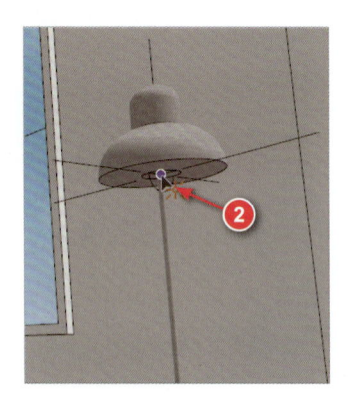

03. 開啟資源編輯器，點擊【💡(Light)】，並選取【Omni Light】，就可以設定 Intensity（燈光強度與 Color（顏色））。

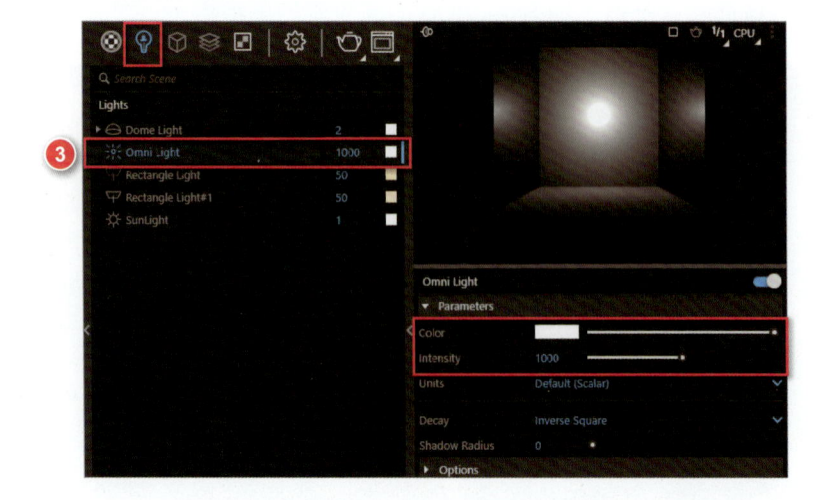

8-26

04. 彩現後如下圖。

Dome Light

01. 畫面中已經有一個 Dome Light，如下圖。

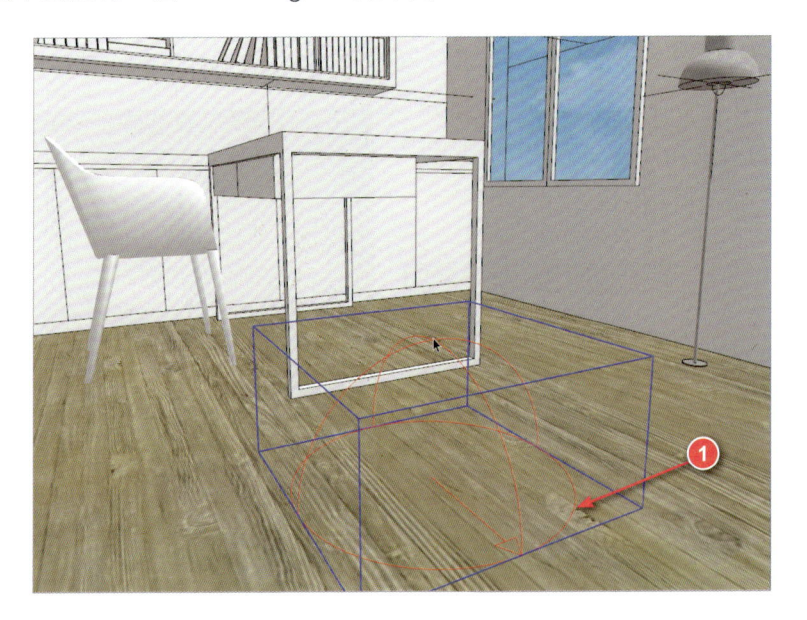

02. 開啟資源編輯器，選取【Dome Light】。

03. 在 Color/Texture HDR 右側的【■】貼圖欄位，按下右鍵→【Clear】清除貼圖。(Copy 為複製，Cut 為剪下)

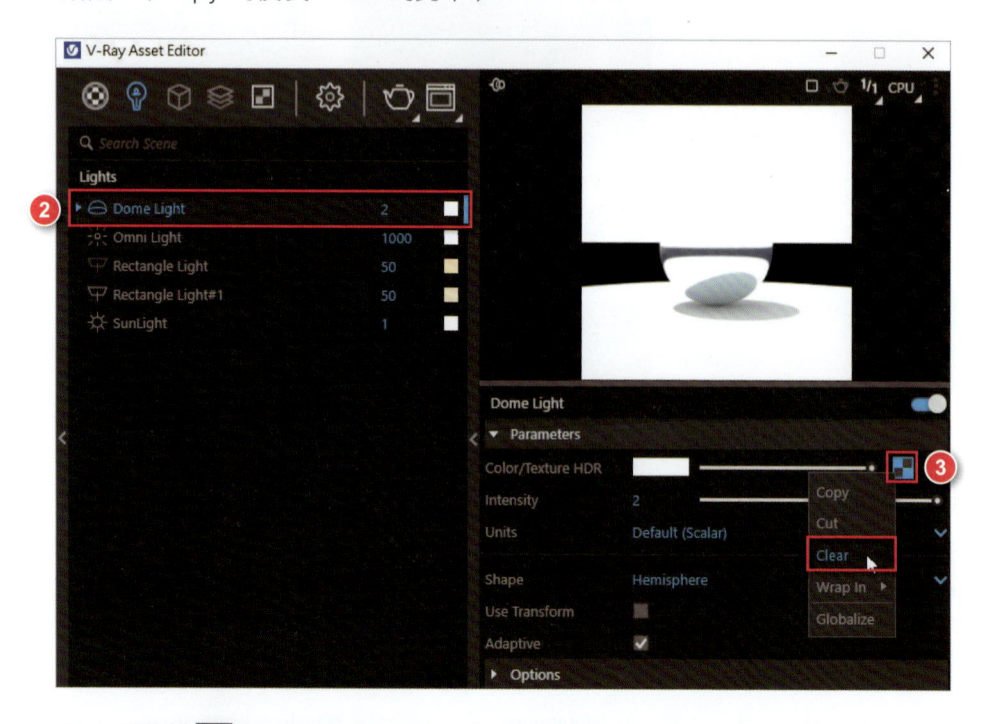

04. 再次點擊【■】→選擇【Bitmap（點陣圖）】。

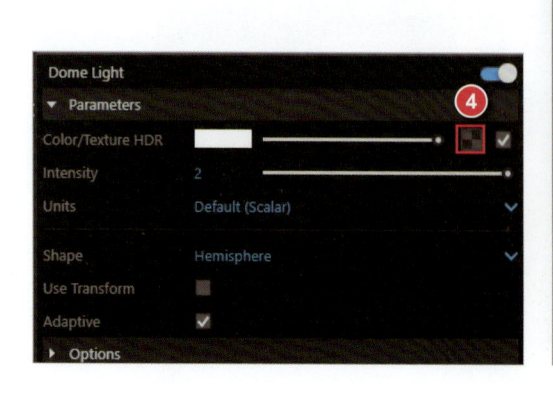

8-28

05. 檔案類型選擇【*hdr】檔案，選擇範例檔〈office desk.hdr〉。

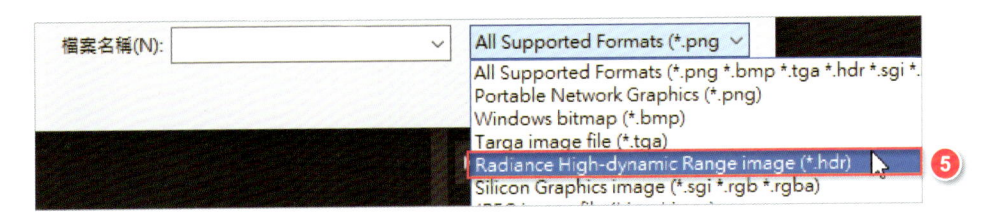

06. 完成如下圖，點擊【 📁 】可以更換檔案。

07. 因為環境光改變，反射的效果也不同。

8-29

08. 選取 Dome Light 並按右鍵→【Delete】刪除燈光。

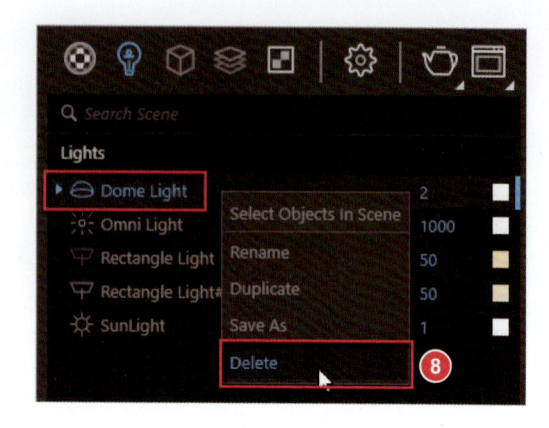

09. 點擊【⬙】，在地面上點擊左鍵放置 Dome Light 燈光。

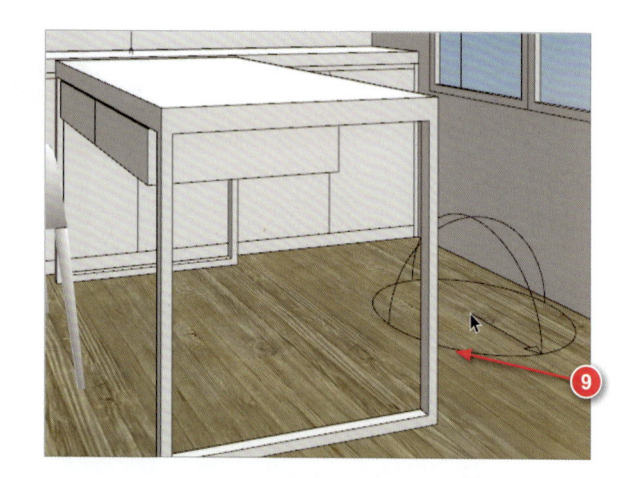

10. 開啟資源編輯器，選取【Dome Light】，燈光強度輸入「2」。

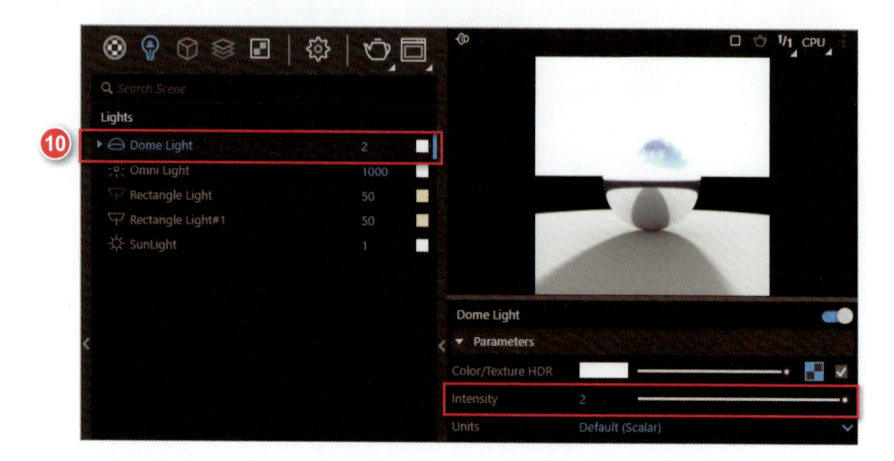

8-30

11. 渲染後如下圖，環境會變亮。

LUT 調色

01. 點擊彩現視窗【　】新增圖層，選擇【Lookup Table】。

02. 選取【Lookup Table】並開啟眼睛，按下 LUT file 右側的【　】按鈕。

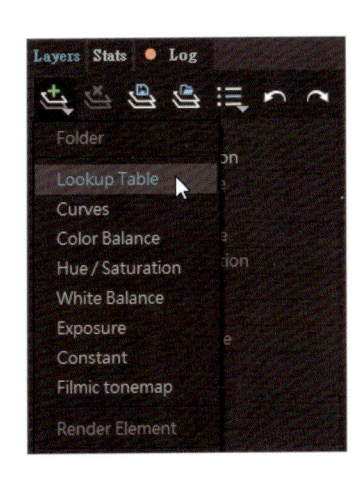

8-31

03. 任意選擇一個 LUT 檔案（副檔名為 cube）。

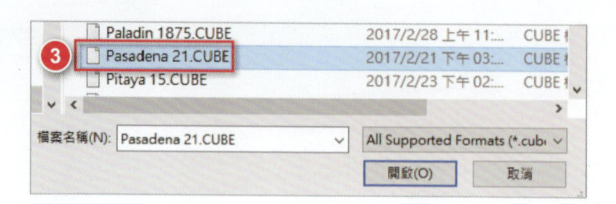

04. 就能夠簡易快速的調色。

05. 設定【Blending】圖層混合的數值，可以調整影響的比重。

06. 勾選【Save in image】才能儲存圖片。

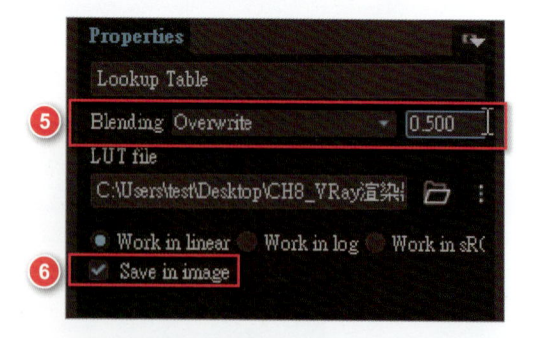

07. 點擊儲存的按鈕。

08. 完成圖。

▌內建材質庫

01. 開啟資源編輯器，點擊左側 < 箭頭展開面板，會出現材質資源庫。點擊【Download】經過一段下載時間即可使用。

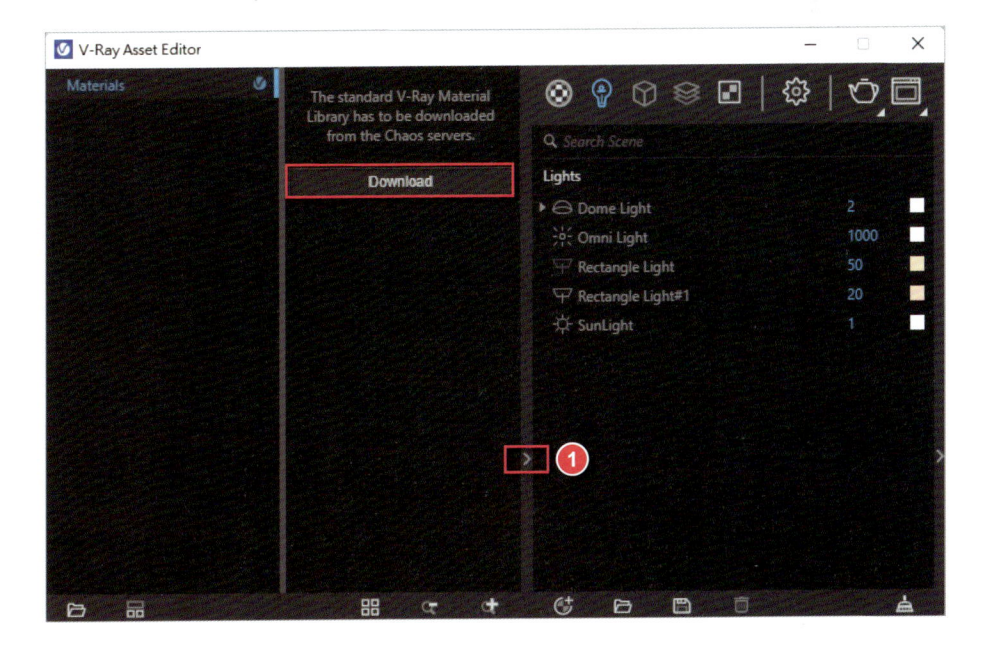

02. 點擊 Materials 左側三角形可以展開分類→【Diagrammatic】→把【MaquetteWood_A01_12cm】拖曳到目前的材質區。(也可按住 Ctrl 或 Shift 鍵選取多個材質，按下右鍵→ Add To Scene 加入。)

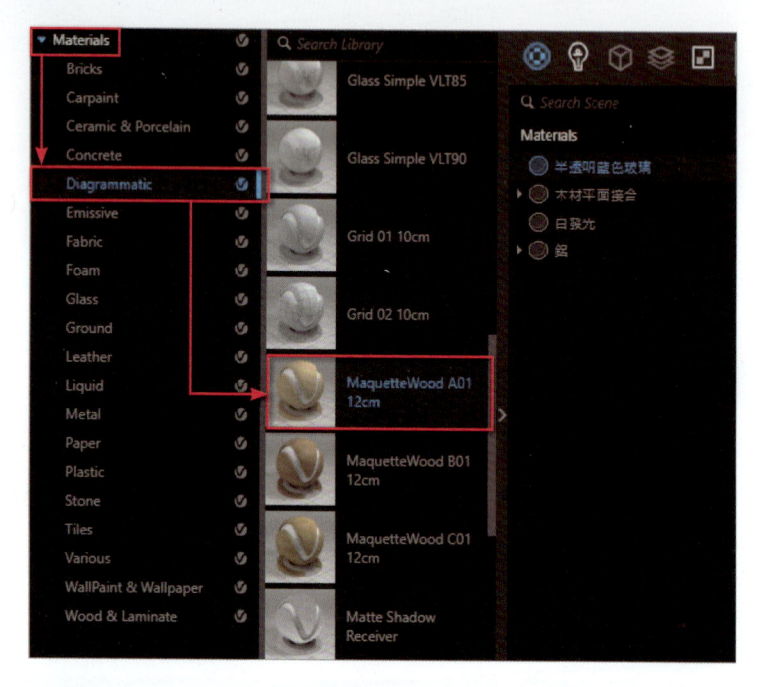

03. 使用【顏料桶】就可以把此材料貼給家具。

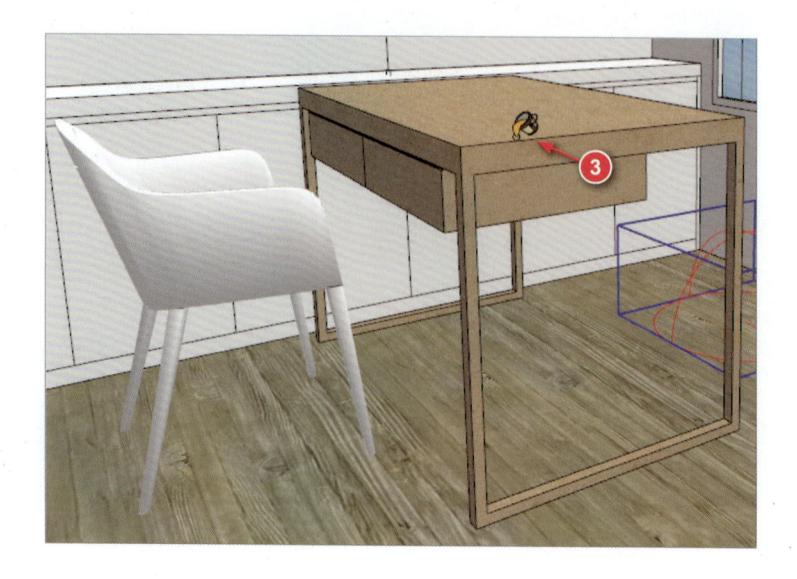

臥室空間繪製

chapter 9

本章節會完成一個小臥室空間,包括床邊櫃、床架、衣櫃等,操作步驟中會附上指令快捷鍵,建議可以使用快捷鍵操作加快建模速度,各位也可以嘗試運用此空間做不同於書中的配置。

Lesson 9-1　匯入參考圖

01. 開啟 SketchUp，範本選擇【建築 - 公分】。按下 Ctrl + S 存檔，養成經常存檔習慣。

02. 點擊【檔案】→【匯入】，選取範例檔〈臥室平面圖 .dwg〉。

03. 按下【關閉】。

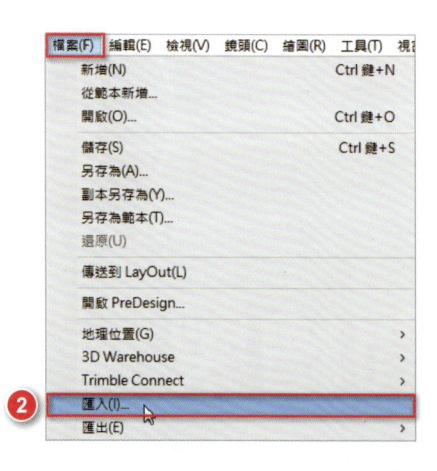

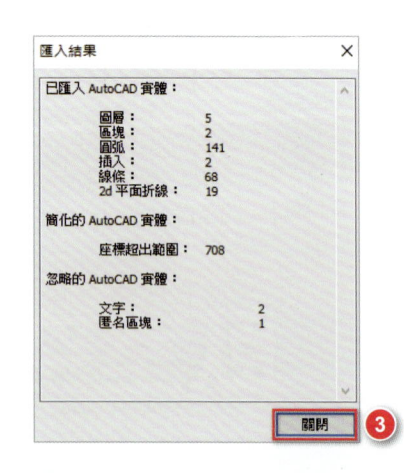

04. 點擊【卷尺工具 (T)】指令，測量臥室門框外側的距離，測量結果為 9cm，不是正確的比例。原因是我們提供的 AutoCAD 平面圖的繪圖單位為公分，而檔案單位為公釐，也就是說繪製 90 公分會變成 90 公釐，90 公釐就是 9cm，因此匯入任何平面圖皆要確認尺寸是否正確。

Chapter 9
臥室空間繪製

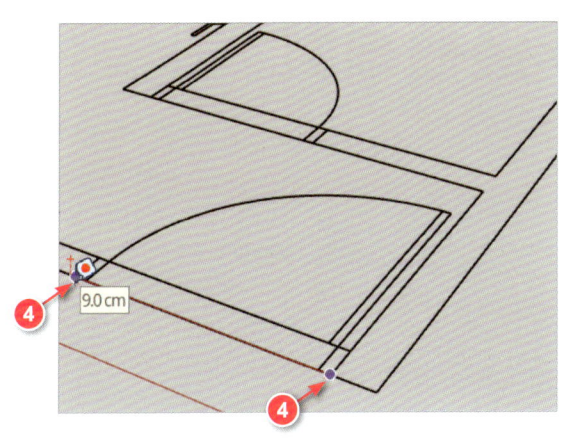

05. 點擊【比例 (S)】指令，選取平面圖，點擊右上角點，輸入「10」並按下 Enter 鍵，將平面圖放大十倍。

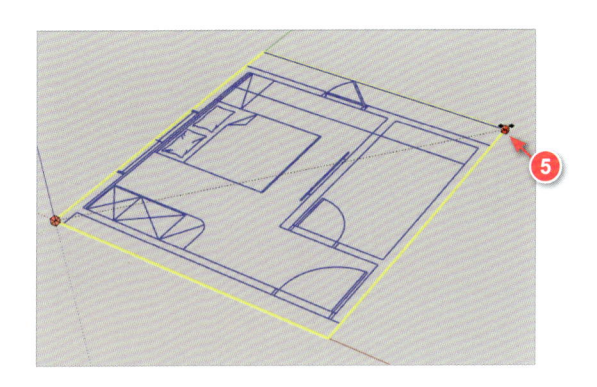

06. 點擊【卷尺工具 (T)】指令，重新測量臥室門寬度，結果為 90cm。

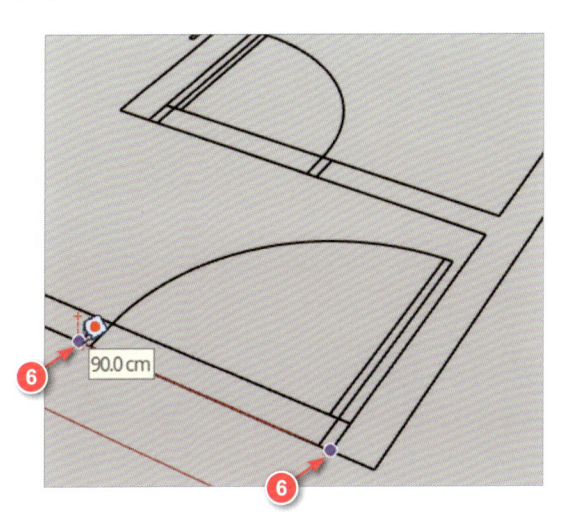

9-3

Lesson 9-2 床邊櫃繪製

01. 縮放畫面到左上角的床邊櫃。

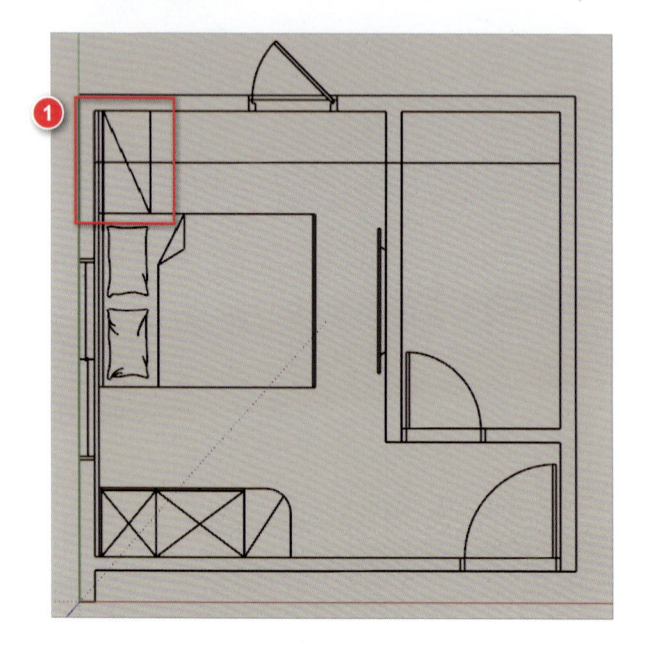

02. 點擊【矩形 (R)】指令，點擊床邊櫃的對角點繪製一個矩形，如下圖。

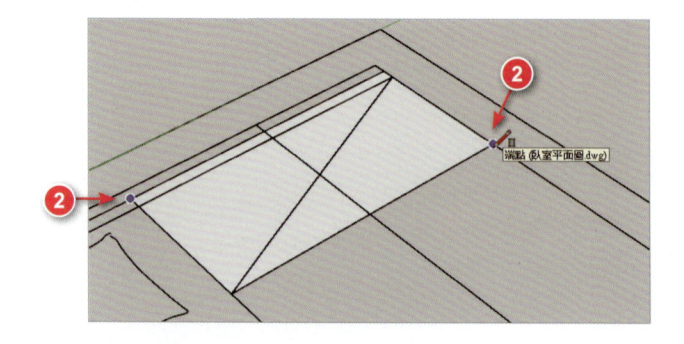

03. 按下【**推拉**(P)】指令，矩形往上長出 42cm 高度。

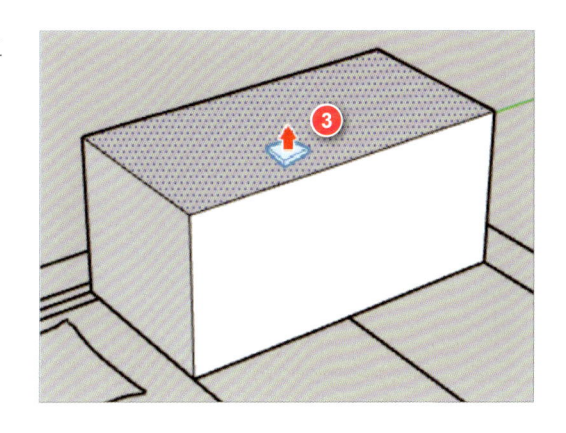

04. 按下空白鍵切換選取指令，在方塊上點擊滑鼠左鍵三下，選取整個方塊，按下右鍵→【**建立群組**(G)】。

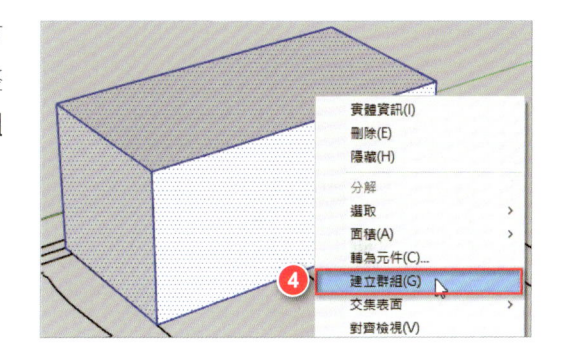

05. 按下【**矩形**(R)】指令，在方塊上繪製相同尺寸的矩形。按下【**推拉**(P)】指令，往上長出 2.5cm，作為檯面，並將方塊建立群組。

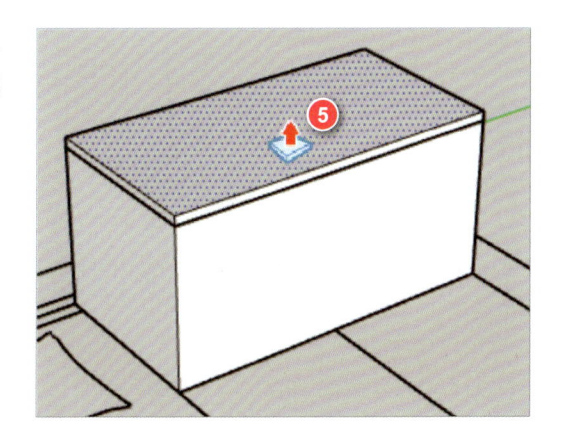

06. 按下【矩形 (R)】指令，點擊方塊左上角點繪製矩形，尺寸輸入 4,90。

07. 按下【推拉 (P)】指令，往上長出 10cm，用於放置開關與插座，並將方塊建立群組。

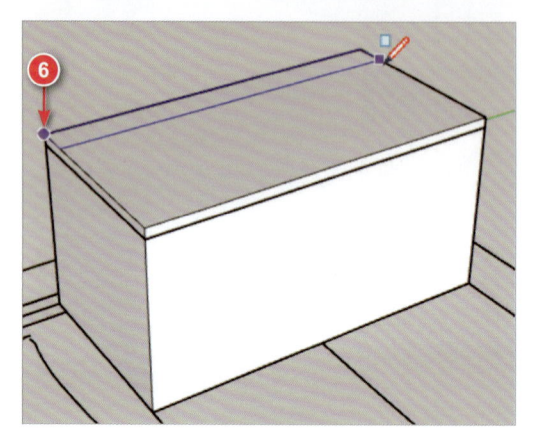

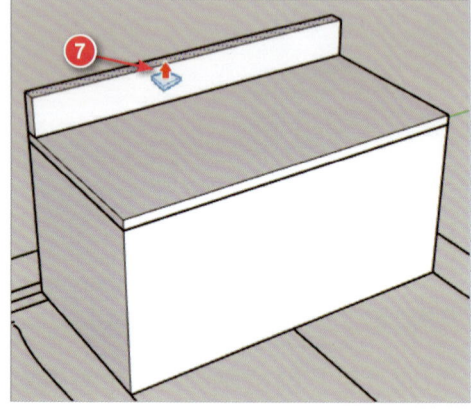

08. 按空白鍵切換選取功能，點擊下方方塊兩下，進入群組中，按下【移動 (M)】指令，選取最右側邊線按一下 Ctrl 鍵開啟複製，往左複製線段，輸入「2」的距離並按下 Enter 鍵。

09. 再選取下方的邊線，往上複製，輸入「10」的距離並按下 Enter 鍵。

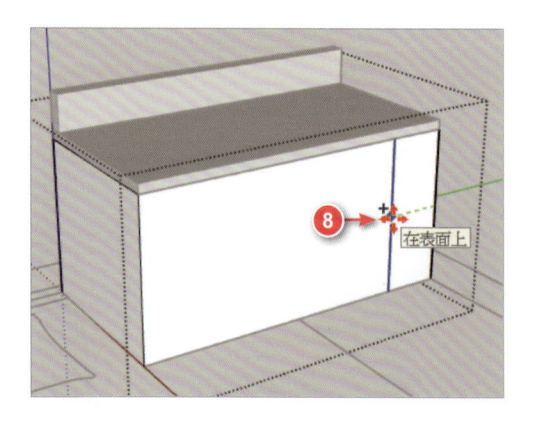

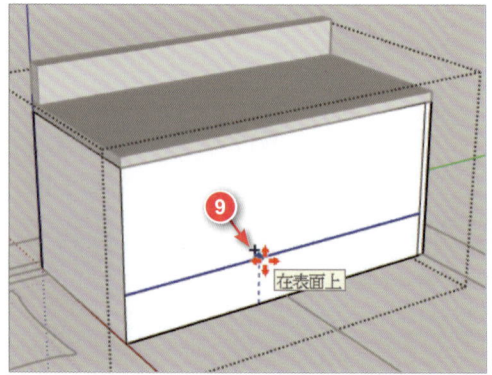

10. 按下【**推拉**(P)】指令,點擊下方的面,往內推 4 的距離。

11. 點擊上方的面,往內推 2 的距離。

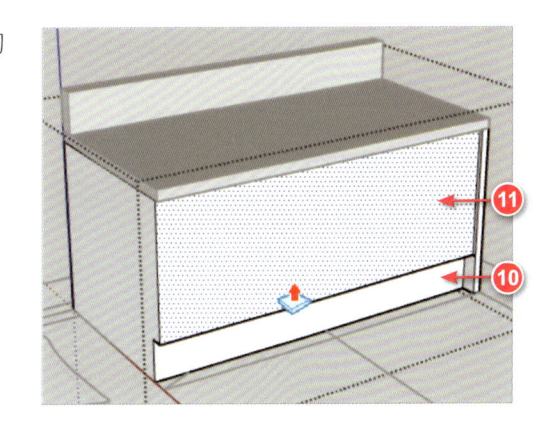

12. 按下【**偏移**(F)】指令,選取上方的面,往內偏移 2。

13. 按下【**推拉**(P)】指令,將內側的矩形面,往內推 40。

14. 按下空白鍵切換為選取工具,在空白處點擊左鍵離開群組編輯模式。

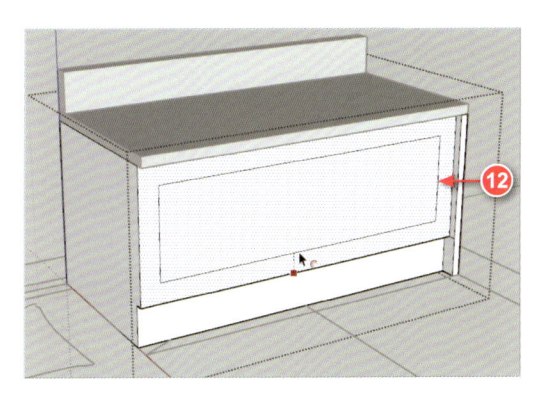

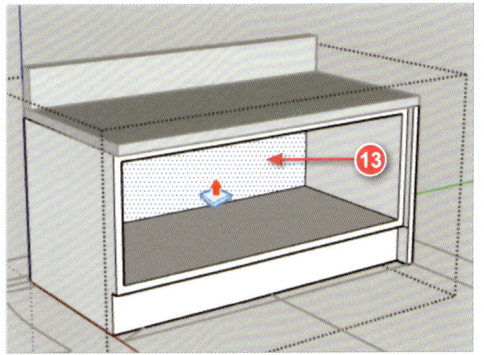

15. 按下【**卷尺工具**(T)】指令,選左側線段往右建立兩條輔助線,距離為 41 與 2。

16. 選上方線段往下建立一條輔助線,距離為 3.2。

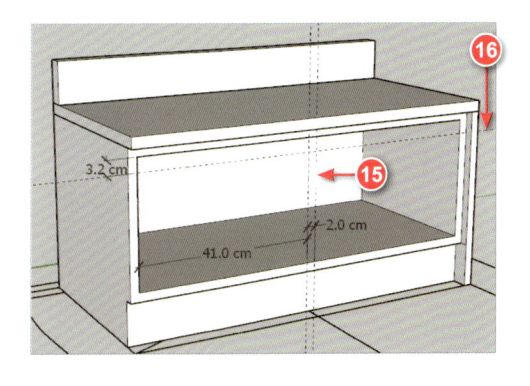

17. 按下【矩形 (R)】指令，鎖點至輔助線繪製矩形。

18. 按下【推拉 (P)】指令，矩形往內推至底部邊線，並將方塊建立群組。

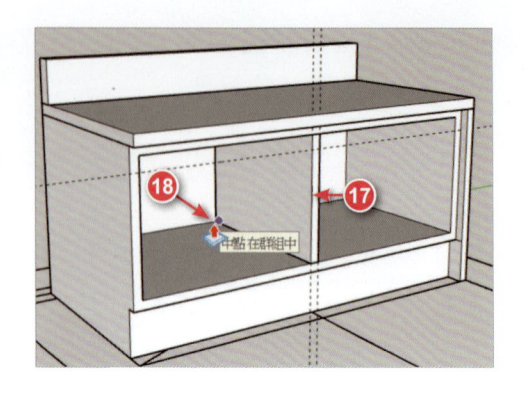

19. 按下【矩形 (R)】指令，鎖點至輔助線繪製兩個矩形。

20. 按下【推拉 (P)】指令，矩形往內推 2 的厚度，並將兩個方塊分別建立群組。

21. 按下空白鍵切換為選取工具，選取輔助線，按下 Delete 鍵刪除。

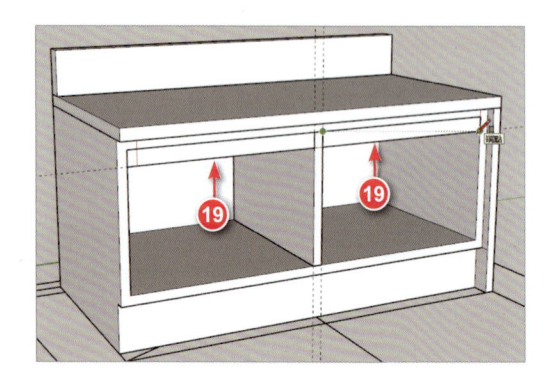

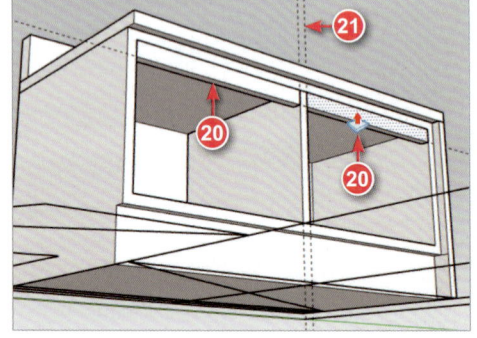

22. 按下【矩形 (R)】指令，點擊左下角端點與中間的中點，繪製一個矩形製作門板。

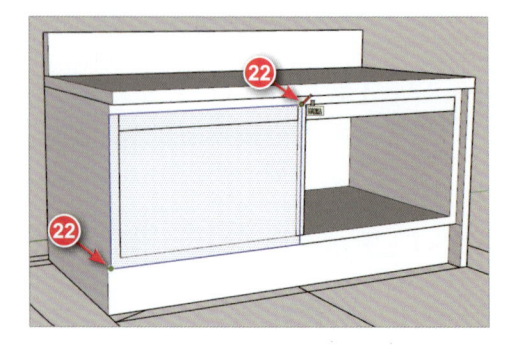

Chapter 9
臥室空間繪製

23. 按下【偏移 (F)】指令，選矩形面，滑鼠移動到矩形內側，往內偏移 0.4，製作門板的間隙。

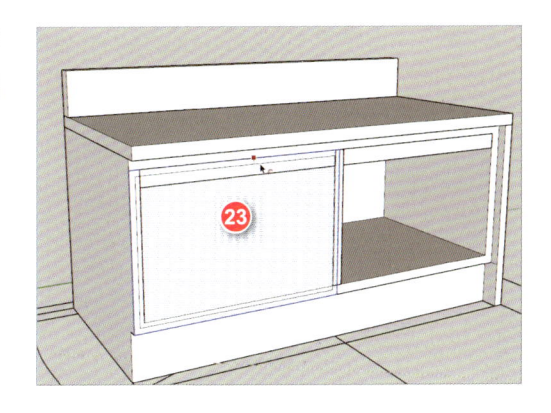

24. 按下空白鍵切換選取，在矩形面點擊左鍵三下，選取全部。

25. 按住 Ctrl + Shift 鍵，在矩形面點擊左鍵兩下，取消選取面與周圍線段，此時選中的剩下外側矩形，按下 Delete 鍵刪除外側矩形。

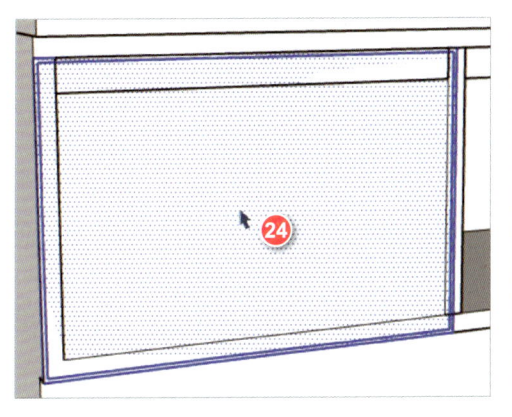

26. 按下【推拉 (P)】指令，矩形往外長出 2 的厚度。

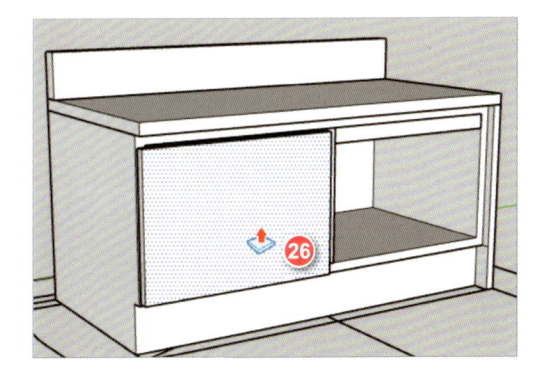

9-9

27. 按下【**直線** (L)】指令，在門板的側面繪製斜把手尺寸，細部尺寸如右圖所示。

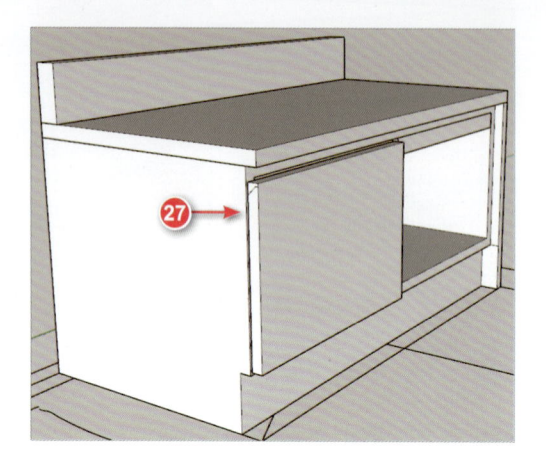

28. 按下【**推拉** (P)】指令，將斜把手的面往右推到底部邊線，將門板建立群組。

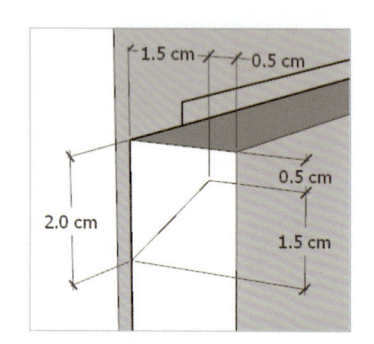

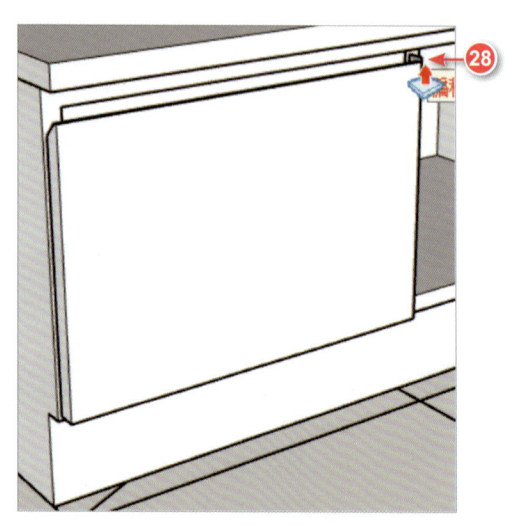

29. 將門板建立群組，選取門板，按下【**移動** (M)】指令，按一下 Ctrl 鍵開啟複製，點擊床邊櫃左下角，複製到下方中點。

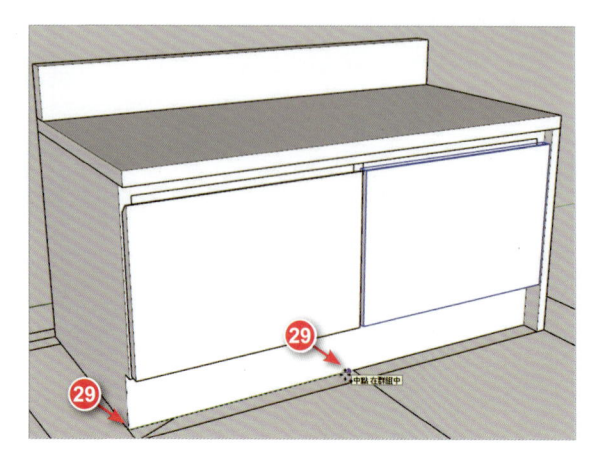

Lesson 9-3 床架繪製

01. 縮放畫面到左側的床。

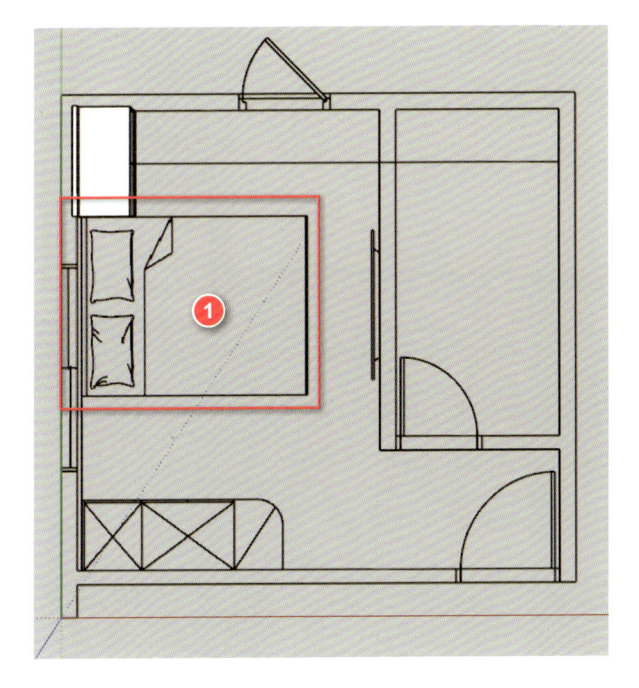

02. 請略微轉到 3D 視角，點擊【矩形 (R)】指令，點擊床頭板的對角點繪製一個矩形，如下圖。

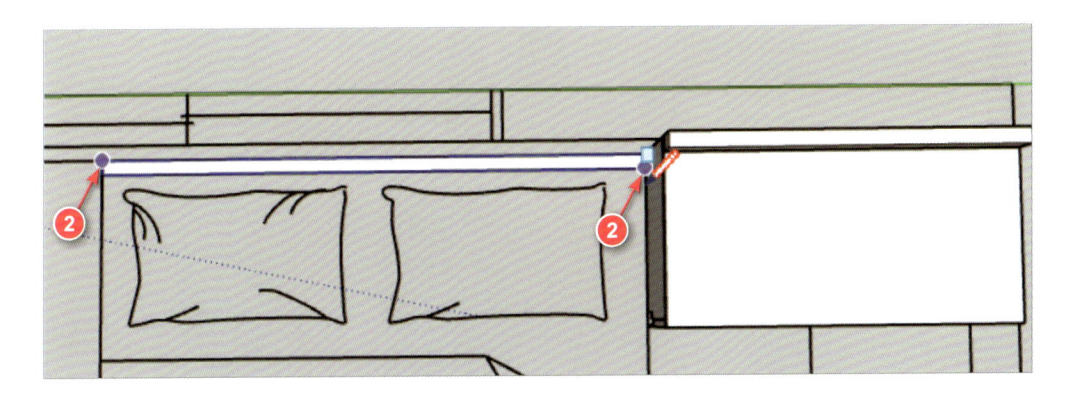

03. 點擊【推拉 (P)】指令，將矩形往上長出 102.5cm，將床頭板建立群組。

04. 點擊【矩形 (R)】指令，在上方再繪製一個相同大小的矩形。點擊【推拉 (P)】指令，將矩形往上長出 2.5cm。

05. 點擊【推拉 (P)】指令，將方塊左側、正面、右側各長出 2cm。

06. 點擊【**兩點圓弧** (A)】指令,在左側與右側各繪製一個圓角。

07. 點擊【**推拉** (P)】指令,將圓角往下挖除,完成床頭板。

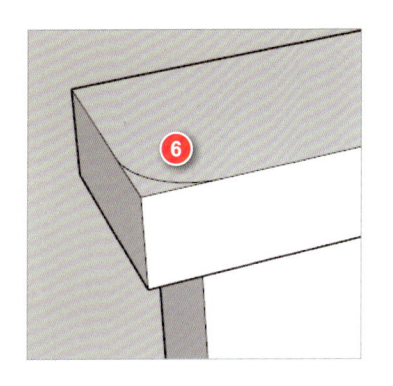

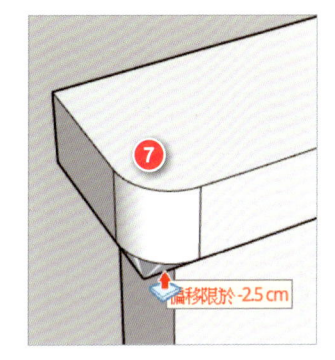

08. 點擊【**卷尺工具** (T)】指令,點擊床頭板下方線段,往床尾建立輔助線,距離為 63、63、64。

09. 從床的左側往右建立距離 60 的輔助線。

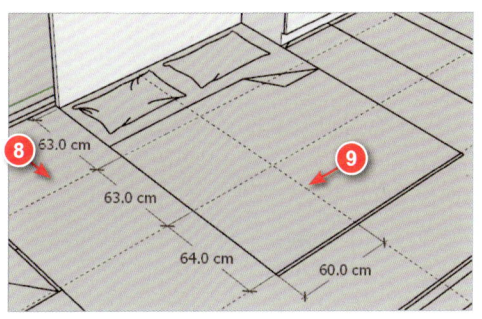

10. 點擊【**矩形** (R)】指令,從床頭板到輔助線繪製一個矩形。

11. 點擊【**推拉** (P)】指令,往上長出 23。

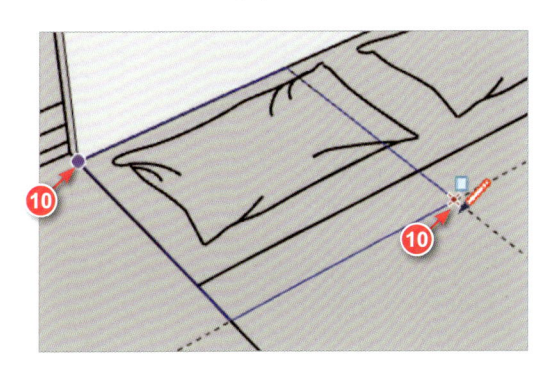

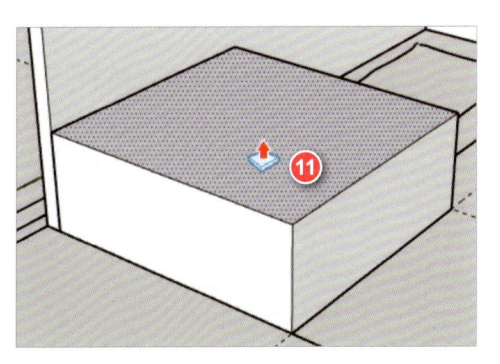

12. 點擊【偏移 (F)】指令，往內偏移 2。

13. 點擊【直線 (L)】指令，在偏移後矩形的兩側端點往外繪製水平線。

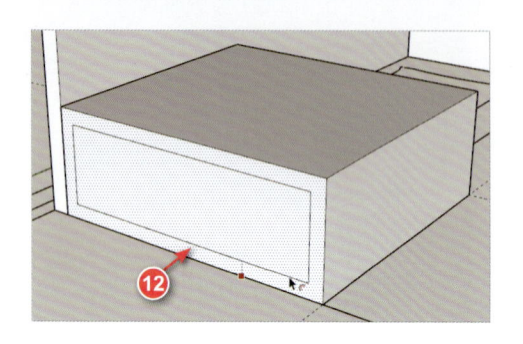

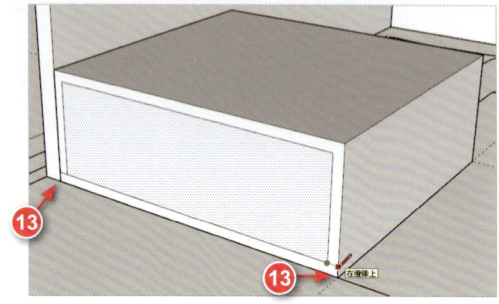

14. 點擊【推拉 (P)】指令，中間矩形往內推 57，外側ㄇ型往內推 2。

15. 多餘線段可以刪除，並全部選取，建立群組。

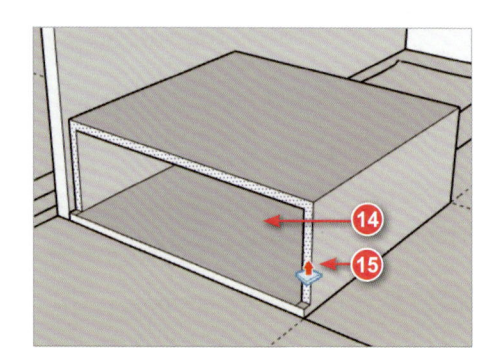

16. 點擊【卷尺工具 (T)】指令，從如圖所示線段往下建立輔助線，輸入距離 3.2。

17. 點擊【矩形 (R)】指令，繪製一個矩形。

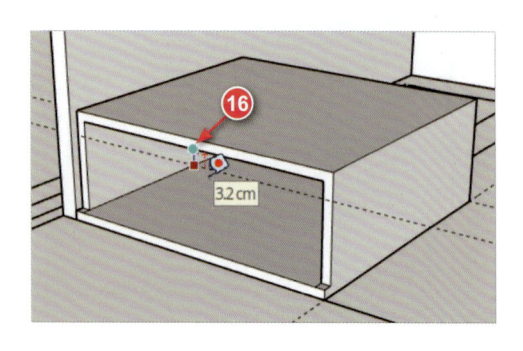

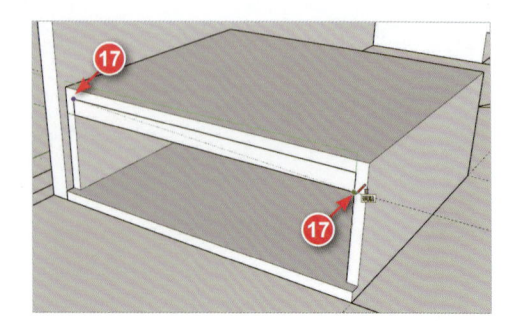

18. 點擊【推拉 (P)】指令，往內長出 2，並將方塊建立群組。

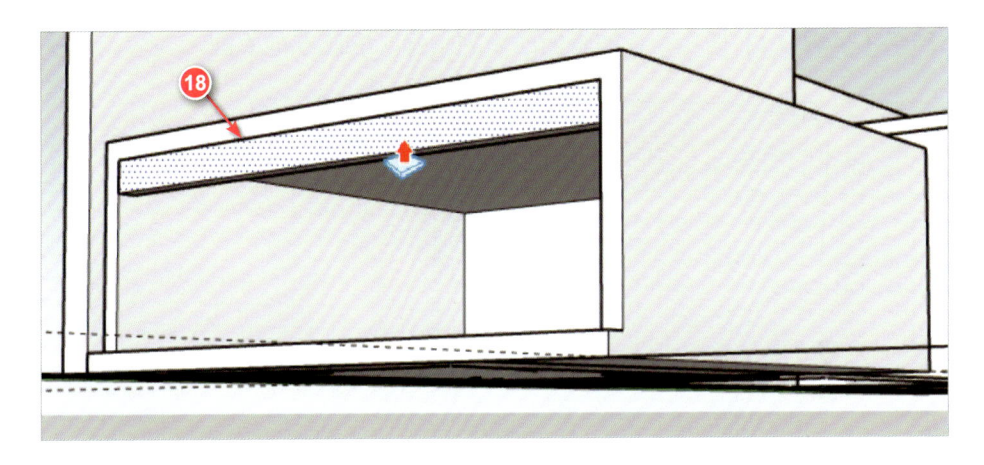

19. 點擊【卷尺工具 (T)】指令，從最上方線段往下建立輔助線，距離 2.5。

20. 點擊【矩形 (R)】指令，從左下角繪製矩形到右上角輔助線交點。

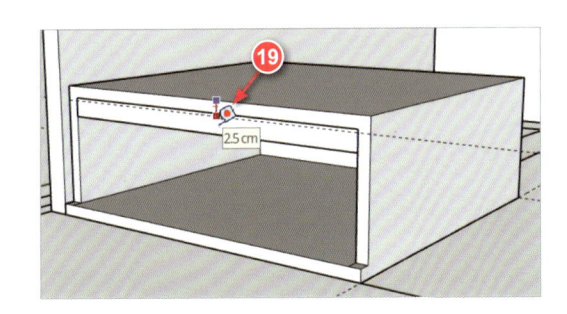

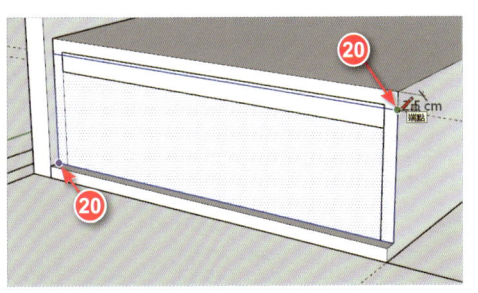

21. 跟床邊櫃相同的方式製作斜把手，按下【偏移 (F)】指令，選矩形面並往內偏移 0.4，製作門板的間隙。再按下空白鍵切換為選取指令，在矩形面點擊左鍵三下，選取全部。按住 Ctrl + Shift 鍵，在矩形面點擊左鍵兩下，取消選取面與周圍線段，按下 Delete 鍵刪除外側矩形。

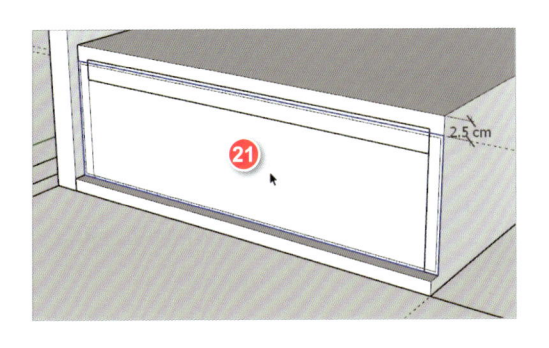

22. 點擊【推拉 (P)】指令，往外長出 2。

23. 點擊【直線 (L)】指令，在抽屜側面繪製斜線，右圖為放大圖。

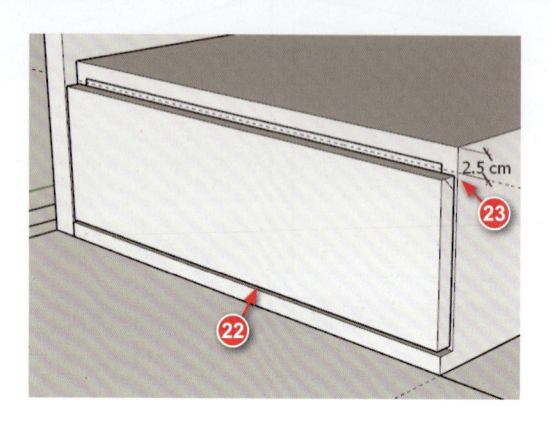

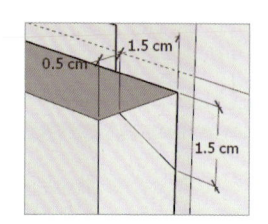

24. 按下【推拉 (P)】指令，將斜把手的面往左推到底部邊線，將斜把手建立群組。

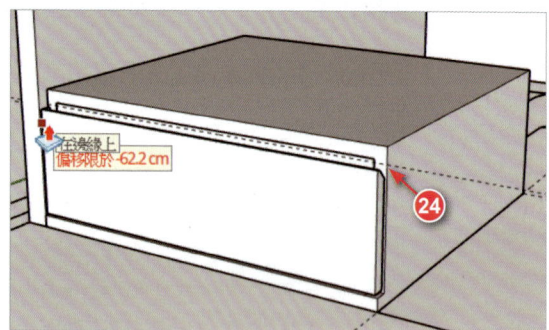

25. 選取抽屜的三個群組，按下【移動 (M)】指令，按一下 [Ctrl] 開啟複製，點擊抽屜左下角，複製到輔助線交點，輸入「x2」並按下 [Enter] 鍵，總共複製兩個抽屜。

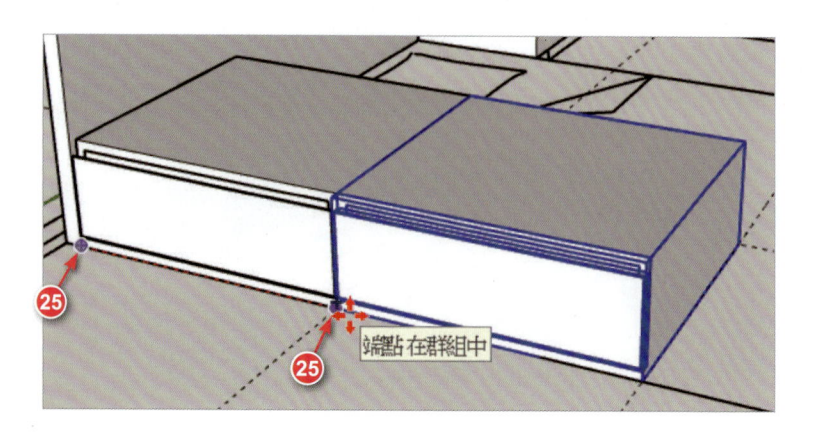

Chapter **9**
臥室空間繪製

26. 因為抽屜寬度由左至右為 63、63、64，最右側抽屜要再增加 1cm。先按下空白鍵切換為選取指令，點擊抽屜左鍵兩下編輯群組，由左至右框選抽屜右半部。

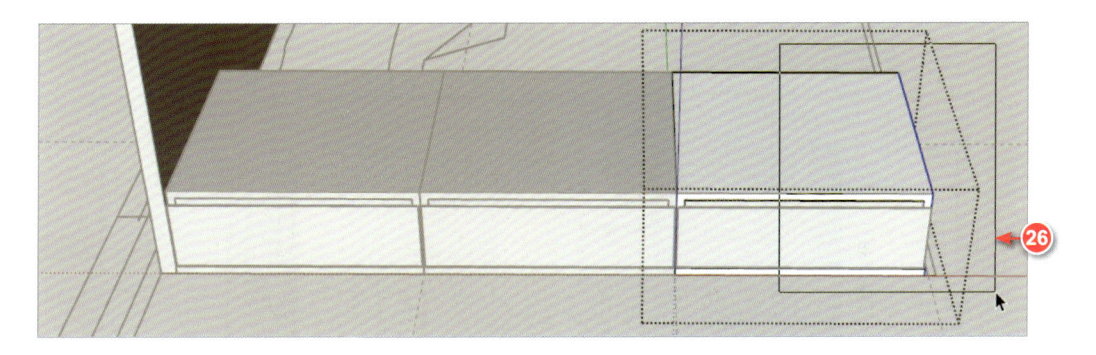

27. 按下【**移動** (M)】指令，點擊抽屜往右移動 1，離開群組。

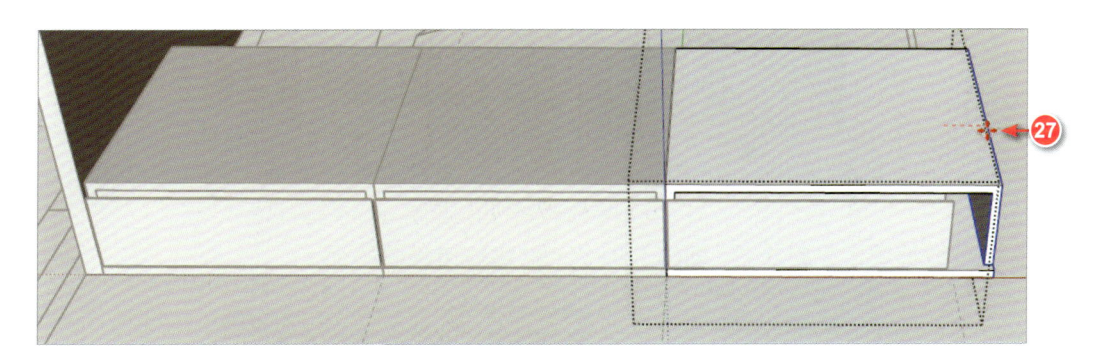

28. 使用相同方式，編輯另外兩個群組，選取右半部，往右移動 1，離開群組。

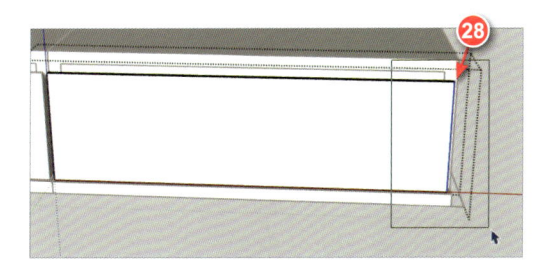

9-17

29. 從上方俯視床，由左往右框選三個抽屜。

30. 按下【**移動 (M)**】指令，按一下 Ctrl 開啟複製，點擊抽屜任一點，往右移動 92cm。

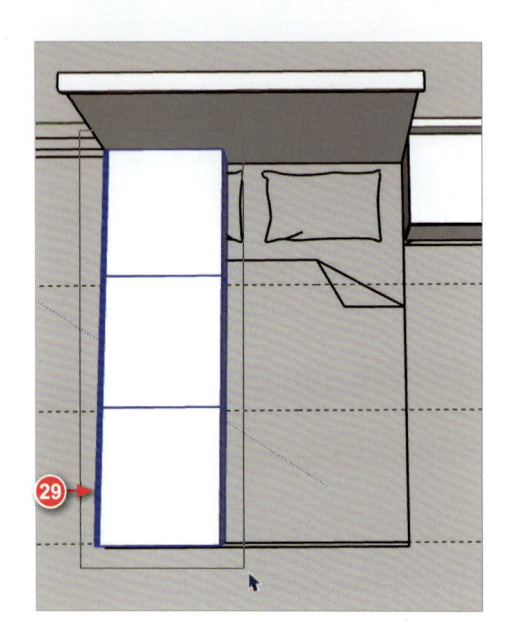

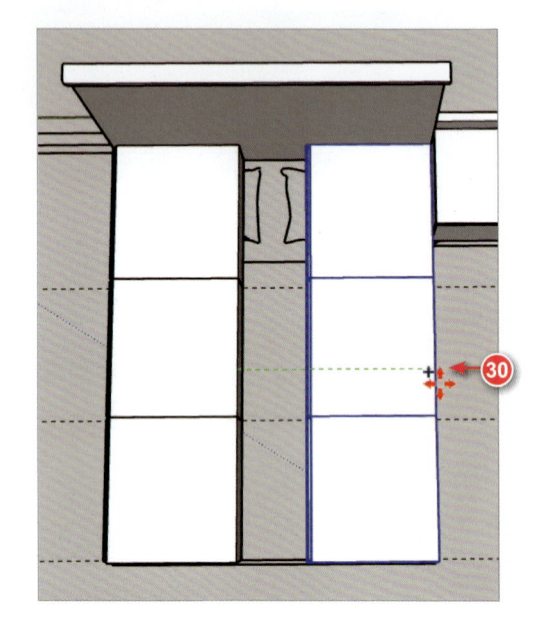

31. 選取抽屜，點擊【**翻轉**】指令，點擊綠色軸向的面。

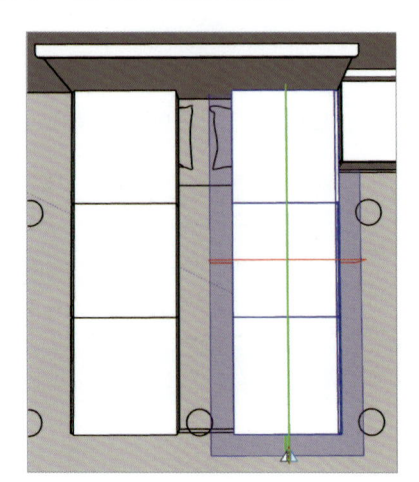

32. 最右邊的抽屜被床邊櫃擋住,要將斜把手刪除,另外繪製一個板子。

33. 框選床邊櫃,按下滑鼠右鍵→【隱藏 (H)】。

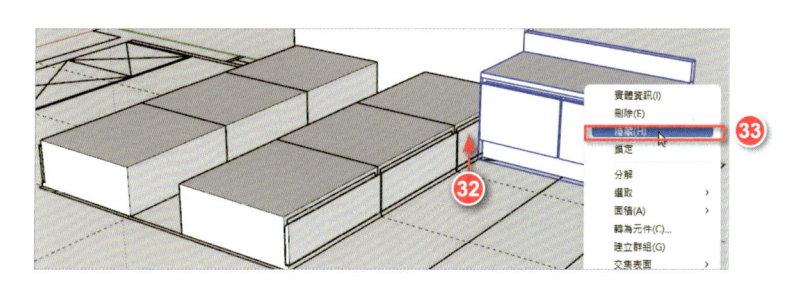

34. 按下【矩形 (R)】指令,點擊抽屜右下角與左上角,繪製一個矩形。

35. 點擊【偏移 (F)】指令,將矩形往內偏移 0.4,並將外側矩形刪除。按下【推拉 (P)】指令,往外長出 2。

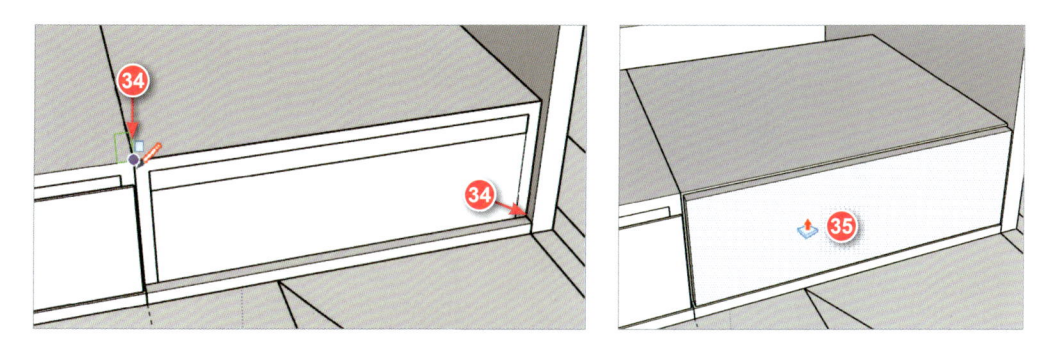

36. 按下【矩形 (R)】指令,點擊抽屜最上方的面的對角點,繪製一個矩形。

37. 按下【推拉 (P)】指令,往上長出 2。

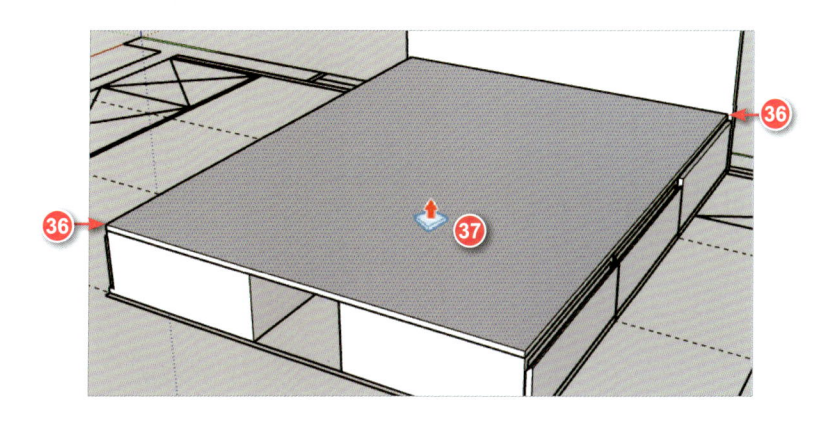

38. 再點擊床板左右兩側，往外延伸 2 的寬度。

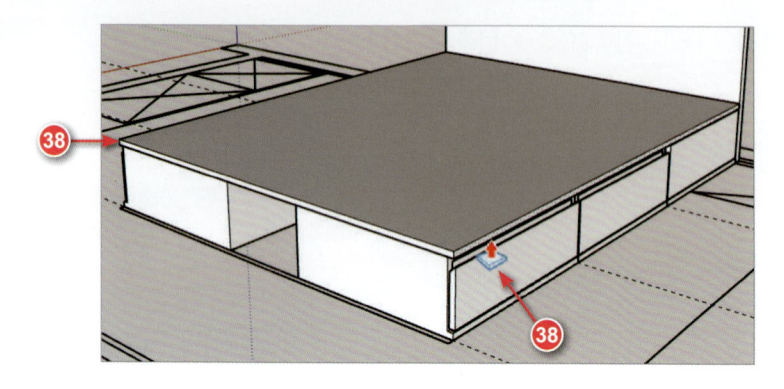

39. 按下【矩形 (R)】指令，在床尾處，從地面繪製一個矩形。

40. 按下【推拉 (P)】指令，往上長出 32，製作床尾板。

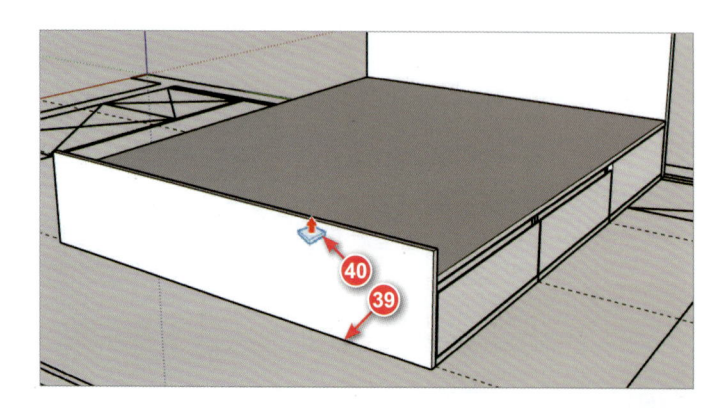

41. 按下【兩點圓弧 (A)】指令，在床尾板兩側繪製圓角。

42. 按下【推拉 (P)】指令，將圓角往後推至底部邊緣，將床尾板建立群組。完成床架，刪除輔助線。

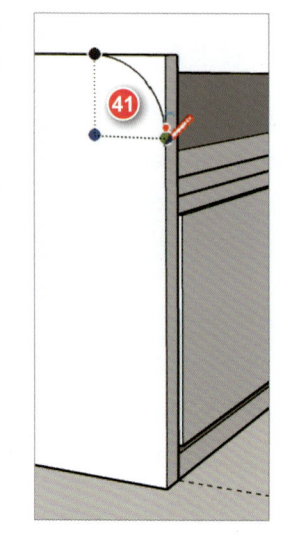

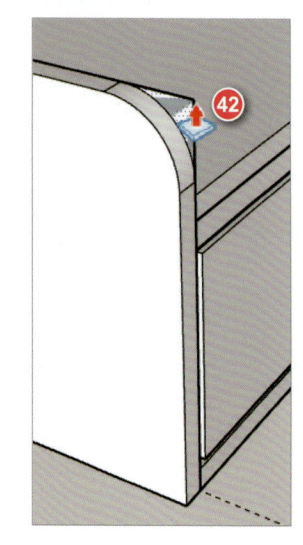

Lesson 9-4 衣櫃繪製

衣櫃與門板

01. 可以先將床架隱藏再來繪製衣櫃。縮放畫面到衣櫃的位置,從衣櫃門的方向檢視。

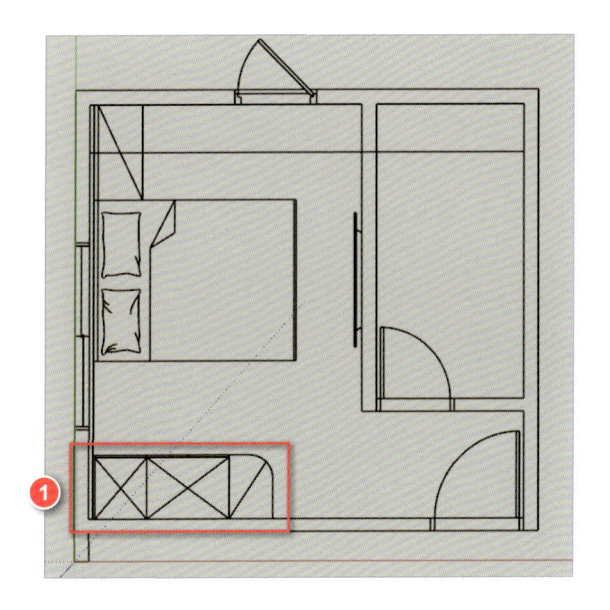

02. 按下【矩形 (R)】指令,在衣櫃右側繪製一個矩形。

03. 按下【推拉 (P)】指令,往上長出 250,製作一塊側板,使門板與牆面有一段距離,避免遇到傾斜的牆面,導致門板無法完全開啟。

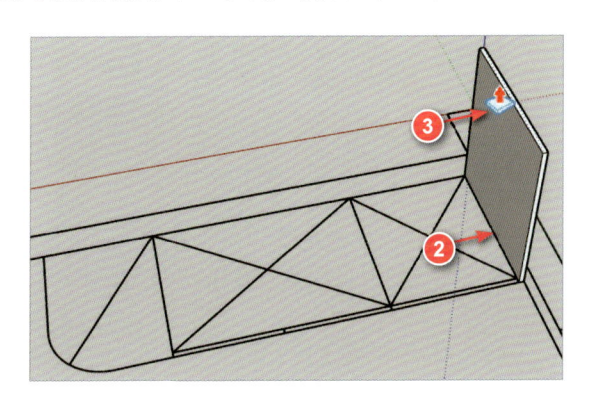

04. 按下【矩形 (R)】指令，繪製第一個衣櫃的矩形。

05. 按下【推拉 (P)】指令，往上長出 240。

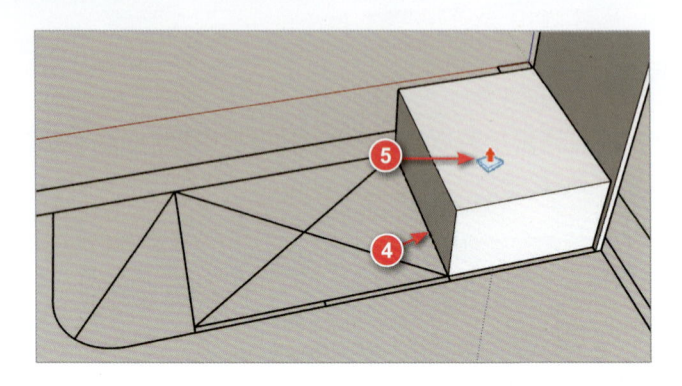

06. 按下【偏移 (F)】指令，選取矩形面往內偏移 0.4，製作門板。

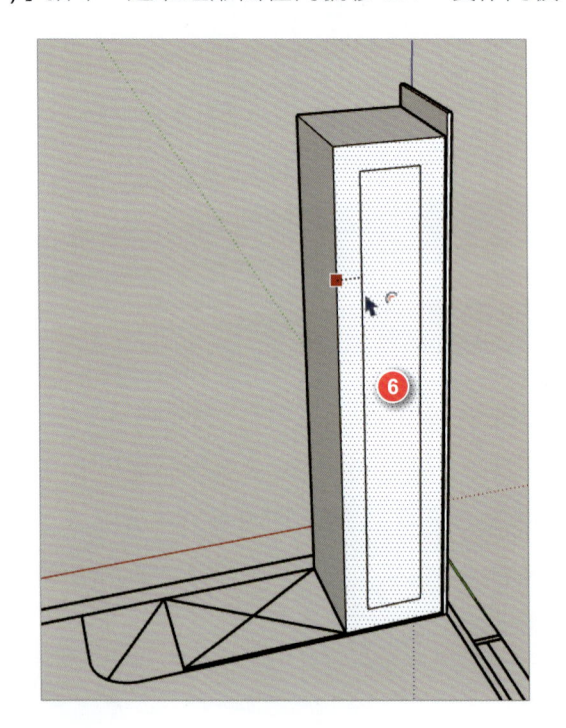

Chapter 9
臥室空間繪製

07. 按下空白鍵切換選取，在中間的矩形面上點擊左鍵兩下，選取中間的矩形面與周長，按下滑鼠右鍵→【建立群組 (G)】。

08. 編輯群組，按下【推拉 (P)】指令，往外長出 2 的厚度。

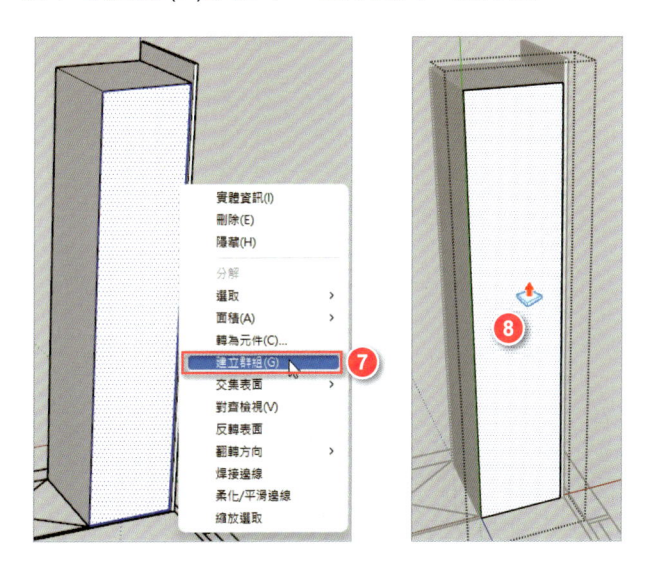

09. 按下【卷尺工具 (T)】指令，點擊門板下方邊緣往上建立輔助線，距離為 120。

10. 再從 120 的輔助線往兩側建立距離 19 的輔助線，再往中間建立 1.5 輔助線，並且建立距離左直邊 2.5 的輔助線。

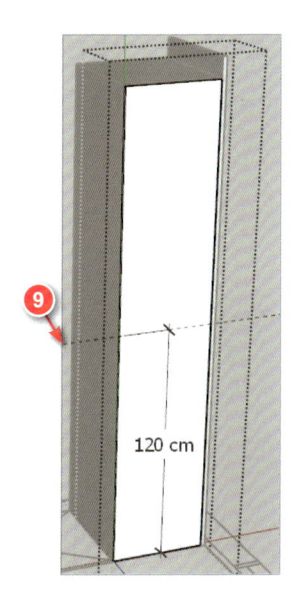

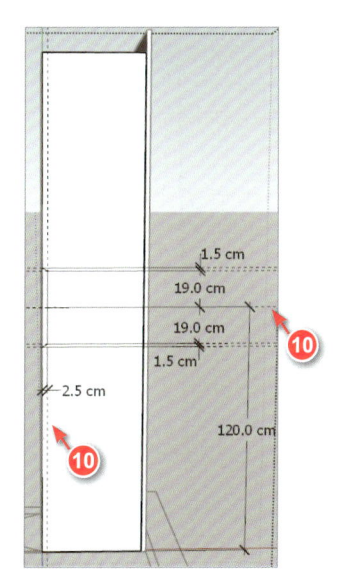

9-23

11. 按下【直線 (L)】指令，繪製把手。

12. 按下【推拉 (P)】指令，往內推 1.5，離開群組。

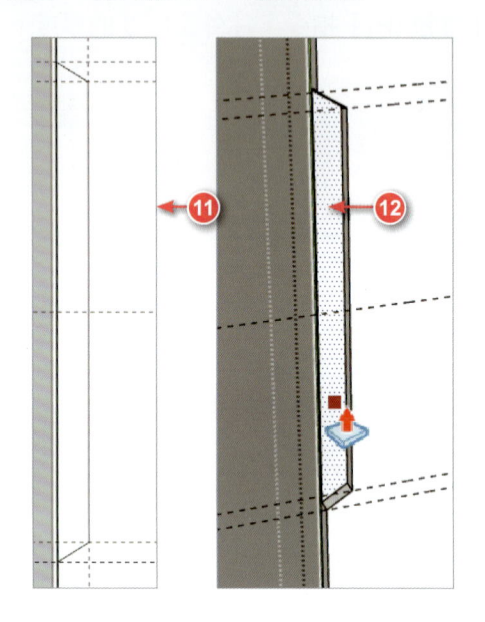

13. 將方塊建立群組。

14. 按下【矩形 (R)】指令，繪製第二個衣櫃的矩形。

15. 按下【推拉 (P)】指令，將矩形長高 240。

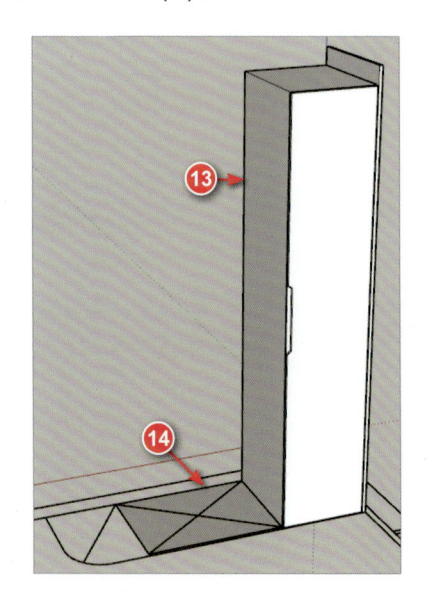

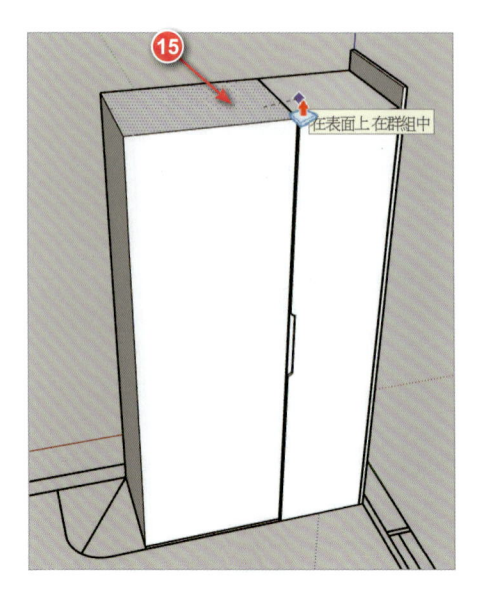

16. 按下【卷尺工具 (T)】指令,從衣櫃底部往上建立三條輔助線,距離為 25、25、16。

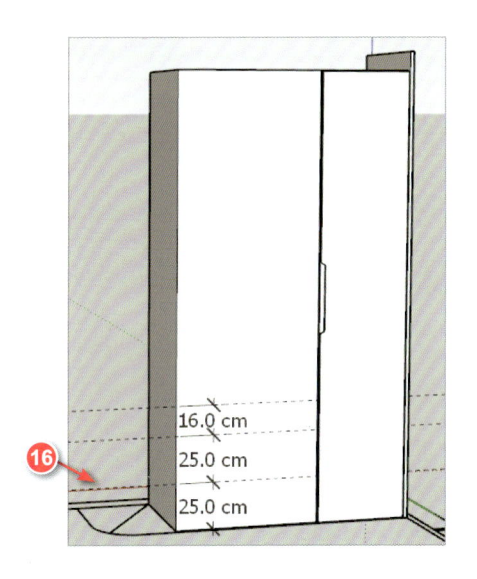

17. 按下【直線 (L)】指令,沿著輔助線繪製三條水平線。

18. 按下【偏移 (F)】指令,將分隔後的矩形面往內偏移 0.4。

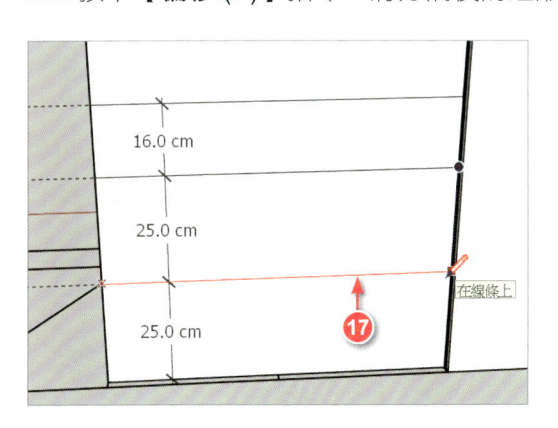

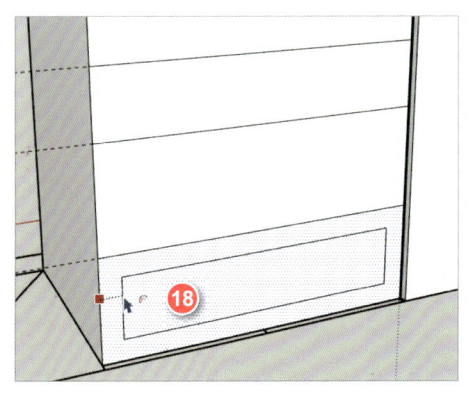

9-25

19. 在另外兩個矩形內點擊左鍵兩下，偏移相同距離。

20. 選取偏移後的矩形上方線段，共三條線，按下【**移動 (M)**】指令，往下移動 2.3。

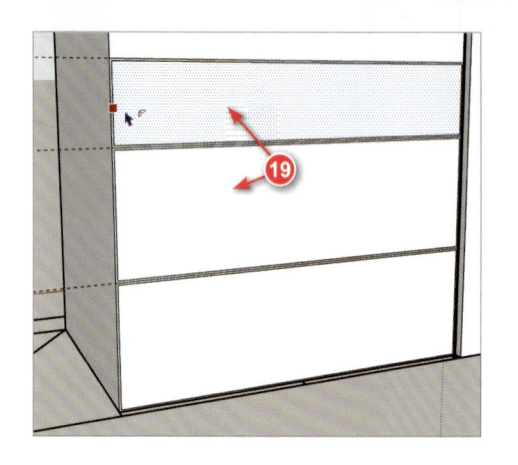

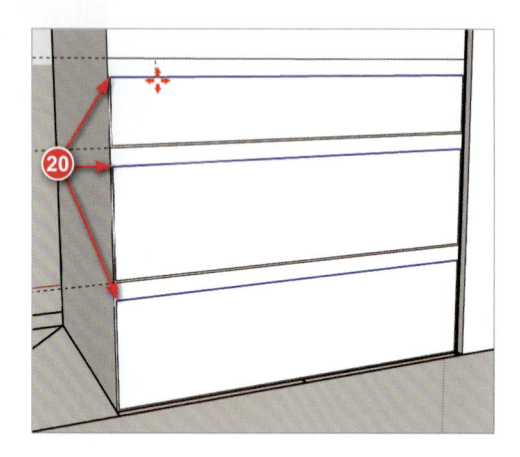

21. 按下空白鍵切換選取，在矩形點擊左鍵兩下，按住 Ctrl 鍵在另外兩個矩形面點擊左鍵兩下加選，建立群組。

22. 編輯群組，按下【**推拉 (P)**】指令，三個矩形分別往外長出 2。

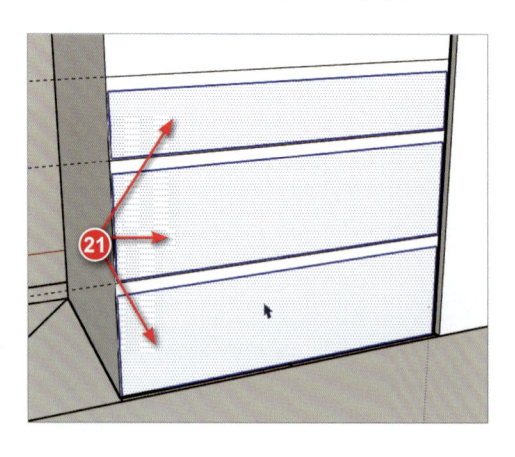

23. 在側面繪製斜線，右圖為放大圖。

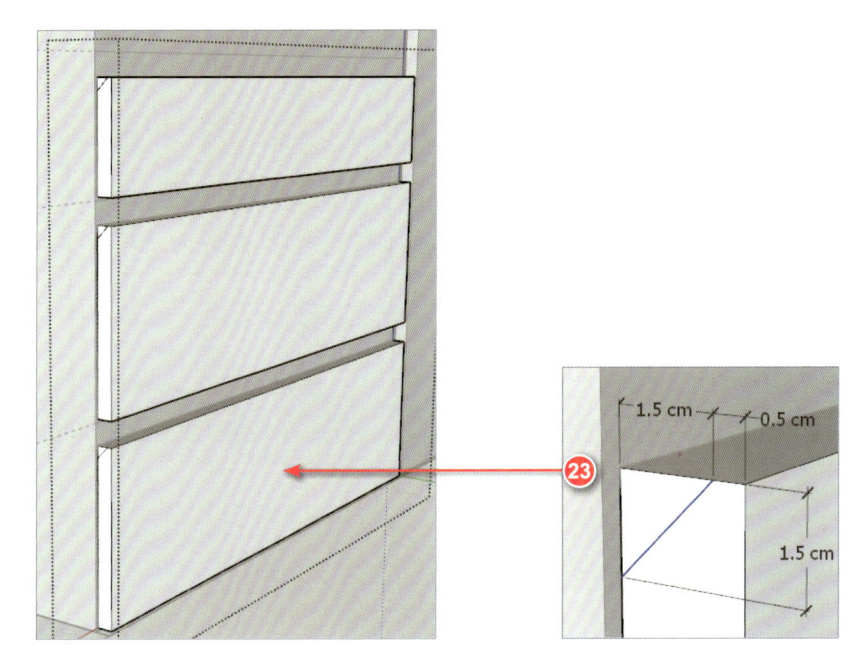

24. 按下【**推拉** (P)】指令，點擊斜角面推至右側底部，完成斜把手，離開群組。

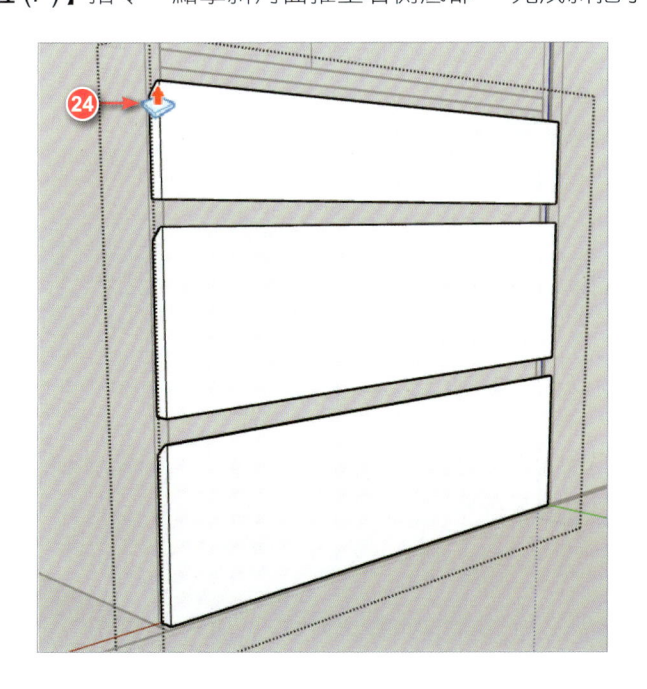

9-27

25. 按下【直線 (L)】指令，連接衣櫃中點，繪製一條垂直線。

26. 按下【偏移 (F)】指令，將左右矩形分別往內偏移 0.4。

27. 按下空白鍵切換選取，在左側矩形點擊左鍵兩下，按住 Ctrl 鍵在右側矩形點擊左鍵兩下加選，建立群組。

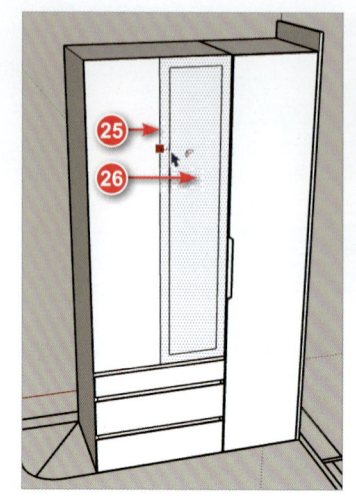

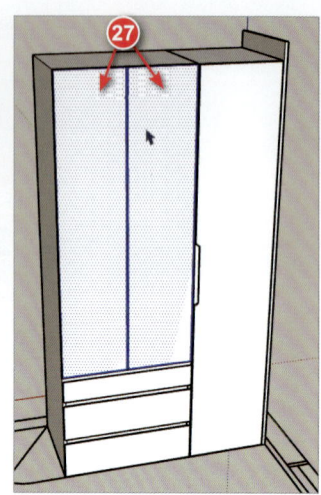

28. 編輯群組。按下【推拉 (P)】指令，往外長出 2 的厚度。

29. 按下【卷尺工具 (T)】指令，從門板底部往上建立 120 的輔助線，再從 120 輔助線往兩側建立 19 輔助線，再從 19 輔助線分別往內偏移 1.5，並且建立距離右直邊 2.5 的輔助線。按下【直線 (L)】指令，繪製把手形狀。

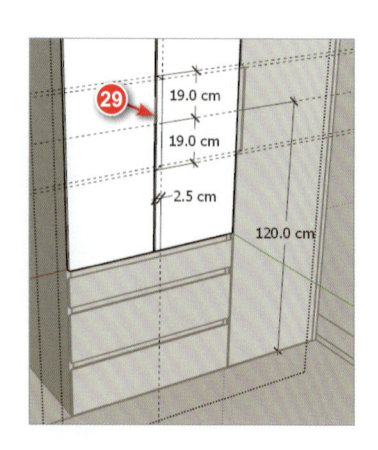

30. 留下 120 輔助線，刪除其他把手的輔助線，從 120 輔助線往下建立距離 19、19 的輔助線，再從 19 輔助線分別往內偏移 1.5，並且建立距離左直邊 2.5 的輔助線。按下【**直線 (L)**】指令，繪製把手形狀。

31. 按下【**推拉 (P)**】指令，往內推 1.5 的把手深度，離開群組。

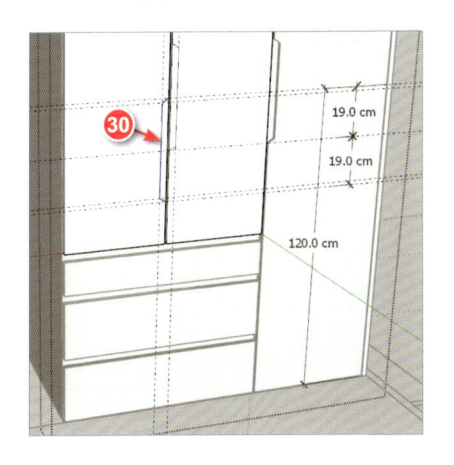

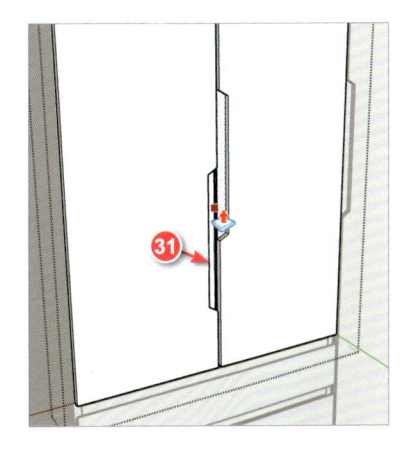

衣櫃內部

01. 隱藏門板，若產生破口，如下圖，選取所有開口的邊線並刪除。

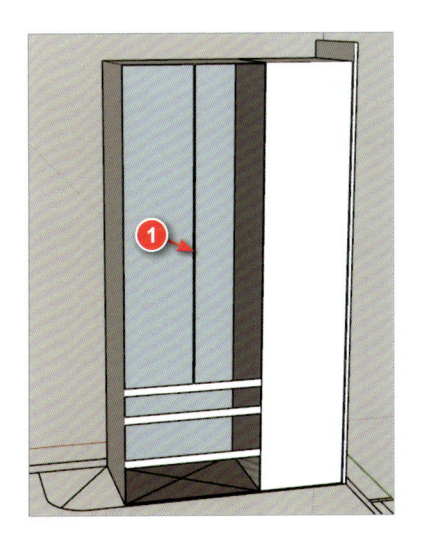

02. 刪除完如左圖所示，若沒有產生平面，可在邊緣畫線自動生成平面。

03. 按下【偏移 (F)】指令，往內偏移 2。按下【推拉 (P)】指令，往內推 55 的深度，將第二個衣櫃建立群組。

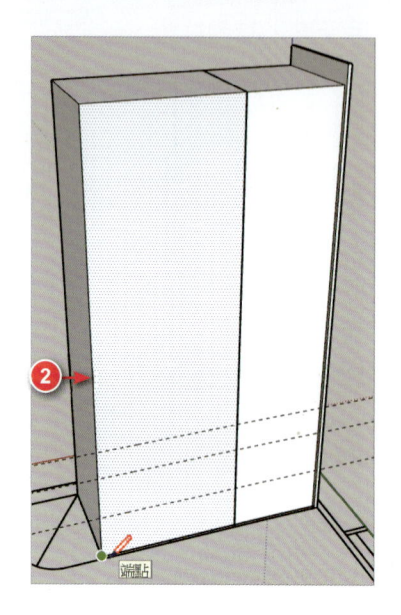

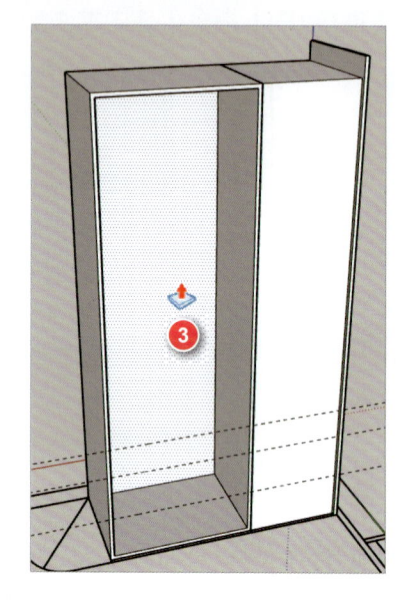

04. 按下【矩形 (R)】指令，在底部繪製相同大小矩形。按下【推拉 (P)】指令，往上長出 2，並將方塊建立群組。

05. 按下【移動 (M)】指令，將下面方塊往上複製，點擊方塊的左側中點，鎖點至輔助線。(輔助線若已刪除掉，可從櫃子底部往上重新建立，距離為 25、25、16)

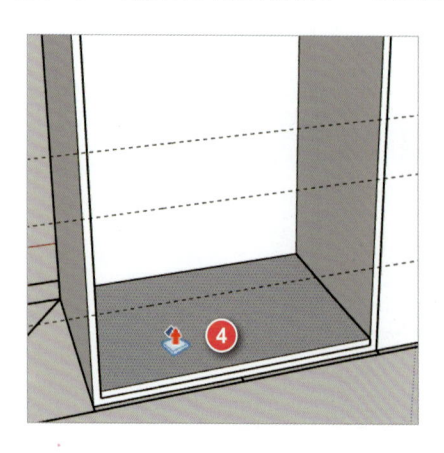

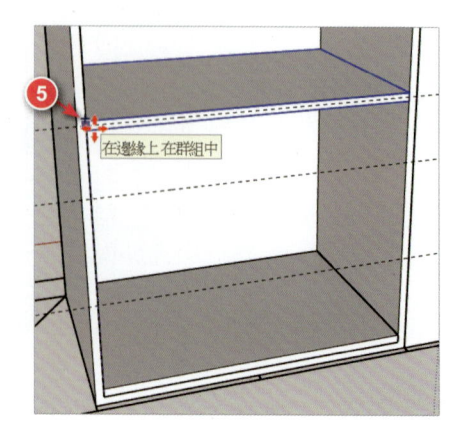

06. 按下【**移動**(M)】指令,將方塊往上複製 126,完成櫃子層板。

07. 按下【**矩形**(R)】指令,繪製 76、3.2 與 76、6.5 的矩形。按下【**推拉**(P)】指令,往櫃子內長出 2,並分別建立群組。

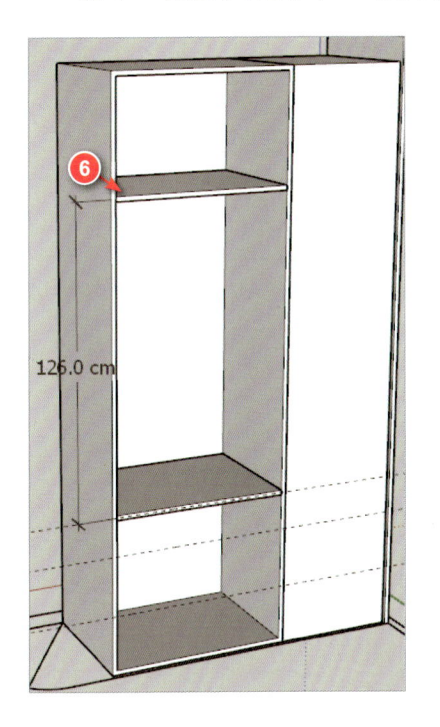

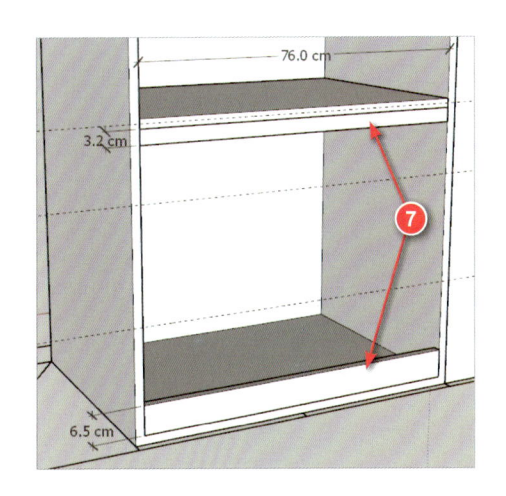

08. 按下【**移動**(M)】指令,點擊方塊的左側中點,鎖點至輔助線。

09. 再往上複製到另一條輔助線。

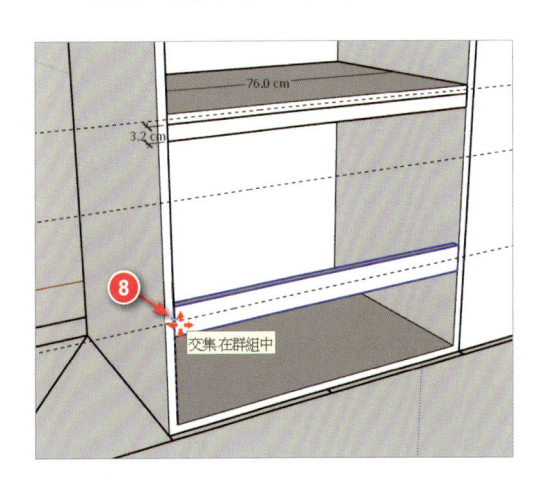

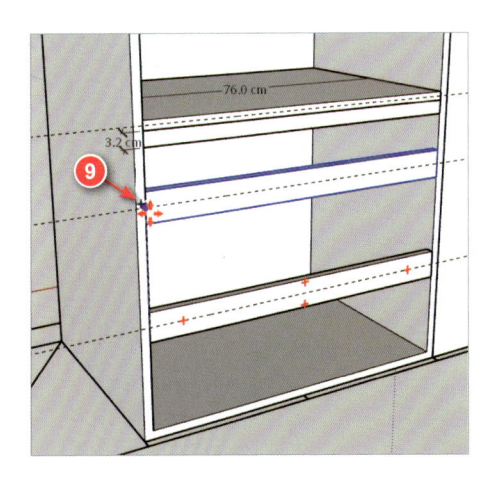

10. 編輯右側衣櫃群組。按下【偏移 (F)】指令，往內偏移 2。按下【推拉 (P)】指令，往內推 55 的深度，將第二個衣櫃建立群組。

11. 按下【矩形 (R)】指令，在底部繪製相同大小矩形。按下【推拉 (P)】指令，往上長出 2，並將方塊建立群組。

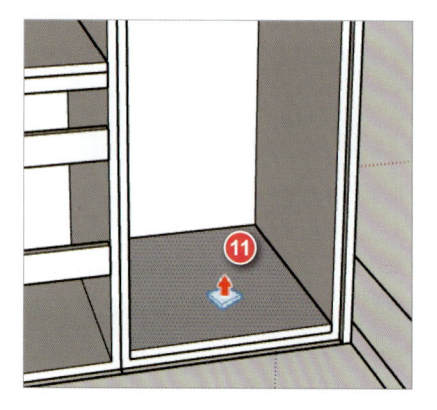

12. 按下【卷尺工具 (T)】指令，從櫃子底部往上建立 96、96 輔助線。

13. 按下【移動 (M)】指令，點擊方塊的右側中點，按一下 Ctrl 鍵開啟複製，將群組往上複製 96 的距離。立刻輸入「x2」並按下 Enter 鍵複製二個。

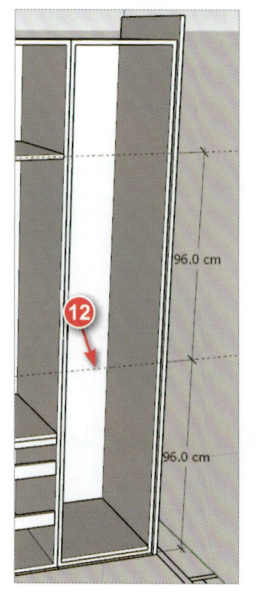

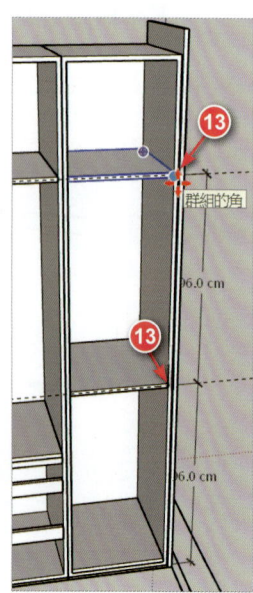

14. 點擊【編輯】→【取消隱藏】→【最後的項目】，可以取消隱藏門板。

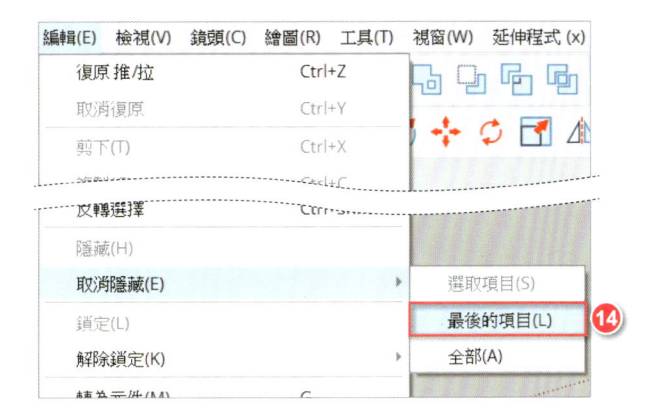

矮櫃

01. 按下【矩形 (R)】指令，鎖點至平面圖繪製矮櫃的矩形。

02. 按下【兩點圓弧 (A)】指令，繪製半徑 22 的圓角。

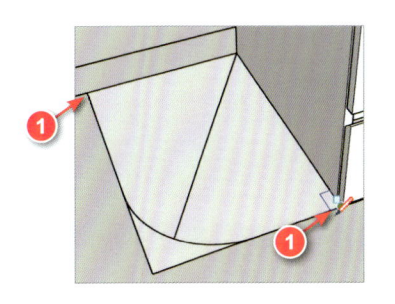

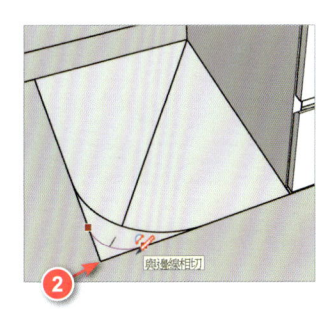

03. 按下【推拉 (P)】指令，往上長出 2。

04. 全部選取，往上移動 80 的高度，製作矮櫃檯面。

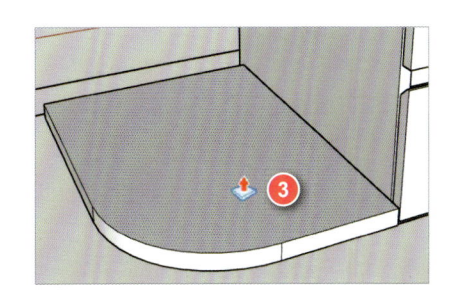

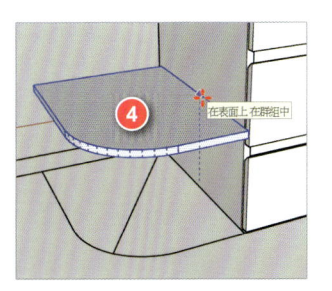

05. 可將平面圖隱藏，從下往上的角度仰視，按下【偏移(F)】指令，點擊底部的面往內偏移 2。

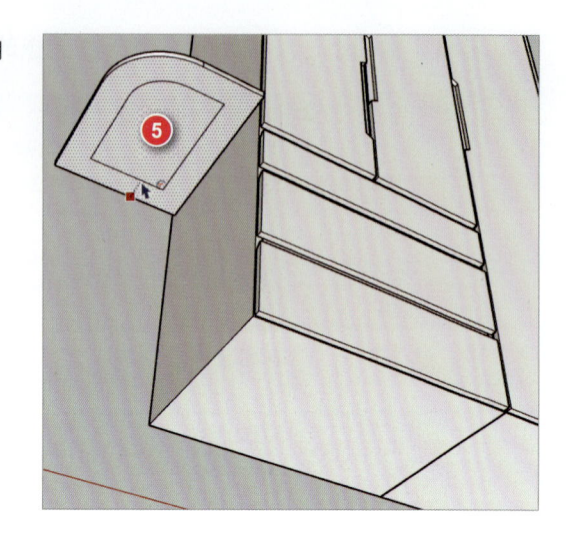

06. 按下空白鍵切換選取，在中間點擊左鍵兩下選取面與周長，建立群組。

07. 編輯群組，按下【推拉(P)】指令，往下長出 2，離開群組。

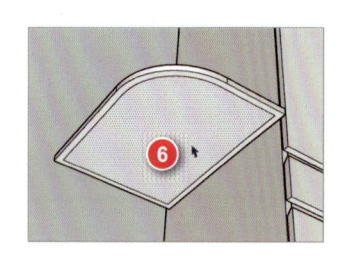

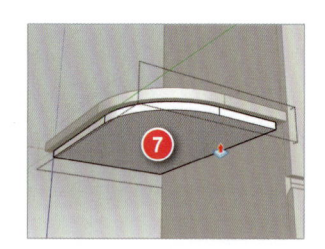

08. 按下【移動(M)】指令，按一下 Ctrl 鍵開啟複製，將群組往下複製 26 的距離。

09. 立刻輸入「x3」並按下 Enter 鍵複製三個。

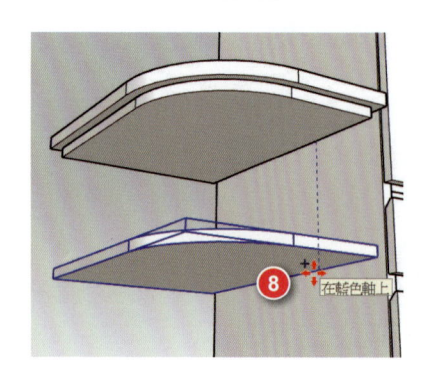

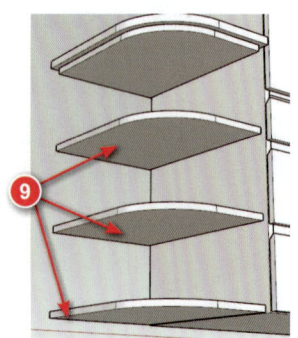

Chapter 9
臥室空間繪製

10. 按下空白鍵切換選取，選取檯面，建立群組。

11. 按下【矩形 (R)】指令，在矮櫃右側繪製矩形，上方與檯面切齊，下方與櫃子切齊。

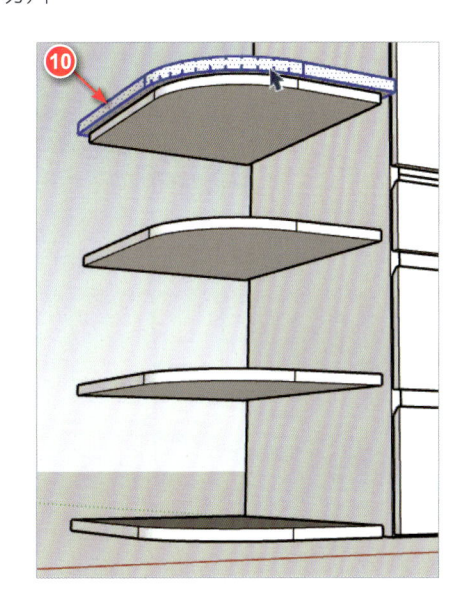

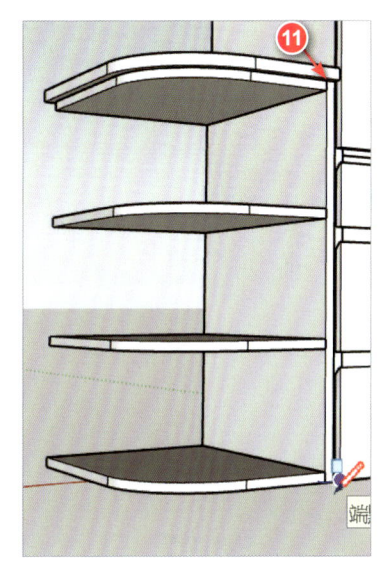

12. 按下【推拉 (P)】指令，將矩形推拉至與背部對齊，並將方塊建立群組。

13. 按下【矩形 (R)】指令，繪製另一個矩形，製作矮櫃背板。

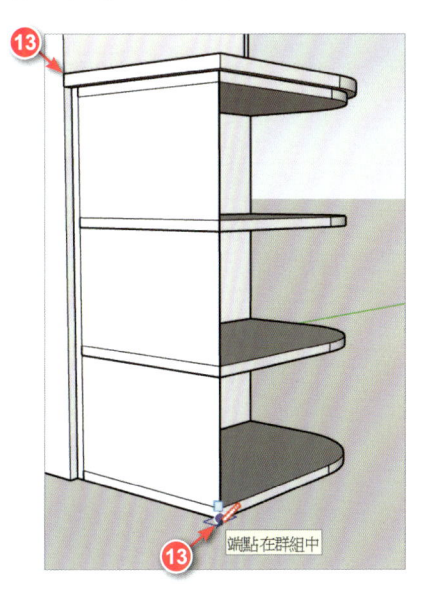

9-35

14. 按下【推拉 (P)】指令，長出 2 的厚度，與衣櫃對齊，並將方塊建立群組。

15. 除了最右側的板子以外全部選取，按下【移動 (M)】指令，往上移動 10。

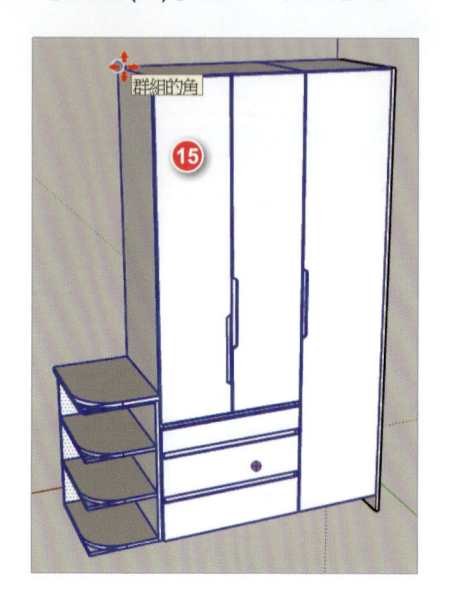

踢腳板與上方封板

01. 從下往上的角度仰視，按下【矩形 (R)】指令，繪製 168、56 的矩形，與右側板子、衣櫃背部靠齊。

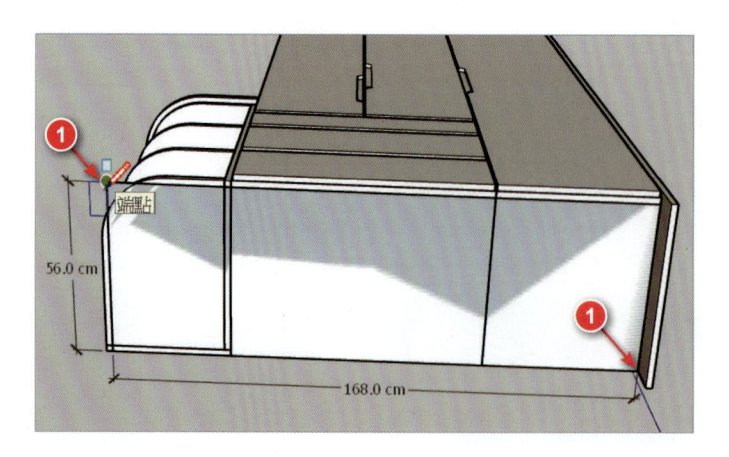

Chapter 9
臥室空間繪製

02. 按下【直線 (L)】指令，繪製距離皆 20 的斜角。

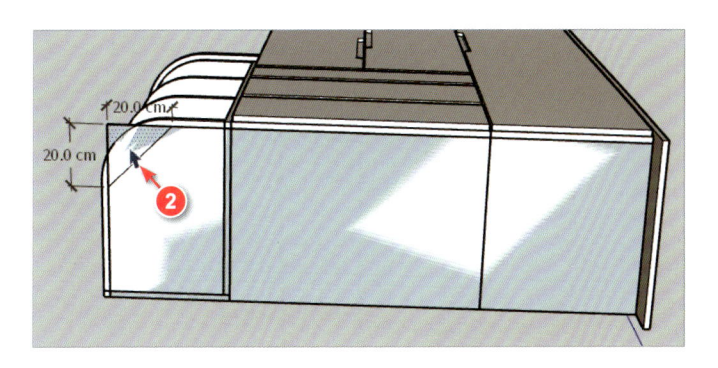

03. 將斜角刪除後，按下【推拉 (P)】指令，往下長出 20，完成踢腳板。

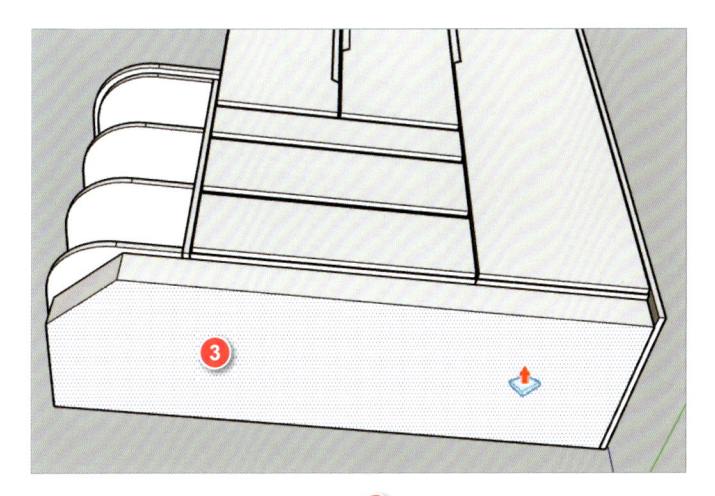

04. 從上往下的角度俯視，按下【矩形 (R)】指令，從右下角往衣櫃左上角繪製矩形。

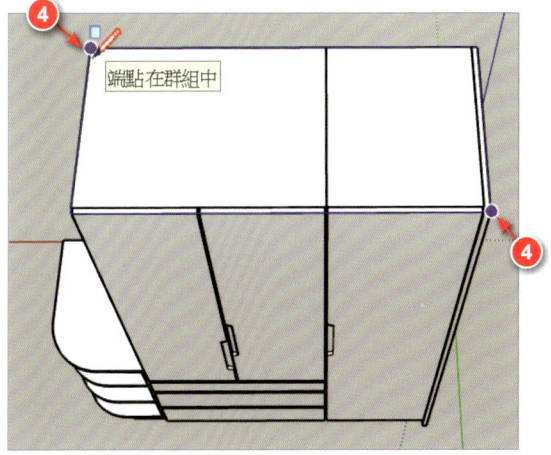

9-37

05. 按下【推拉 (P)】指令，往上長出 20，完成封板，並建立群組。

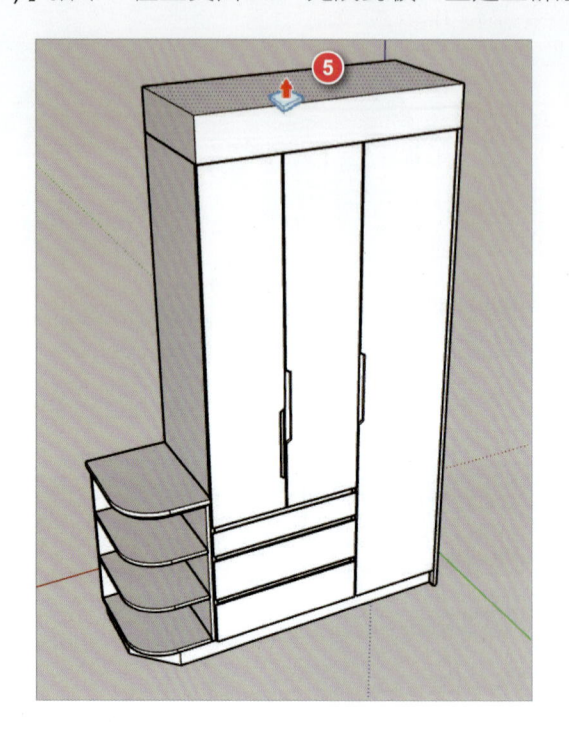

Lesson 9-5 牆面繪製

01. 點擊【編輯】→【取消隱藏】→【全部】。

02. 按下【矩形 (R)】指令，繪製床後面的矩形。

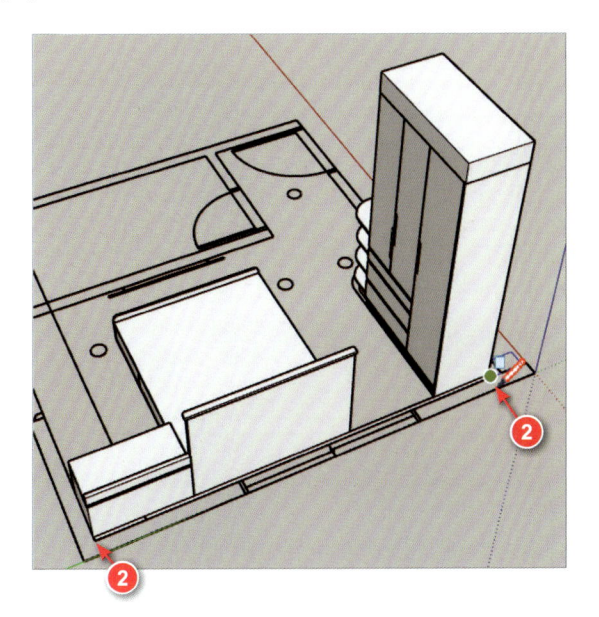

03. 按下【推拉 (P)】指令,將矩形往上長出 270。

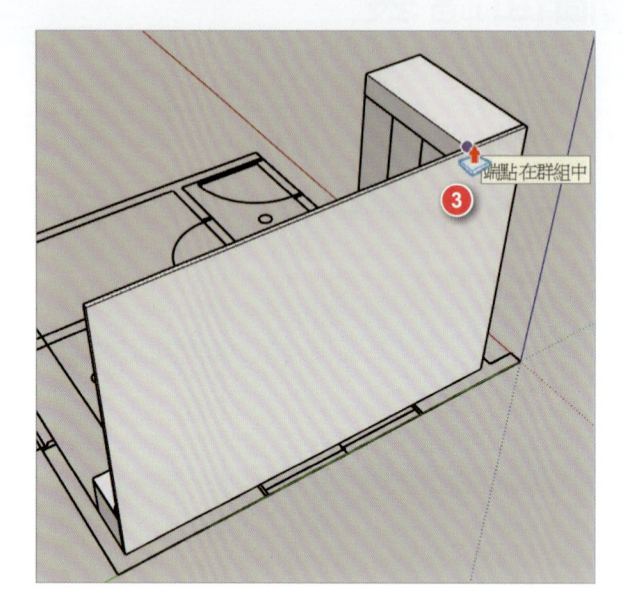

04. 按下【直線 (L)】指令,描繪牆面的線段,形成封閉區域自動產生平面,如下圖的範圍。

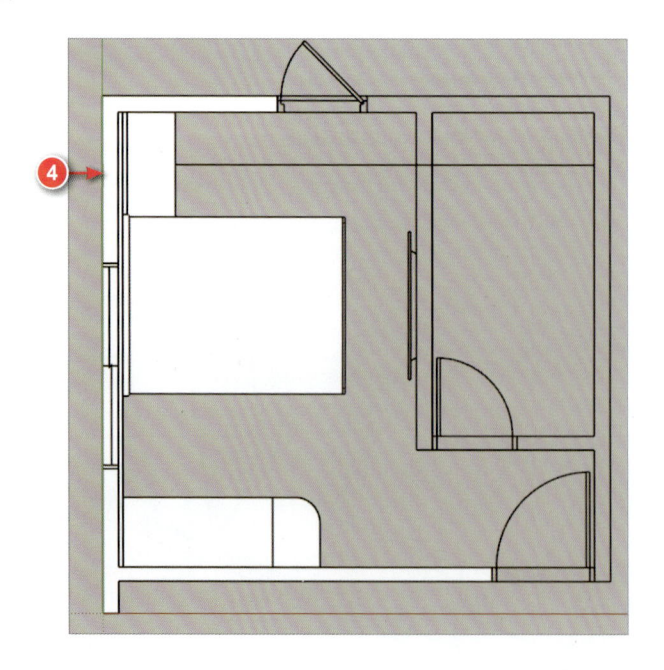

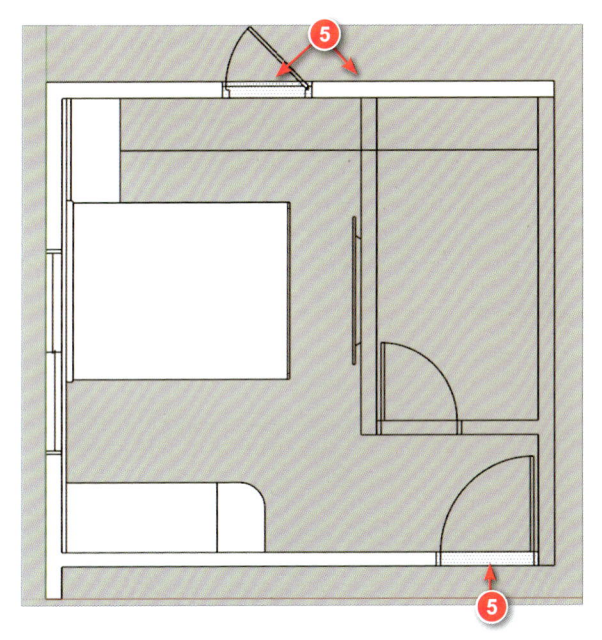

05. 按下【**矩形** (R)】指令,繪製窗戶與門的位置,以及窗戶右側的牆面。

06. 按下【**推拉** (P)】指令,將前面繪製的牆面往上長出 300。

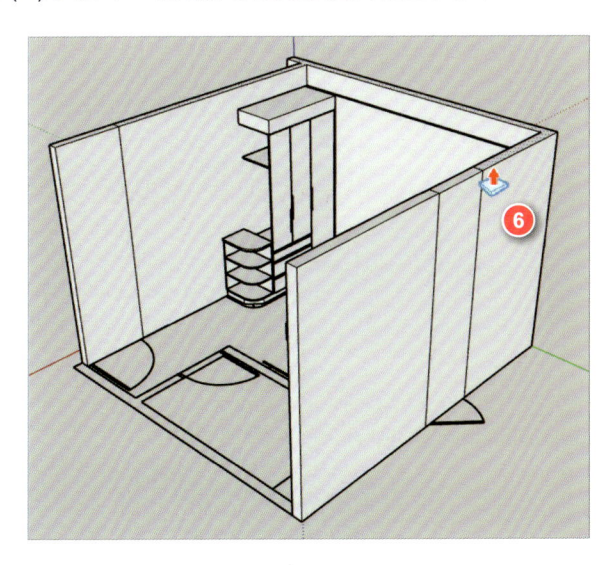

07. 將牆面群組後，點擊【矩形 (R)】指令，繪製樑的位置。

08. 點擊【推拉 (P)】指令，往上長出 50cm，並選取樑，建立群組。

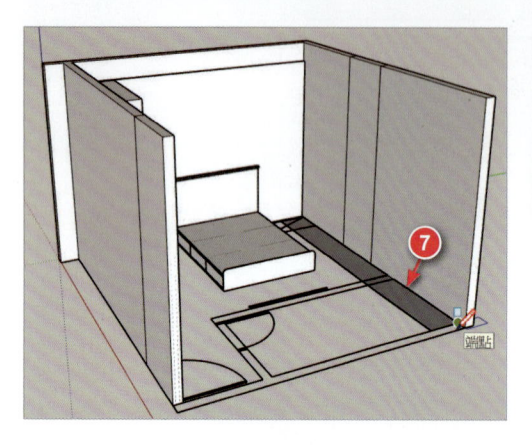

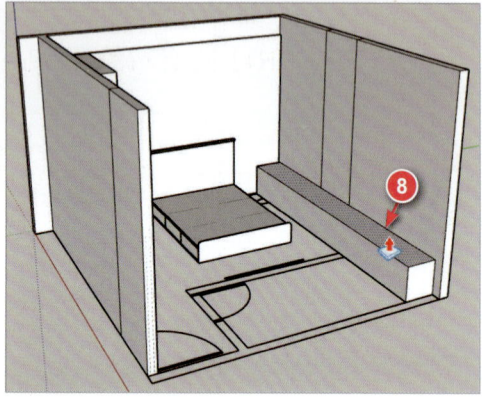

09. 點擊【移動 (M)】指令，往上移動 250cm。

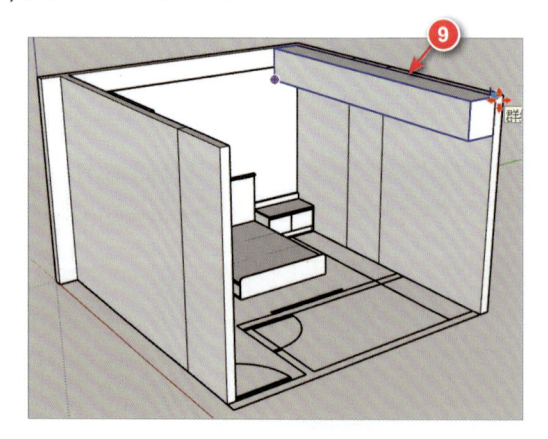

▎臥室窗

01. 編輯牆面群組，點擊【卷尺工具 (T)】指令，從底部邊線往上建立兩條輔助線，距離為 90、120。

02. 點擊【矩形 (R)】指令，繪製窗口位置。

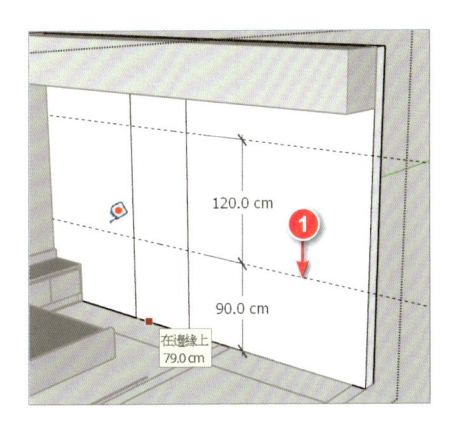

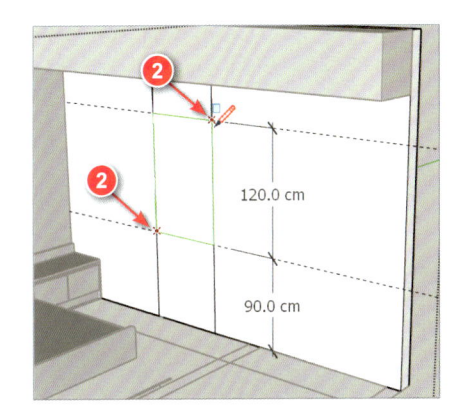

03. 點擊【推拉 (P)】指令，將矩形面往後長 14 的深度。

04. 按下空白鍵切換選取工具，刪除中間的面與輔助線，離開群組。

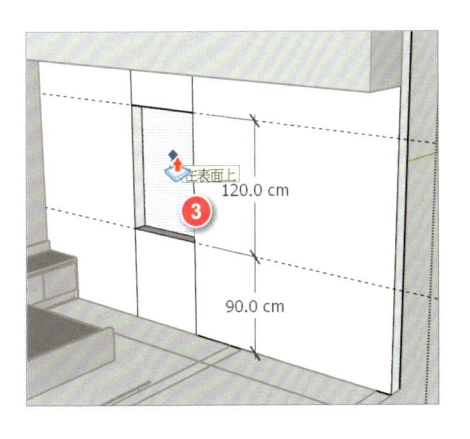

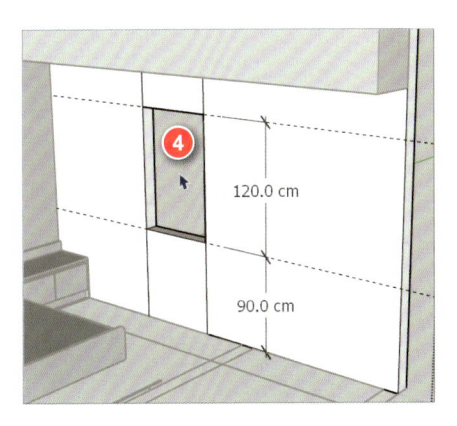

05. 接下來建立窗框,點擊【矩形 (R)】指令,繪製底部的矩形。

06. 點擊【推拉 (P)】指令,將矩形往上長到頂部。

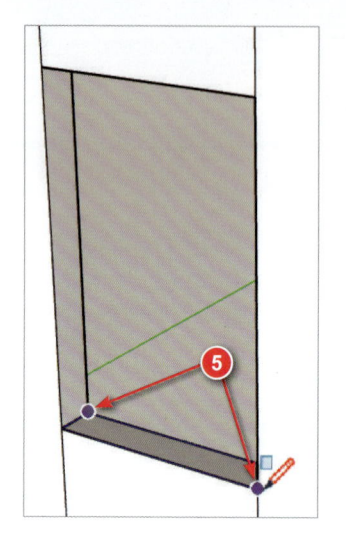

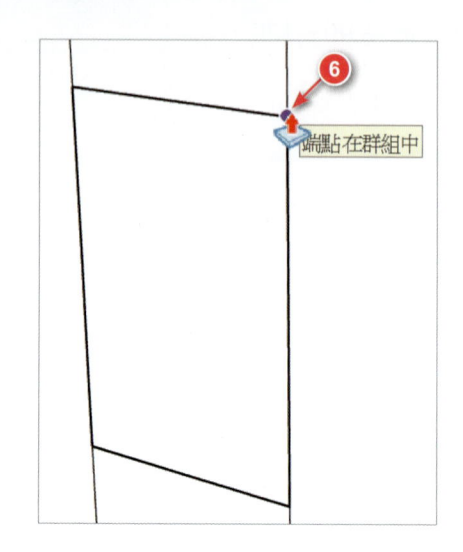

07. 選取正面的矩形,往後推拉 2。

08. 點擊【偏移 (F)】指令,往內偏移 3。

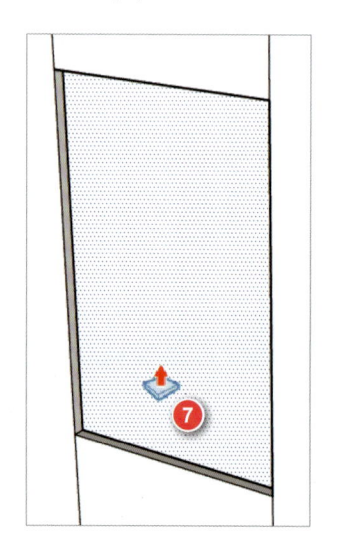

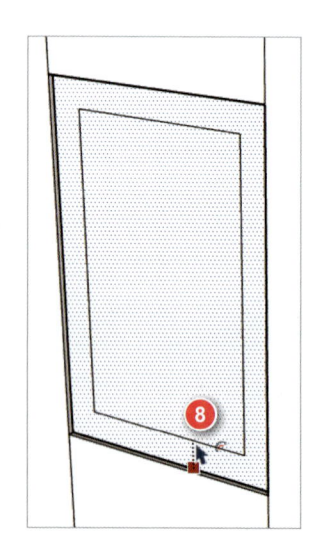

09. 點擊【推拉 (P)】指令,往內推 2。

10. 點擊【偏移 (F)】指令,往內偏移 3。

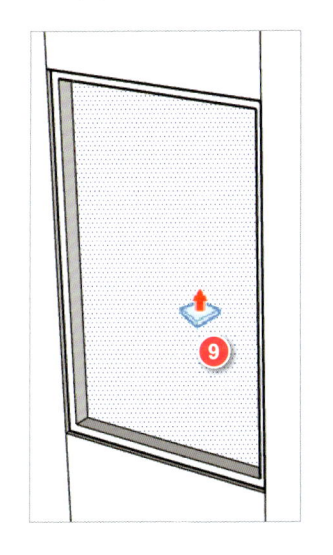

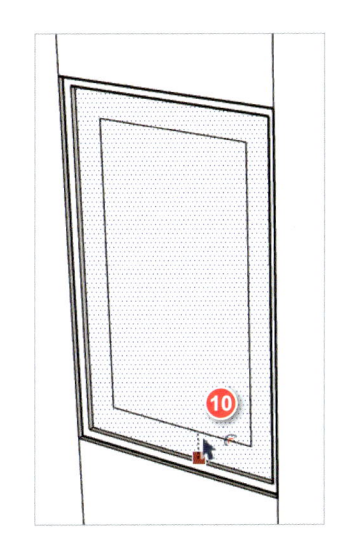

11. 點擊【推拉 (P)】指令,往內推至底部。

12. 環轉視角從窗外往臥室看,接下來繪製外側窗框形狀。

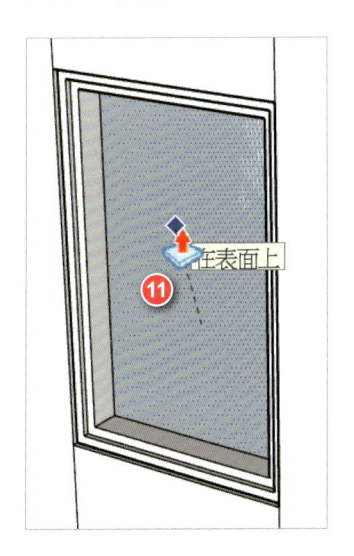

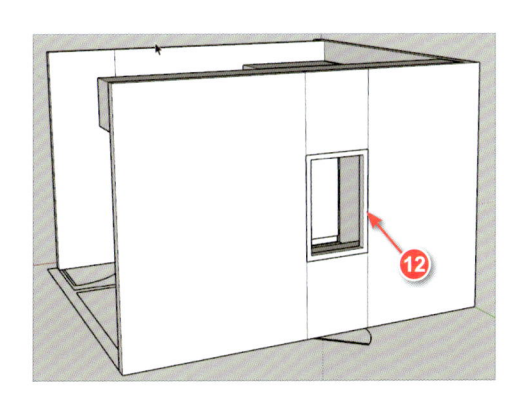

9-45

13. 點擊【推拉 (P)】指令，往內推 2。

14. 點擊【偏移 (F)】指令，往內偏移 3。

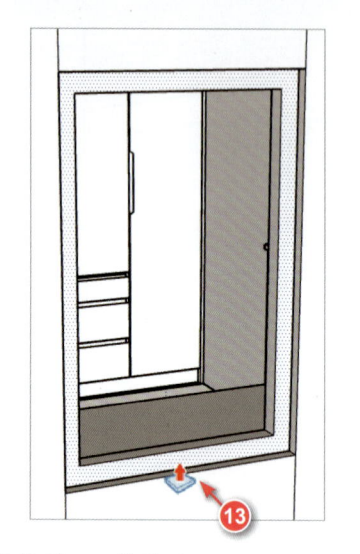

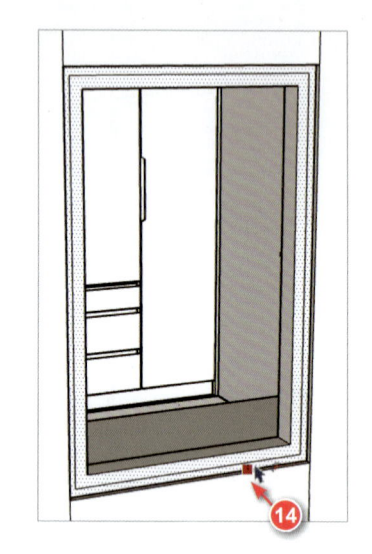

15. 點擊【推拉 (P)】指令，往內推 2，選取整個窗框，建立群組。

16. 點擊【矩形 (R)】指令，繪製矩形玻璃。

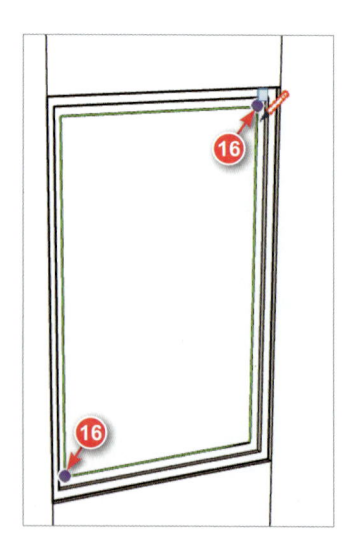

Chapter 9
臥室空間繪製

17. 點擊【**推拉** (P)】指令，往內推 0.8。

18. 點擊【**移動** (M)】指令，往臥室內移動 3，注意沿著綠色軸方向。

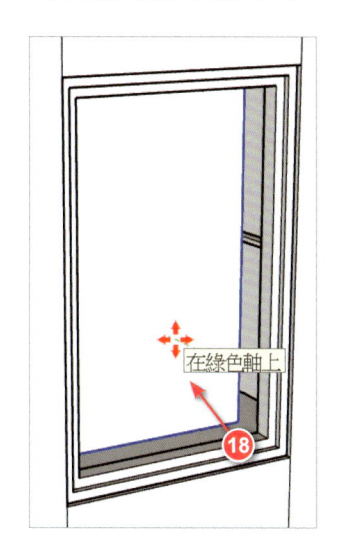

臥室門

01. 編輯牆面群組，點擊【**卷尺工具** (T)】指令，從底部邊線往上建立輔助線，距離為 224。

02. 點擊【**矩形** (R)】指令，繪製矩形門。

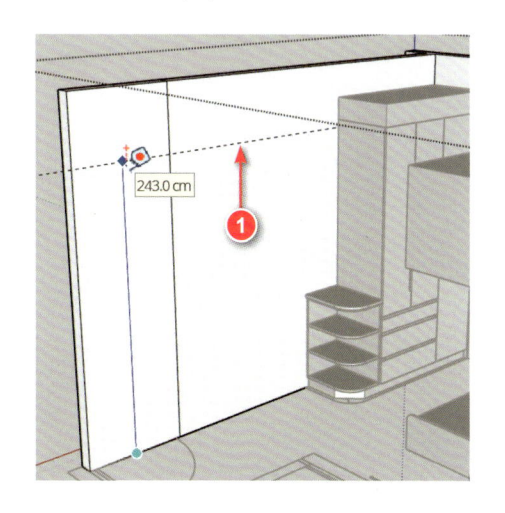

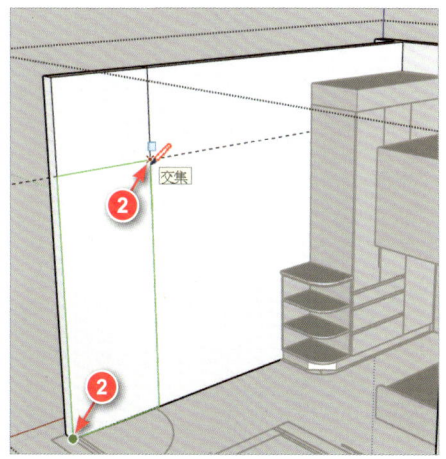

9-47

03. 點擊【推拉 (P)】指令，往後推至底部，完成門洞。

04. 點擊【檔案】→【匯入】，選取範例檔〈臥室門 .skp〉。

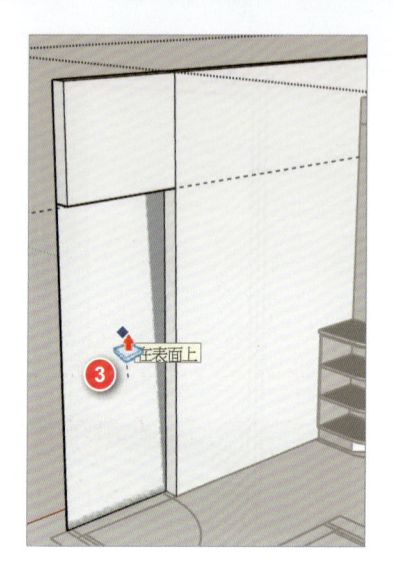

05. 放在牆面下方的中點，呈現如圖所示。

06. 點擊【移動 (M)】指令，沿著綠色軸，將門往左移動 3.5，調整位置。

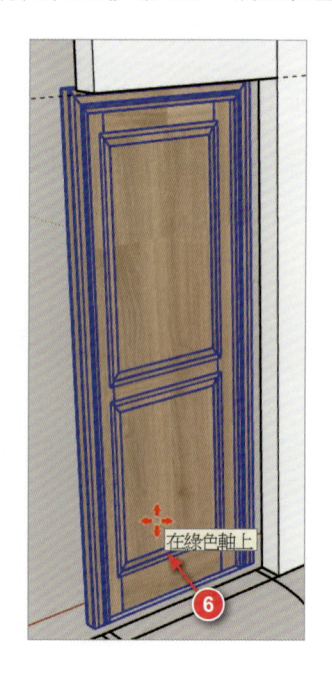

Lesson 9-6 天花板繪製

01. 點擊【檔案】→【匯入】，匯入範例檔〈臥室燈具位置 .dwg〉。

02. 匯入後如下圖，圓圈為燈具位置。

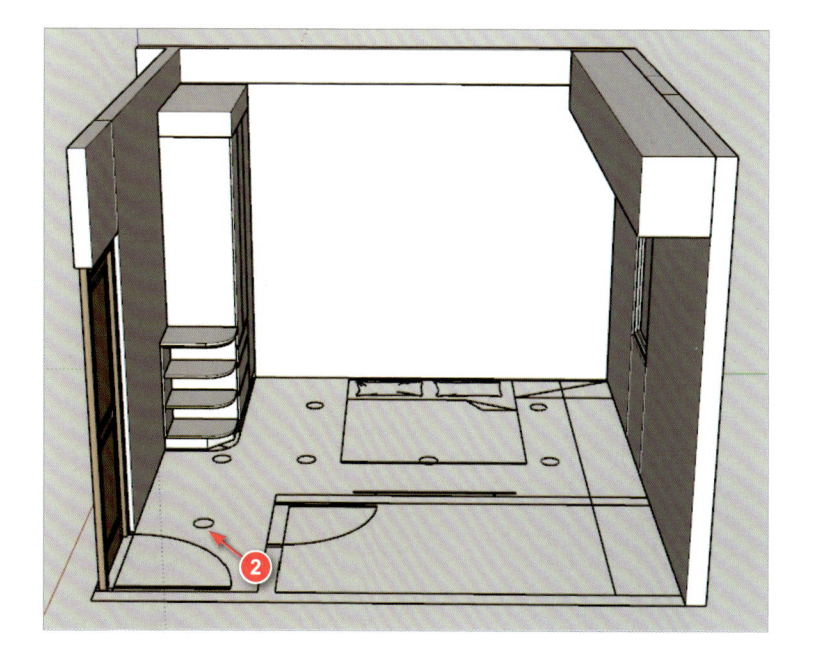

03. 點擊【檔案】→【匯入】，匯入範例檔〈嵌燈.skp〉，放在圓圈旁。

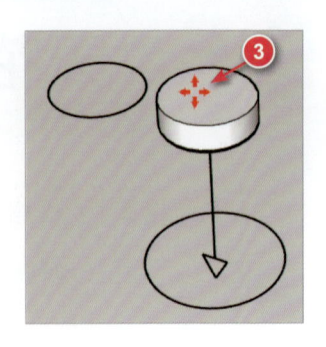

04. 點擊【移動(M)】指令，停留在嵌燈邊緣，再點擊嵌燈中心點。

05. 開啟樣式工具列的【X射線】。移動到圓圈中心。

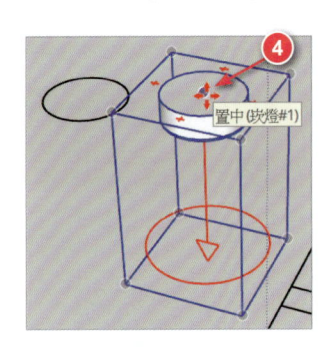

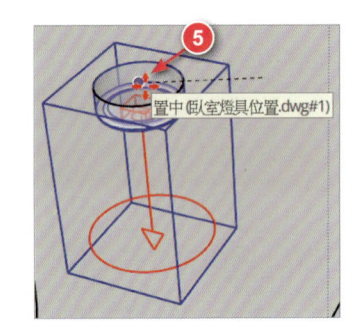

06. 再複製嵌燈到其他的圓圈中心。(也可以參考尺寸來複製)

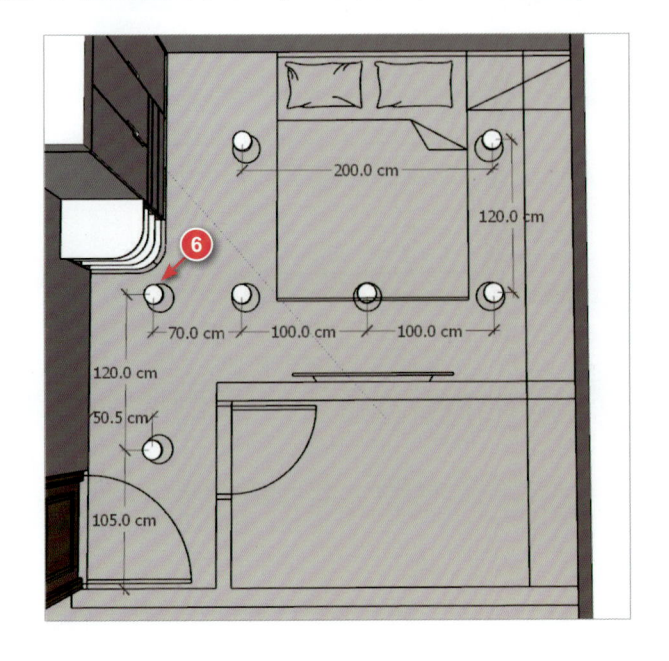

Chapter 9
臥室空間繪製

07. 點擊【矩形 (R)】指令，從左下到右上牆角，繪製一個矩形天花板。

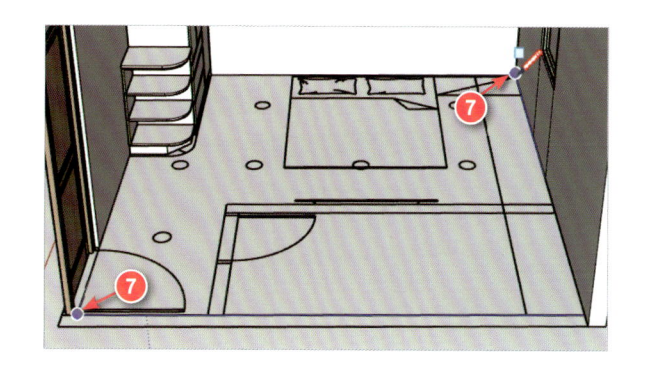

08. 按下空白鍵切換選取，按住 Ctrl 鍵選取全部的嵌燈與矩形面，按右鍵→【交集表面】→【與選取內容】，使嵌燈的圓與矩形產生相交線段，用來移除圓形孔。

09. 點擊【移動 (M)】指令，選取天花板，按下 Ctrl 鍵開啟複製，按下↑方向鍵，沿藍色軸移動 270 高度。(此時圓形孔已經移除)

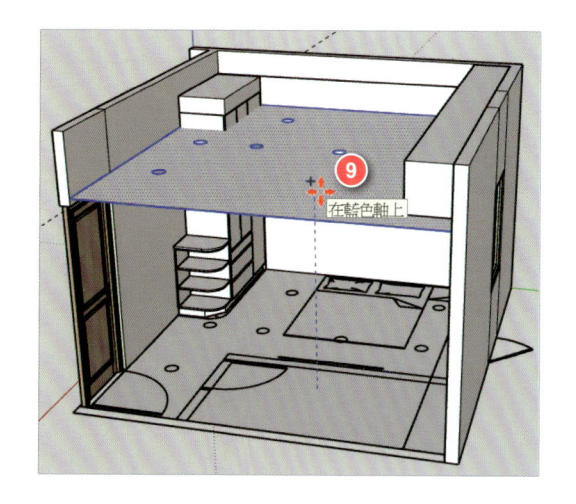

9-51

10. 點擊【推拉 (P)】指令，將天花板往上長出 2，並選取整個天花板建立群組。

11. 按下空白鍵切換選取，選取地板的整個矩形面並刪除。

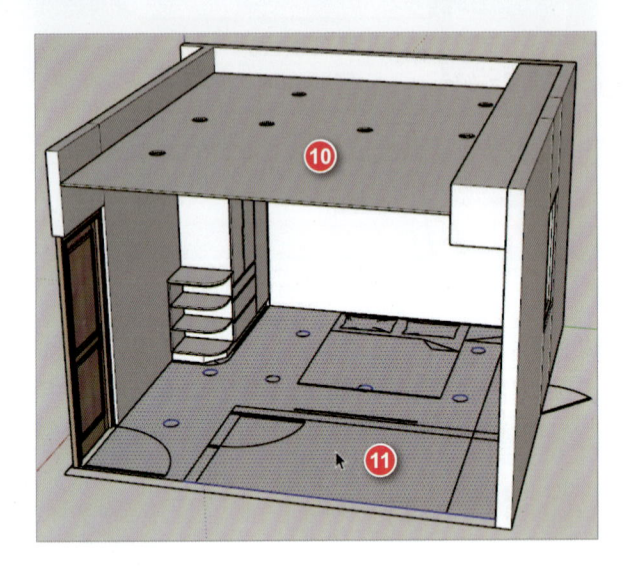

12. 選取全部嵌燈，按下↑方向鍵，沿藍色軸移動 274 高度。

13. 刪除燈具位置圖，以及交集產生的多餘線段。

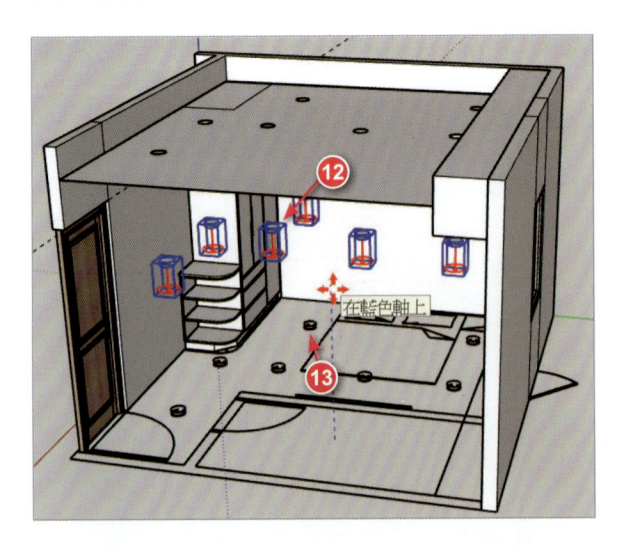

Lesson 9-7　SketchUp 與 V-Ray 材質設定

▋SketchUp 材質設定

01. 點擊【編輯】→【取消隱藏】→【全部】，取消隱藏床與床邊櫃。在右側材料面板中，點擊【▲(預設值)】，再點擊【❺(建立材料)】。

02. 名稱輸入「直木紋」，點擊【📂】選擇範例檔〈直木紋 .jpg〉。

03. 尺寸輸入 172.5 與 230，按下【確定】。

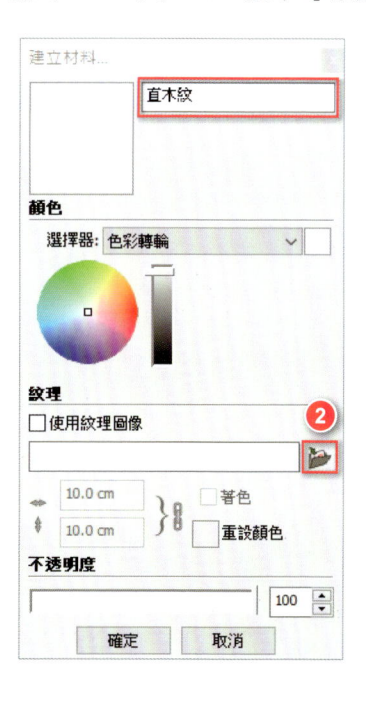

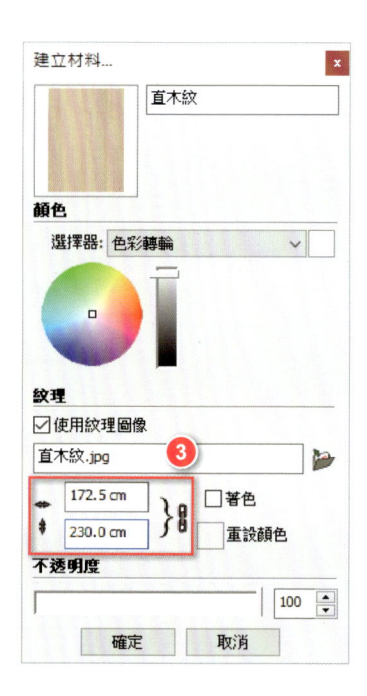

9-53

04. 按下【**顏料桶 (B)**】，將材料貼給衣櫃和床頭板等。

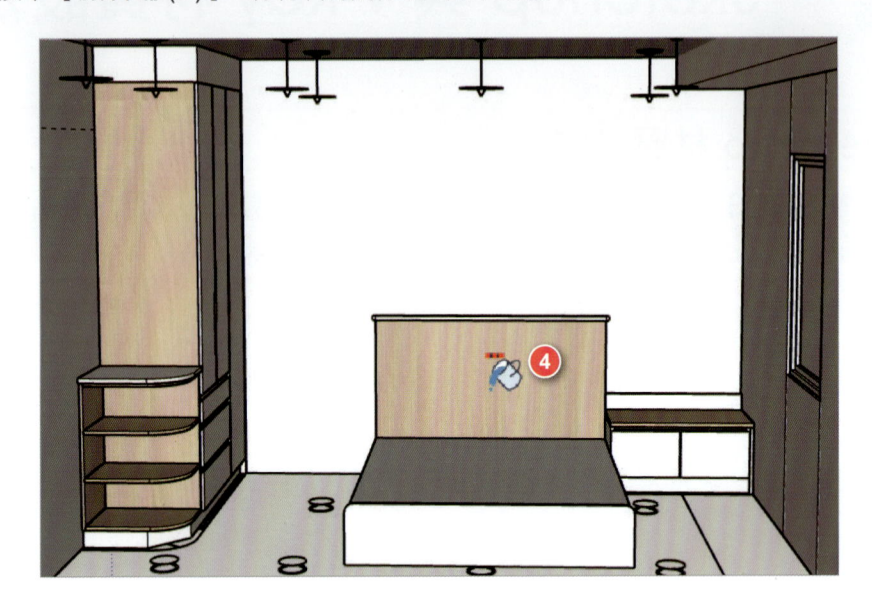

05. 在右側材料面板中，點擊【🎲 (**建立材料**)】，名稱輸入「橫木紋」，點擊【👟】選擇範例檔〈橫木紋 .jpg〉。

06. 點擊【}{】取消長寬的連結，尺寸輸入 360 與 270，按下【**確定**】。

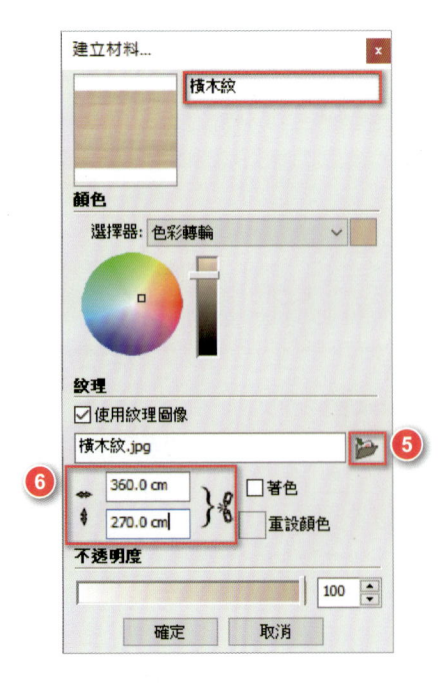

07. 按下【**顏料桶**(B)】,將材料貼給其他櫃體的板子,不同方向的貼圖可以控制木紋的方向。

08. 在右側材料面板中,點擊【 ● (建立材料)】,名稱輸入「壁紙」,點擊【 ▶ 】選擇範例檔〈壁紙.jpg〉,尺寸輸入 40。

09. 按下【**顏料桶**(B)】,將壁紙貼給床後方的面,可自由更換壁紙。

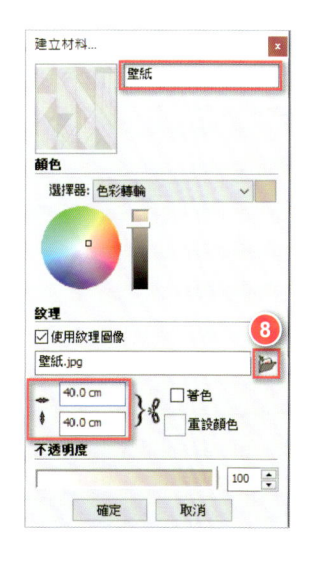

9-55

10. 在右側材料面板中，點擊【▨（預設值）】，再點擊【◈（建立材料）】，名稱輸入「牆面」，調整牆面顏色。

11. 按下【顏料桶(B)】，將材料貼給牆面、天花板、樑。櫃子的門板也可以設定一個顏色。

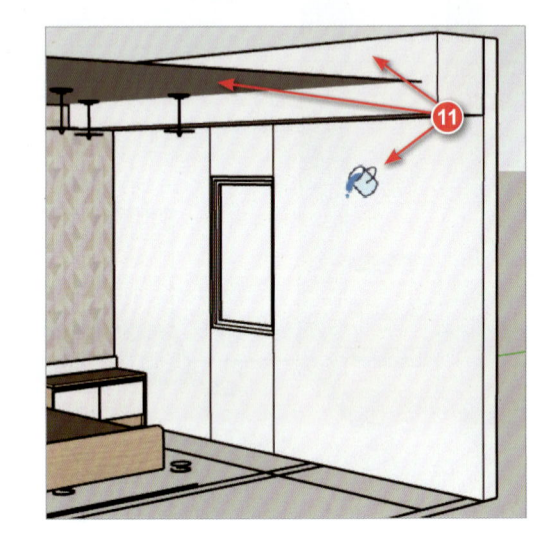

12. 在右側材料面板中，點擊【◈（建立材料）】，名稱輸入「窗框」，顏色調整為黑色。

13. 按下【顏料桶(B)】，將材料貼給窗框。

14. 在右側材料面板中,選擇【**玻璃與鏡面**】的材料分類,選擇半透明金色玻璃。

15. 將材料貼給玻璃。

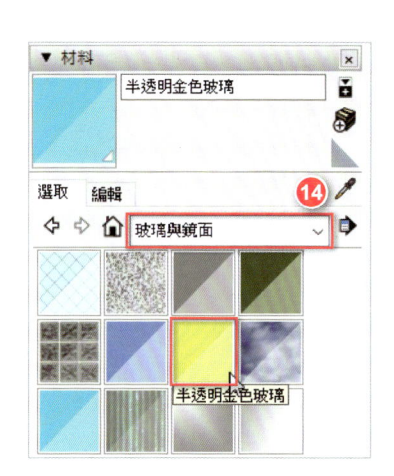

16. 點擊【**編輯**】頁籤,不透明度設定「0」。

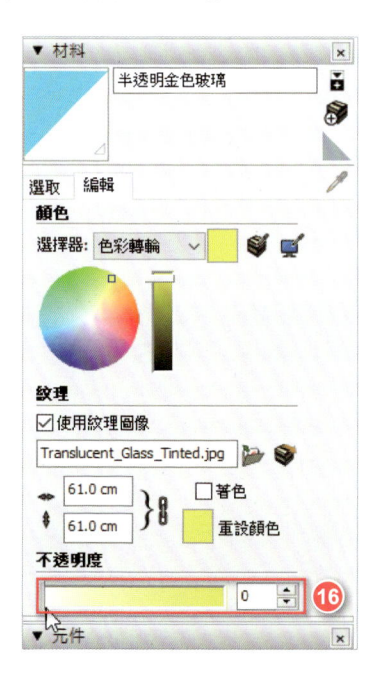

17. 環轉從下方往上查看地板的視角。點擊【矩形 (R)】，從右上牆角往左下繪製矩形，注意不要有漏洞。

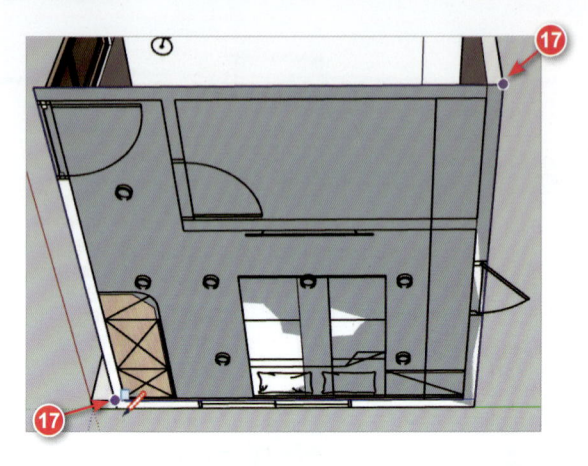

18. 在右側材料面板中，點擊【▦（預設值）】，再點擊【◉（建立材料）】，名稱輸入「木地板」，點擊【▸】選擇範例檔〈木地板 .jpg〉。

19. 高度尺寸輸入 100，按下【確定】。

20. 按下【顏料桶 (B)】，將材料貼給地板。

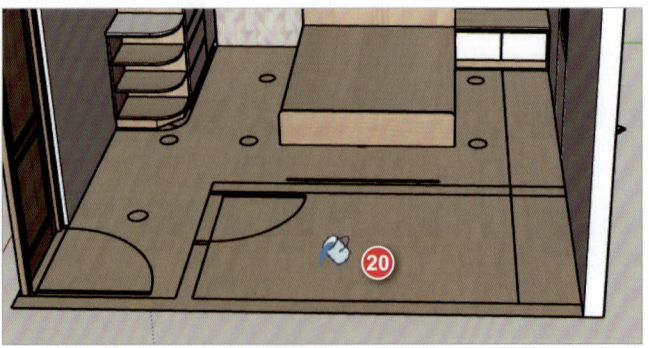

21. 點擊功能表的【檔案】→【匯入】，匯入臥室的棉被、枕頭、書…等裝飾，匯入前請先按 Ctrl + S 儲存檔案。

V-Ray 材質設定

01. 請先存檔，點擊【🅥】開啟資源編輯器。

02. 點擊【顏料桶 (B)】指令，按住 Alt 鍵，點擊地板吸取材質。

9-59

03. 在右側面板中按下【Edit in V-Ray】可編輯材質，將【Reflection Color】設定灰色，控制反射強度。

04. 【Reflection Glossiness】降低為 0.65，使反光較模糊，如預覽圖。透過此參數調出不同木材的光澤。

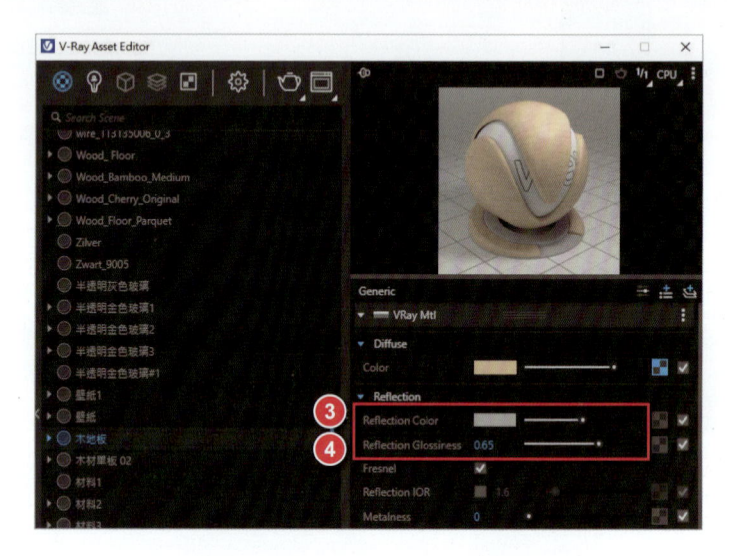

05. 在 Diffuse(漫射)的貼圖欄位按右鍵→【Copy(複製)】。

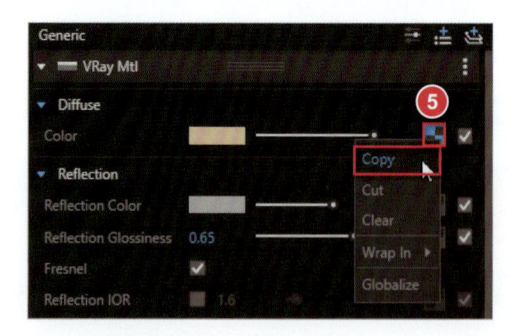

06. 在 Bump(凸紋)的貼圖欄位按右鍵→【Paste as Instance(貼上實例)】，Instance 表示兩張貼圖保持相同設定。

07. 此時預覽圖出現太明顯的凸紋效果,降低【Amount】值控制凸紋強度。

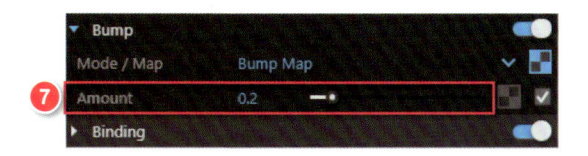

08. 預覽圖如右。將橫木紋與直木紋的材質做相同的設定。

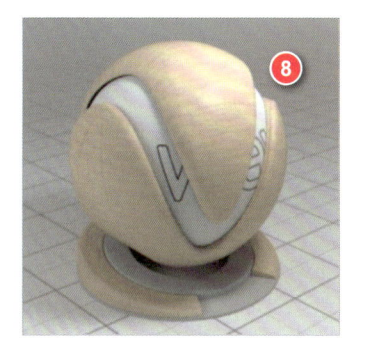

09. 點擊【顏料桶(B)】指令,按住 Alt 鍵,點擊窗框吸取材質。

10. 【Reflection Color】設定灰色,控制反射強度。調整【Reflection Glossiness】為 0.8,使反光較模糊,可參考不同窗框的色澤來調整。

11. 勾選【Fresnel(菲涅爾)】,不同視角的反射強度會變化。此時再勾選【Reflection IOR(反射折射率)】,IOR 數值越高反射也會越強。(沒有勾選時,預設使用 Refration 折射下方的 IOR 數值)

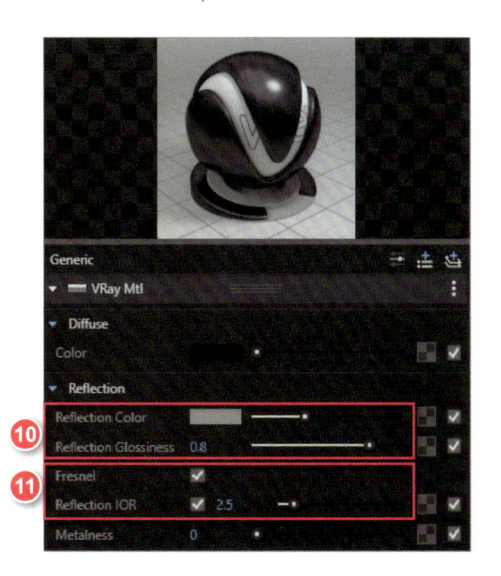

12. 點擊【顏料桶(B)】指令，按住 Alt 鍵，點擊玻璃吸取材質。

13. 【Reflection Color】設定反射，需要反射室內場景可以調高。

14. 勾選【Fresnel(菲涅爾)】與【Reflection IOR(反射折射率)】，IOR 數值輸入「2.5」。

15. 【Refraction Color(折射顏色)】設定白色，使玻璃透明。【Fog Color】可以設定玻璃顏色，【Depth】調整 Fog Color 強度。材質預覽如右圖。

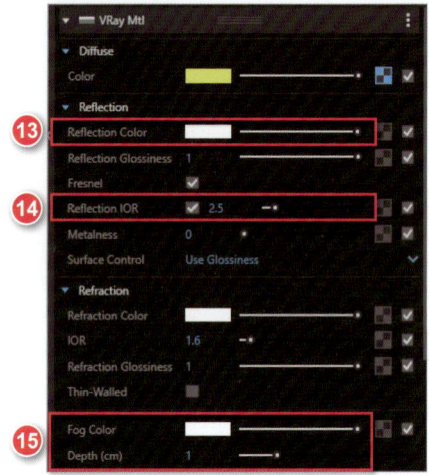

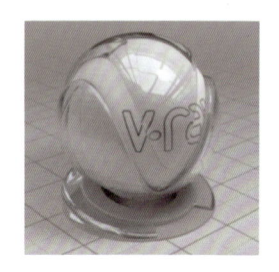

16. 點擊【顏料桶(B)】指令，按住 Alt 鍵，點擊燈罩吸取材質。

17. 【Color】調整燈光顏色，【Intensity】調整燈光強度，數值越高越亮。檯燈也可以使用相同設定。

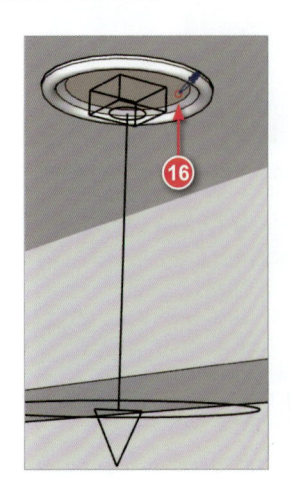

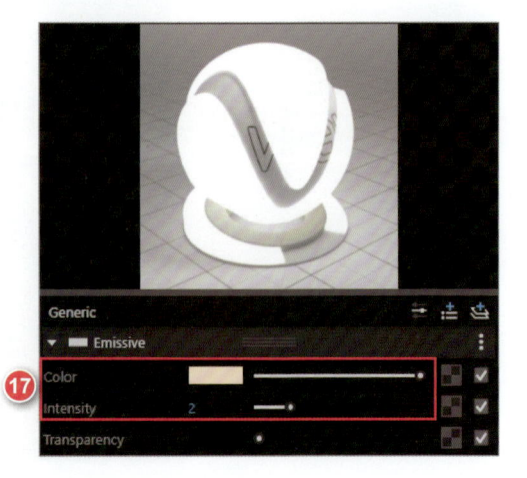

18. 吸取牆壁材料,【Color】顏色調整輕微偏黃,符合真實牆壁。【Reflection Color】反射調為深灰。勾選【Reflection IOR(反射折射率)】並輸入「2」。

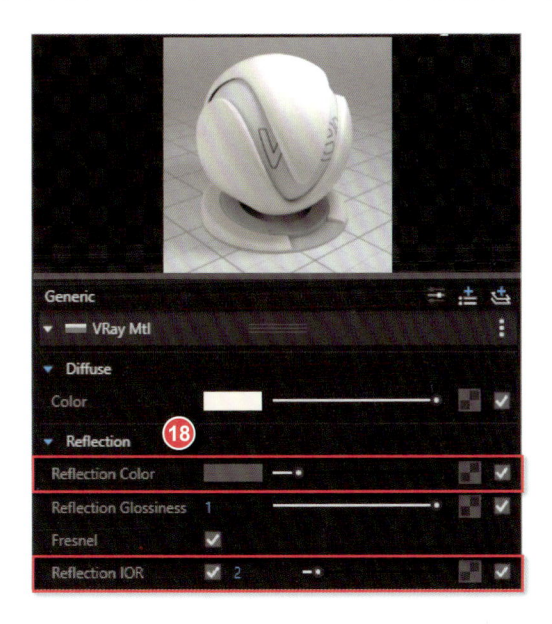

19. 吸取壁紙材料,【Reflection Color】反射調為灰。【Reflection Glossiness】輸入「0.2」。請將門板、檯燈、窗簾等匯入的模型設定材料。

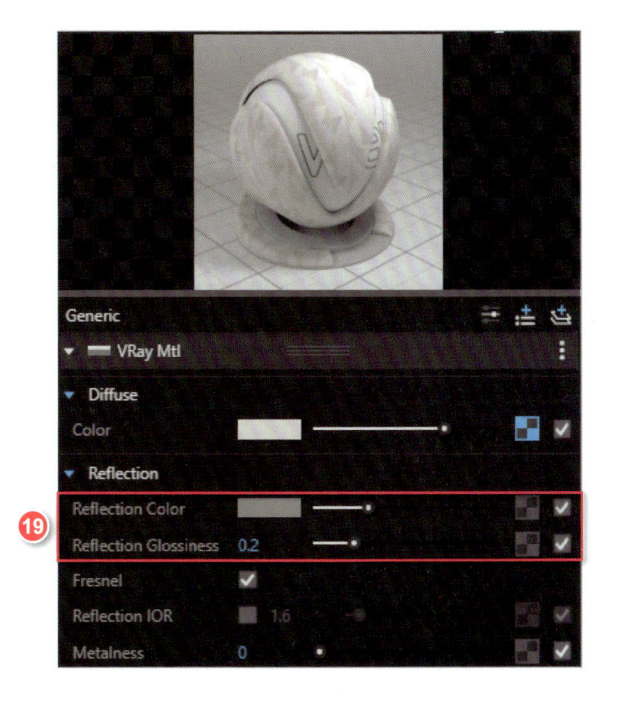

Lesson 9-8 V-Ray 燈光設定

01. 點擊【💡】燈光，選取 IES Light，此為嵌燈下方的 IES 燈光。

02. 點擊【📁】選取範例檔中的任意 IES 檔，不同的檔案會照射出不同形狀。

03. 【Color】調整燈光顏色。【Intensity】調整燈光強度。

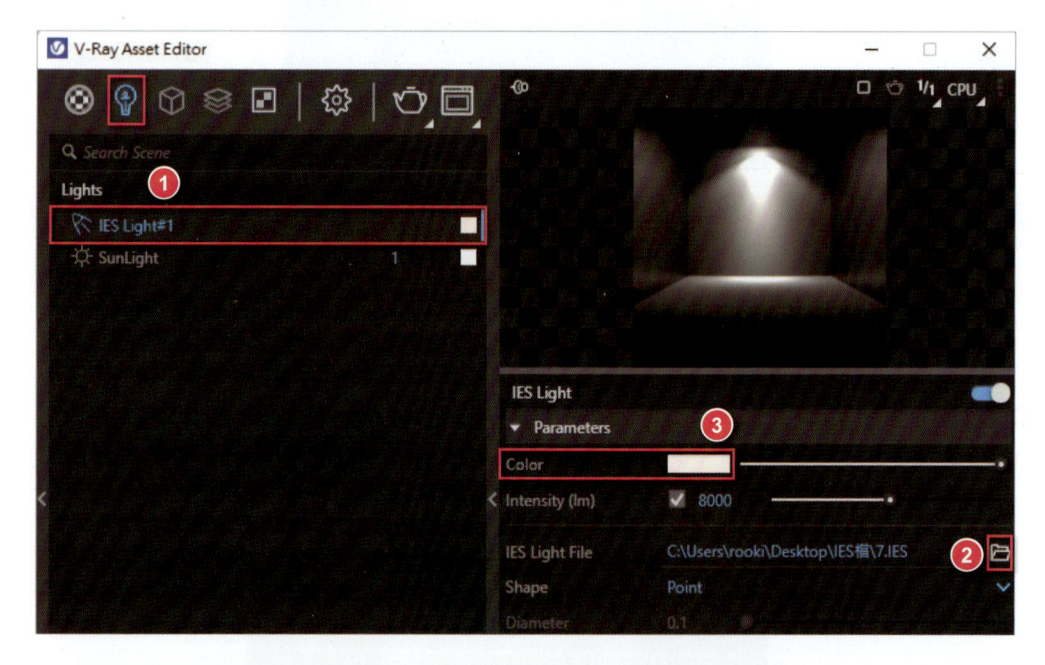

04. 選取【SunLight】太陽光。目前太陽光很強，且陰影邊緣銳利。

9-64

Chapter 9
臥室空間繪製

05. 將【Intensity Multiplier】調低為 0.3，使畫面不易曝光，且室內光線較明顯。

06. 將【Size Multiplier】調高為 15，使陰影較柔和。

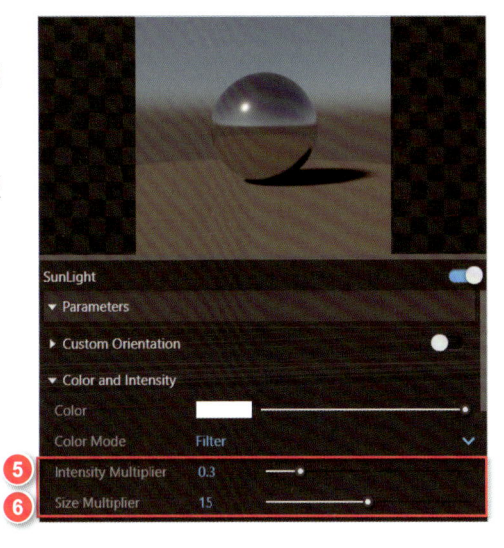

> **小祕訣 TIPS**　也可以從清單中設定強度與顏色，點擊左側圖示可以開啟或關閉太陽。

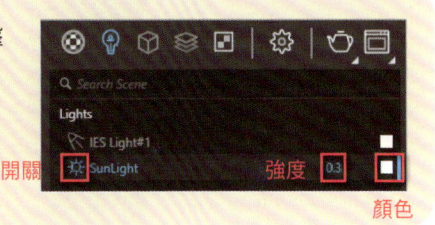

07. 點擊【 】開始渲染，太陽光是柔和的，且室內的嵌燈與嵌燈下方皆有發光。（測試渲染效果時，使用小尺寸渲染，可加快測試速度。）

9-65

08. 點擊【⚙】渲染參數設定。在【Camera(相機)】→【Exposure Value(曝光值)】調整整體畫面的曝光亮度，開啟【Auto】自動調整。

09. 【White Balance(白平衡)】調整色調，使偏黃或偏藍色的畫面恢復正常，開啟【Auto】自動調整。

10. 點擊【】開始渲染。

11. 點擊【💡】回燈光設定。開啟【Custom Orientation】，此為新功能。

12. 右側 90 度的圓形可調整太陽的垂直角度，就是 Vertical Angle 數值。

13. 左側的 XY 圓形可調整水平角度，就是 Horizontal Angle 數值。

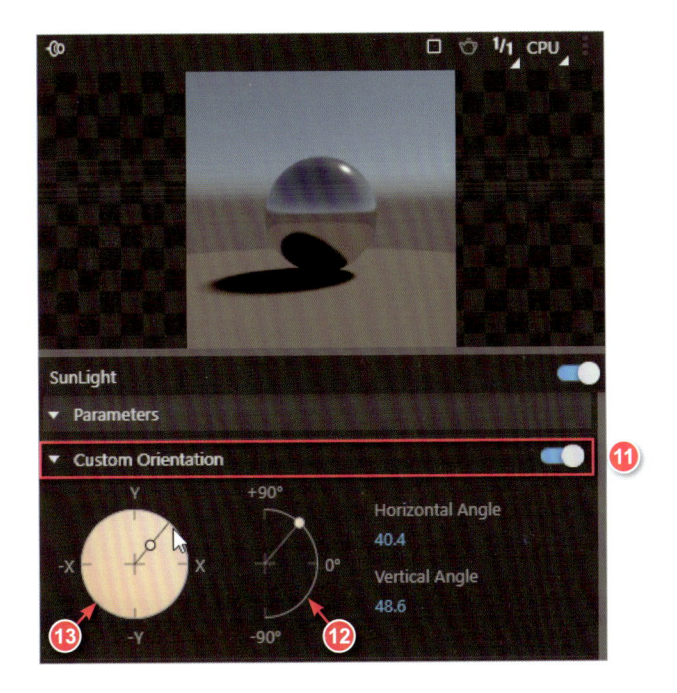

14. 渲染後會發現陽光角度改變。

15. 右側 90 度的圓形可調整小於 0 度。

16. 渲染後會發現變成夜晚。渲染完先關閉 Custom Orientation。

17. 除了上面的太陽光,也可以點擊 V-Ray Lights 工具列的【◎ (Dome Light)】,設定 360 度全景的背景。

18. 在任意位置點擊左鍵放置半球燈光,也可以放置在牆外。

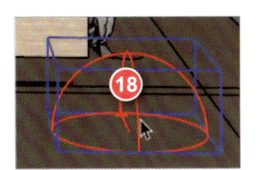

19. 在資源編輯器,選取 Dome Light 燈光。

20. 點擊【 】更換不同天空的 HDR 檔案。(https://polyhaven.com/ 網站可以下載免費 HDR 素材)

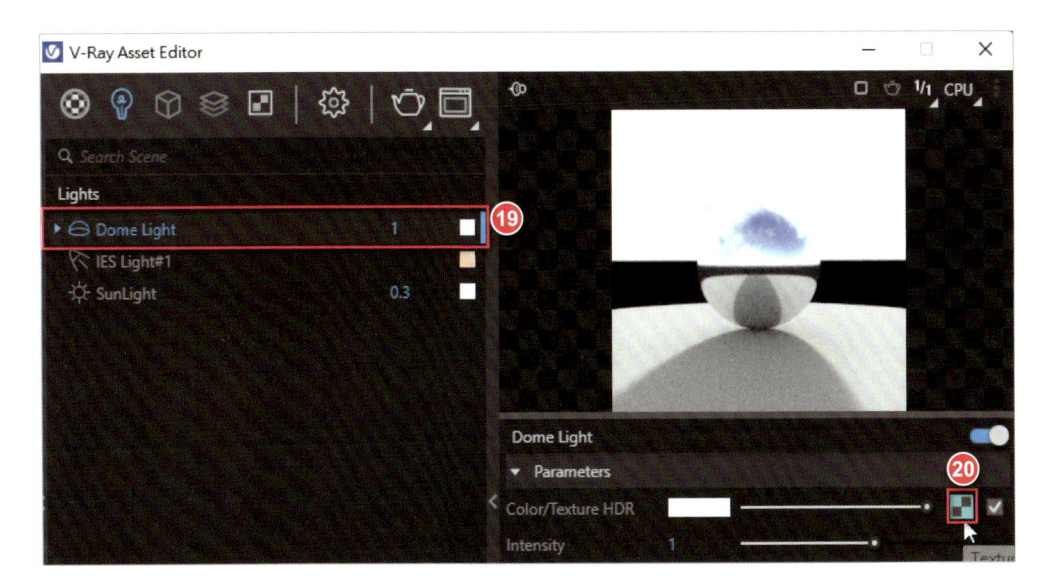

21. 點擊【 】選擇〈potsdamer_platz_2k.hdr〉範例檔。

22. 【Texture Placement】下方的【Rotate H】可以旋轉水平角度,【Flip H】可以水平翻轉,V 則是垂直方向。點擊【←】回到上一個畫面。

23. 點擊【Shape(形狀)】變更為【Sphere(球型)】,使地面也會顯示。每個檔案的亮度不同,目前的背景較暗,可調高【Intensity】強度為 10。

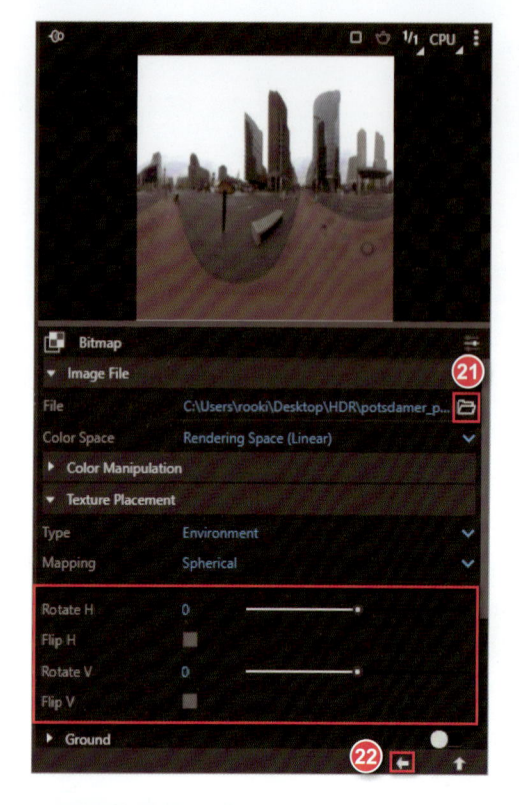

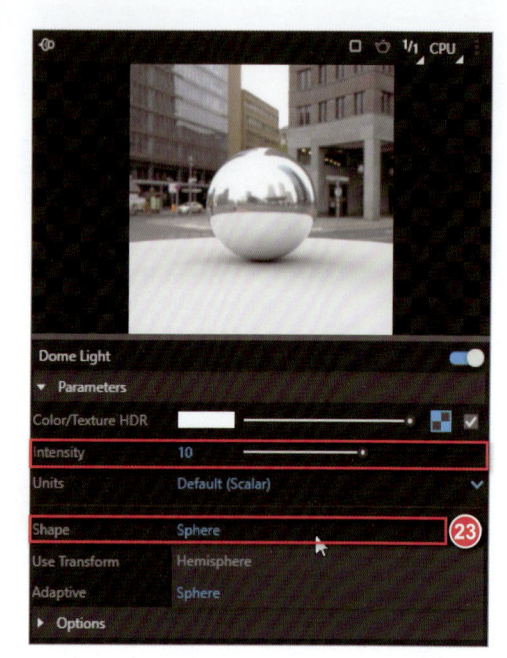

24. 渲染圖如下，可以從窗戶看見外面的城市。

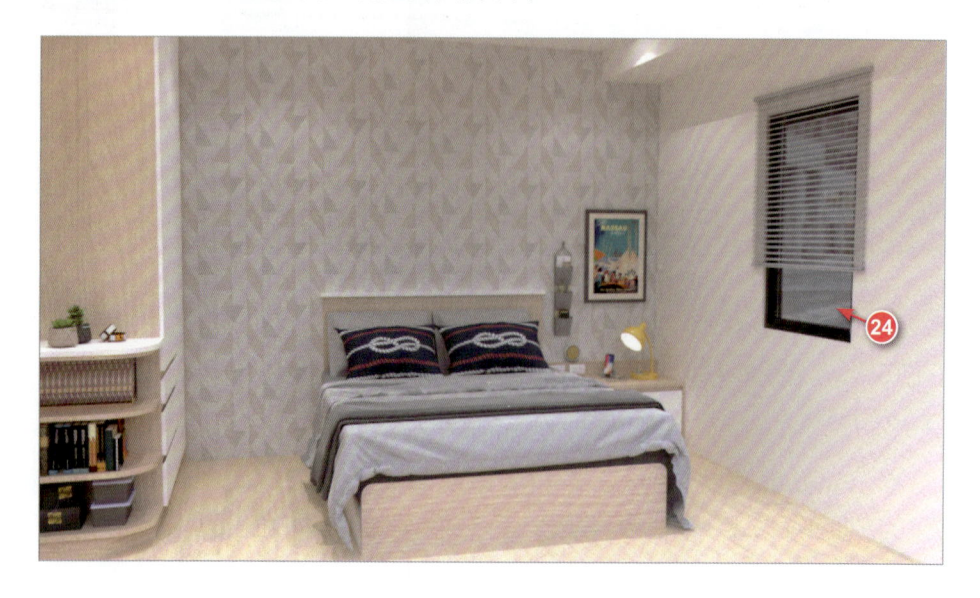

Lesson 9-9　V-Ray 渲染與後製

▌渲染設定

01. 點擊【⚙】設定渲染參數。

02. 選取【CUDA】並點擊右側的【︙】，兩個選項皆勾選，同時運用 CPU 與 GPU 顯示卡來運算圖片，可以加快渲染速度。

03. 【Quality(品質)】設定【High(高)】，會自動將某些參數調高，但渲染速度變慢。

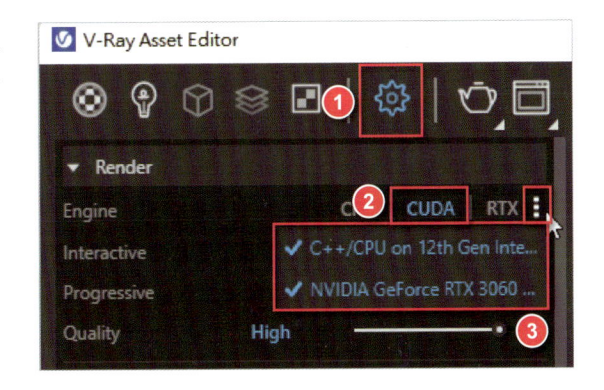

04. 其中包括【Quality】→【Noise Limit】從 0.04 變成 0.01 可以降低圖片的雜訊顆粒感。且【Max Subdivs】從 20 變成 128，畫面的細緻程度變高。

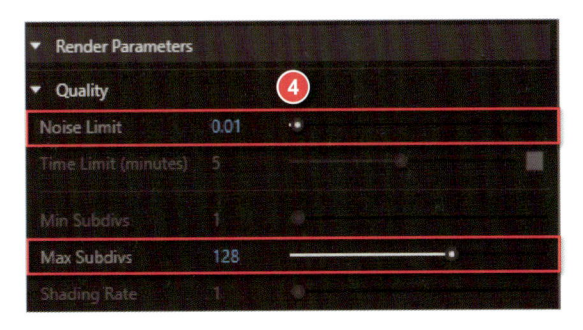

05. 以及【Global Illumination(全局照明)】→【Subdivs(細分值)】從 800 變成 1500 可以增加光線反彈的細緻度。

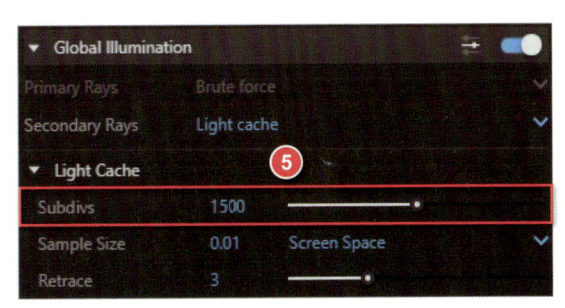

06. 將【Denoiser】右側開關開啟，減少圖片雜訊。可自行調整【Preset】選單，包括 Mild(溫和)、Default(預設)、Strong(強烈)。

07. 渲染完成如下圖，牆壁的雜訊已減少。

08. 開啟【Render Output(渲染輸出)】→【Safe Frame(安全框)】右側開關，可以看到上下出現渲染範圍框，如右圖，較容易調整視角。

09. 【Aspect Ratio】寬高比為 16:9。寬輸入 1600。

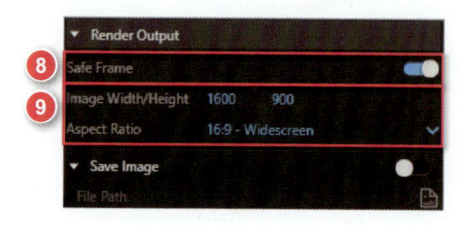

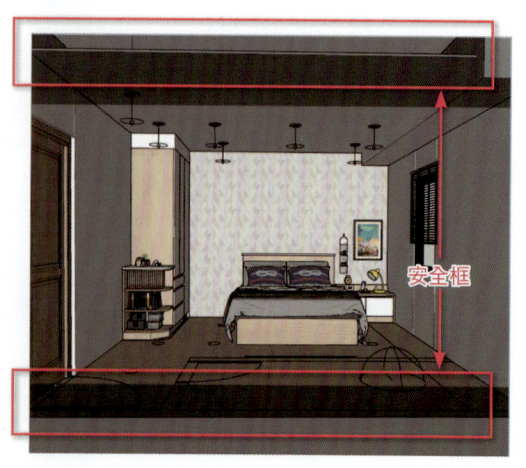

10. 渲染後如下圖，大張的圖片能呈現更多細節。

11. 點擊【■】儲存圖片。

12. 決定儲存位置後，設定名稱與存檔類型，按下【存檔】。

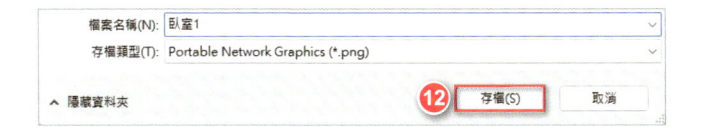

圖片後製

01. 點擊【■】→新增【Exposure(曝光)】。

02. 【Exposure(曝光)】調整亮度，【Highlight Burn(高光)】降低數值可以防止曝光，【Contrast(對比)】調整明暗對比，依照圖片的結果來調整。

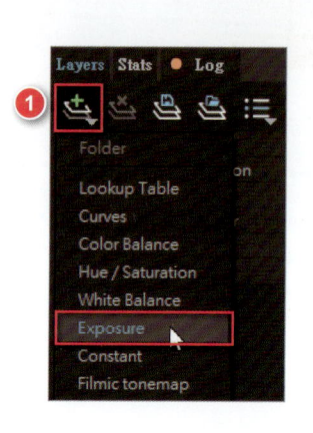

03. 渲染後如下圖。

批次渲染

01. 批次渲染可以一次渲染多個場景圖片。在資源編輯器中，開啟【Render Output】→【Save Image(儲存圖片)】。

02. 點擊【🖼】選擇圖片存檔位置。【File Type】檔案類型選擇 vrimg，此格式可以從渲染視窗開啟，再個別後製。

9-74

03. 在右側場景面板，點擊【 ⊕ 】新增場景，移動至其他櫃子的視角，再新增另一個場景。

04. 點擊【 ▯ 】顯示詳細資訊。

05. 先選取「場景號 1」與「場景號 2」，勾選【**包含在動畫中**】。(沒有勾選的場景就不會被渲染)

06. 點擊 V-Ray for SketchUp 工具列的【 ▢ (批次渲染) 】。

07. 渲染完成的圖片會自動存檔，在渲染視窗中，點擊【 File 】→【 Load image 】，就能開啟 vrimg 格式的檔案。

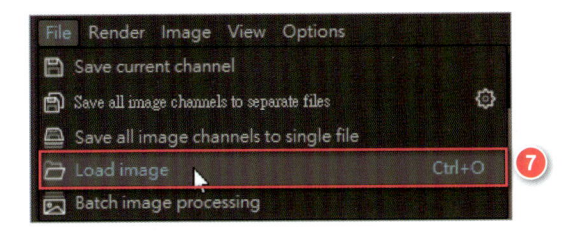

歷史紀錄

01. 測試時，先關閉【Save Image】不要自動儲存渲染結果。

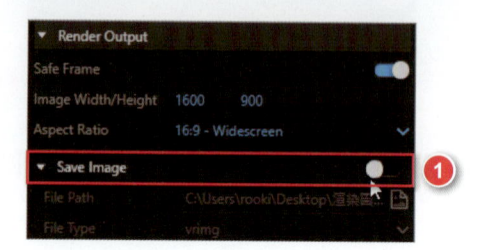

02. 在渲染視窗中，左側的 History 目前不能使用，點擊【Options】→【VFB settings】。

03. 點擊【History】，勾選【Enabled】啟用歷史紀錄的功能，再勾選【Use Project Path】將歷史紀錄存在與 SketchUp 檔案同一個資料夾中。

04. 點擊【Save and close】儲存並關閉視窗。

Chapter **9**
臥室空間繪製

05. 點擊【⬛】儲存目前的圖片，滑鼠移到圖片上，會出現尺寸與渲染時間。

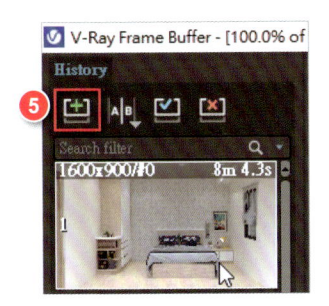

06. 在資源編輯器中，關閉【Antialiasing Filter(抗鋸齒過濾器)】後，會增加畫面中的鋸齒與顆粒，但渲染速度變快。

07. 再渲染一次，點擊【⬛】儲存圖片。

08. 點擊【⬛】，點擊下面圖片的左側，標記 A，點擊上面圖片的右側，標記為 B，表示渲染視窗分為左右兩側，左側為 A 圖片，右側為 B 圖片。

9-77

09. 使用滑鼠滾輪放大畫面，滑鼠中鍵平移畫面到床的位置，按住滑鼠左鍵左右拖曳中間的白線，更容易看出差異。

10. 再點擊一次【▣】結束 AB 圖片比較。

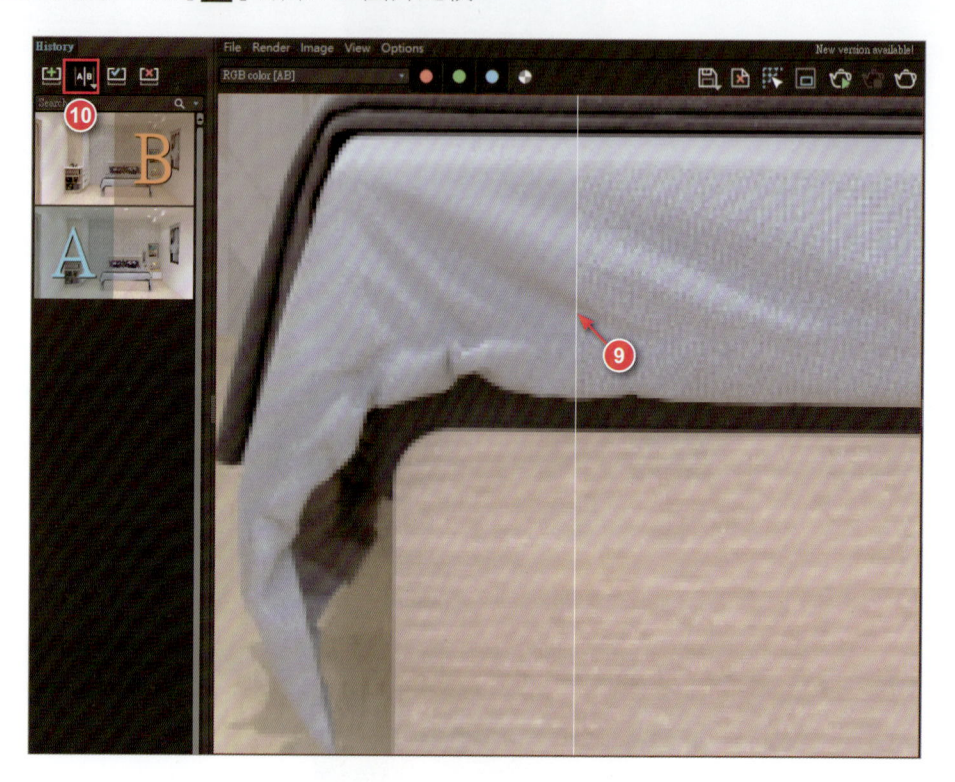

Lesson 9-10 Diffusion

Diffusion 是一個 AI 生成外掛，只要有購買 SketchUp 就可以使用。如果你要利用 Diffusion 生成圖像，必須先建立一個 SketchUp 模型空間作為參考圖，這個模型可以是任何類型的室內場景，然後調整好你的視角，並選擇風格與關鍵詞，再開始生成，可以提供初步的設計概念，輔助設計師的工作。

01. 開啟〈臥室 .skp〉檔案，調整 SketchUp 視窗大小，調整至想要生成圖像的視角範圍。

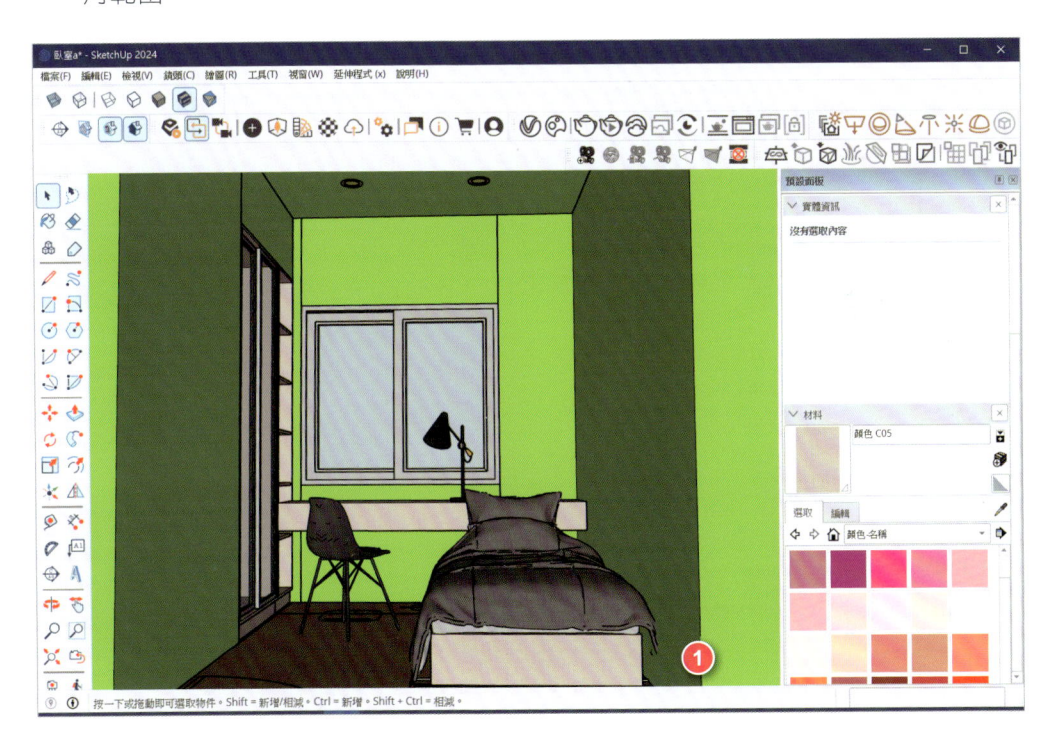

02. 點擊【延伸程式】→【Extension Warehouse】。

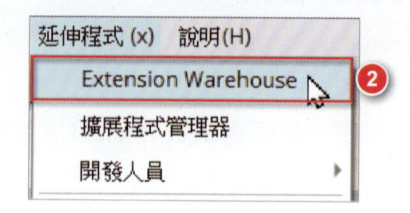

03. 搜尋關鍵字「diffusion」。

04. 點擊【SketchUp Diffusion】。

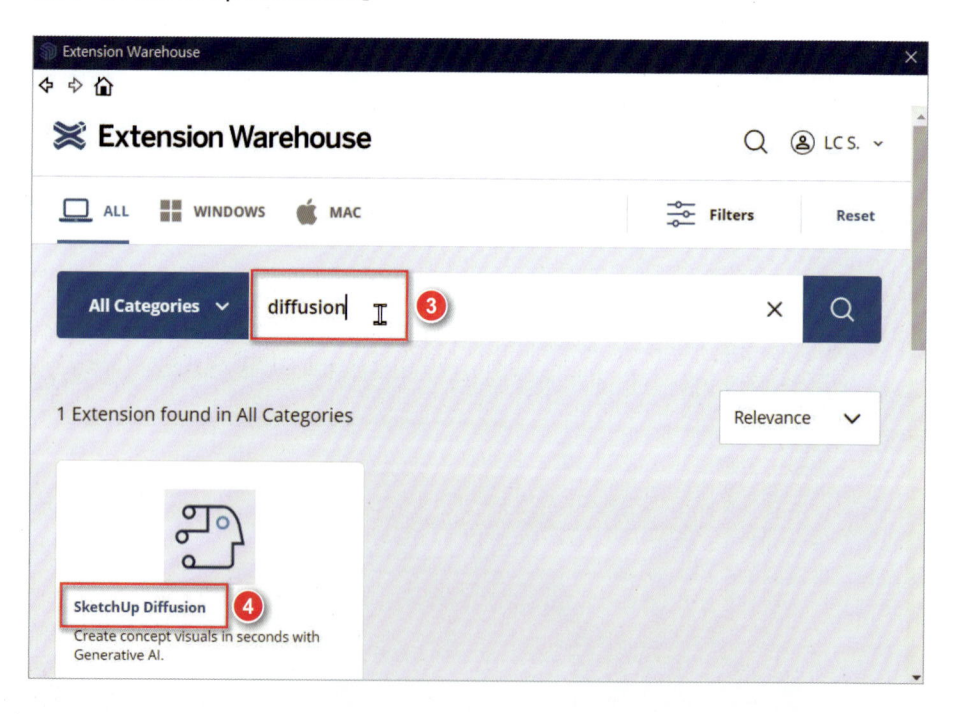

05. 點擊【Install】安裝外掛。

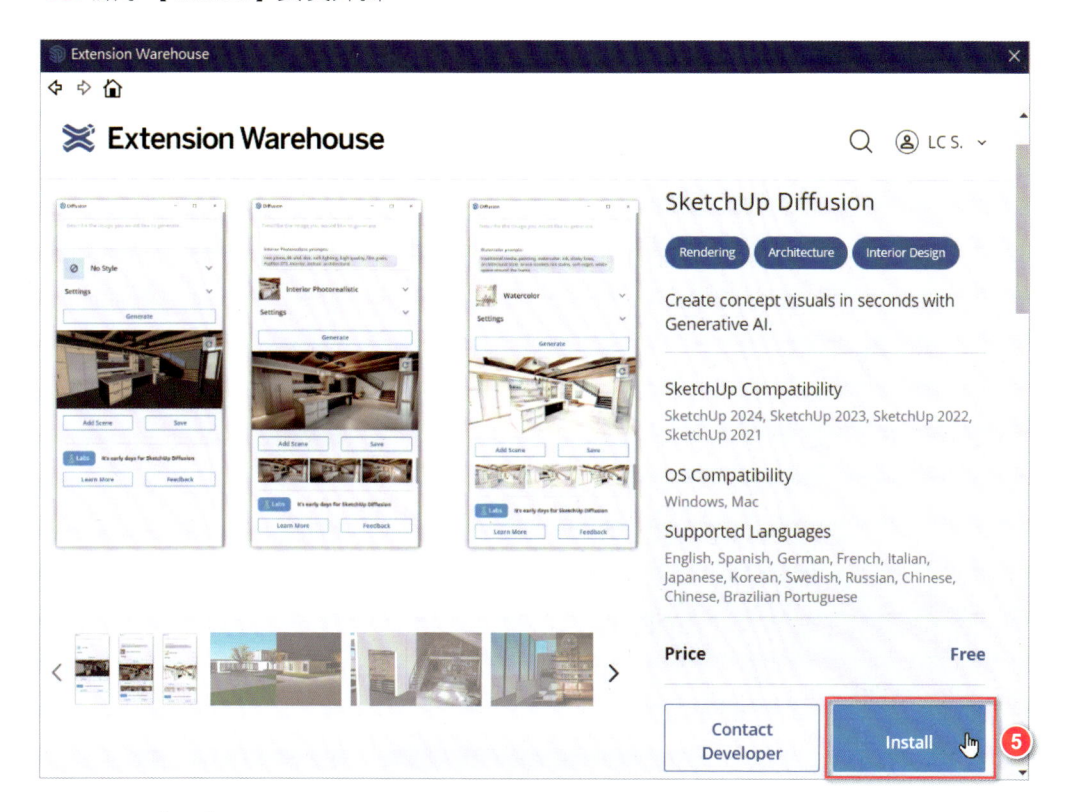

06. 點擊【是】。

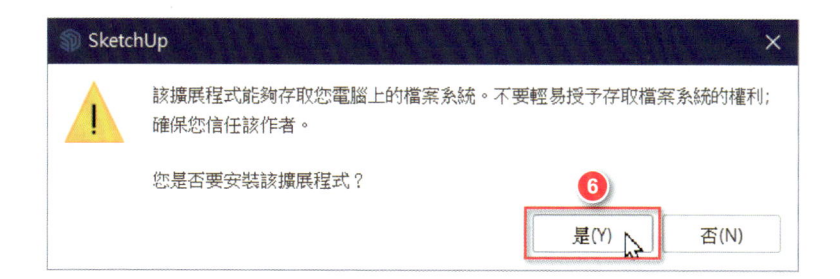

07. 點擊【確定】。

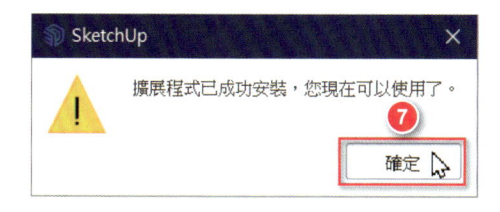

08. 點擊【延伸程式】→執行【Diffusion】。

09. 會依照現在視角來生成圖像，若有變更 SketchUp 視角，就按【C】重置為目前視角。

10. 將【無樣式】變更為【內部擬真】，按下【生成】，下方會生成三張圖像。

11. 選一張圖。

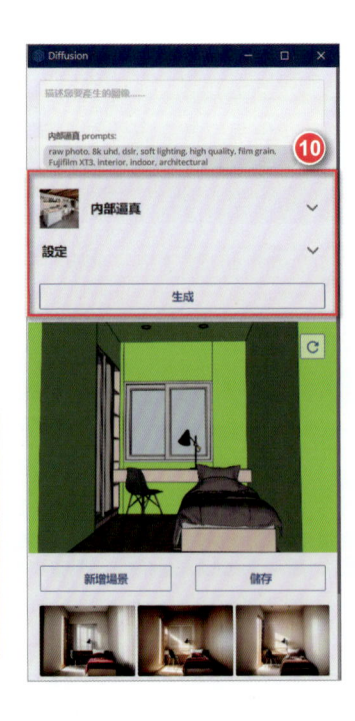

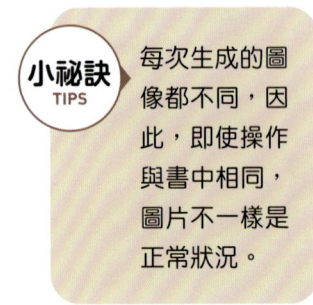

> **小祕訣 TIPS**
> 每次生成的圖像都不同，因此，即使操作與書中相同，圖片不一樣是正常狀況。

12. 在描述的欄位輸入關鍵字，如圖所示，意思是「設置床的 Diffuse 顏色為中等灰色」，按下【生成】，再從這三張選想要的圖像。

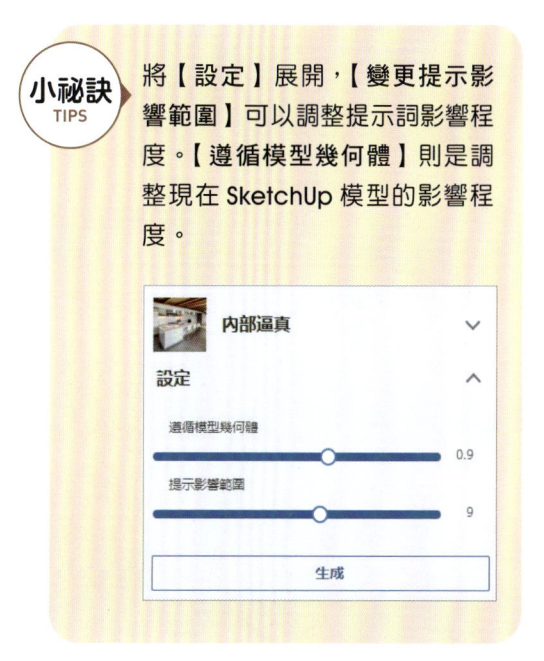

小祕訣 TIPS　將【設定】展開，【變更提示影響範圍】可以調整提示詞影響程度。【遵循模型幾何體】則是調整現在 SketchUp 模型的影響程度。

13. 在描述的欄位輸入關鍵字，如圖所示，意思是「左側的窗戶改成推拉門衣櫃 與開放書櫃，檯燈後面的窗戶改透明玻璃」，按下【生成】，再從這三張選想要的圖像，依此類推，慢慢生成需要的圖像，如果不滿意這次生成的結果，也可以選之前生成的圖像來使用。

14. 按【儲存】，可以把圖片存成 PNG 檔。按【新增場景】，可以在 SketchUp 中新增場景。

15. 下圖為新增場景的結果。

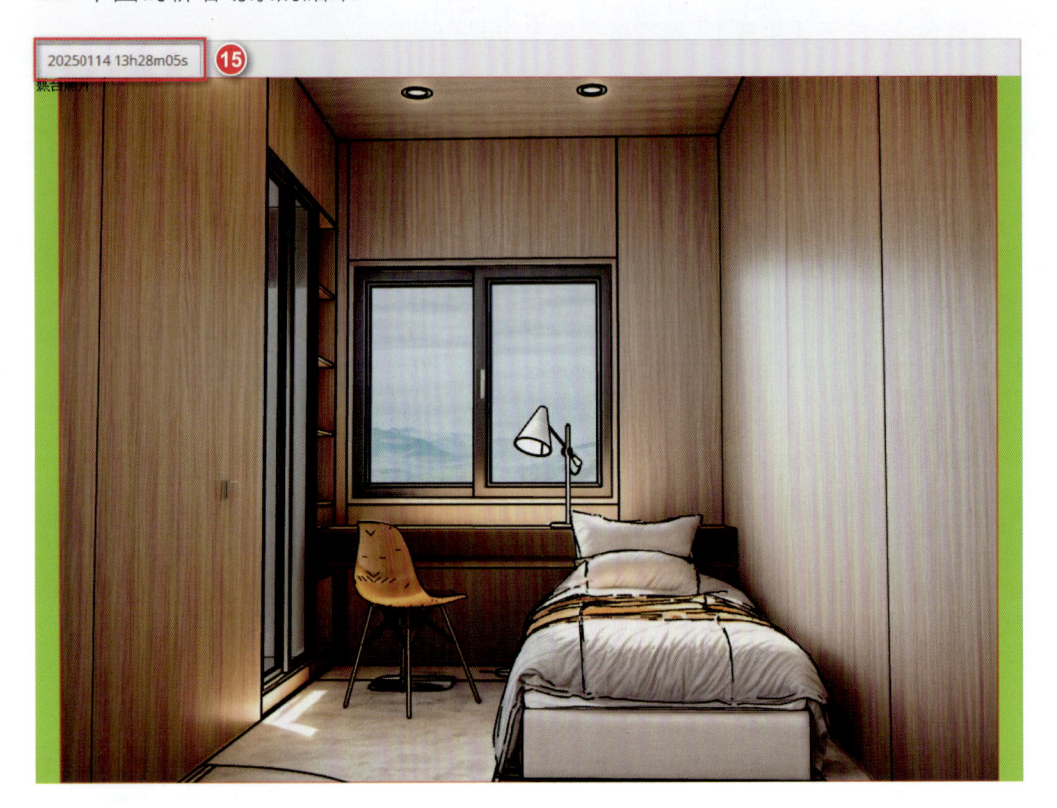

Lesson 9-11 ChatGPT 輔助

若我們對於產生圖片的提示詞沒辦法想得那麼周到,使用 ChatGPT 是不錯的工具,可以節省時間。

01. 詢問 ChatGPT:需要 Sketchup Diffusion 的提示詞與中文翻譯,要設計一間臥室,請給我三種不同的風格,要有間接照明,其中一種要北歐風。

02. 若有購買付費版功能，可以傳圖片後再問，如下圖。檔案請參考〈臥室 .skp〉

03. 回到 Sketchup Diffusion 產生後，可以得到更符合需求的圖片。

04. 旁邊多餘部分裁剪掉即可。也可以學習簡易的 Photoshop 修圖工具來移除不合理的部分。

05. 像一些戶外場景、建築物，也可以用同樣的方式產生提示詞。參考檔案〈小房子 .skp〉是一個簡易的房子外觀。

06. 產生的結果如下。

07. 若把小房子轉到另一個角度,換個提示詞,比如玻璃帷幕、明亮空間,也能產生完全不同的圖片。

chapter
10

Layout 圖紙應用

本章要介紹與 SketchUp 同時安裝的專門列印出圖軟體——LayOut。可以將 SketchUp 的圖面輸出到 LayOut 來配置排版、標註尺寸與文字說明，並列印輸出，讓您的 3D 設計能快速轉成類似 AutoCAD 的平面與立面室內設計圖。

Lesson 10-1 Layout 出圖流程

01. 開啟範例檔〈Layout.skp〉。

02. 點擊工具列【⊕ 剖面平面】來建立剖面。

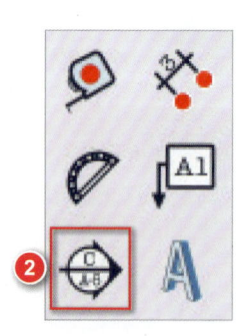

03. 在右側任一牆面點擊滑鼠左鍵建立剖面。

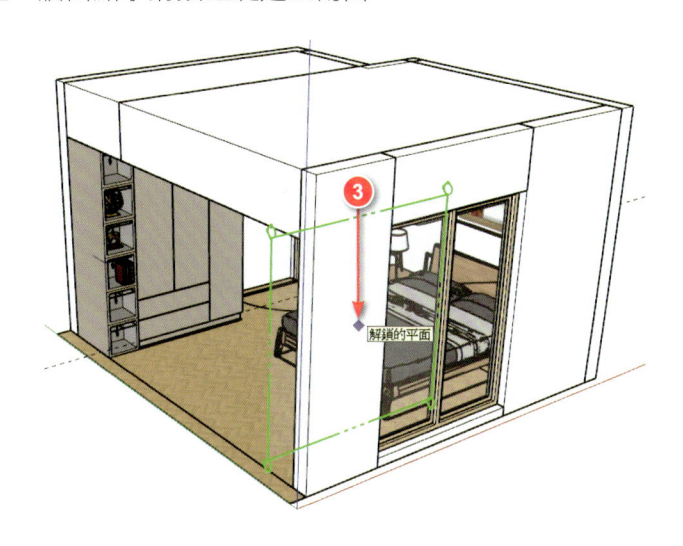

04. 建立後會出現下列視窗,命名完成後點擊【確定】即可。

05. 點擊剖面的外框。並利用【✥ 移動】將牆面往內推至能看見裡頭的天花板。

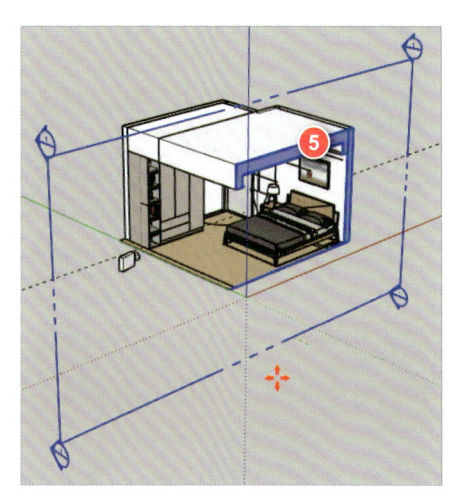

06. 選取床後，到右側面板→【實體資訊】查看床是否為元件。確定為元件後將【定義】輸入為「床」。

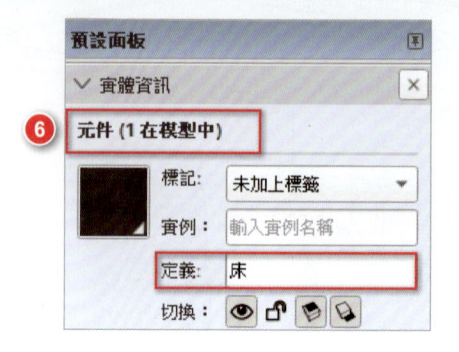

07. 選取衣櫃後，到右側面板→【實體資訊】，可以發現衣櫃是群組，可在【實例】欄位輸入「衣櫃」。

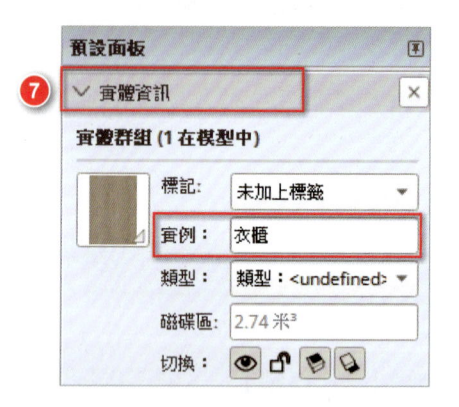

08. 選取書櫃後，到右側面板→【實體資訊】可以發現書櫃為群組，可在【實例】欄位輸入「書櫃」。

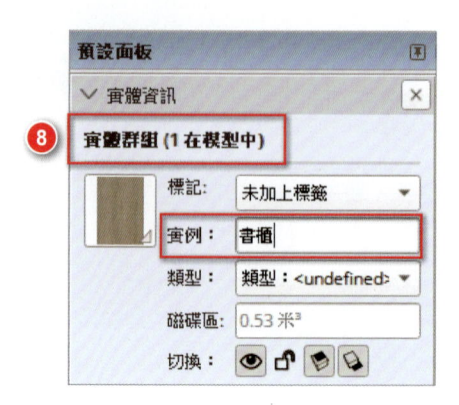

■ 鏡頭設定

01. 檢視工具列的【正視圖】，即可將畫面切換至正視圖。

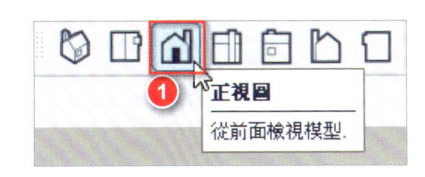

02. 點擊功能表的【鏡頭】→【平行投影】將畫面切換至平行投影。

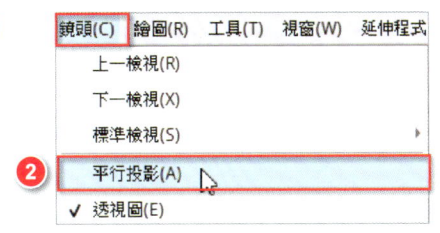

03. 在右側樣式面板中，下拉式選單選擇【預設樣式】，選擇【建築施工文檔樣式】，使背景變為白色。

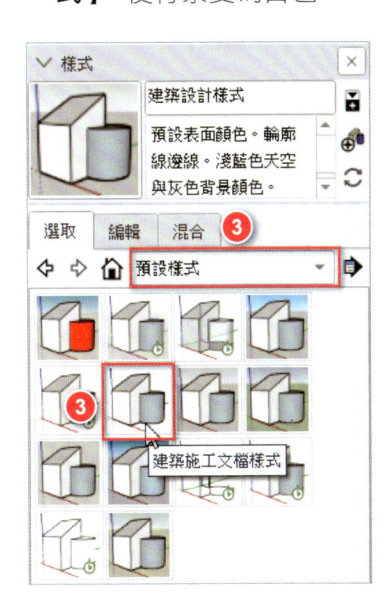

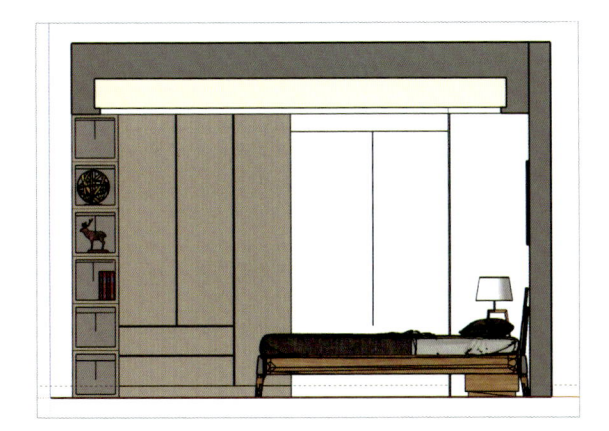

10-5

04. 在樣式工具列中，點擊【隱藏線】與【後側邊線】，使畫面變成黑白樣式，且看不見的部分顯示虛線。

05. 在場景面板，點擊【⊕】（新增場景）】即可建立目前畫面作為場景，包括鏡頭位置、樣式、陰影等設定都會一併紀錄起來。

06. 由於樣式變更後，還未存檔，可選擇【另存為新的樣式】，按下【建立場景】。

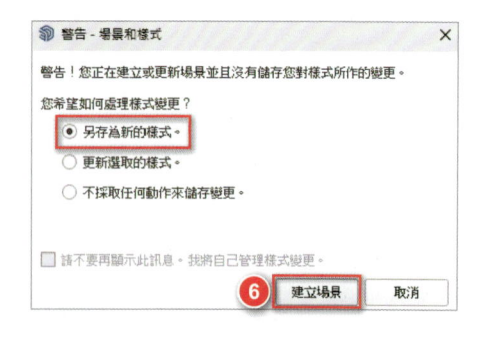

07. 若有修改樣式或視角，都可到右側【場景】面板，選擇要更新的「場景號2」，點擊【⟳】（更新場景）】更新目前場景設定。

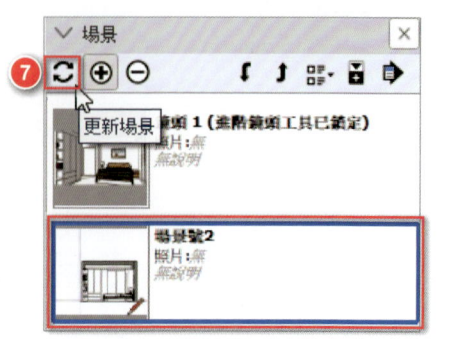

Chapter 10
Layout 圖紙應用

08. 按下【更新】確定要更新。

09. 在場景上點擊滑鼠右鍵→【重新命名場景】可以將場景命名。

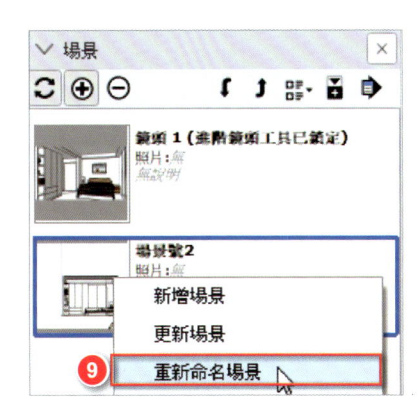

▌傳送至 Layout 並匯出 PDF

01. 先儲存目前檔案，點擊功能表的【檔案】→【傳送到 Layout】。

10-7

02. 切換到【紙張】，範本選擇白色的 A4 Landscape 橫向紙張。

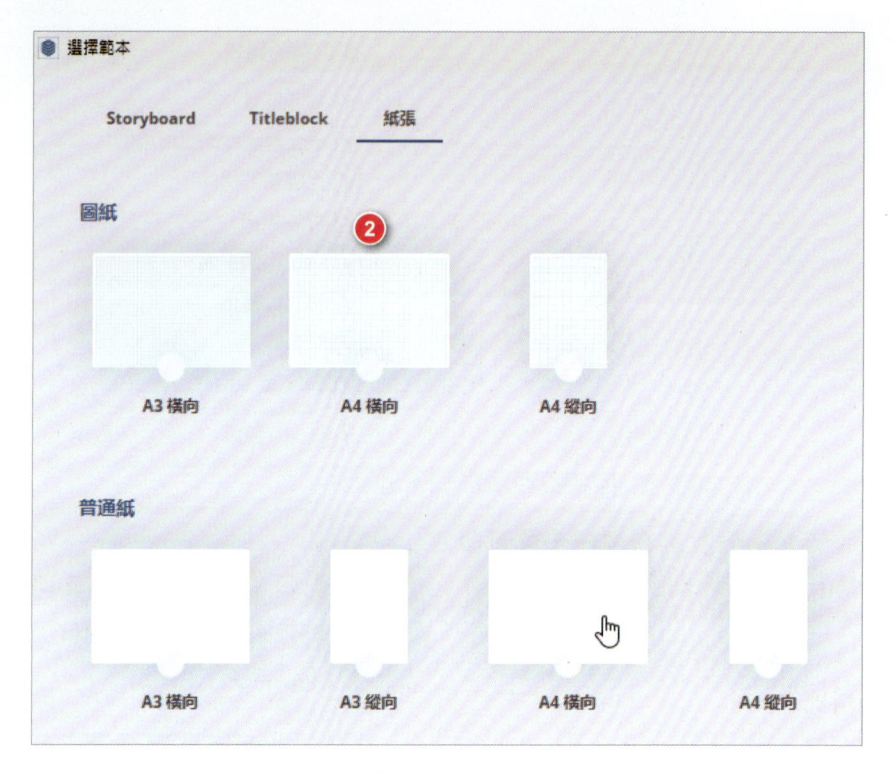

03. 傳送完成後如下圖。

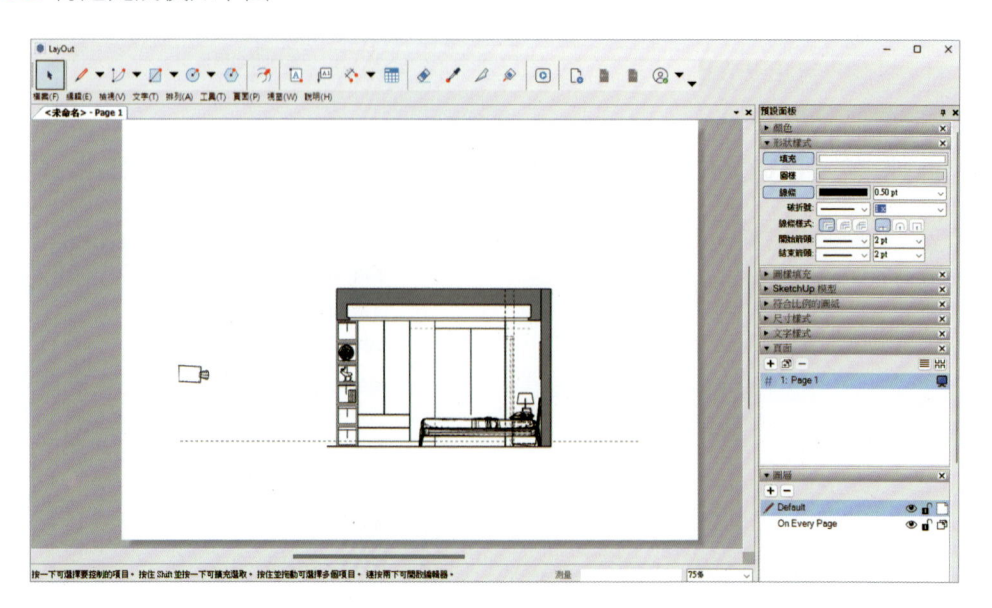

Chapter 10
Layout 圖紙應用

04. 匯入後先點擊中間圖片。

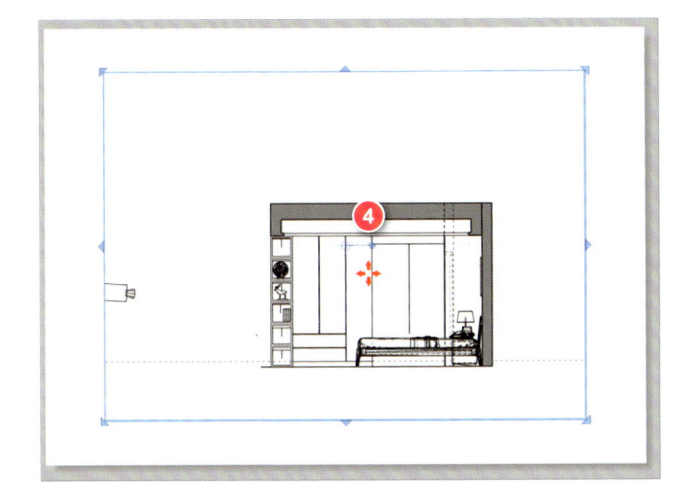

05. 到右側面板→【SketchUp 模型】→修改【線條比例】數值可以改變線條粗細度，修改比例為 1:20 使臥室充滿整個圖紙。

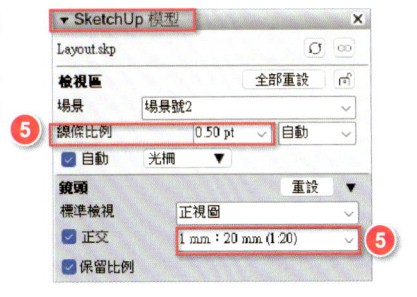

06. 拖曳右下角調整外框大小，使整個臥室都有被看到。

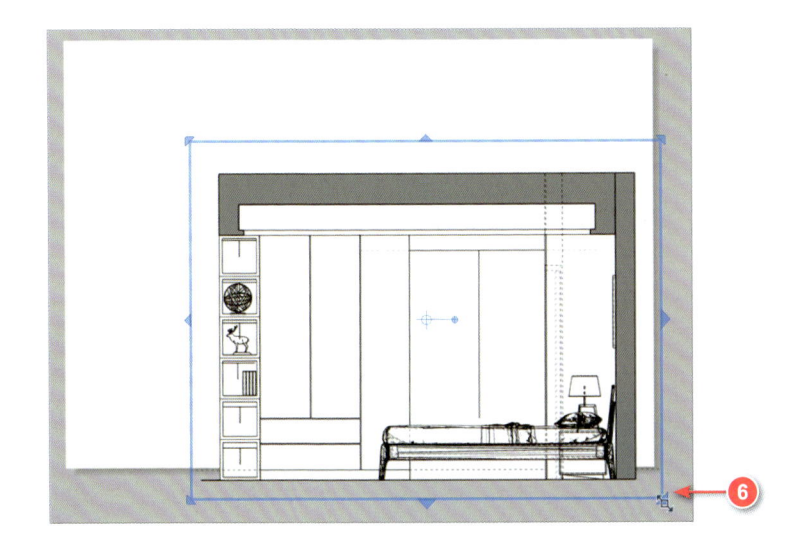

07. 拖曳圖片移到圖紙中央，不要超出圖紙。

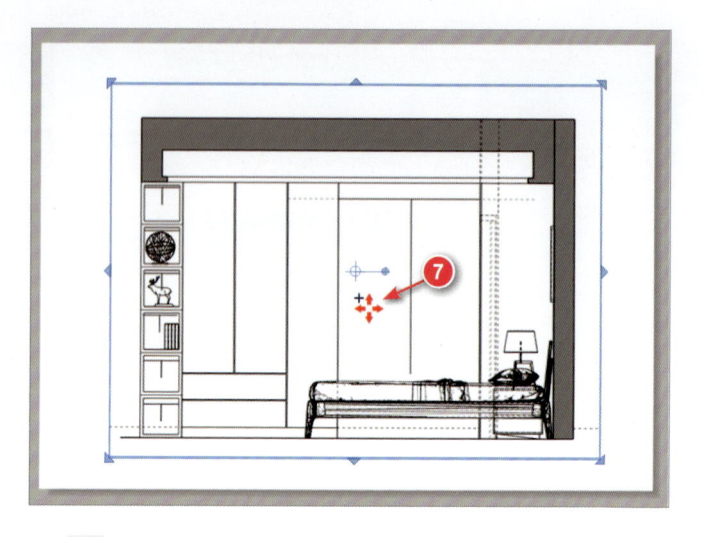

08. 點擊工具列【 標籤 】來建立標籤。標籤的效果類似 AutoCAD 的多重引線。

09. 先點擊衣櫃邊線，確定要建立的模型標籤，往下移動並點擊左鍵決定標籤位置。

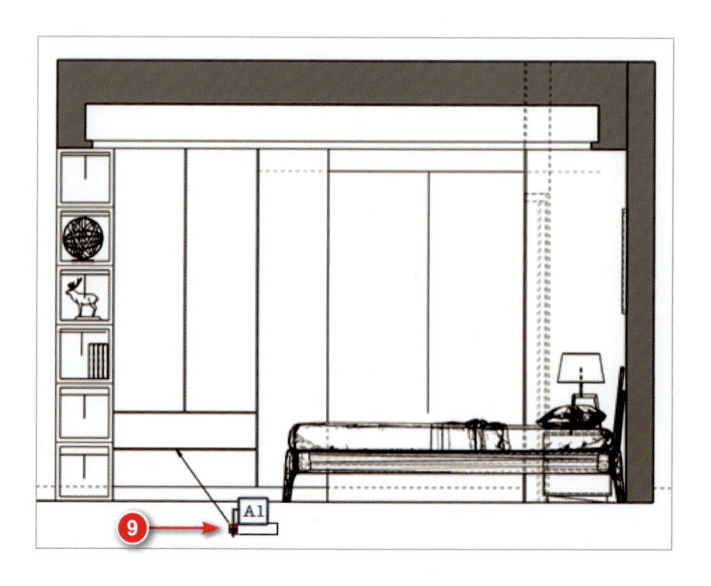

Chapter 10
Layout 圖紙應用

10. 往左或往右移動，並左鍵點擊決定標籤引線長度。

11. 可以發現標籤顯示的文字為衣櫃，那是因為我們剛剛有設定元件定義為衣櫃。

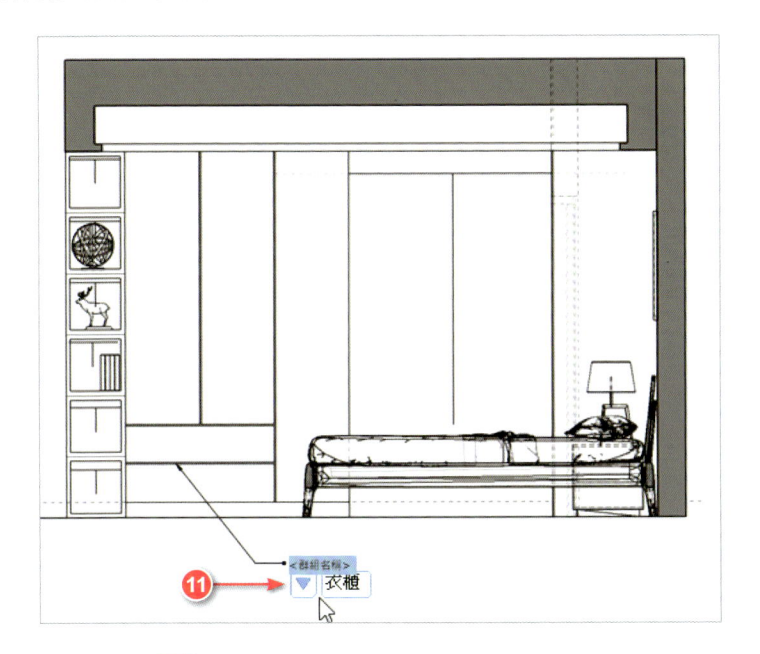

12. 點擊衣櫃左邊的【▼】按鈕，可以更換標籤。(左側選實體，右側選此實體的標籤文字。)

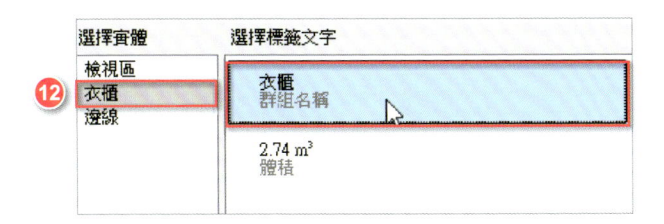

10-11

13. 用相同方式將衣櫃以及床建立標籤，按住 Ctrl 鍵選取這三個標籤。

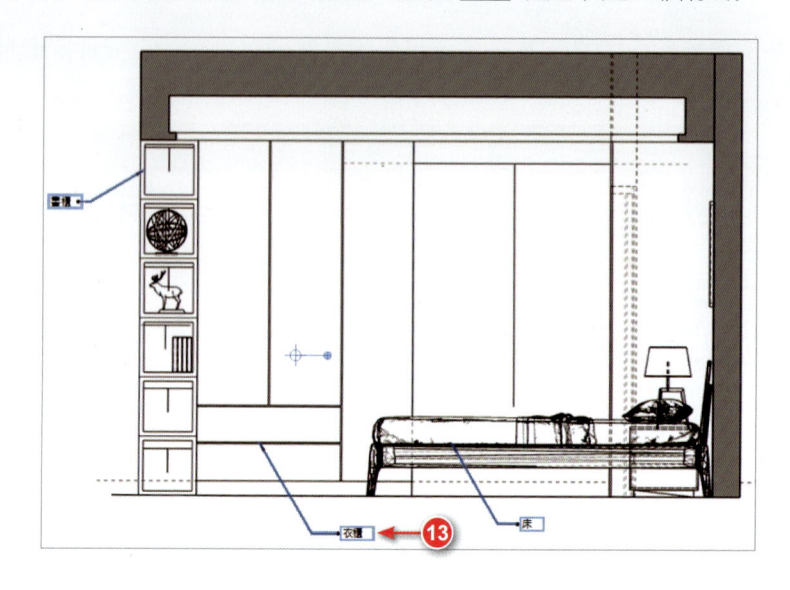

14. 右側【文字樣式】面板可以變更文字大小。

15. 右側【形狀樣式】面板，可以修改箭頭樣式與大小。

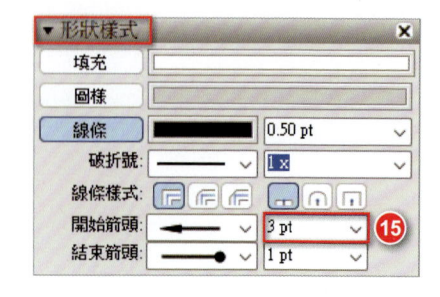

Chapter 10
Layout 圖紙應用

16. 完成圖如下。左鍵點擊標籤兩下可以編輯文字，在標籤外點擊左鍵離開，選取標籤並按下 Delete 刪除。

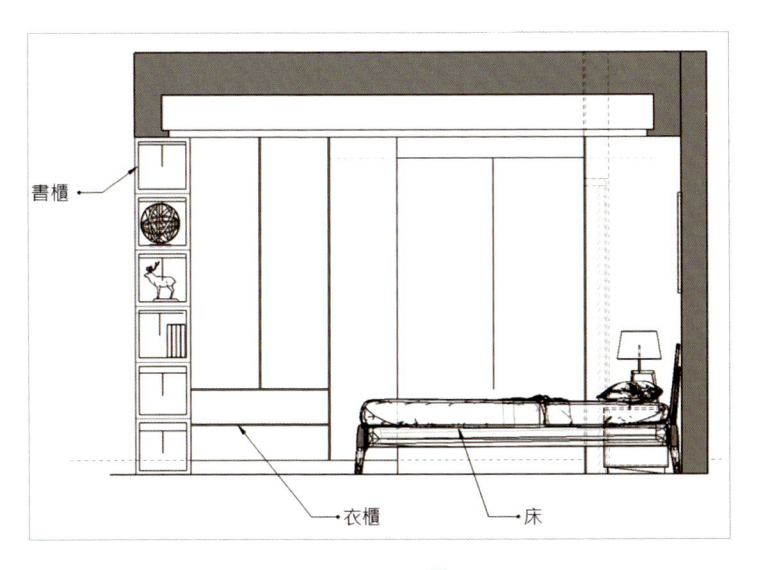

17. 點擊【文字】按鈕。

18. 右側【文字樣式】面板，選擇文字字型與大小。

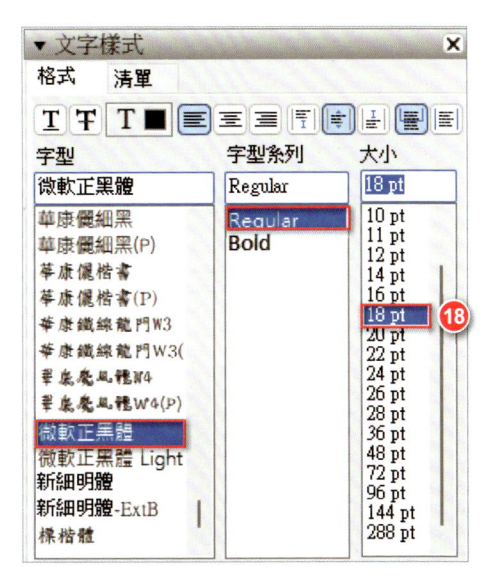

10-13

19. 在衣櫃下方點擊左鍵建立文字，輸入「抽屜」，在文字外點擊左鍵或按下 Esc 結束。

20. 按下空白鍵切換選取功能，選取文字並拖曳到衣櫃的抽屜上。

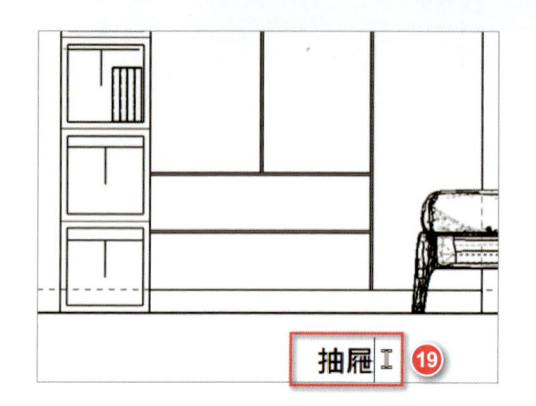

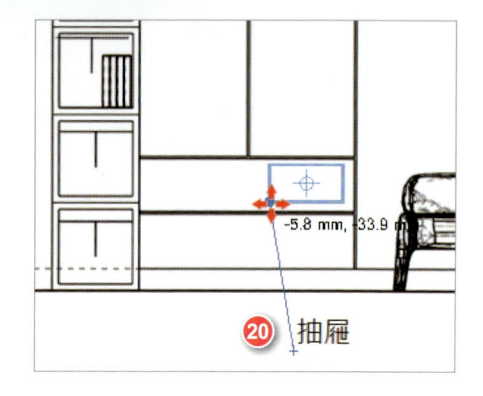

21. 按住 Ctrl 鍵拖曳文字，可以複製另一個文字。（使用鍵盤的方向鍵可以微調位置）

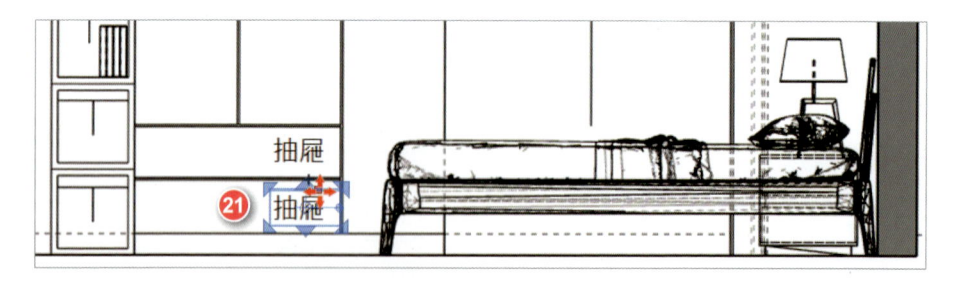

22. 點擊【尺寸】按鈕。

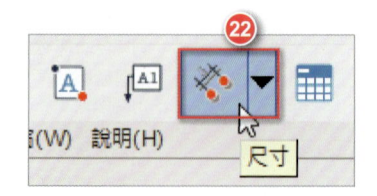

Chapter 10
Layout 圖紙應用

23. 右側【文字樣式】面板，選擇文字字型與大小。

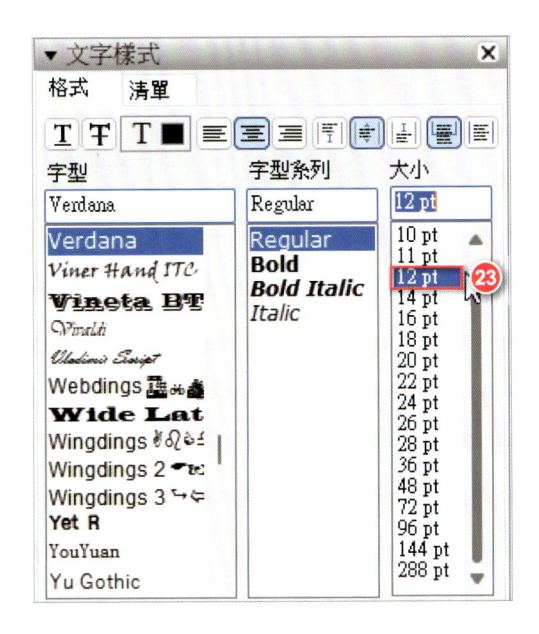

24. 右側【尺寸樣式】面板，選擇【 ｜³¹ 】尺寸靠上方，關閉【 ³ᵐ 】不顯示尺寸單位，長度選擇「公分」，精確度「0.1」。

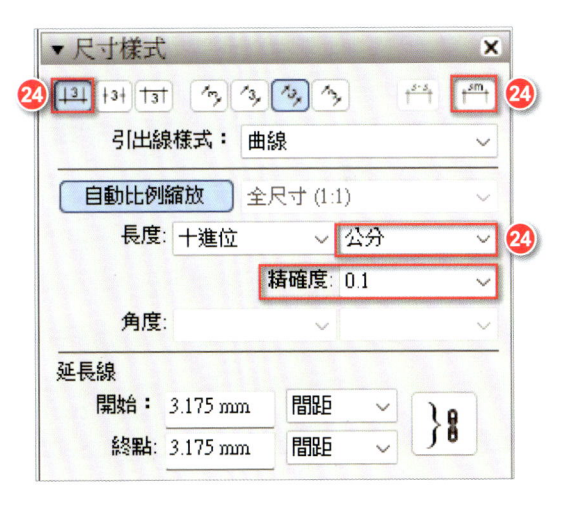

25. 點擊書櫃上下兩點，在書櫃左側點擊左鍵放置尺寸。

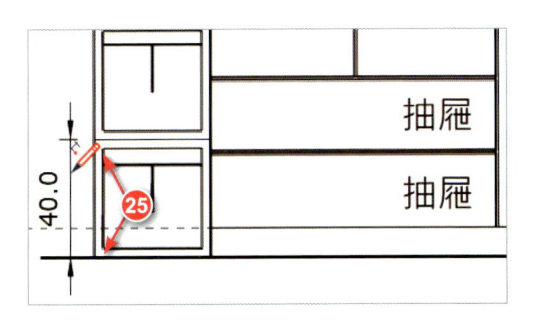

10-15

26. 繼續放置尺寸，完成。

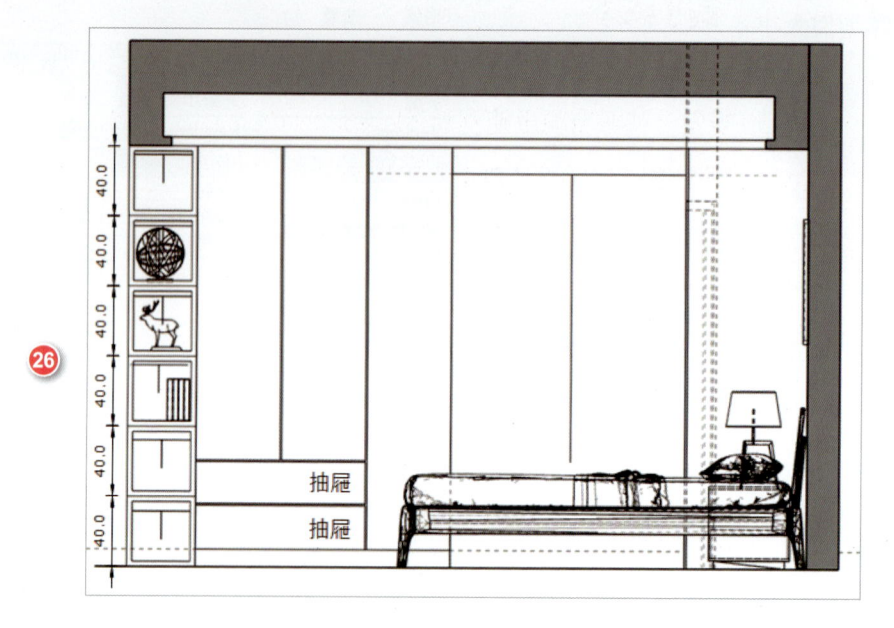

27. 在空白處按下滑鼠左鍵，取消選取圖片。點擊【檔案】→【匯出】→【PDF】，設定存檔位置與名稱，按下【存檔】就可將圖面輸出為 PDF。

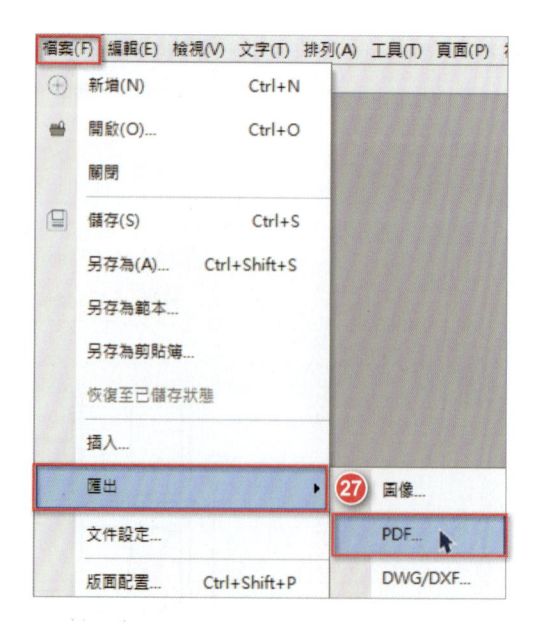

Lesson 10-2 剖面

01. 回到 SketchUp 視窗，或重新開啟範例檔〈Layout.skp〉，重做一個剖面。

02. 在工具列上按下滑鼠右鍵→開啟【剖面】工具列。

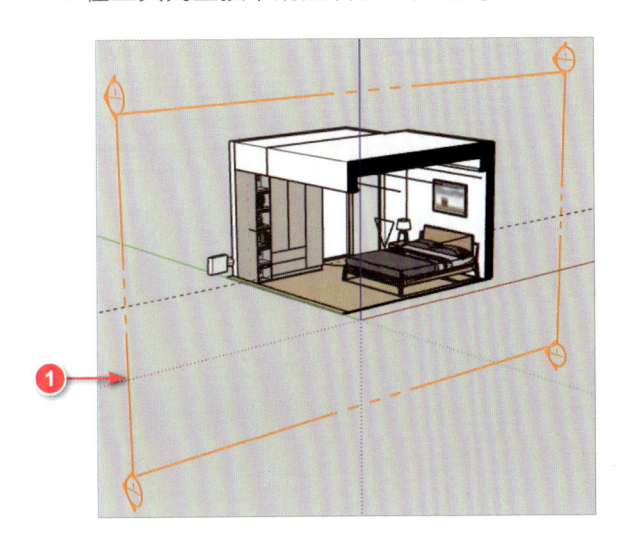

03. 點擊【 ⊕ 】來建立剖面。

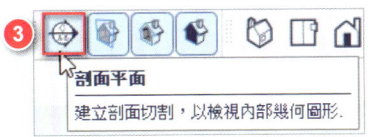

剖面平面
建立剖面切割，以檢視內部幾何圖形。

04. 點擊左側牆面，任意命名並按下確定。

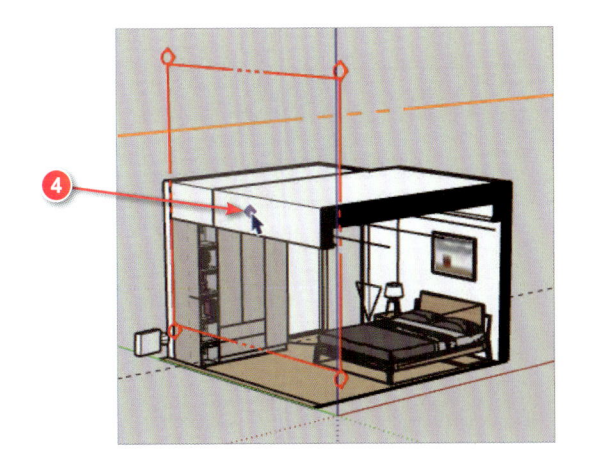

10-17

05. 此時剖面 1 的效果消失，變成剖面 2。

06. 在剖面 1 上按右鍵→【作用切割】，可以切換回剖面 1。

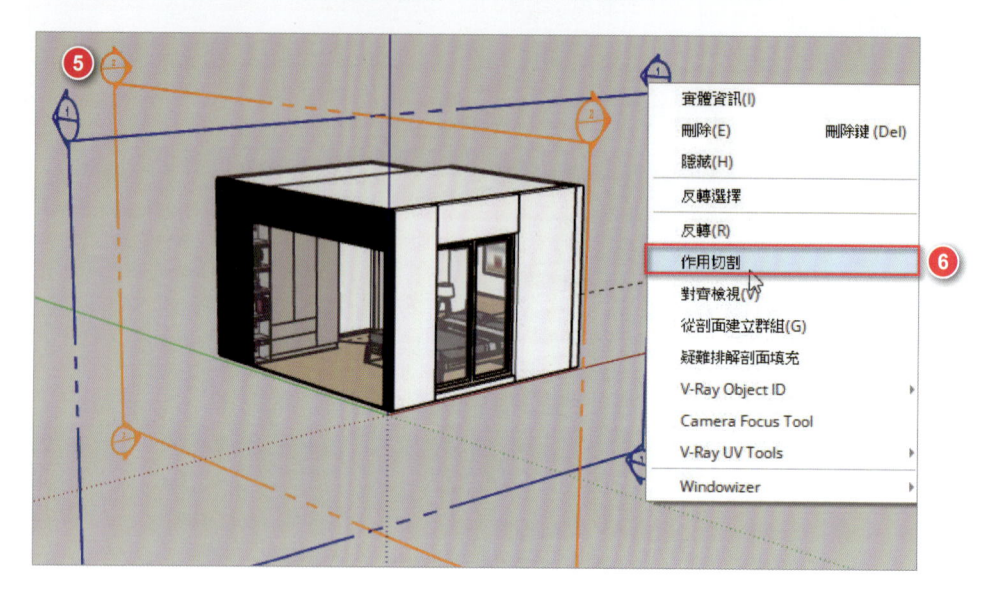

07. 完成如下圖。

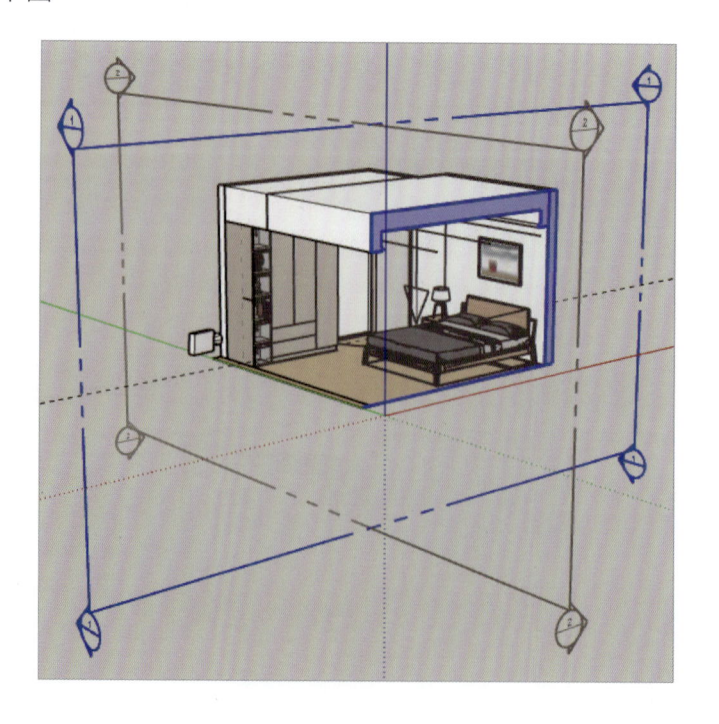

Chapter 10
Layout 圖紙應用

08. 點擊【 ✋ 】可以隱藏剖面平面，但保持剖面結果。

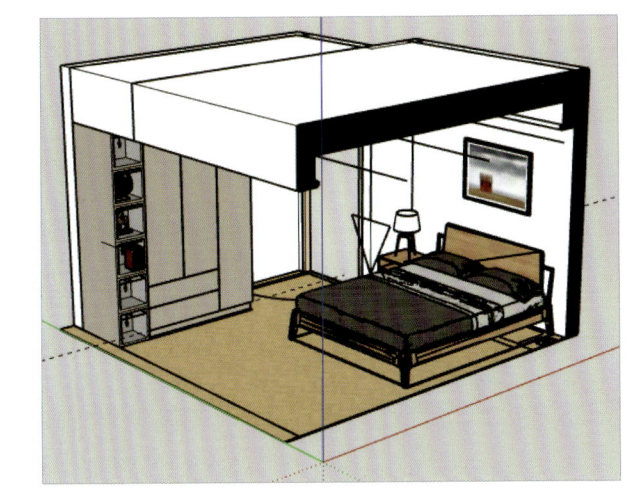

09. 點擊【 ✋ 】關閉剖面填充。

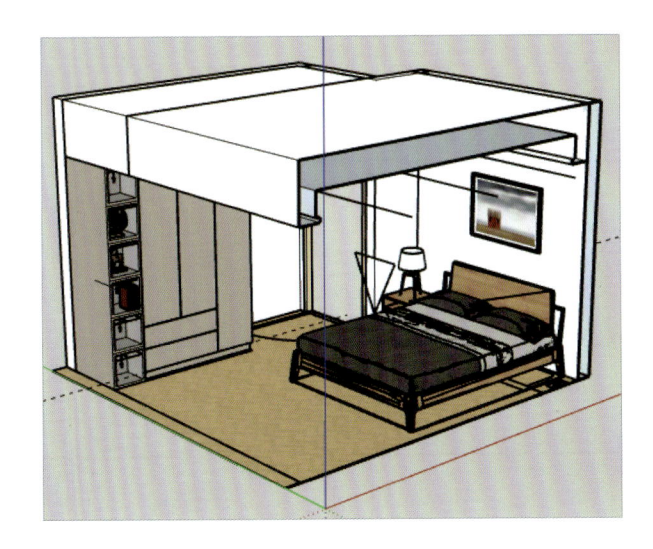

10-19

10. 點擊【 ![] 】取消所有剖面效果。

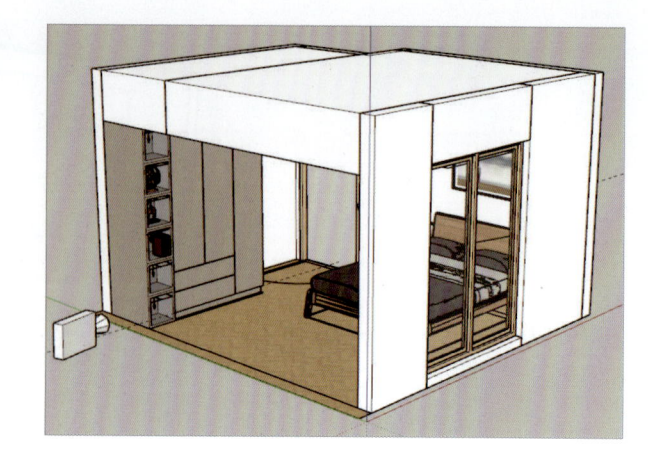

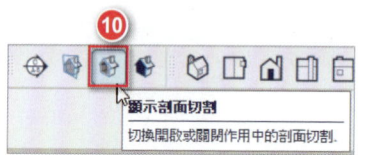

11. 將三個按鈕全部開啟。

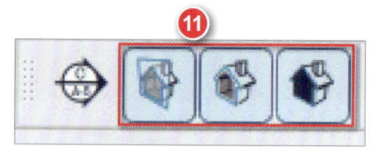

12. 選取剖面 1 與 2，按下 Delete 鍵，可將剖面刪除，完成如右圖所示。

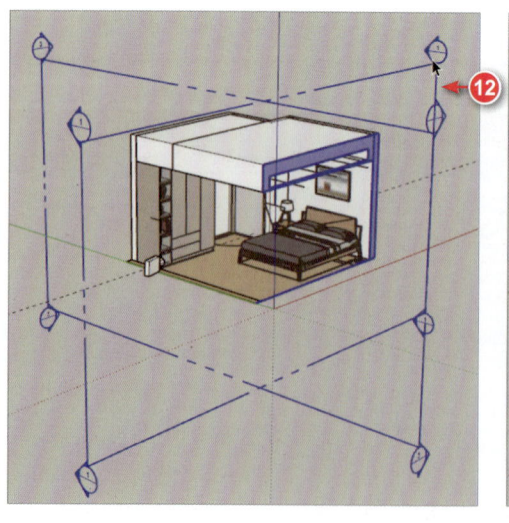

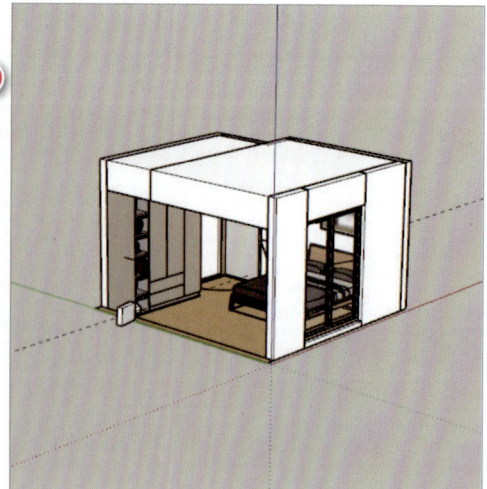

SketchUp 2024 室內設計速繪與 V-Ray 絕佳亮眼彩現

作　　　者：邱聰倚 / 姚家琦 / 蘇千惠
企 劃 編 輯：江佳慧
文 字 編 輯：王雅雯
設 計 裝 幀：張寶莉
發　行　人：廖文良

發　行　所：碁峰資訊股份有限公司
地　　　址：台北市南港區三重路 66 號 7 樓之 6
電　　　話：(02)2788-2408
傳　　　真：(02)8192-4433
網　　　站：www.gotop.com.tw
書　　　號：AEC011000
版　　　次：2024 年 03 月初版
建議售價：NT$640

商標聲明：本書所引用之國內外公司各商標、商品名稱、網站畫面，其權利分屬合法註冊公司所有，絕無侵權之意，特此聲明。

版權聲明：本著作物內容僅授權合法持有本書之讀者學習所用，非經本書作者或碁峰資訊股份有限公司正式授權，不得以任何形式複製、抄襲、轉載或透過網路散佈其內容。
版權所有．翻印必究

國家圖書館出版品預行編目資料

SketchUp 2024 室內設計速繪與 V-Ray 絕佳亮眼彩現 / 邱聰倚, 姚家琦, 蘇千惠著. -- 初版. -- 臺北市：碁峰資訊, 2025.03
　面；　公分
　ISBN 978-626-425-028-3(平裝)

1.CST：SketchUp(電腦程式)　2.CST：室內設計　3.CST：電腦繪圖
967.029　　　　　　　　　　　　　　　114002249

本書是根據寫作當時的資料撰寫而成，日後若因資料更新導致與書籍內容有所差異，敬請見諒。若是軟、硬體問題，請您直接與軟、硬體廠商聯絡。